U0137401

· *The Analytical Theory of Heat* ·

《热的解析理论》是一首伟大的数学的诗。

——［英］麦克斯韦（James Clerk Maxwell, 1831—1879）

傅立叶是一首数学的诗，黑格尔是一首辩证法的诗。

——［德］恩格斯（Friedrich Engels, 1820—1895）

傅立叶的工作是 19 世纪的第一大步，并且是真正极为重要的一步。

——［美］克莱因（Morris Kline, 1908—1992）

本书列入"十四五"国家重点图书出版规划

科学元典丛书

The Series of the Great Classics in Science

主　　编　任定成

执行主编　周雁翎

策　　划　周雁翎

丛书主持　陈　静

科学元典是科学史和人类文明史上划时代的丰碑，是人类文化的优秀遗产，是历经时间考验的不朽之作。它们不仅是伟大的科学创造的结晶，而且是科学精神、科学思想和科学方法的载体，具有永恒的意义和价值。

科学元典丛书

热的解析理论

The Analytical Theory of Heat

[法] 傅立叶 著　桂质亮 译

北京大学出版社
PEKING UNIVERSITY PRESS

图书在版编目(CIP)数据

热的解析理论/（法）傅立叶著；桂质亮译.—北京：北京大学出版社，2008.6
（科学元典丛书）
ISBN 978-7-301-09561-4

Ⅰ.热…　Ⅱ.①傅…②桂…　Ⅲ.热学　Ⅳ.O551

中国版本图书馆 CIP 数据核字（2005）第 096662 号

THE ANALYTICAL THEORY OF HEAT
By Joseph Fourier
Translated, With Notes by Alexander Freeman, M.A.
New York: Dover Publications, 1955

书　　　名	热的解析理论
	RE DE JIEXI LILUN
著作责任者	〔法〕傅立叶　著　桂质亮　译
丛书策划	周雁翎
丛书主持	陈　静
责任编辑	陈　静
标准书号	ISBN 978-7-301-09561-4
出版发行	北京大学出版社
地　　　址	北京市海淀区成府路 205 号　100871
网　　　址	http://www.pup.cn　　　新浪微博：@ 北京大学出版社
微信公众号	通识书苑（微信号：sartspku）　科学元典（微信号：kexueyuandian）
电子邮箱	编辑部 jyzx@ pup.cn　　　总编室 zpup@ pup.cn
电　　　话	邮购部 010-62752015　发行部 010-62750672　编辑部 010-62707542
印　刷　者	北京中科印刷有限公司
经　销　者	新华书店
	787 毫米 × 1092 毫米　16 开本　17.75 印张　彩插 8　320 千字
	2008 年 6 月第 1 版　2023 年 12 月第 8 次印刷
定　　　价	68.00 元

未经许可，不得以任何方式复制或抄袭本书之部分或全部内容。
版权所有，侵权必究
举报电话：010-62752024　电子邮箱：fd@ pup.cn
图书如有印装质量问题，请与出版部联系，电话：010-62756370

弁 言

• *Preface to the Series of the Great Classics in Science* •

这套丛书中收入的著作，是自古希腊以来，主要是自文艺复兴时期现代科学诞生以来，经过足够长的历史检验的科学经典。为了区别于时下被广泛使用的"经典"一词，我们称之为"科学元典"。

我们这里所说的"经典"，不同于歌迷们所说的"经典"，也不同于表演艺术家们朗诵的"科学经典名篇"。受歌迷欢迎的流行歌曲属于"当代经典"，实际上是时尚的东西，其含义与我们所说的代表传统的经典恰恰相反。表演艺术家们朗诵的"科学经典名篇"多是表现科学家们的情感和生活态度的散文，甚至反映科学家生活的话剧台词，它们可能脍炙人口，是否属于人文领域里的经典姑且不论，但基本上没有科学内容。并非著名科学大师的一切言论或者是广为流传的作品都是科学经典。

这里所谓的科学元典，是指科学经典中最基本、最重要的著作，是在人类智识史和人类文明史上划时代的丰碑，是理性精神的载体，具有永恒的价值。

一

科学元典或者是一场深刻的科学革命的丰碑，或者是一个严密的科学体系的构架，或者是一个生机勃勃的科学领域的基石，或者是一座传播科学文明的灯塔。它们既是昔日科学成就的创造性总结，又是未来科学探索的理性依托。

哥白尼的《天体运行论》是人类历史上最具革命性的震撼心灵的著作，它向统治西方思想千余年的地心说发出了挑战，动摇了"正统宗教"学说的天文学基础。伽利略《关于托勒密和哥白尼两大世界体系的对话》以确凿的证据进一步论证了哥白尼学说，更直接地动摇了教会所庇护的托勒密学说。哈维的《心血运动论》以对人类躯体和心灵的双重关怀，满怀真挚的宗教情感，阐述了血液循环理论，推翻了同样统治西方思想千余年、被"正统宗教"所庇护的盖伦学说。笛卡儿的《几何》不仅创立了为后来诞生的微积分提供了工具的解析几何，而且折射出影响万世的思想方法论。牛顿的《自然哲学之数学原理》标志着17世纪科学革命的顶点，为后来的工业革命奠定了科学基础。分别以惠更斯的《光论》与牛顿的《光学》为代表的波动说与微粒说之间展开了长达200余年的论战。拉瓦锡在《化学基础论》中详尽论述了氧化理论，推翻了统治化学百余年之久的燃素理论，这一智识壮举被公认为历史上最自觉的科学革命。道尔顿的《化学哲学新体系》奠定了物质结构理论的基础，开创了科学中的新时代，使19世纪的化学家们有计划地向未知领域前进。傅立叶的《热的解析理论》以其对热传导问题的精湛处理，突破了牛顿的《自然哲学之数学原理》所规定的理论力学范围，开创了数学物理学的崭新领域。达尔文《物种起源》中的进化论思想不仅在生物学发展到分子水平的今天仍然是科学家们阐释的对象，而且100多年来几乎在科学、社会和人文的所有领域都在施展它有形和无形的影响。《基因论》揭示了孟德尔式遗传性状传递机理的物质基础，把生命科学推进到基因水平。爱因斯坦的《狭义与广义相对论浅说》和薛定谔的《关于波动力学的四次演讲》分别阐述了物质世界在高速和微观领域的运动规律，完全改变了自牛顿以来的世界观。魏格纳的《海陆的起源》提出了大陆漂移的猜想，为当代地球科学提供了新的发展基点。维纳的《控制论》揭示了控制系统的反馈过程，普里戈金的《从存在到演化》发现了系统可能从原来无序向新的有序态转化的机制，二者的思想在今天的影响已经远远超越了自然科学领域，影响到经济学、社会学、政治学等领域。

科学元典的永恒魅力令后人特别是后来的思想家为之倾倒。欧几里得的《几何原本》以手抄本形式流传了1800余年，又以印刷本用各种文字出了1000版以上。阿基米德写了大量的科学著作，达·芬奇把他当作偶像崇拜，热切搜求他的手稿。伽利略以他的继承人自居。莱布尼兹则说，了解他的人对后代杰出人物的成就就不会那么赞赏了。为捍卫《天体运行论》中的学说，布鲁诺被教会处以火刑。伽利略因为其《关于托勒密和哥白尼两大世界体系的对话》一书，遭教会的终身监禁，备受折磨。伽利略说吉尔伯特的《论磁》一书伟大得令人嫉妒。拉普拉斯说，牛顿的《自然哲学之数学原理》揭示了宇宙的最伟大定律，它将永远成为深邃智慧的纪念碑。拉瓦锡在他的《化学基础论》出版后5年被法国革命法庭处死，传说拉格朗日悲愤地说，砍掉这颗头颅只要一瞬间，再长出这样的头颅 100 年也不够。《化学哲学新体系》的作者道尔顿应邀访法，当他走进法国科学院会议厅时，院长和全体院士起立致敬，得到拿破仑未曾享有的殊荣。傅立叶在《热的解析理论》中阐述的强有力的数学工具深深影响了整个现代物理学，推动数学分析的发展达一个多世纪，麦克斯韦称赞该书是"一首美妙的诗"。当人们咒骂《物种起源》是"魔鬼的经典""禽兽的哲学"的时候，赫胥黎甘做"达尔文的斗犬"，挺身捍卫进化论，撰写了《进化论与伦理学》和《人类在自然界的位置》，阐发达尔文的学说。经过严复的译述，赫胥黎的著作成为维新领袖、辛亥精英、"五四"斗士改造中国的思想武器。爱因斯坦说法拉第在《电学实验研究》中论证的磁场和电场的思想是自牛顿以来物理学基础所经历的最深刻变化。

在科学元典里，有讲述不完的传奇故事，有颠覆思想的心智波涛，有激动人心的理性思考，有万世不竭的精神甘泉。

二

按照科学计量学先驱普赖斯等人的研究，现代科学文献在多数时间里呈指数增长趋势。现代科学界，相当多的科学文献发表之后，并没有任何人引用。就是一时被引用过的科学文献，很多没过多久就被新的文献所淹没了。科学注重的是创造出新的实在知识。从这个意义上说，科学是向前看的。但是，我们也可以看到，这么多文献被淹没，也表明划时代的科学文献数量是很少的。大多数科学元典不被现代科学文献所引用，那是因为其中的知识早已成为科学中无须证明的常识了。即使这样，科学经典也会因为其中思想的恒久意义，而像人文领域里的经典一样，具有永恒的阅读价值。于是，科学经典就被一编再编、一印再印。

早期诺贝尔奖得主奥斯特瓦尔德编的物理学和化学经典丛书"精密自然科学经典"从 1889 年开始出版，后来以"奥斯特瓦尔德经典著作"为名一直在编辑出版，有资料说目前已经出版了 250 余卷。祖德霍夫编辑的"医学经典"丛书从 1910 年就开始陆续出版了。也是这一年，蒸馏器俱乐部编辑出版了 20 卷"蒸馏器俱乐部再版本"丛书，丛书中全是化学经典，这个版本甚至被化学家在 20 世纪的科学刊物上发表的论文所引用。一般把 1789 年拉瓦锡的化学革命当作现代化学诞生的标志，把 1914 年爆发的第一次世界大战称为化学家之战。奈特把反映这个时期化学的重大进展的文章编成一卷，把这个时期的其他 9 部总结性化学著作各编为一卷，辑为 10 卷"1789—1914 年的化学发展"丛书，于 1998 年出版。像这样的某一科学领域的经典丛书还有很多很多。

科学领域里的经典，与人文领域里的经典一样，是经得起反复咀嚼的。两个领域里的经典一起，就可以勾勒出人类智识的发展轨迹。正因为如此，在发达国家出版的很多经典丛书中，就包含了这两个领域的重要著作。1924 年起，沃尔科特开始主编一套包括人文与科学两个领域的原始文献丛书。这个计划先后得到了美国哲学协会、美国科学促进会、美国科学史学会、美国人类学协会、美国数学协会、美国数学学会以及美国天文学学会的支持。1925 年，这套丛书中的《天文学原始文献》和《数学原始文献》出版，这两本书出版后的 25 年内市场情况一直很好。1950 年，沃尔科特把这套丛书中的科学经典部分发展成为"科学史原始文献"丛书出版。其中有《希腊科学原始文献》《中世纪科学原始文献》和《20 世纪（1900—1950 年）科学原始文献》，文艺复兴至 19 世纪则按科学学科（天文学、数学、物理学、地质学、动物生物学以及化学诸卷）编辑出版。约翰逊、米利肯和威瑟斯庞三人主编的"大师杰作丛书"中，包括了小尼德勒编的 3 卷"科学大师杰作"，后者于 1947 年初版，后来多次重印。

在综合性的经典丛书中，影响最为广泛的当推哈钦斯和艾德勒 1943 年开始主持编译的"西方世界伟大著作丛书"。这套书耗资 200 万美元，于 1952 年完成。丛书根据独创性、文献价值、历史地位和现存意义等标准，选择出 74 位西方历史文化巨人的 443 部作品，加上丛书导言和综合索引，辑为 54 卷，篇幅 2 500 万单词，共 32 000 页。丛书中收入不少科学著作。购买丛书的不仅有"大款"和学者，而且还有屠夫、面包师和烛台匠。迄 1965 年，丛书已重印 30 次左右，此后还多次重印，任何国家稍微像样的大学图书馆都将其列入必藏图书之列。这套丛书是 20 世纪上半叶在美国大学兴起而后扩展到全社会的经典著作研读运动的产物。这个时期，美国一些大学的寓所、校园和酒吧里都能听到学生讨论古典佳作的声音。有的大学要求学生必须深研 100 多部名著，甚至在教学中不得使用最新的实验设备，而是借助历史上的科学大师所使用的方法和仪器复制品去再现划时代的著名实验。至 20 世纪 40 年代末，美国举办古典名著学习班的城市达 300 个，学员 50 000 余众。

相比之下，国人眼中的经典，往往多指人文而少有科学。一部公元前 300 年左右古希腊人写就的《几何原本》，从 1592 年到 1605 年的 13 年间先后 3 次汉译而未果，经 17 世纪初和 19 世纪 50 年代的两次努力才分别译刊出全书来。近几百年来移译的西学典籍中，成系统者甚多，但皆系人文领域。汉译科学著作，多为应景之需，所见典籍寥若晨星。借 20 世纪 70 年代末举国欢庆"科学春天"到来之良机，有好尚者发出组译出版"自然科学世界名著丛书"的呼声，但最终结果却是好尚者抱憾而终。20 世纪 90 年代初出版的"科学名著文库"，虽使科学元典的汉译初见系统，但以 10 卷之小的容量投放于偌大的中国读书界，与具有悠久文化传统的泱泱大国实不相称。

我们不得不问：一个民族只重视人文经典而忽视科学经典，何以自立于当代世界民族之林呢？

三

科学元典是科学进一步发展的灯塔和坐标。它们标识的重大突破，往往导致的是常规科学的快速发展。在常规科学时期，人们发现的多数现象和提出的多数理论，都要用科学元典中的思想来解释。而在常规科学中发现的旧范型中看似不能得到解释的现象，其重要性往往也要通过与科学元典中的思想的比较显示出来。

在常规科学时期，不仅有专注于狭窄领域常规研究的科学家，也有一些从事着常规研究但又关注着科学基础、科学思想以及科学划时代变化的科学家。随着科学发展中发现的新现象，这些科学家的头脑里自然而然地就会浮现历史上相应的划时代成就。他们会对科学元典中的相应思想，重新加以诠释，以期从中得出对新现象的说明，并有可能产生新的理念。百余年来，达尔文在《物种起源》中提出的思想，被不同的人解读出不同的信息。古脊椎动物学、古人类学、进化生物学、遗传学、动物行为学、社会生物学等领域的几乎所有重大发现，都要拿出来与《物种起源》中的思想进行比较和说明。玻尔在揭示氢光谱的结构时，提出的原子结构就类似于哥白尼等人的太阳系模型。现代量子力学揭示的微观物质的波粒二象性，就是对光的波粒二象性的拓展，而爱因斯坦揭示的光的波粒二象性就是在光的波动说和微粒说的基础上，针对光电效应，提出的全新理论。而正是与光的波动说和微粒说二者的困难的比较，我们才可以看出光的波粒二象性学说的意义。可以说，科学元典是时读时新的。

除了具体的科学思想之外，科学元典还以其方法学上的创造性而彪炳史册。这些方法学思想，永远值得后人学习和研究。当代诸多研究人的创造性的前沿领域，如认知心理学、科学哲学、人工智能、认知科学等，都涉及对科学大师的研究方法的研究。一些科学史学家以科学元典为基点，把触角延伸到科学家的信件、实验室记录、所属机构的档案等原始材料中去，揭示出许多新的历史现象。近二十多年兴起的机器发现，首先就是对科学史学家提供的材料，编制程序，在机器中重新做出历史上的伟大发现。借助于人工智能手段，人们已经在机器上重新发现了波义耳定律、开普勒行星运动第三定律，提出了燃素理论。萨伽德甚至用机器研究科学理论的竞争与接受，系统研究了拉瓦锡氧化理论、达尔文进化学说、魏格纳大陆漂移说、哥白尼日心说、牛顿力学、爱因斯坦相对论、量子论以及心理学中的行为主义和认知主义形成的革命过程和接受过程。

除了这些对于科学元典标识的重大科学成就中的创造力的研究之外，人们还曾经大规模地把这些成就的创造过程运用于基础教育之中。美国几十年前兴起的发现法教学，就是在这方面的尝试。近二十多年来，兴起了基础教育改革的全球浪潮，其目标就是提高学生的科学素养，改变片面灌输科学知识的状况。其中的一个重要举措，就是在教学中加强科学探究过程的理解和训练。因为，单就科学本身而言，它不仅外化为工艺、流程、技术及其产物等器物形态，直接表现为概念、定律和理论等知识形态，更深蕴于其特有的思想、观念和方法等精神形态之中。没有人怀疑，我们通过阅读今天的教科书就可以方便地学到科学元典著作中的科学知识，而且由于科学的进步，我们从现代教科书上所学的知识甚至比经典著作中的更完善。但是，教科书所提供的只是结晶状态的凝固知识，而科学本是历史的、创造的、流动的，在这历史、创造和流动过程之中，一些东西蒸发了，另一些东西积淀了，只有科学思想、科学观念和科学方法保持着永恒的活力。

然而，遗憾的是，我们的基础教育课本和科普读物中讲的许多科学史故事不少都是误讹相传的东西。比如，把血液循环的发现归于哈维，指责道尔顿提出二元化合物的元素原子数最简比是当时的错误，讲伽利略在比萨斜塔上做过落体实验，宣称牛顿提出了牛顿定律的诸数学表达式，等等。好像科学史就像网络上传播的八卦那样简单和耸人听闻。为避免这样的误讹，我们不妨读一读科学元典，看看历史上的伟人当时到底是如何思考的。

现在，我们的大学正处在席卷全球的通识教育浪潮之中。就我的理解，通识教育固然要对理工农医专业的学生开设一些人文社会科学的导论性课程，要对人文社会科学专业的学生开设一些理工农医的导论性课程，但是，我们也可以考虑适当跳出专与博、文与理的关系的思考路数，对所有专业的学生开设一些真正通而识之的综合性课程，或者倡导这样的阅读活动、讨论活动、交流活动甚至跨学科的研究活动，发掘文化遗产、分享古典智慧、继承高雅传统，把经典与前沿、传统与现代、创造与继承、现实与永恒等事关全民素质、民族命运和世界使命的问题联合起来进行思索。

我们面对不朽的理性群碑，也就是面对永恒的科学灵魂。在这些灵魂面前，我们不是要顶礼膜拜，而是要认真研习解读，读出历史的价值，读出时代的精神，把握科学的灵魂。我们要不断吸取深蕴其中的科学精神、科学思想和科学方法，并使之成为推动我们前进的伟大精神力量。

任定成

2005 年 8 月 6 日

北京大学承泽园迪吉轩

陈列在巴黎综合理工学院纪念厅的傅立叶（Jean-Baptiste-Joseph Fourier, 1768—1830）雕像

◀ 傅立叶出生的房屋

Paroisse ST REGNOBERT

◀ 傅立叶的受洗证明

◀ 傅立叶故居上的纪念牌

▲ 傅立叶家所在的街当时叫做羊皮纸街，后被命名为傅立叶街。

▶ 傅立叶街的街牌

◀ 傅立叶的家乡欧塞尔市的
圣·热尔曼修道院的教堂

◀ 古老的欧塞尔街巷

▶ 圣·热尔曼修道院西门
内景。法国大革命时期欧塞
尔皇家军校迁入该修道院，
傅立叶曾在此任教。

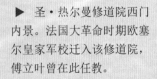

▲ 今日绿树成荫的巴黎高等师范学校。1794年傅立叶成为巴黎（高等）师范学校的首批学员。

▶ 法国数学家蒙日（Gaspard Monge, 1746—1818），画法几何的主要奠基人，蒙日也被认为是微分几何之父。傅立叶在巴黎师范学校学习时就崭露头角，受到拉格朗日，尤其是蒙日的青睐。蒙日不仅把他从热月党人清理雅各宾分子的监狱中救了出来，而且还给他在新组建的巴黎综合理工学院谋得一个职位，使他能在巴黎，在数学大师的身边工作和研究。

◀ 坐落在巴黎塞纳河畔的法兰西研究院。1807年傅立叶在向法国科学院（Académie des Sciences）呈交一篇关于热传导问题的论文中宣布任一函数都能够展成三角函数的无穷级数。这篇论文经拉格朗日、拉普拉斯、勒让德等著名数学家审查，由于文中初始温度展开为三角级数的提法与拉格朗日关于三角级数的观点相矛盾而遭拒绝。由于拉格朗日的强烈反对，傅立叶的论文从未公开露面。为了使他的研究成果能被法兰西研究院接受并发表，在经过了几次其他的尝试以后，傅立叶才使他的成果以另一种方式出现在《热的解析理论》这本书中。这本书出版于1822年，比他首次在法兰西研究院（Institut de France）宣读他的研究成果时晚15年。

▶ 这幅1698年的版画记录了法国国王路易十四参观法国科学院时的盛况。

1817年傅立叶被选为科学院院士，并于1822年成为科学院的终身秘书。

◀ 1827年，傅立叶当选为法兰西学院（Academie Francaise）（图）院士。

▲ 《热的解析理论》那句著名的题辞
"数控制着火——柏拉图"。

▲ 傅立叶1807年提交给法国科
学院并获大奖的那篇关于热传导
问题的论文手稿正文第一页。

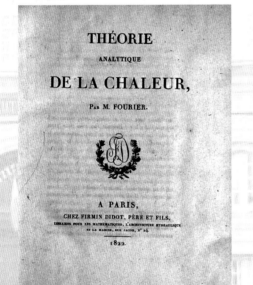

THÉORIE
ANALYTIQUE
DE LA CHALEUR,
Par M. FOURIER.

A PARIS,
CHEZ FIRMIN DIDOT, PÈRE ET FILS,
LIBRAIRES POUR LES MATHÉMATIQUES, L'ARCHITECTURE HYDRAULIQUE
ET LA MARINE, RUE JACOB, N° 24.
1822.

◀ 1822年出版的《热的解析理论》的扉页。

▶ 1830年出版的《方程判定之分析》的扉
页。傅立叶原计划本书写七卷本，但生前只
写出了头两卷和一个全书的提要，并由他的
友人纳维埃将其编辑出版。

ANALYSE
DES
ÉQUATIONS DÉTERMINÉES.
Par M. FOURIER,
DE L'INSTITUT ROYAL DE FRANCE, SECRÉTAIRE PERPÉTUEL DE L'ACADÉMIE DES SCIENCES, ETC.

PREMIÈRE PARTIE.

PARIS,
CHEZ FIRMIN DIDOT FRÈRES, LIBRAIRES.
RUE JACOB, N° 24.
1830.

◀《热的解析理论》中关于"热的传导"
的理论给德国物理学家欧姆（Georg Simon
Ohm, 1787—1854）（图）的启发很大。1826年，
欧姆利用"热传导"联想"电传导"，用热效应
的办法对电进行实验研究，从而得出著名的电传
导公式，即欧姆定理。

《热的解析理论》提出并证明了将周期函数展开为正弦级数的原理，奠定了傅立叶级数的理论基
础。泊松、高斯等人把这一成果应用到电学中去，得到广泛应用。

▲ 法国数学家泊松（Siméon-Denis
Poisson, 1781—1840）

▲ 德国数学家高斯（Carl Friedrich
Gauss, 1777—1855）

热的解析理论

数控制着火[*]——柏拉图（Plato）[①]

---

* 拉丁文原文为：*Et ignern regunt numeri*。——汉译者

① 参见柏拉图，*Timaus*，53，B（《蒂迈欧篇》）。支配万物的首先是火、土、气和水……神灵左右它们的分配和数目。($\delta\tau\epsilon$ $\dot{o}$ $\epsilon\pi\epsilon\chi\epsilon\iota\rho\epsilon\iota\tau o$ $\kappa o\sigma$ $\mu\epsilon\iota\sigma\theta\alpha\iota$ $\tau\dot{o}$ $\pi\alpha\upsilon$, $\pi\upsilon\rho$ $\pi\rho\omega\tau o\upsilon$ $\kappa\alpha\iota$ $\gamma\eta\upsilon$ $\kappa\alpha\iota$ $\alpha\epsilon\rho\alpha$ $\kappa\alpha\iota$ $\upsilon\delta\omega\rho$ …… $\delta\iota\epsilon\sigma\chi\eta\mu\alpha\tau\iota\sigma\alpha\tau o$ $[o\theta\epsilon os]$ $\epsilon\iota\delta\epsilon\sigma\iota$ $\tau\epsilon$ $\kappa\alpha\iota$ $\alpha\rho\iota\theta\mu o\iota s$.)——A.F.

目　　录

补遗　威廉·汤姆孙(W. Thomson)爵士所撰写的一篇署名为 N. N 的论文"论线性热运动,第二部分"(*On the linear motion of heat*,*Part* Ⅱ)可以在《剑桥数学学报》(*Cambridge Mathematical Journal*)第 3 卷第 206—211 页中和在作者文集的第一卷中找到。它考查在一个平面所界定的无穷固体中一种任意的热分布可以由某种以前的分布通过一段时间的传导而产生所服从的条件。——A.F.

导　读

郭敦仁　孙小礼
（北京大学　教授）

• Introduction to Chinese Version •

　　《热的解析理论》是记载着傅立叶级数与傅立叶积分的诞生经过的重要历史文献，在数学史，乃至科学史上被公认为是一部划时代的经典性著作。

傅立叶：一首数学的诗

　　傅立叶(Jean-Baptiste-Joseph Fourier,1768—1830)是法国数学家和物理学家,1768年3月21日生于法国欧塞尔(Auxerre),1830年5月16日卒于巴黎。著名的傅立叶级数和傅立叶积分是19世纪杰出的数学创造,它深刻地影响了19世纪乃至20世纪的数学物理学以及数学的各个领域的发展,同时,人们也公认傅立叶的成果是极优美的数学作品,被称颂为"一首数学的诗"。

生　平　简　述

　　傅立叶出身平民,父亲是位裁缝。9岁时双亲亡故,以后由教会送入镇上的军校就读,表现出对数学的特殊爱好。他还有志于参加炮兵或工程兵,但因他家庭地位低贫而遭到拒绝。后转至巴黎,希望在更优越的环境下追求他有兴趣的研究。可是法国大革命中断了他的计划,于1789年回到家乡欧塞尔的母校执教。

　　在大革命期间,傅立叶以热心地方事务而知名,并因替当时恐怖行为的受害者申辩被捕入狱。出狱后,他曾就读于巴黎师范学校(Ecole Normale),虽为期甚短,却给人留下深刻印象。1794年,当巴黎综合技术学院(Ecole Polytechnique)成立时,他被任命为助教,协助拉格朗日(J.-L. Lagrange, 1736—1813)和蒙日(G. Monge, 1746—1818)从事数学教学。这一年他还讽刺性地被当作罗伯斯庇尔(Robespierre,1758—1794)的支持者而被捕,经同事营救获释。1798年,蒙日选派他跟随拿破仑远征埃及。在开罗,他担任埃及研究院的秘书,并从事许多外交活动,但是,同时他仍不断地进行个人的业余研究。

　　1801年回到法国后,傅立叶希望继续执教于巴黎综合技术学校,但因拿破仑赏识他的行政才能,任命他为伊泽尔(Isère)地区首府格勒诺布尔(Grenoble)的高级官员,由于政绩卓著,1808年拿破仑又授予他男爵称号。此后几经宦海浮沉,1815年,傅立叶终于在拿破仑百日王朝的尾期辞去爵位和官职,毅然返回巴黎以期全力投入学术研究。但是,失业、贫困以及政治名声的落潮,这时的傅立叶处于一生中的最艰难时期。由于得到昔日同事和学生的关怀,为他谋得统计局(bureau of statistics)主管之职,工作不繁重,收入足以为生,使他得以继续从事科学研究。

　　1816年,傅立叶被选去重组科学院(Académie des Sciences)。初时因怒其与拿破仑的关系而为路易十八所拒。后来,事情澄清,于1817年重新被任命,其声誉又随之迅速上升。他的任职得到了当时年事已高的拉普拉斯(P-S. Laplace,1749—1827)的支持,却不断受到泊松(S-D. Poisson,1781—1840)的反对。1822年,他被选为科学院的终身秘书(secrétaire perpétuel),这是极有权力的职位。1827年,他又被选为法兰西学院(Académie Française)院士;还被英国皇家学会选为外国会员。

　　傅立叶一生为人正直,他曾对许多年轻的数学家和科学家给予无私的支持和真挚的鼓励,从而得到他们的忠诚爱戴,并成为他们的至交好友。他帮助过的科学家中,有知名的奥斯特(H. C. Oersted, 1777—1851),狄利克雷(P. G. L. Dirichlet, 1805—1859)、阿贝尔(N. H. Abel, 1802—1829)和斯特姆(J. C. F. Sturm, 1803—1855)等人。有一件令人遗憾的事，就是傅立叶收到伽罗瓦（E. Galois，1811—1832）的关于群论的论文时，他已病情严重而未阅，以致论文手稿失去下落。

傅立叶去世后，在他的家乡为他树立了一座青铜塑像。20 世纪以后，还以他的名字命名了一所学校，以示人们对他的敬重和纪念。

杰出的科学成就

傅立叶的科学成就主要在于他对热传导问题的研究，以及他为推进这一方面的研究所引入的数学方法。早在远征埃及时，他就对热传导问题产生了浓厚的兴趣，不过主要的研究工作是在格勒诺布尔任职期间进行的。1807 年，他向科学院呈交了一篇很长的论文，题为《关于热传导的研究报告》（*Mémoire sur la propagation de la chaleur*），内容是关于不连续的物质和特殊形状的连续体（矩形的、环状的、球状的、柱状的、棱柱形的）中的热扩散（即热传导，笔者注）问题。其基本方程是：

$$\frac{\partial^2 v}{\partial x^2} + \frac{\partial^2 v}{\partial y^2} + \frac{\partial^2 v}{\partial z^2} = k\frac{\partial v}{\partial t}, \tag{1}$$

这是三维情形。

在论文的审阅人中，拉普拉斯、蒙日和拉克瓦（S. F. Lacroix，1765—1843）都是赞成、接受这篇论文的。但是遭到了拉格朗日的强烈反对，因为文中所用如下的三角级数（后来被称为傅立叶级数）

$$f(x) = \frac{1}{2\pi}\int_{-\pi}^{\pi} f(t)\,\mathrm{d}t + \frac{1}{\pi}\left[\cos rx\int_{-\pi}^{\pi} f(t)\cos rt\,\mathrm{d}t\right.$$
$$\left. + \sin rx\int_{-\pi}^{\pi} f(t)\sin rt\,\mathrm{d}t\right] \tag{2}$$

表示某些物体的初温分布，这与拉格朗日自己已在 18 世纪 50 年代处理弦振动问题时对三角级数的否定相矛盾。这篇文章因此而未能发表。不过，在审查委员会给傅立叶的回信中，还是鼓励他继续钻研，并将研究结果严密化。

为了推动对热扩散问题的研究，科学院于 1811 年悬赏征求论文。傅立叶呈交了一篇对其 1807 年的文章加以修改的论文，题目是《固体中的热运动理论》（*Théorie du mouvement de la chaleur dans les corps solides*），文中增加了在无穷大物体中热扩散的新分析。但是在这一情形中，傅立叶原来所用的三角级数因具有周期性而不能应用，于是，傅立叶代之以如下的积分形式，后来被称为傅立叶积分：

$$\pi f(x) = \int_{-\infty}^{\infty} f(t)\,\mathrm{d}t\int_{0}^{\infty}\cos q(x-t)\,\mathrm{d}q. \tag{3}$$

这篇论文在竞争中获胜，傅立叶获得科学院于 1812 年颁发的奖金。但是评委——可能是由于拉格朗日的坚持——仍从文章的严格性和普遍性上给予了批评，以致这篇论文又未能正式发表。傅立叶认为这是一种无理的非难，他决心将这篇论文的数学部分扩充成为一本书。他终于完成了这部书：《热的解析理论》（*Théorie analytique de la chaleur*），于 1822 年出版。他原来还计划将论文的物理部分也扩充成一本书，名为《热的物理理论》（*Théorie physique de la chaleur*）。可惜这个愿望未能实现，虽然处理热的物理方面的问题也是他得奖论文中的重要内容，而且在他晚年的研究工作中甚至是更重要的内容。

《热的解析理论》是记载着傅立叶级数与傅立叶积分的诞生经过的重要历史文献，在数学史，乃至科学史上被公认为是一部划时代的经典性著作。然而，对于傅立叶在数学上和数理物理上工作的具体评价，历来众说纷纭。有些人只注意了傅立叶级数和傅立叶积分本身的推导，从非时代的严格性标准来要求他。实际上，要全面理解傅立叶的成就，还应该注意到以下两个方面：一是他把物理问题表述为线性偏微分方程的边值问题来处理。这一点，连同他在单位和量纲方面的工作，使分析力学超出了牛顿在《自然哲学之数学原理》中所规定的范畴。二是由他所发明的解方程的强有力的数学工具产生了一系列派生学科,在数学分析中提出了许多研究课题,极大地推动了 19 世纪及以后的数学领域中的第一流的工作,并且开拓出一些新的领域。况且,傅立叶的理论和方法几乎渗透到近代物理的所有部门。

傅立叶在《热的解析理论》这部著作中,写进了他的差不多所有有关的工作,而且在此书的各个版本中几乎丝毫未加更动。因此,把这些内容联系其他没有发表的、为人引述的、散见于各处的资料,贯串起来,就可以切实地概现他的全部研究成果,以及他表述和处理问题的风格。同时,通过这些材料,也可以看出,在某些关键之处,傅立叶未能克服的困难和他失败的原因。

傅立叶在热的分析理论方面的第一件工作中,采用了这样的模型:热是由分立粒子间的穿梭机制传送的,其物理理论是简单的混合过程,所用数学属于 18 世纪 50 年代的。在他所研究的问题中,其一是关于排列在一圆环上的 n 个粒子。他获得在 n 为有限数的情形下的完全解。他想把结果推广到连续的情形未能成功,因为当 n 无限增大时,指数上的时间常数趋于零,从而使所得的解与时间无关。后来他才明白应如何修正他的传输模型以避免这一反常的结果。此外,在他集中注意于完全解及其困难时,他未能意识到,当 $t=0$ 时,他的解给出一个内推公式,可用以得到连续情形下的傅氏级数。(拉格朗日此前之所以未能发现傅氏级数也可类似地来解释,而并非像通常所认为的那样,是由于顾虑到严格性所致。)

傅立叶成功建立的热传导方程可能是得益于毕奥(J. B. Biot, 1774—1862)早先关于金属条中的稳定温度的工作,毕奥区分了体内传导和体外辐射。但是毕奥的分析,由于用了一个错误的物理导热模型而导出一不正确的方程。傅立叶则因构建了较好的物理模型而克服其困难,容易地获得一、二维情况下充分显示与时间的关系的类似于(1)这一类型的方程。

傅立叶的杰作是选择这样一种情形的问题来应用他的方程的,即一条半无穷的带,一端是较热的均匀温度,沿其边则是较冷的均匀温度,具有极其简单的、导源于伯努利兄弟(Bernoullis)和欧拉(L. Euler, 1707—1783)的分析力学传统中的物理意义。稳定情形无非就是笛卡儿坐标下的拉普拉斯方程。傅立叶可能试用过复变函数方法(这样的解见于他的《热的解析理论》一书中)。但其后就用分离变数法得到了级数解和以下边界条件的方程:

$$1 = \sum_{r=0}^{\infty} \arccos rx. \tag{4}$$

用无穷矩阵的方法来求方程(4)的解,并将它推广到任意函数 $f(x)$,这一工作曾屡次遭受批评。但不应忘记,这一工作是在柯西-魏尔斯特拉斯(Cauchy-Weierstrass)的正统理论建立之前几十年做的。傅立叶不是一个头脑简单的形式主义者;他精于处理有关"收敛"的问题,在他讨论锯齿形函数的级数表示时就显示出了这种能力。有关傅立叶级数的收敛性的几种基本证明,例如狄利克雷的证明,其主要思想均可在傅立叶的著作中找到。而且,比任何人更早,他已看到,在计算傅氏级数的系数时,对一给定的三角级数逐项积分,是不能保证其正确性的。

傅立叶的三角级数展开的使人震惊之处在于,他表明一种似乎是矛盾的性质:在一有限区间内,完全不同的代数式之间的相等性。对于很广泛的一类函数中的任何一个函数,都可以相应地造出一个三角级数,它在指定的区间内具有与这函数相同的值。他举例说明,那给定的函数甚至可以在基本区间内分段有不同的代数表示式。虽然三角级数展开和任意函数两者曾为其他人(包括泊松)用过,但前者只限于有关周期现象的问题,而后者,当作为偏微分方程的解出现时,由于其性质,是假定不可能用代数式表示的。

关于傅立叶这一首次成功的研究结果的早期记载,说明了这个结果的生命力和他本人对此成果的惊异。在他的工作中,有受到蒙日影响的痕迹,如用曲面表示解,以及确定方程的解的边界值的分离表示。此后,傅立叶满怀信心地进入了新的领域。在三维情形遭到了一些困难,但把原方程分为两个方程就解决了。这两个方程,一个与内部传导有关,一个则与表面上的温度梯度所产生的辐射有关。应用于球体时运用球坐标,结果是一非谐的三角级数展开,其中的本征值是一超越方程的诸根。傅立叶运用他关于方程式论的知识,论证了这些根的实数性。当然,这一问题曾使他困惑了多年。在圆柱体的热传导问题中他又作了进一步的推广,其傅立叶解就是如今所称的贝塞尔(Bessel)函数。所用的技巧由傅立叶后来的同事佛朗索(J. C. François)、斯特姆和刘维(J. Liouville, 1809—1882)全面地予以普遍化。

在研究沿一条无穷长的线上的热传导问题时发展出来的傅立叶积分理论,可能是基于拉普拉斯把热扩散方程的解表示为一任意函数的积分变换的思想,这函数表示初始的温度分布。傅立叶通过对有限区间中级数展开的推广,分别导出了对原点是对称的和反对称的情形之下的余弦和正弦变换。逐渐地他才认识到,把一给定的函数分解为偶函数和奇函数的普遍性。

傅立叶在这方面的创造性工作于 1817—1818 年间又最后一次绽发光辉,他成功地洞察到积分变换解与运算微积之间的关系。当时,傅立叶、泊松、柯西(A. L. Cauchy, 1789—1857)之间形成了三足鼎立之争。后两人于 1815 年已开始运用这样的技巧,但是傅立叶针对泊松的批评给予了摧毁性的反击。他展示了几个方程的积分变换解,这几个方程是长期以来未能得到分析的,同时他还提出了导致系统理论之门径。其后,柯西运用复变函数中的残数(residue)理论也获得了同样的结果。

作为一位数学家,傅立叶对于实际问题中的严格性的关心,不亚于除柯西和阿贝尔以外的任何人,但他未能想到极限理论本身的重要意义。在对他 1811 年获奖论文的评议中,关于缺乏严格性和普遍性的批评,长久以来是被误解了。那些批评,其动机有许多是带有政治成分的。泊松和毕奥,是在热扩散理论方面被他超过的劲敌,多年来总是力图贬低傅立叶的成就。关于严格性的批评,可能是根据泊松的观点,即认为在球形问题中出现的本征值未能证明是实数,而复数根将导致在物理上是不可能的解。(泊松自己在数年后为傅立叶解决了这一问题。)所谓傅立叶级数解(2)缺乏普遍性,可能是将它同拉普拉斯早先得到的积分解对比,而在后者中,被积函数清楚地含有任意函数。

傅立叶的机智在于分析力学方面。他对分析技巧和符号表示极为精通,例如,定积分符号 $\int_a^b$ 就是他发明的。这种能力,加上他的物理直观力,使他的研究能够获得成功。在他之前,分析力学中出现的主要方程常是非线性的,所用解法都是专设的近似法。当时,微分方程领域也像是一个尚无通路的丛林。傅立叶为解偏微分方程创造了和说明了一种连贯的方法,即可以把一个方程及其级数解按照不同的物理情况清楚地分离为不同的分部来加以分析。我国数学家、微分方程方面的专家申又枨教授(1901—1978)曾经说:"傅立叶的创造,是给各种类型的偏微分方程(波动方程、扩散方程、拉普拉斯方程等)提供了一种统一的求解方法,就好比从前在算术中解'四则问题'时各种难题有各种解法,而运用代数方程以后,就有了统一的简便的解法。"这个比喻,很好地形容出傅立叶的方法在微分方程领域的重要意义和广泛的实用价值。事实上,傅立叶的方法确实是如此之强有力,以致过了整整一个世纪,非线性微分方程才重新在数学物理学中突起。

对傅立叶来说,每一数学陈述(尽管不是形式论证中的每一中间阶段)都应有其物理含意,包括展示真实的运动和能够(至少原则上)被测量两个方面。他总是如是地说明他的解,使所得到的极限情况能为实验所检验,而且一有机会他就自己动手来做实验。

傅立叶早年草设的物理模型虽很粗糙,但在他 1807 年所写的文章里,就已全面地把一些物理常数糅进他的热传导理论中。对物理意义的关注,使他看到在他的形式技法中所存在的潜力,能检验在傅立叶积分解的指数上出现的成群的物理常数的相关性。由此出发,他得出了关于单位和量纲的全面理论,虽然其中一部分是 L. 卡诺(Lazare Carnot,1753—1823)曾预期到的。这是自伽利略以来在物理量的数学表示理论方面第一个有成效的进展。与他同时代的人,如毕奥,在同一问题上的混乱情形相比,就更显示出傅立叶的成就。

虽然傅立叶多年从事热的物理理论的研究,但是他最初基于热辐射现象方面的贡献却未能长久存在。他对他的理论的各种应用都很关心,诸如对温度计的作用和房间供暖问题的分析,以及最重要的,对地球年龄下限首次作出的科学的估算等。令人不解的是,傅立叶相信热作为宇宙中的首要媒介的重要性,但他似乎对于热作为一种动力方面的问题却不感兴趣,以致对 S. 卡诺(Sadi Carnot,1796—1832,是 L. 卡诺的儿子)有关热动力问题的著名论文毫无所知。

和傅立叶的著名的热传导问题的成就相比,他在数学的其他方面的工作就鲜为人知了。首先是他对方程式论有着长时间的浓厚兴趣。早在 16 岁时他就做了关于笛卡儿在负号法则的一个新证明。这一法则可表述如下:

设 $f(x) = x^m + a_1 x^{m-1} + \cdots + a_{m-1}x + a_m$,则 $f(x)$ 的诸系数具有一系列正负号。如果把同号的两相邻系数称为"不变",异号的称为"变",那么 $f(x)$ 的正(或负)根的数目最多等于序列中"变"(或"不变")的数目。

傅立叶的证明方法是这样的:以 $(x+p)$ 乘 $f(x)$,得一新的多项式,它比 $f(x)$ 多了一个系数,使系数序列中多了一个正负号,同时多了一个正(或负)根 p;并且可以看出系数序列中"变"(或"不变")的数目至少增加 1 个。因为傅立叶的这一成果很快就成为标准的证法,所以证明的详情可见于任何一本讲述这一法则的代数教科书,虽然人们未曾知道这一证法的发明者就是青年傅立叶。

傅立叶还把笛卡儿法则推广到估计在一给定区间 $[a,b]$ 内 $f(x)$ 的实根数,并于 1789 年向科学院递交了一篇文章,其中有他对自己的定理的证明,可惜文章在巴黎那革命动荡的年代里丢失了。大约 30 年后这篇文章才得以发表。由于另有一位兼职数学家布当(Ferdinand Budan de Bois-Laurent)也发表过类似的结果,所以关于在给定区间内 n 次代数方程的实根数的判定法,后来被称为傅立叶–布当定理。直到傅立叶逝世之前,他始终没有中断过方程式论方面的研究,并且计划写出一部七卷本的专著:《方程判定之分析》(Analyse des équations déterminées)。他已写出头两卷,但他预感到生前大概不可能完成这部著作,于是写了一个全书提要。1830 年,由他的友人纳维埃(Navier)将这部未完成的著作编辑出版。从全书提要中,可以看出傅立叶对方程式论有过十分广泛的研究。其中最重要的是各种区分实根和虚根的方法,对牛顿—拉夫逊(Raphson)求根近似法的改进,对 D. 伯努利求循环级数中相继项之比的极限值的法则的推广,等等。由于傅立叶还有线性不等式的求解法和应用方面的工作,以及他对这一问题的出众的理解,因而也被后人称为线性规划的先驱。

在傅立叶的最后的岁月里,当他主持统计局的工作时,他的研究接触到概率和误差问题。他写下了一些关于根据大量观测来估计测量误差的重要文章,发表于 1826 年和 1829 年的统计局报告上。傅立叶对力学问题也作过相当多的探讨,他曾发表过关于虚功原理的文章。

对科学和哲学的深远影响

综观傅立叶一生的学术成就,他最突出的贡献就是他对热传导问题的研究和新的普遍性数学方法的创造,这就为数学物理学的前进开辟了广阔的道路,极大地推动了应用数学的发展,从而也有力地推动了物理学的发展。

傅立叶大胆地断言:"任意"函数(实际上是在有限区间上只有有限个间断点的函数)都可以展成三角级数,并且列举大量函数和运用图形来说明函数的三角级数展开的普遍性,虽然他没有给出明确的条件和严格的证明,但是毕竟由此开创出"傅立叶分析"这一重要的数学分支,拓广了传统的函数概念。1837年,狄利克雷正是研究了傅立叶级数理论之后才提出了现代数学中通用的函数定义。1854年,黎曼(G. F. B. Riemann,1826—1866)在讨论傅立叶级数的文章中第一次阐述了现代数学通用的积分定义。1861年,魏尔斯特拉斯运用三角级数构造出处处连续而处处不可微的特殊函数。正是从傅立叶级数提出来的许多问题直接引导狄利克雷、黎曼、斯托克斯(G. G. Stokes,1819—1908)以及从海涅(H. E. Heine,1821—1881)直至康托尔(G. Cantor,1845—1918)、勒贝格(H. L. Lebesque,1875—1941)、里斯(F. Riesz,1880—1956)和费希(E. Fisch)等人在实变分析的各个方面获得了卓越的研究成果,并且导致一些新的数学部门,如泛函分析,集合论等分支的建立。傅立叶的工作对纯数学的发展也产生了如此深远的影响,这是傅立叶本人及其同时代人都难以预料到的,而且,这种影响至今还在发展之中。

傅立叶之所以能取得富有如此深刻内容的成就,正如撰写傅立叶传记的两位作者所说,这只有赋有生动的想象力和具有适合其工作的清醒的数学哲学头脑的数学大师才能达到。傅立叶有哲学头脑,但他没有写出哲学著作。从傅立叶的著作中,我们看到:他坚信数学是解决实际问题的最卓越的工具,并且认为,"对自然界的深刻研究是数学最富饶的源泉"。这一见解是傅立叶一生从事学术研究的指导性观点,而且已经成为数学史上强调通过研究实际问题发展数学(包括应用数学和纯粹数学)的一派数学家的代表性格言。

傅立叶的研究成果又是表现数学美的典型,傅立叶级数犹同用数学语言谱写的一首长诗。著名物理学家麦克斯韦(J. C. Maxwell,1831—1879)曾把《热的解析理论》称为"一首伟大的数学的诗"。W. 汤姆孙(W. Thomson 或 Lord Kelvin,1824—1907)不但称之为"数学的诗",而且宣称他自己在数学物理中的全部生涯都受到了这部著作的影响。

傅立叶的研究工作还引起了他的同时代的哲学家的重视,法国哲学家、实证主义的创始人孔德(A. Comte,1798—1857)在《实证哲学教程》(1842)中,把牛顿的力学理论和傅立叶的热传导理论都看作是实证主义基本观点在科学中的重要印证。而辩证唯物主义哲学家恩格斯(F. Engels,1820—1895)则把傅立叶的数学成就与他所推崇的哲学家黑格尔的辩证法相提并论,他曾写道:"傅立叶是一首数学的诗,黑格尔是一首辩证法的诗。"

参 考 文 献

1. J. Fourier, *The Analytical Theory of Heat*, translated with notes by Alexander Freeman, Dover Publication, Inc. 1955.

2. *Fourier*, *Jean-Baptiste-Joseph*, (written by J. R. Ravetz & I. Grattan-Guinness), in C. C. Gillispie, *Dictionary of Scientific Biography*, *vol. V*, Princeton University Press,1972.

3. H. S. Carslaw, *Introduction to the Theory of Fourier Series and Integrals*, Third Edition, New york, Dover Publication,1950.

4. H. Eves, *An Introduction to the History of Mathematics*, Fourth Edition, Library of Congress Cataloguing in Publication Data,1976.

5. M. Kline, *Development of Mathematics in the 19th Century*, *Chapter* II, Math. Sci. Press,1972.[德]K. 克莱因著《古今数学思想》,北京大学数学系数学史翻译组译,第 2,3,4 册,上海,上海科学技术出版社,1979。

6. E. T Bell, *Men of Mathematics*, New york, Dover Publication,1963.

7. A. Zygmund, *The Role of Fourier Series in the Development of Analysis*, Historia Math. 2(1975)No. 4.

8. 王青建:"傅立叶———一位受人敬重的科学家",《数学的实践与认识》,1988,No. 2。

9. 恩格斯:《自然辩证法》,第 183 页,北京,人民出版社,1971。

汉译者前言

· *Words of Chinese Translation* ·

　　傅立叶从讨论太阳辐射和测定地球温度入手，运用他掌握的数学知识，集中解决了热在非均匀加热的固体中的分布传播问题，成为分析学在物理学中应用最早的典型例证之一，对理论物理学的影响是空前的。其中建立数学物理模型的方法和推演技巧长期为人称道。另一方面，他从实际背景抽象出来的数学问题又推动了纯数学的研究，以致影响到 19 世纪后 3/4 世纪整个数学的发展。

让·巴蒂斯特·约瑟夫·傅立叶(Jean-Baptiste-Joseph Fourier,1768 年 3 月 21 日—1830 年 5 月 16 日)是 19 世纪法国数学家和数学物理学家。他的工作对数学和物理学产生了很大影响。在数学方面,他迈出了 19 世纪第一大步,而且是真正极为重要的一步;在物理学方面,他的理论和方法几乎渗透到近代物理学的所有部门,支配了整个数学物理学。开尔文勋爵威廉·汤姆孙自称傅立叶关于热的工作影响了他在数学物理学方面的全部经历。

对于这样的大师级科学家,后人本无权妄加评论(除非他也是大师或更高一级的大师),然而,鉴于人们长期对傅立叶的成就看法不尽一致,所以,我们转述数学史家拉维茨(J. R. Ravets)和格拉顿-吉尼斯(I. Grattan-Guinness)的一段话,也许于读者不无裨益:"由于人们仅仅只注意傅立叶级数和傅立叶积分这两个结果,并在评价它们的推导时使用了不合时代的严格性标准,所以长期把傅立叶的主要成就史给搞混了。我们最好把傅立叶的主要成就理解为这样两个方面:第一,把物理问题的公式化表示当作线性偏微分方程的边值问题来处理,这种处理(连同他在单位和量纲方面的工作)使理论力学扩展到牛顿《原理》所规定的范围以外的领域;第二,他为这些方程的解所发明的强有力的数学工具,这些工具产生了一系列派生物,并且提出了数学分析中那些激发了 19 世纪及其以后的许多第一流工作的问题。"拉维茨和格拉顿-吉尼斯撰写的傅立叶传记可在吉利斯皮(Charles Coulston Gillispie)主编的《科学传记辞典》(*Dictionary of Scientific Biography*,Charles Scribner's Sons,1970)第 5 卷第 93—99 页找到。对傅立叶更详尽的研究,见他们二人合作的成果《约瑟夫·傅立叶:1768—1830》(*Joseph Fourier* 1768—1830,Cambridge University Press,1972)。

《热的解析理论》是傅立叶的代表作,集中反映了他在数学和物理学方面所作的重要贡献,被公认为数学经典文献之一。麦克斯韦称赞这本书是"一首伟大的数学诗"。原书以 *Théorie Analytique de la chalear* 为书名于 1822 年以法文出版。汉译本根据亚历山大·弗里曼(Alexander Freeman)的英译本译出。弗里曼在英译本中加了一些脚注和章节末注,并以脚注形式收入了英国学者罗伯特·莱斯利·埃利斯(Robert Leslie Ellis)在研读这部著作时所作的页边注。这些我们都仍按英译本形式译出,并以注者姓名的首字母区别。汉译者所加的少量说明性注释以"译者"标出。附在书末的人名索引是译者为方便读者使用而加的。

傅立叶的这部著作距今近两个世纪,英译本也离现在有一百多年了。一些今天已经严格确定的数学术语在当时却用得比较随便,其间语言变化也很大,如书中分号的使用就与现在颇为不同,傅立叶本人亦有很高的文学素养,这些都给翻译带来一定的困难。我们力图保持原书风格,但限于译者水平,不妥之处在所难免,恳祈读者批评指正。

本书的翻译得到不少学者和朋友的帮助。英国米德尔塞克斯综合工艺大学数学史家格拉顿-吉尼斯教授帮我解决了几个难题,并且为汉译本提出了建设性的意见,尽管由于条件所限我无法实施这些意见。书中的拉丁文得到天主教中南神哲学院陈定国先生的帮助。中国人民大学哲学博士崔延强先生帮我译出了一段希腊文。在数学方面,华中师范大学的赵东方、江胶宁和何穗三位先生以及武汉大学博士塞明先生等给予了不少帮助。注文中的法文得到了李登福先生的帮助。没有这些慷慨帮助,我是很难顺利了却这桩译事的,谨在此一并致谢。

◀埃菲尔铁塔

最后，我要感谢我的妻子叶先桃，她使我得以全身心地投入译事，并为译稿提出了不少有益的建议。我顺便向我的女儿桂玉涛致以谢意，因为在我要她做作业时她常常坚持我也得"做作业"。

桂质亮
1992 年 12 月于武昌桂子山

汉译本修订版说明

• Preface of Chinese Revised Version •

　　《热的解析理论》既解决了实际课题，又揭示了数学内部的矛盾，把数学、物理学和科技重大课题融为一体，正像一首好诗，有着启迪人们思维的作用，因此，英国物理学家汤姆孙对它赞不绝口，把它比做"一首数学的诗"，还把这句话写进自己的著作《自然哲学论》里。恩格斯十分赞同这一评价，在给该书写摘要时，特地在这句话的下面加着重点，并编入《自然辩证法》一书中。

　　这次修订校订了原汉译本中的某些脱译、误译，以及一些排版错误和问题，也对许多表述重新作了处理。

　　除此之外，与原汉译本相比，这次修订的改进之处是，这次是对照法文本进行的。虽然，弗里曼的英译本所拥有的读者比法文本多得多，但是，这个英译本实际上存在许多错误和问题。感谢 I. 格拉顿-吉尼斯教授，他使我在出版汉译本时注意到这一点。他当时建议，最好直接从法文到汉文，或者在从英文到汉文时对照法文本。我虽然为此学过一段时间的法语，但是，坦率地讲，我现在还只能以英译本为底本。

　　傅立叶的这部名著，除了他于 1822 年出版的法文巴黎版，弗里曼 1878 年的英文剑桥版，还有加斯东·达布（M. Gaston Darboux）编辑的作为《傅立叶文集》第一卷的 1888 年的法文巴黎版。另外还有两个德文版。作为这部著作的早期形式，还有两个版本，一个是他于 1807 年提交给法国科学院的那个首次公开他大规模研究热传导的原始思想的专题论文《关于热传导的研究报告》(*Memoire sur la propagation de la chaleur*)，另一个是作为第一个的扩充形式而使他获得 1811 年法国科学院大奖的应征论文《固体中的热运动理论》(*Théorie du mouvement de la chaleur dans les corps solides*)。

　　这次修订，主要对照了加斯东·达布编辑的法文《文集》本。做出这种选择，主要是因为，这个版本不仅校订了原来版本中的错误，而且还在不少地方添加了注释，有些注释在解释原文时还反映了后来其他人的一些研究结果。达布的这个版本不仅使我能发现英译本中的不少错误，而且还使我发现英译本在版式上存在的问题。这个修订本，基本上是按法文《文集》本的版式修订的。

　　另外，我也参照了傅立叶 1807 年的专题论文。这不仅是因为这个版本的原始性，还因为它的珍贵和严肃性。本来，在傅立叶 1830 年逝世以后，保存在法国科学院的这个 1807 年的论文就不见了。直到 19 世纪 80 年代末，达布在准备编辑傅立叶文集时才在巴黎的国家桥梁公路学校的图书馆里发现了它。但是，达布也没有把这一论文收入《文集》，这除了傅立叶的《热的解析理论》已经包括了这个专题论文之外，另一个原因，我想，恐怕就是这个版本不经仔细校订是难以发表的。因为，傅立叶的这个专题论文的手写稿已经遗失。所发现的这个版本是一个打字稿，它是由作为当时的伊泽尔省行政长官的傅立叶的秘书勒帕基埃（A. A. Lepaguier）负责，由几个政府的打字员完成的。这个小组工作得很出色，但是，由于这个打字稿是在非常紧迫的情况下完成的，而且这个小组的成员对科学的了解很有限，加上傅立叶的笔迹特别难辨认，因而存在许多缺陷和错误。另外，勒帕基埃和傅立叶都在这个打字稿上作过修改和增补，这也需要重新甄别。这份打字稿从达布发现它算起，几乎又过了一百年，才由格拉顿-吉尼斯和他的老师拉维茨以科学史家的严肃性进行认真的校订、编辑，冠以书名《傅立叶：1768—1830》，于 1972 年由麻省理工学院出版社出版。在首次公开发表的这个版本中，编者作了英译者想做而未能做的工作：增加了一个有关傅立叶生平的传记，在论文的节末作了一些评论，这些评论包括指出各节主要的工作及其意义，傅立叶的思路的要点，可能包含的失误，或者是他后来与之相关的工作等等，尤其是在必要时对正文增加了一些脚注。因此，这完全是一个研究性的版本。有这个版本的好处是，当那两个版本不同时，它可以充当另一个参照版本。

　　尽管如此，这次修订仍然有一些遗憾。一是时间的限制，原本想把达布在法文《文集》本中增加的脚注全部增补到这个汉译本中去。二是水平的限制，最明显的是这次修订仍然不能直接从法文到中文。看来我只能希望其他人来做这样的工作了。这两个限制也反映在我修订时增加的脚注上。能够明确无误地断定英译本错误的，我一般不加注

◀ 古老的圣于尔絮勒会修道院的门楣

释;另有一些,则增加了指出这种错误的注释,这是担心自己的判断有误,请读者再作判断,还有一些,我只是给出两个版本的不同,在很多情况下,这只是两个版本的表达式或者是表达方式的差异,它们本身并没有错,但是,也有一部分,我把鉴别的任务留给读者了。

完全可以估计到,这次修订可能会留下遗漏之处,甚至会造成新的错误,我诚恳地希望读者提出宝贵意见。

桂质亮

2003 年 12 月 28 日于武昌珞珈山

英译版序

• *Preface to the English Edition* •

在准备傅立叶论热的这部著名论著的英译本时，译者忠实地以法文原版为依据。

在准备傅立叶论热的这部著名论著的英译本时,译者忠实地以法文原版为依据。不过他还是加了一些简短的脚注,其中可以看到傅立叶和现代作者在这一论题上的其他文献;这些脚注以英译者姓名的首字母 A. F. 标出。以 R. L. E. 标出的注释取自已故的三一学院研究员罗伯特·莱斯利·埃利斯(Robert Leslie Ellis)以前所拥有的这部著作页边上的铅笔笔记,现在这本书为圣约翰学院所有。英译者原来希望能在这部论著之前加一个有关傅立叶生平的传记,对他的著作作些说明;但是意外情况使这个愿望未能得以实现,拟议中的传记最终未能随现在这部著作同时问世。

法兰西研究院

格勒诺布尔景

绪　论

• *Preliminary Discourse* •

傅立叶一生治学讲求从社会实际效益出发,信奉科学的目的主要不在于知识的进步,而是在于人类生活的改善。他声称"数学的分析同自然界本身一样广阔"。他本人就分析过太阳黑子、潮汐、气象等自然现象。他的《热的解析理论》集中体现了这一观点,其中序言中的一段话已成为人们理解数学来源的名言,长期为人传诵,即:"对自然界的深入研究乃是数学发现的最富成果的源泉。"

DÉCRET DE LA CONVENTION 9 BRUMAIRE AN III

ÉCOLE NORMALE SUPÉRIEURE

LOI DU 24 AVRIL 1845

DÉCRET DU 17 MARS 1808

初始原因对于我们是未知的；但它们服从简单而不变的规律，这些规律可以通过观察而发现，研究它们是自然哲学的目的。

和重力一样，热贯穿在宇宙间的一切物质之中，它的射线充斥于空间的所有部分。我们这部著作的目的，就是要揭示这种元素*所服从的数学规律。热的理论在今后将构成普通物理学最重要的分支之一。

最古老民族所能获得的理论力学**知识未能流传下来，如果除开和声学最初的一些定理，那么这门科学的历史还不能追溯到阿基米德（Archimedes）之前。这位伟大的几何学家阐明了固体和流体平衡的数学原理。大约经历了18个世纪，动力学理论的创始人伽利略（Galileo）才发现重物体的运动定律。在这门新学科中，牛顿（Newton）构造了整个宇宙体系。这些哲学家的后继者们扩展了这些理论，并且赋予它们一种令人惊叹的完美性：它们告诉我们，大多数不同的现象都服从于在一切自然作用中都再现出来的少数基本定律。人们认识到，同样这些原理控制着星球的一切运动，它们的形状，它们的过程的不等性，海洋的平衡和振荡，空气和发声物体的谐波振动，光的传播，毛细作用，流体的波动，总之，一切自然力的最复杂作用，因此，牛顿的这样一个思想被确认了：几何学引以为荣的，是以如此之少而提供如此之多（*quod tam paucis tam multa praestet geometria gloriatur*）①。

但是，无论力学理论的研究范围如何广大，它们都不能应用于热效应。这些效应构成一个特殊的现象类，它们不能用运动与平衡的原理来解释。人们很久以前就已经有了适合于测量许多这种效应的灵敏仪器；并且收集了宝贵的观察资料；尽管如此，人们只研究出部分结果，并且尚无完全概括它们的定律的数学论证***。

我从长期的研究中，和从直到目前所知的事实——我在几年的过程中以迄今为止所使用过的最精密的仪器重新观察到的全部事实——的仔细比较中，已经推导出这些定律。

要发现这一理论，首先必须精确地区别和定义决定热的行为的那些基本性质。这样我认识到，由这种行为所决定的所有现象本身都归结为为数很少的一些普遍而简单的事实；据此，这种类型的每一个物理问题都可以追溯到数学分析的研究上去。根据这些普遍事实，我得出结论，要用数来确定最纷繁复杂的热运动，这只需要每种物质都满足三个基本的观察就够了。事实上，不同物体具有不同程度的贮热、受热或者通过它们的表面

◀ 巴黎高等师范学校颁布法令的纪念物。

---

　* 元素（élément）。但这并不表明傅立叶对热的本质问题持热质说的观点。热是什么？或者说热的本质问题，在傅立叶的时代还没有解决。有人主张热质说，如拉普拉斯，有人主张运动说，如伦福德。傅立叶实际上是持未知论的立场，他所强调的是，他的研究独立于关于热的本质的任何假设。（如本书第22目第一段和第432目的第一段）他用了 élément 一词，这与其说他持有热质说的观念，倒不如说这只是反映了当时的一种倾向性意见罢了。——汉译者

　** 理论力学（mecanique rationnelle）。按字面的意思，本当译作"理性力学"。按傅立叶的本意，也应当这么译。理性力学是伴随启蒙运动而出现的那个理性时代的产物之一。数学在当时被看作是理性时代科学思想的一大支柱，它最纯粹地显示出理性的作用，而当时人们强烈地倾向于把力学看作是数学的一个分支。理性力学这一概念在达朗贝尔的倡导下得到广泛使用。英译者可以很简单地把这个词译作 rational mechanics，但汉译时却让我们踌躇。"理论力学"只是译出它所指的内容，至于它的历史背景，以此注明之。——汉译者

　① *philosophiae naturalis principia mathematica. Auctoris praefatio ad lectorem. Ac gloriatur geometria quod tam paucis principiis aliunde petitis tam multa praestet.*《自然哲学之数学原理》。作者致读者序。几何学的荣耀在于它运用从别处得来的如此之少的几条原理而提供如此之丰富的内容。）——A. F.

　*** 在英译本中，这句话的主语是"我们"，但法文《文集》本用的是"人们"（*ou*）。——汉译者

传热,而不是经过它们物体内部导热的能力。这些就是我们的理论清楚地区分,并表明如何测量的三个特殊量。

不难判断这些研究与物理科学和国民经济的关系多么密切,它们对需要运用热和分配热的技术进步有怎样的影响。它们也与这个世界系统有必然联系,当我们思考发生在地球表层附近的重大现象时,它们的联系就变得清楚起来。

事实上,使我们这颗行星一直陷于其中的太阳辐射,贯穿在空气、陆地和水域中;其成分被分离且在各个方向上发生变化,并且,在进入地球物质的过程中,如果所得到的热不能与从其表面各点射线中所逃逸出并扩散到天空中去的热完全平衡,那么,其平均温度就会越来越高。

受日热作用不等的各气候,经过极长时间之后,就达到其位置所固有的温度。这种效应随几个次要原因而异,如海拔,地形,大陆和海洋的邻域及范围,表面状态,风向,等等。

昼夜更替,四季轮回,都发生在固态地球的周期性变化中,它们日复一日,年复一年地循环着;但是,当测量点从它的表面下降时,这些变化就变得愈来愈不明显。下降深度约 3 米(10 英尺)时,就不能察觉周日变;深度远小于 60 米,就感觉不到年变了。极深处的温度明显地固定在一定的位置上;但是,同一子午线上的所有点不都相同;一般来说,愈接近赤道,温度就愈上升。

太阳传递给地球的热,以及引起气候差异的热,现在服从于一个趋于一致的运动。它在它所完全贯穿的物体内部升高,同时又沿赤道面下跌,继而通过极地耗散自己。

在大气层的较高区域中,空气稀薄而透明,只保留很小一部分太阳光线的热;这就是高海拔地区极冷的原因。较低层的空气因水陆作用而更稠更热,它们膨胀而且上升,它们正是通过膨胀而冷却的。空气的大规模运动,如在回归线之间刮动的信风,不由日月的引力所决定。这些天体的作用在如此稀薄和如此遥远的流体中只引起难以察觉的振荡。这就是周期性地交换大气圈各个部分的温度的变化。

大洋各水域的表面不同程度地受到太阳光线的作用,容纳水域的盆底则从两极到赤道极不相等地受热,这两个原因,再加上重力和离心力,至今维系着各海洋内的大规模运动。它们交换、混合所有部分,引起航海学家所注意到的那些普遍而有规律的潮流。

从所有物体表面所逃逸出,并且穿过弹性介质或真空的辐射热,有其特殊规律,且以各种现象广泛出现。许多这样的事实已经有了物理解释;我所建立的数学理论对它们给出一种精确的计量。从某种意义上说,它主要是一门有自己的定理的,并用于以分析来确定所有直射或反射的热效应的新反射光学。

列举这一理论的主要目的可以充分展示我对自己所提出的问题的性质。在每种物质中,为观察所必须的基本性质是什么?严格确定它们的最恰当的实验是什么?若固体物质中的热分布受不变规律的支配,那么这些规律的数学表达式是怎样的?通过怎样的分析,我们可以从这种表达式中导出主要问题的通解?为什么地球温度在相对于地球半径如此之小的深度上就停止了变化?既然这颗行星运动的每一差异都必然引起表下日热的一次振荡,那么在它的周期和使温度变成为恒定的深度之间究竟有什么联系?

这些气候在能够得到它们现在仍然保持的不同温度之前必须经历多长时间?现在能改变它们均热的各种原因是什么?为什么仅仅靠地日距离上的年变化不能在地表产生相当大的温度变化?

我们根据什么特征可以断定地球尚未完全耗尽其初热;失热的准确规律是怎样的?

正如几个观察所表明的,如果这种初始热尚未完全被耗散,那么,尽管它现在对这些气候的平均温度没有明显影响,但是在极深处,它肯定非常热。在它们之中所观察到的作用是由太阳光线的作用所造成的。但是,除开两种热源:一种是地球固有的基本而原始的热源,另一种归因于太阳的存在,难道就再没有一种决定太阳系现在所占据的那部分太空温度的更普遍的原因吗?既然所观察到的事实以这一原因为条件,那么一个精确理论在这个全新问题上的结论是什么?我们又怎样才能确定空间温度的常数值,并从中导出属于每一颗行星的温度呢?

在这些问题中还必须加上由辐射热的性质所决定的其他问题。冷反射,即热度更低的反射的物理原因,已经清楚地知道;但是这种反射的数学表达式是怎样的呢?

大气的温度依赖于怎样的一般原理,是测量它们的温度计在一个金属面或一个不光滑面上直接接受太阳的射线,还是这个仪器在夜间,在无云的天空下,通过与空气接触,保持受天体的辐射作用,并且受最远最冷的那部分大气的辐射作用的状态呢?

从任一受热物体表面上的一点所逃逸的射线的强度,在根据实验所表明的一条定律随其倾角而变化时,难道在这条定律和热平衡的一般事实之间不存在某种必然的数学联系吗?这种强度不等性的物理原因是什么呢?

最后,当热贯穿到流体物质中,并在它们之中以不断改变每一分子的温度和密度而决定内部运动时,我们仍然能够用微分方程来表示这样的复杂作用的规律吗?流体动力学一般方程中的有效变化是怎样的呢?

这些就是我已经解决,而人们从未能够处理的主要问题。如果我们进一步考虑这一数学理论与民用及工艺之间的多方面的联系,我们就会完全理解它的应用范围。显然,它包含整整一系列的不同现象,忽视对它的研究就不能不失去自然科学的一个重要部分。

和力学理论一样,这一理论的原理是从极少数基本事实中导出的,这些基本事实的原因不为几何学家所考虑,但是他们承认它们是由所有实验都证实的一般观察结果。

热传导的微分方程表示最一般的条件,并把这些物理问题化为纯分析问题,这正是理论的真正目的。它们以不亚于平衡与运动的一般方程的严格性而被建立起来。为了使这一比较更加明显,我们总是更喜欢选择与作为静力学和动力学基础的那些定理相类似的论证。当这些方程表示透明物体中的光热分布,或者表示发生在流体内部的温度变化和密度变化的运动时,它们仍然成立,只是得到一种不同的形式而已。虽然这些方程所包含的系数为仍不能精确测量的一些变化所左右,但是在我们最关心的一切自然问题中,温度界限相差如此之小,以致我们可以忽略这些系数的变化。

热运动方程,和那些表示发声物体的振动或者是液体的临界振荡的方程一样,属于最近所发现的分析分支之一,完善它是非常重要的。在建立这些微分方程之后,应当求它们的积分;这个过程在于从一个普通表达式过渡到满足所有初始条件的特解。这项艰深的研究需要一种以一些新定理为基础的特殊分析,此处我们还不能讲清这些定理的目的。由它们所得到的这个方法没有在解中留下任何含糊和不确定之处,它逐步把它们引向最后的数值应用,这是每一项研究的必备条件,舍此我们就只能得到一些无用的变换。

使我们弄清热运动方程的同样这些定理直接适用于人们久以希望求得其解的某些一般的分析问题和动力学问题。

对自然的深入研究是数学发现最丰富的源泉。这种研究在提供一个确定的研究对象的同时,不仅具有排除模糊的问题和盲目的计算的优点;它还是形成分析本身的、发现我们想弄清的、自然科学应当永远保留的那些基本原理的可靠方法:这些就是再现于一切自然作用之中的基本原理。

例如我们看到,其抽象性质已为几何学家所考虑,从这一方面看应属于一般分析的同一表达式,不仅决定固体物质中的热扩散规律,而且表示大气中的光运动,并且涉及概率理论的所有主要问题。

为古代几何学家所不知,由笛卡儿(Descartes)首先引入到曲线和曲面研究中去的解析方程,并不只限于图形的性质和作为理论力学对象的那些性质;它们扩展到所有的一般现象。不可能有一种比它更普遍、更简单,并且更免于错误和模糊性的,即对于表示自然事物的不变关系更有价值的语言了。

从这样一种观点来看,数学分析和自然界本身一样宽广;它确定一切可感知的关系,测量时间,空间,力和温度等等;这门艰深的科学是缓慢形成起来的,但是它保留它曾经获得的每一条原理;它在人类精神的许多变化和错误中不断使自己成长壮大。

它的主要特征是清晰;它没有表达混乱的概念的痕迹。它把最不相同的现象联系在一起,并且发现统一它们的隐秘的相似性。即使物质像空气和光那样,因其极稀薄而不为我们所注意,即使物体在无限空间中处于远离我们的地方,即使人类想知道在以许多世纪所划分的逐个时期的太空状况,即使在地球内部,在人类永远不可企及的深度上发生重力作用和热作用,那么,数学分析仍然可以把握这些现象的规律。它使得它们显现和可测,它似乎是注定要弥补生命之缺憾、感官之不足的人类心智的能力;更令人惊异的是,它在一切现象的研究中遵循同一过程;它用同一种语言解释它们,仿佛要证明宇宙设计的统一性和简单性,仿佛要使统辖一切自然动因的不可更改的次序更加显然似的。

热理论的这些问题提供如此之多的来自一般自然规律的简单而不变的安排的范例;如果在这些现象中所建立的秩序能为我们的感官所理解,它定会在我们之中产生堪与音乐的震撼相媲美的印象。

物体的形状无限地变化着;贯穿于它们之中的热分布似乎是随意而混乱的;然而,一切差异都会随时间的推移而迅速抵消和消失。这种现象的进展变得更规则、更简单,最后终于服从于一条确定的、在所有情况中都一样,并且不带有明显的初始分布痕迹的规律。

所有观察都证实这些结论。导出它们的分析清楚地区分和表示:1°一般条件,即从热的自然性质中所产生的那些条件;2°表面形状或者状态的偶然而持续的作用;3°初始分布的非持久作用。

在本书中,我们论证了热理论的所有原理,解决了所有基本问题。如果省略更简单的问题,并且在第一个例子中就提出最一般的结果,则它们会得到更简洁的解释;不过,我们希望表明这一理论的实际起源和它的逐步发展。当已经获得了这一知识并且彻底确定了这些原理时,最好是立即应用最广泛的分析方法,正如我们在后面的研究中所做的那样。这也是我们今后在准备增加到本书中,并在某种意义上对它进行补充的研究报告中所要遵循的路线[1];因此,一旦我们完成这些工作,我们就使这些原理的这种必然发展和成为分析应用的这种精确性一致起来。

这些研究报告的主题将是,辐射热理论,地球温度问题,停止温度(the temperature of dwellings)问题,理论结果和我们在不同实验中所观察到的结果的比较,最后是流体中热运动的微分方程的论证。

我们现在出版的这部著作很早就写好了;种种情况拖延并常常打断了它的付印。这期间,科学已由重要的观察材料所丰富;我们的这些分析原理,在开始时未被人理解,现在则变得较为出名了;我们从中所导出的结果得到讨论和证实。我们自己已经把这些原理应用到新的问题上,并且改变了一些证明的形式。出版的延迟将有助于使这一著作更清晰、更完善。

我们最初在热传导方面的分析研究主题,是它在分离物体之间的分布;这些被保留在第四章第二节中。与连续物体有关的问题恰好形成我们所称呼的这一理论,它们在许

---

① 这些研究报告从未作为《热的解析理论》的续篇或补充结集出版,但是,正如马上要看到的,在1822年出版那部著作之前,作者已经完成了其中的大部分。——A.F.

多年之后被解决了；我们在 1807 年底提交给法兰西研究院的一个手稿首次阐明了这一理论，这篇手稿的一个摘要发表在《科学通报》〔(*Bulletin des Sciences*)，科学普及协会，1808 年，第 112 页〕上。我们对这份研究报告作了增补，并陆续提交了非常广泛的注记，它们涉及级数的收敛，无穷棱柱中的热扩散，它在真空中的辐射，适合于揭示主要定理的作图，以及对地球表面周期性运动的分析等等。我们的第二份研究报告，论热传导，于 1811 年 9 月 28 日存于研究院的档案里，它由以前的那份研究报告和已经提交的注记所组成；其中删去了几何作图和那些与物理问题没有必然联系的分析细节，增加了表示表面状态的一般方程。这后一成果在 1821 年间送去出版，它刊登在科学院的集子里。付印时未作任何改动和增补；版本与送存的手稿完全一致，它成为研究院这些档案的一部分。①

在这个研究报告中以及在它之前的著作物中，可以看到未包含在我们现在这部著作里的第一个应用解释：它们将以更大篇幅安排在随后的研究报告中②，并且，如果我们有权处理，它将更加清晰。我们涉及同样这些问题的工作结果，也在已经发表了的几篇论文中指明了。刊登在《物理学化学年鉴》(*Annales de Chimie et de Physique*)上的摘要表现了我们研究工作的总结（1816 年，第 3 卷，第 350 页）。我们在这个《年鉴》上发表了两个独立的注记，它们与辐射热有关（1817 年，第 4 卷，第 128 页；以及 1817 年，第 6 卷，第 259 页）。

这同一集子上的另外几篇论文提供了最定型的理论结果和观察结果；对热学知识的效用和范围，再没有比大名鼎鼎的《年鉴》编辑所理解的更好的了。③

在《科学通报》（科学普及协会，1818 年，第 1 页，以及 1820 年，第 60 页）上可以找到一个摘自一篇论不变和可变的停止温度的研究报告的摘要，和一个我们对地球温度所作的分析的主要结论的解释。

---

① 它作为一篇论文和补遗出现在《科学院研究报告》(*Mémoires de l'Académie des Sciences*)第 4 卷和第 5 卷中。为便于同《热的解析理论》的目录相比较，我们附上这篇印刷论文的标题和每节的题目：

"固体中的热运动理论"(Théorie du Mouvement de la chaleur dans les Corps Solides)，傅立叶先生著。〔《法兰西研究院皇家科学院研究报告》(*Mémoires de l'Académie Royale des Sciences de l'Institut de France*)，1819 年第 4 卷。巴黎，1324 年。〕

Ⅰ　呈词

Ⅱ　一般概念和初始定义。

Ⅲ　热运动方程。

Ⅳ　环中的线性热运动和变化的热运动。

Ⅴ　温度不变的矩形薄片中的热传导。

Ⅵ　分离物质间的热传递。

Ⅶ　实心球中变化的热运动。

Ⅷ　实圆柱中变化的热运动。

Ⅸ　端点温度固定不变的棱柱中的热传导。

Ⅹ　形如立方体的固体中变化的热运动。

Ⅺ　体积无穷的物体中的线性热运动和变化的热运动。

　　研究院系列论文：固体中的热运动理论；傅立叶先生著。

〔《法兰西研究院皇家科学院研究报告》。1820 年第 5 卷，巴黎，1826 年。〕

Ⅻ　地球温度，以及表面温度呈周期变化的实心球中的热运动。

ⅩⅢ　热辐射平衡的数学定律。

ⅩⅣ　理论结果与各种实验的比较。

——A. F.

② 见第 8 页。——A. F.

③ 盖-吕萨克(Gay-Lussac)和阿喇戈(Arago)。——A. F.

亚历山大·洪堡（Alexander Humboldt），他的研究包括自然哲学的所有重大问题，曾从一个新颖而非常重要的观点考虑过不同气候所特有的温度的观察〔论等温线的研究报告（Memoir on Isothermal lines），《阿尔克伊协会》（Societe d'Arcueil），第 3 卷，第 462 页〕；〔论积雪下限的研究报告（Memoir on the inferior limit of perpetual snow），《物理学化学年鉴》，1817 年，第 5 卷，第 102 页〕。

至于流体中热运动的微分方程①，已经在科学院的年历中提及。我们的一份研究报告摘要清楚地表明了它的目的和原理。〔《科学院成果摘要》（Analyse des travaus de l'Académie des Sciences），德·朗布尔（M. De Lambre）编，1820 年。〕

对热所产生的推斥力的研究，决定气体的静态性质，它不属于我们所考虑的分析主题的范围。与辐射热理论有关的这个问题仅仅由《天体力学》（Mécanique céleste）的著名作者②讨论过，数学分析的所有主要分支的重要发现都归功于他。〔《天文年历》（Connaissance des Temps），1824—1825 年。〕

我们著作中所阐明的新理论被永远地统一到这些数学科学之中了，并且和它们一样，奠定在稳固的基础上；这些理论将保留它们目前所具有的所有这些基本原理，并且将不断得到更大的扩充。仪器将得到完善，实验将倍增。我们所建立的分析将从更一般的，也就是说，从许多类型的现象所通用的更简单、更富有创造性的方法中导出。对于一切物质，固体物质或者是液体物质，对于蒸气以及永恒气体等等，它们与热有关的一切具体的性质，以及表示它们的系数的变化，都将被确定③。大地不同深度的温度，日热的强度及其在大气、海洋和湖泊中不变或可变的影响，都将在地球的不同位置上加以考察；行星界所特有的太空不变温度亦将被弄清楚④。这一理论本身将指导所有这些测量，并且确定它们的精度。今后任何可观的进步都不得不以诸如此类的实验为基础；因为，虽然数学分析可以从普遍而简单的现象导出自然规律的这种表达式；但是，这些规律对非常复杂的效应的特殊应用，还需要长长一系列的精确观察。

傅立叶先生在《物理学化学年鉴》系列 2 上发表的论热的论文的完整目录如下：

1816 年，第 3 卷，第 350—375 页。"热的理论"〔（Théorie de la Chaleur），摘要〕。作者对以后在 1822 年出版的 4 开卷本中没有关于辐射热、作用于地球的日热、分析与实验的比较和热理论产生发展史等几章所作的说明。

1817 年，第 4 卷，第 128—145 页。"关于辐射热的注记"（Note sur la Chaleur rayonnante）。表面热

---

① 《科学院研究报告》，第 12 卷，巴黎，1833 年，在第 507—514 页，载有"液体中热运动分析的论文"（Mémoire d'analyse sur le mouvement de la chaleur dans les fluides），傅立叶先生著。皇家科学院，1820 年 9 月 4 日。紧接着的第 515—530 页，是"作者保存手稿的注释摘要"（Extrait des notes manuscrites conservées par l'anteur）。这篇论文的签字是 Jh. 傅立叶，巴黎，1820 年 9 月 1 日，但它在作者逝世后才发表。——A. F.

② 即 P. S. 拉普拉斯（Pierre-Simon Laplace）。——译者

③ 《科学院研究报告》，第 8 卷，巴黎，1829，第 581—622 页，"论热的解析理论的论文"（Mémoire sur la Théorie Analytique de la Chaleur），傅立叶先生著。这篇论文在作者成为科学院终身秘书时发表。现在只付印这篇论文的前四部分。所有的这些内容都谈到了。I. 在一棱柱终端温度为时间的函数，任一点的初始温度是这一点到一端的距离的函数的条件下，确定这一棱柱任一点的温度。II. 考察通解的主要结论，根据这一受热棱柱的温度是否是周期性的，把它应用于两种不同情况。III. 从历史上列举涉及热理论的其他作者更早的实验和分析研究；考虑出现在这一理论中的超越方程的性质，评述任意函数的应用；答复泊松（M. Poisson）的反对意见；对波运动的一个问题增加几个注记。IV. 通过在这一分析中考虑测量物质的热容量、固体的渗透性（permeability）以及它们表面的穿透性（penetrability）等的特定系数的变化来扩大热理论的应用范围。——A. F.

④ 《科学院研究报告》，第 7 卷，巴黎，1827 年，第 569—604 页，"论星际空间中的地球温度的论文"（Mémoire sur les températures du globe terrestre et des espaces planétaires），傅立叶先生著。这篇论文完全是叙述性的；它于 1824 年 9 月 20 日在科学院宣读（《物理学化学年鉴》，1824 年，第 27 卷，第 136 页）。——A. F.

辐射正弦定律的数学概要。证明作者关于各向辐射等强假定的悖论。

1817 年,第 6 卷,第 259—303 页。"关于辐射热的物理理论的几个问题"(Questions sur la théorie physique de la chaleur rayonnante)。一篇论牛顿、皮克泰(Pictet)、韦尔斯(Wells)、沃拉斯顿(Wollaston)、莱斯利(Leslie)和普雷沃斯特(Prevost)等的发现的优美论文。

1820 年,第 13 卷,第 418—438 页。"关于地球的长期降温"〔(Sur le refroidissement séculaire de la terre),摘要〕。一篇论地球初始温度耗损的数学性、描述性论文。

1824 年,第 27 卷,第 136—167 页。"星际空间和地球温度的一般注记"(Remarques générals sur les températures du globe terrestre et des espaces planétaires)。这是关于收入《科学院研究报告》第 7 卷的上面那篇论文的描述性论文。

1824 年,第 27 卷,第 236—281 页。"辐射热性质的理论概要"(Résumé théorique des propriétés de la chalcur rayonnante)。对以温度平衡原理为基础的表面辐射和吸收的基本分析的说明。

1825 年,第 28 卷,第 337—365 页。"关于辐射热的数学理论的注记"(Remarques sur la théorie mathématique de la chaleur rayonnante)。受热均匀的外壳壁的辐射、吸收和反射的初步分析。在第 364 页,傅立叶先生允诺了一部《热的物理理论》(Thécrie physique de la chaleur),以包含从 1822 年所出版的著作中略去了的这部《解析理论》(Théorie Analytique)的一些应用。

1828 年,第 37 卷,第 291—315 页。"热作用下薄物体导热性能的实验研究,和对一种新型的接触温度计的说明"(Recherches expérimentales sur la faculté conductrice des corps minces soumis à l'action de la chaleur, et description d'un nouveau thermomètre de contact)。其中还描述了一个打算作为演讲示范的接触验温器。埃米尔·韦尔德(Emile Verdet)在他的《物理演讲》〔(Conférences de Physique),巴黎,1872 年,第一部分第 22 页〕中指出了他不相信接触温度计理论指标的实际原因。——A. F.

关于载于《科普协会通报》以及这里在第 8 页和第 11 页引述的有关傅立叶先生的论文的三个注记,第一个为泊松、该通报的数学编委所写,另外两个是傅立叶先生写的。——A. F.

格勒诺布尔景

第一章

导　言

· *Chapter* Ⅰ. *Introduction* ·

　　傅立叶之所以能取得富有如此深刻内容的成就，正如撰写傅立叶传记的两位作者所说，这只有赋有生动的想象力和具有适合其工作的清醒的数学哲学头脑的数学大师才能达到。从傅立叶的著作中，我们看到：他坚信数学是解决实际问题的最卓越的工具。这一见解是傅立叶一生从事学术研究的指导性观点，而且已经成为数学史上强调通过研究实际问题发展数学（包括应用数学和纯粹数学）的一派数学家的代表性格言。

第一节　本著作目的的表述

1　热的作用服从于一些不变的规律,如果不借助于数学分析就不可能发现这些规律。我们即将要阐明的这个理论的目的就是要论证这些规律;它把关于热传导的所有物理研究都归结为其基础已由实验所给出的那些积分运算问题。由于热的作用永远存在,它充斥于一切物质和空间之中,它影响工艺过程,并发生在宇宙的一切现象之中;因此,没有任何主题比它与工业和自然科学的进步具有更广泛的联系了。

当热在一个实体的不同部分之间不均匀地分布时,它倾向于达到平衡,并且慢慢地从较热部分传到次热部分;同时它在表面耗散,并且耗散在介质或空间中。作用在物体表面的这种自发辐射倾向于不断改变它们不同点的温度。假定初始温度已知,那么,热传导的问题就在于确定在一给定时刻一物体在每一点的温度是怎样的。下面的例子将更清楚地弄清这些问题的本质。

2　如果我们使一个直径很大的金属环的同一部分受一个热源持续而均匀的作用,那么,最靠近热源的分子将首先被加热,并且经过一定时间之后,这个固体的每一点都将获得非常接近于它所能达到的最高温度。这个极限温度或最高温度在不同点上是不同的;它随它们离受热源直接作用的那一点愈远而愈低。

当这些温度变成永恒不变时,热源在每一时刻内提供恰好补偿在这个环的外表面的所有点上所耗散的热量。

如果现在撤掉这个热源,热将继续在这一固体内传导,但是,在介质和空间中所失掉的热,就再也不会像以前那样由这个热源提供补偿了,因此,所有温度都将变化,并且不断减少,直到它们变得与周围介质的温度相等为止。

3　当温度永恒不变,并且保留热源时,如果在环的中周的每一点上作一个垂直于环平面的纵坐标,它的长度与那一点的固定温度成正比,那么,过这些纵坐标端点的曲线就表示这些温度的永恒状态,并且,很容易用分析来确定这条曲线的性质。应当注意,由于假定与中周垂直的同一个截面的所有点的温度明显相等,所以假定环是很细的。当热源撤走时,界定这些与不同点的温度成正比的纵坐标的曲线,就不断改变它的形式,问题在于用一个方程表示这条曲线的这种可变形式,因此,就在于用单个公式概括这一固体的所有连续状态。

4　设 z 是中周上一点 m 的不变温度,x 是这一点到热源的距离,即是包含在点 m 和对应于热源位置的点 o 之间的这段中周弧的长度;z 是点 m 依靠热源的恒定作用所能达到的最高温度,这一永恒温度 z 是距离 x 的一个函数 $f(x)$。这个问题的第一部分在于确定表示这个固体永恒状态的函数 $f(x)$。

考虑当热源一移开时继前一个状态的下一个变化状态;用 t 表示自热源撤除后所经历的时间,用 v 表示 t 时后点 m 的温度值。量 v 则是距离 x 和时间 t 的某个函数 $F(x,t)$;这个问题的目的是要找到这个函数 $F(x,t)$,我们现在仅仅只知道这个函数的初始值是 f

---

◀ 古老的欧塞尔市通向荣纳河的一条街道。

(x),因此我们应当有方程 $f(x)=F(x,0)$。

5 如果我们把一个形如球或立方体的同质实体放进一种保持恒温的介质中,把它持续浸泡很长时间,那么,它将在它的所有点上都达到与这种流体相差无几的温度。假定取出这一物体,把它转移到转凉的介质中去,那么,热将开始在其表面耗散;这一物体不同点的温度也会明显地不同,如果我们假定它被平行于它的外表面的面分成无穷多个薄层,那么,在每一时刻,每一薄层就向包围它的薄层传送一定量的热。如果设想每一分子带有一个单独的温度计,它表示它在每一时刻的温度,那么,这一固体的状态就时刻由所有这些温度计所测得的高度的变化系统来表示。有必要用解析公式表示这些连续变化,以便我们能够在这一给定时刻知道由每一个温度计所标明的温度,并且比较同一时刻内两个相邻薄层之间所流过的,以及进入周围介质的热量。

6 如果这一物体是球状的,并且我们用 x 表示这一物体某一点到球心的距离,用 t 表示自冷却开始后所经历的时间,用 v 表示点 m 的变化温度,那么容易看出,位于与球心距离相同的点有相同的温度 v。这个量 v 是半径 x 和时间 t 的某个函数 $F(x,t)$;无疑,当我们假定 t 为零时,无论 x 是什么值,v 都是常数;因为由假定,在取出的一瞬间,所有点的温度都相同。问题在于确定那个表示 v 值的 x 和 t 的函数。

7 接下来应该注意,在冷却期间的每一时刻,一定热量通过外表面而逃逸,并进入介质。这个量值不是不变的;它在冷却开始时最大。然而,如果我们考虑半径为 x 的内球面的变化状态,那么我们容易看到,在每一时刻肯定有一定热量穿过那个球面,并且经过这一物体距球心更远的那一部分。热的这一连续流动同它经过外表面的流动一样,是可变的,并且两者是可以相互比较的量;它们的比是其变化值为距离 x 和历经时间 t 的函数的数。有必要确定这些函数。

8 如果长时间在介质中浸泡所加热,并且我们想计算其冷却率的这一物质,是一个立方体,如果我们取这一立方体的中心为原点,取垂直于各面的线为轴,用三个直角坐标 x,y,z 确定每一点的位置,那么我们看到,在时间 t 之后,点 m 的温度 v 是 4 个变量 x,y,z 和 t 的一个函数。在每一时刻过这一固体的整个外表面所流出的热量是变化的,并且可以相互比较;它们的比是依赖于时间 t 的一些解析函数,是我们应当确定的表达式。

9 让我们也考察这样一种情况:一个充分粗、无限长、其末端受恒温作用的矩形棱柱,当它周围的空气保持较低温度时,最后达到一个需要确定的固定状态。由假定,在棱柱基底的底截面上的所有点都有相同和永恒的温度。与热源有距离的截面则不同;这个平行于基底的矩形面的每一点得到一固定温度,但是,这在这同一个截面的不同点上是不一样的,在离受空气作用的面更近的点上,温度肯定更低一些。我们还看到,由于这一固体的状态已经变成恒定的,因此,在每一时刻,有一定的热量流过一个已知截面,它们总是相等的。问题在于确定在这一固体的任一已知点上的永恒温度和在一个给定时间内,流过其位置已知的截面的总热量。

10 取棱柱基底的中心为坐标 x,y,z 的原点,取棱柱本身的轴和垂直于各底边的两条垂线为直角坐标轴:其坐标为 x,y,z 的点 m 的永恒温度 v,是三个变量的函数 $F(x,y,z)$:当我们假定无论 y 和 z 取什么值 x 均为 0 时,由假设,这个函数有一个常数值。如果由一个面积所界定、由相同物质组成为这一棱柱的这一受热物体一直保持沸水温度,并且浸没在保持融冰温度的大气中,那么,让我们以在一个单位时间内从一个与单位面积相等的面积中所发出的热量为一个热量单位。

我们看到,在这个矩形棱柱的永恒状态中,在一个单位时间内,流过垂直于轴的某一截面的热量与作为单位的热量有一个确定的比,这个比对所有截面来说是不同的;它是这一截面所位于的距离 x 的函数 $\phi(x)$。需要找到函数 $\phi(x)$ 的一个解析表达式。

11 上述例子足以对我们所谈过的不同问题给出一个精确思想。

这些问题的解使我们认识到,就每一种固体物质来说,热传导的作用都依赖于三个基本量,它们是物质的热容量(capacity for heat),它的自热导率*(own conductibility)和外热导率(exterior conductibility)。

人们已经观察到,如果同体积不同质的两个物体有相同的温度,并且如果对它们增加相同的热量,那么,温度的增量是不相同的,这两个增量的比是它们热容量的比**。如此,规定热作用的三个具体要素中的第一个,就被严格地确定了,并且,物理学家们很早就知道几种确定它的值的方法。其他两个要素就不一样了;虽然它们的作用经常被观察到,但是还没有一个严格的理论能精确地区别、定义和测量它们。

一个物体的固有热导率或内热导率(the proper or interior conductibility)表示使热从一个内部分子传递到另一个内部分子的能力。一个固体的外热导率或相对热导率(the external or relative conductibility)取决于热穿过其表面,并从这一物体进入一种已知介质,或者,从这种介质进入这个固体的能力。这后一种性质或多或少地由表面的光洁状态所左右;它也随这一物体所浸入其中的介质而变化;但是内热导率只随这一固体的质而变化。

在我们的公式中,这三个基本量由常数来表示,并且这一理论本身指明适合于测量它们的值的实验。一旦它们被确定,则与热传导有关的一切问题就都只取决于数值分析。关于这些特殊性质的知识可能在物理科学的几种应用中都直接有用;此外,这种知识也是不同物质的研究和描述的一个要素。那些忽视它们与自然界主要作用力之一所具有的这些联系的知识,将是非常不完善的。总的说来,由于这一理论可以给以热的使用为基础的无数工艺实践带来清晰性和完整性,所以,还没有任何一种数学理论比它与国民经济具有更紧密的联系。

12 地球温度问题表明是热理论的最漂亮的应用之一;形成它的一般思想如下。地球表面的不同部分不等地受到太阳光线的作用;其作用强度取决于那一地点的纬度;它在一天的过程中和在一年的过程中也有变化,并且受到其他更不易察觉的不均匀性的影响。显然,地表的变化状态与内部温度的变化状态之间存在着一种必然联系,它可以由理论导出。我们知道,在地表以下的某一深度,在一已知地点的温度无年变:这一永恒的地下温度随这一地点离赤道愈来愈远而变得愈来愈低。地球外壳的厚度相对于地球半径无比地小,因此我们可以不考虑它,而把我们这颗行星看作一个近球体,它的表面受到这样一种温度的作用,这种温度在一条给定的纬线的所有点上保持不变,而在另一条纬线上则不同。由此推出,每一个内分子也有由它的位置所确定的固定温度。这一数学问题在于找出任一已知点的固定温度,以及日热在射入地球内部时所遵循的规律。

如果我们考虑在我们居住于其表面之上的地壳本身中所相继发生的变化,那么,这种温度的差异性就会使我们更加感兴趣。在每一天和在每一年的期间所反复产生的那些冷暖交替,至今都一直是反复观察的对象。我们现在可以计算它们,并且可以从一个一般的理论推导出经验所教给我们的所有特殊事实。这一问题可简化成这样一个假设:一个巨大球体的每一点都受到周期性温度的作用,那么分析告诉我们,这些变化的强度根据什么规律随深度的增加而减弱,在一给定深度上,年变化或日变化的总量是多少,这些变化的时期是怎样的,怎样从地表所观测到的变化温度推出地下温度的固定值。

---

* 该词各处均可见,传导率(Conductivity)

** 它们容量的反比。

13 热传导的一般方程是偏微分方程,虽然它们的形式非常简单,但是,已知的方法[①]并不能对它们的积分提供任何一般的形式;因此,我们不能由它们推出某一确定时间之后的温度值。然而,这些分析结果的数值解释是必需的,并且,对于给出分析对自然科学的每一种应用来说,这种数值解释可能是某种非常重要的完善标志。只要尚未得到它,就可以说解仍然是不完全的和无用的,并且,人们想要发现的这一真理深藏在分析公式之中,这丝毫不亚于它原来在物理问题本身中的隐蔽性。我们一直以极大的关注致力于这一目标,我们已经能够克服在我们所处理过的,并且包括热理论的基本原理在内的所有问题中的困难。每一个问题的解都对发现所得到的温度的数值,或者当时间值和变量坐标的值已知时,对发现那些所流过的热量的数值,无不提供简便而精确的方法。因此,我们不仅将给出表示温度值的函数所必须满足的微分方程,而且将以便于数值应用的形式给出这些函数本身。

14 为了使这些解能够是一般的,并且具有与这一问题相同的范围,必要条件是它们应当适合温度的初始状态,这个初始状态是任意的。对这一条件的研究表明,对于不服从于某个不变的规律,并且表示不规则或不连续线段的纵坐标的那些函数,我们可以以收敛级数展开,或者用定积分来表示。这一收获对偏微分方程理论给出一种新的见解,并且通过使任意函数服从于分析的一般过程而扩大它们的应用。

15 剩下来的,还有事实与理论的比较。为着这一目的,我们做了各种精确的实验,这些实验结果是与这些分析的结果一致的,并且赋予这些分析结果一种在看上去受制于如此之多的不确定性的新问题中人们就不情愿赋予的权威。这些实验确证我们由之开始的原理,尽管物理学家们在关于热的本质的假设上众说不一,但是他们都采纳这一原理。

16 温度平衡不仅可以以接触的方式产生,而且长时间处在同一地区的相互分离的物体之间也可以建立温度平衡。这种作用与介质的接触无关;我们已经在真空中观察到它。为了完成我们的理论,有必要考察辐射热在离开物体表面时所遵循的规律。从许多物理学家的观察中和我们自己的实验中可以得出:从一受热物体表面任一点在各个方向上所逃逸出的不同光线的强度,取决于它们的方向与这同一点所在平面所成的夹角。我们已经证明,一条光线的强度随这条光线与面元素所成夹角的缩小而减弱,并且它与那个角的正弦成正比[②]。不同的观察已经表明这个热辐射的一般规律是固体中温度平衡原理和热传导规律的一个必然结果。

---

① 关于这些方程的现代处理,请查阅

黎曼(von B. Riemann),《偏微分方程》(*Partielle Differentialgleichungen*),不伦瑞克,第二版,1876。第4节,"固体中的热运动"(Bewegung der Wärme in festen Körpern)。

马蒂厄(E. Matthieu),《数学物理教程》(*Cours de physique mathématique*),巴黎,1873。与热理论的微分方程有关的部分。

托德亨特(I. Todhunter),《拉普拉斯、拉梅和贝塞尔函数》(*The Funtions of Laplace, Lamé and Bessel*),伦敦,1875。第21、25—29章,它们给出了某些拉梅方法。

韦尔德(E. Verdet),《物理演讲》(*Conférences Physique*),巴黎,1872〔《全集》,第4卷,第1部分〕。《传导性热扩散教程》(*Lecons sur la propagation de la chaleur par conductibilité*)。这两本书后附有一个非常广泛的关于热传导的整个领域的文献目录。

对于傅立叶理论的一个有意义的概述和应用,见

麦克斯韦(Maxwell)教授,《热的理论》(*Theory of Heat*),伦敦,1875(第4版)。第18章,论传导性的热扩散(On the diffusion of heat by conduction)。

汤姆森(W. Thomson)爵士和泰特(Tait)教授,《自然哲学》(*Natural Philosophy*),第1卷,牛津,1867。第7章,附录D,地球的长期冷却(On the secular cooling of the earth)——A. F.

② 《科学院研究报告》,第5卷,巴黎,1826年,第179—213页。——A. F.

这些就是本书所讨论的主要问题；所有这些讨论只有一个目的，那就是清晰地建立热理论的数学原理，并在这一方面跟上实用工艺的步伐和对自然研究的步伐。

17　据以上所述，显然存在一类非常广泛的现象，它们并不由机械力所产生，而仅仅只由热的存在和积累而引起。自然哲学①的这一部分不可能与动力学的理论有关，它有它本身所特有的原理，并且建立在一种与其他精密科学相类似的方法之上。例如日热，它贯穿到地球内部，并根据一条固定的规律使自己分布于其中，这条规律不依赖于运动规律，也不由力学原理所决定。热的推斥力所产生的膨胀，以及用于测量温度的观察，的确都是动力学的效应，但是当我们研究热传导的这些规律时，它就不是我们所计算的这些膨胀了。

18　还有其他更复杂的自然效应，它们同时依赖于热的影响和引力的影响；因此，太阳的运动在大气和海洋中所引起的温度变化，不断改变空气和水域不同部分的密度。这些物质所服从的这些力的作用，在每一时刻都被一种新的热分布所改变，并且毫无疑问，这个原因引起规则的风和海洋的主要潮流；日月的引力，在大气中只产生勉强可察的作用，不引起一般的位移。因此，为了使这些重大现象服从于计算，有必要去发现物质内部热传导的数学规律。

19　阅读本书时读者会看到，热在物体内达到一种规则排列与初始分布无关，初始分布可以看作是任意的。

热在开始时无论以何种方式分布，变化愈来愈大的这个温度系统都将明显地趋于与只和固体形状有关的一个确定状态相重合。在极限状态下，所有点的温度都同时下降，但各点之间保持相同的比：为了表示这个性质，解析公式就应该包含一些由指数和由类似于三角函数的量所组成的项。

力学的几个问题提供类似的结果，如摆的等时性，发声物体的复共鸣等。普通实验使人们注意到这些结果，以后的分析论证了它们的真正原因。至于那些依赖于温度变化的结果，除非很精密的实验，否则它们就不可能被认识到；但是数学分析已经超过观察，它弥补了我们感官的不足，在某种意义上，它使我们亲眼看到物体内部规则和谐的振动。

20　这些考虑对存在于数的抽象科学和自然原因之间的联系提供了非凡的范例。

当一根金属棒的一端受一个热源的恒定作用，并且其各点都已经达到它的最高温度时，这个固定温度系统就严格对应于一个对数表；数是不同点所在的温度计的标高，对数是这些点与热源的距离。一般来说，热根据不同类型的物理问题所通用的一个偏微分方程所表示的简单规律使自己分布于物体内部。热辐射与正弦表有一种明显的联系，因为，从受热面的同一点出来的射线彼此非常不同，它们的强度严格与各射线的方向与面元素所成夹角的正弦成正比。

如果我们在一个同质固体物质的每一点上能够观察到每一时刻的温度变化，那么，我们就会在这些系列观察中发现那些像正弦和对数那样的循环级数的性质；例如，它们可能在地球近地表的不同点的日变化温度和年变化温度中被注意到。

我们还可以在弹性介质的振动中，在曲线或曲面的性质中，在星体的运动中，以及在光或流体的运动中，认识到这些同样的结果和一般分析的所有主要的基本原理。在无穷级数的展开中和在数值方程的解中所运用的、通过逐次微分所得到的这些函数，也对应着物理性质。这些函数的第一个，或者准确地说称之为流数（fluxion），在几何学中表示

① 傅立叶在当时所说的"自然哲学"（La Philosophie naturelle），就是我们今天所说的科学，或者是理论科学。——汉译者

一条曲线正切的倾角[①]，在动力学中表示一个运动物体在这一运动发生变化时的速度；在热的理论中，它计量在一个物体的每一点上经过一个已知面所流过的热量。因此，数学分析与可感知的现象有着必然的联系；它的对象不为人的智力所创造；它是宇宙秩序的一个先在要素（a pre-existent element），并且在任何意义上都不是偶然的或者是意外的；整个自然界到处都打上了它的印记。

21　更精确、更丰富的观察必将弄清热效应是否将由尚未察觉的一些原因来修改，热的理论将在它的结果与实验结果的不断比较中获得进一步的完善；它将阐明我们至今尚不能分析的某些重要现象；它将表明怎样确定太阳光线的所有温度计效应，表明不论是在地球内部还是在大气圈的范围之外，不论是在大洋中还是在大气的不同区域中，在这些与赤道不同距离的位置，怎样确定可能观察到的不变或可变的温度。由此导出由热和重力的综合作用所产生的大规模运动的数学知识。同样这些原理将用来测量不同物体的固有热导率和相对导率，以及它们的比热，用来鉴别使固体表面的热辐射发生变化的一切原因，并且用来改进测温仪。

热的理论，将以其基本原理的严格精确性和它所特有的分析困难，并且首先以它应用的广度和有效性，而永远吸引数学家们的注意力；因为它的一切结果都同时与普通物理学，与工艺效果，与家庭习惯和国民经济有关。

第二节　初始定义和一般概念[②]

22　关于热的本质只能形成一些不确定的假说，但是关于它的效应所服从的数学规律的知识，却与一切假说无关；它仅仅只需要对一些日常观察所表明、由精确实验已确证的主要事实进行细致的考察就够了。

这样，首先有必要陈述一般的观察结果，对分析的所有要素给出精确定义，并建立作为这种分析之基础的原理。

热的作用常常会使所有物体，固体、液体或气体等都膨胀；这是给出其存在证据的性质。只要固体和液体所含的热量增加，它们的体积就增加[*]，热量减少，其体积也随之减少。

当一个同质固体物质的所有部分，如一个金属物体的所有部分，被同等地加热，并且毫无变化地维持同一热量时，它们也具有并保持相同的密度。这一状态由这样一种说法来表示：在这一物体的整个范围内，分子处处都具有相同和永恒的温度。

23　温度计是使得人们能够鉴别它体积的最小变化的物体；它的作用是以一种流体或一种空气的膨胀来测量温度。我们假定我们精确地知道这个仪器的结构、用法和性能。一个各部分被同样加热并保持其热的物体的温度，就是当温度计是并且保持与所研究的这一物体完全接触（perfect contact）时它所标明的温度。

完全接触就是温度计完全浸没在一流体物质中，一般地，就是该仪器外表面没有任何一点不为其温度待测的固体或流体物质的一点所接触。在实验中，并非总是要求一定

---

① 但是在傅立叶 1807 年的研究报告的注文中说到，热流量与"曲线倾角的正切"成正比。见 I. Grattan-Guinness, *Josepli Fourier 1768—1830*, p. 98，脚注 13。

② 此处标题与目录中的不一致，第二章第四节的标题亦如此。——汉译者

＊ 在大多数情况下。

要严格保持这一条件;但是为了使定义精确,应当这样假定它。

24 我们确定两个固定温度,即由 0 来表示的融冰温度(the temperature of melting ice),以及我们用 1 来表示的沸水温度(the temperature of boiling water);假定水在一个大气压下沸腾,一个大气压由气压表中的水银为 0 度时,该气压表的某个高度(76 厘米)来表示。

25 不同的热量通过确定它们包含一个作为单位的固定量的多少倍而测得。假定有一个确定重量(1 千克)的冰块,其温度为 0 度,通过增加一定的热量,在同一 0 度温度下转变成水:这样,所增加的这一热量就被看作为测量单位(the unit of measure)。因此,由数 C 所表示的热量,就等于把温度为 0 度的 1 千克冰在同一 0 度温度下溶解成水时所需要的热量的 C 倍。

26 要使有一定重量的金属物体,如 1 千克铁,从 0 度上升到 1 度,就必须有一些新的热量增加到这一物体已有的热量中去。表示这一补充热量的数 C,就是铁的比热(Specific capacity of iron for heat),数 C 对于不同的物质有非常不同的值。

27 如果一个定质定量的物体(1 千克汞)在 0 度时有体积 V,当它达到 1 度时,也就是说当它在 0 度时所包含的热量增加一个等于这一物体比热的新热量时,那么它将占有更大的体积 $V+\Delta$。但是,如果不是增加这个量 C,而是增加量 zC(z 是一个或正或负的数),那么,新的体积就不是 $V+\Delta$,而是 $V+\delta$。现在,实验表明,如果 $z=\frac{1}{2}$,则体积的增量 δ 就只有整个增量 Δ 的一半,并且一般地,当增加的热量是 zC 时,δ 的值就是 $z\Delta$。

28 所增加的热的这两个量 zC 和 C 的比 z,与两个体积增量 δ 和 Δ 的比是相同的,它就是所谓的温度比;因此,表示一个物体有效温度的量代表它的实际体积超过其在融冰温度下所具有的体积的超出量,1 代表对应于水的沸点的体积超过对应于冰融点的体积的整个超出量。

29 物体体积的增量一般与产生膨胀的热量的增量成正比,但是应当注意,这个比仅仅只在所研究的物体所经受的温度远离那些决定它们状态变化的温度的情况下才是精确的。这些结果不一定能应用于所有液体;特别对于水而言,膨胀并不总伴随热的增加。

一般来说,温度是与所增加的热量成正比的数,就我们所考虑的情况而言,这些数也与体积的增量成正比。

30 假定由有一定面积(1 平方米)的平面所界定的物体无论以什么方式使其所有点都同样保持恒定温度 1,并且假定所说的这一平面接触保持 0 度的空气;则从这个平面不断逃逸并进入周围介质中去的热,总是由那种作用在这个物体上的恒定原因所产生的热所补充;因此,由 h 所表示的一定热量在一个确定时间(1 分钟)内流过这一平面。

在一个固定温度下,发生在一个单位平面上的一个连续并且总与自身相同的热流的总量 h,就是这个物体的外热导率的量度,也就是说是它的表面向空气传热的能力的量度。

这里的空气被认为是以一个已知的匀速连续移动的;但是,若这一气流的速度增加,则传入介质的热量也会发生变化;若介质的密度增加,同一情况亦会发生。

31 如果这一物体的这一恒定温度超过周围物体温度的超出量不是如所假设的那样等于 1,而是一个较小的值,那么,所耗散的热量就比 h 少。正如我们即将看到的,观察结果是,所失掉的这一热量可以看作是明显与这一物体的温度超过空气和周围物体的温度的超出量成正比的。因此在量 h 已经由受热面为 1 度,介质为 0 度的一个实验所确定时;我们得出结论:如果这个面的温度为 z,所有其他情况保持不变,则所耗散的这个热

量就是 hz^*。当 z 是一个小分数时,我们肯定可以承认这一结果。

32 经过一个受热面而扩散的这一热量的这个 h 值随不同物体而异;并且,对于同一物体,它也随这个面的不同状态而变化。这一辐射作用随这个面的光洁度的提高而减少;因此,破坏这个面的光洁度,h 值会明显增加。如果一个被加热的金属物体的外表面被涂上一层诸如能完全使其失去金属光泽的黑漆,那么,它就会冷却得更快。

33 从一个物体的表面所逃逸的热辐射线自由地穿过真空空间;它们也在大气中传导;它们的方向不为介入空气(intervening air)中的扰动所干扰;它们可由金属镜反射并集中到金属镜的焦点上。高温物体,在被插进一种液体中时,它们仅仅只直接加热它们的表面所与之接触的那些部分的液体。与这一表面不太近的分子不直接受热,气流体则不一样;在它们之中,热辐射线极快地传到很远的地方,或者是这些射线的那一部分自由地穿过大气层,或者是这些气层迅速传播这些射线而不改变其方向。

34 当把这一受热物体放到保持明显不变的温度的空气中时,传导到这些空气中的热就使离这一物体表面最近的流体层更轻;这一气流层受热愈强,它就上升得愈快,并由其他冷气团所补充。这样,在方向垂直、速度随这一物体的温度更高而更快的空气中形成一股气流。由于这个原因,如果这一物体逐渐自行冷却,则这一气流的速度就随温度而减弱,并且,这一冷却规律和这一物体受一定速气流作用的规律不完全相同。

35 当物体被加热到足以漫射强光时,它们的部分辐射热就与能穿过透明固体或流体,并受产生折射的力的支配的那种光相混合。随着这些物体的炽热光焰逐渐减弱,有这种能力的热量也随之减少;我们可以说,对于极不透明的物体而言,即使它们极度受热,也察觉不出来。一个薄透明片几乎拦截所有由剧热金属体所产生的直热;不过,它随被拦截的射线在它之中的积累而成比例地逐渐被加热;因此,若它由冰组成,则它变成液体;但是,若这一冰片受一条光炬的作用,则它允许相当多的热量随光一起穿过。

36 我们曾经用一个系数 h 作为一个固体外热导率的量度,它表示在一确定时间(1分钟)内从这一物体表面进入空气的热量。假定这一表面有一个确定的面积(1平方米),这一物体的不变温度是 1,空气的不变温度是 0,并且受热面受一给定的不变速度的气流的作用。这个 h 值由观察来确定。由这一系数所表示的热量由两个不同的部分所组成,若无极精确的实验,这两部分热量就不可能被测量出来。它们一部分是以接触的方式向外界空气所传递的热;另一部分,比第一部分少得多,是所发射的辐射热。在我们最初的研究中,我们应当假定,当这一固体的温度和介质的温度以同一充分小量增加时,所失去的热量不变。

37 正如我们所注意到的,固体物质的另一个差别是它们可渗透性的大小;这个性质就是它们的固有热导率(conductibility proper):在论述了热的均匀传导和线性传导之后,我们将给出它的定义和精确量度。液态物质也具有从分子到分子的导热性,并且它们热导率的数值随物质的质而变化:但是这个作用难以在液体中观察到,因为温度一变化,它们的分子就会改变其位置。在物质下部受热源作用最大的所有情况中,在这些液体中的热传导主要靠这种不断的位移来进行。相反,同在我们的几个实验中的情况一样,如果热源作用于物质最上层的那一部分,则热转移非常慢,它不引起任何位移,至少当温度的增加不缩小其体积时,如像在接近于状态变化的一些异常情况中所注意到的那样,情况的确如此。

38 对这些主要观察结果的这一解释应当就温度平衡增加一个一般性的注记;这个注记在于这样一点,位于同一区域的不同物体,若它们各部分都是并且保持等加热,则也

---

* 在英译本和法文《文集》本中,这句话都是:"这个量就是 hz。"从行文看,"这个量"指的是前文所说的"所耗散的热量就比 h 少"的那个量。所以,为便于理解,我们加上"所耗散的"。——汉译者

达到一共同的永恒温度。

假定一个物体 M 的所有部分都有一无论以什么原因所保持的共同和不变的温度 a；如果一个更小的物体 m 以完全接触的方式与物体 M 放在一起，则它将被假定为有共同的温度 a。

实际上，除非经过无穷时间，否则这个结果就不可能严格地出现：但是这个命题的准确意思是：若物体 m 在被置于接触中去之前就有温度 a，则它将保持这一温度而不发生任何变化。放得使每一个都分别与物体 M 完全接触的许多其他物体 n，p，q，r 的情况亦如此：它们都将达到恒定温度 a。因此，一个温度计，若相继用于这些不同的物体 m，n，p，q，r，则会指示相同的温度。

39　如果物体 m 的每一部分都被包含在这一固体 M 中，如在一包壳中而不接触它的任一部分，那么，所讨论的这一作用就既与接触无关又仍然会发生。例如，如果这一固体是一个有一定厚度、由某种外因保持在温度 a 上，并且包含一个完全排除空气的空间的球形外壳，如果物体 m 可以被放到这一圆形空间的任一部分中而不接触包壳的内表面的任一点，那么，它将达到共同温度 a，更准确地说，如果它已经在球形包壳中，则它将保持这一温度。对所有其他物体 n，p，q，r，无论它们是分别地，还是一起放到这同一球形包壳中，并且还无论它们的物质和形状怎样，其结果都一样。

40　我们对热的作用所提出的所有这些模式看来是最简单的并且是与观察最一致的，提出它们的目的在于把这种作用与光的作用作一个比较。正如发光物体发射它们的光一样，互相分离的分子通过空气相互传递它们的热辐射线。

如果在处处密封，并且由某种外因保持固定温度 a 的一个包壳内，我们假定放进一些不同的物体，并且这些物体与内边缘任一部分均无接触，那么，随这些被放进这一真空空间的物体受热的多少，我们会观察到不同的作用。在第一种情况中，如果我们只放进一个这样的物体，它的温度和包壳的相同，那么，它从它表面各点发射的热和它从包围它的这一固体那里所得到的热一样多，并且通过这种等量交换保持它的初始状态。

如果我们放进第二个物体，它的温度 b 小于 a，那么，它首先会从处处包围它而不接触它的面得到比它所放出的更大的热量、它将越来越被加热，并且通过它的表面吸收比它在第一种情况中所吸收的更多的热。

初始温度 b 不断升高，它将不停顿地趋近固定温度 a，因此，在某时间之后，这个差将变得微乎其微。如果我们在这同一包壳内放进温度比 a 高的第三个物体，那么就会有相反的作用。

41　所有物体都有通过其表面发射热的性质；它们愈热，它们就发射得愈多；所发射的辐射线的强度随表面状态而发生相当明显的变化。

42　从周围物体得到热辐射线的每一个面，都反射一部分，保留其余部分：未被反射而进入这个面的热，在这一固体中积累；并且，只要它超过由辐射所耗散的量，那么温度就上升。

43　倾向于离开受热物体的辐射线通过一种把它们的一部分反射到这一物体内部的力而在其表面被俘获。阻止入射线经过这个面，并把这些辐射线分成两部分，一部分被反射，另一部分被保留的那个原因，也以同样的方式作用在从这一物体内部指向外部空间的那些射线上。

如果我们通过改变表面状态而增加它反射入射线的力，那么我们同时也增加了朝这一物体内部反射要离开它的辐射线的力。进入这一物质的入射线和通过其表面而发射的辐射线，在数量上相等地减少。

44　如果在这个包壳内同时放进上面所提到过的一些彼此分离且受热不等的物体，那么它们将得到和发射热辐射线，这样，在每一次交换时，它们的温度将连续变化，并且它们都倾向于变得与这个包壳的固定温度相等。

这个作用与热在固体内被传导时所产生的作用完全相同;因为构成这些物体的分子被真空所隔开,并且有受热,积热和发射热的性质。它们每一个都向各处发出辐射线,并且同时从包围它的那些分子那里得到别的辐射线。

45　由位于一个固体物质内部一点所发出的热只能直接通过一段极短的距离;我们可以说,它被最近的粒子所阻截;这些粒子只直接接受这种热,并且作用在更远的点上。气流体则不同;在它们之中,辐射的直接作用在非常远的距离上都是明显的。

46　因此,虽然从一个固体表面的一部分在各个方向上所逃逸的热在空气中传给非常远的点;但是它们仅仅只由这一固体的那些紧靠其表面的分子所发射。一个被加热的物体上处在与把这一物体和外部空间隔开的表面挨得很近的一个点向外部空间发出无数辐射线,但是它们并不能全部都到达那里;它们被减少由这一固体的中间分子所俘获的所有那些热量。实际弥散到空间中去的那部分辐射线,随它们在这一物体内经历的路程更长而变得更少。因此,垂直于这一表面所逃逸的辐射线,其强度比沿斜向离开这同一点的辐射线要大,倾斜得最狠的辐射线则完全被拦截。

同样的结论适用于离表面充分近,可以参与热辐射的所有那些点,由此必然得出,以法向从表面逃逸出的全部热量,比那些斜向逃逸出的要大得多。我们已经使这一问题能够计算,我们的分析证明,辐射线的强度与它们和面元素所成夹角的正弦成正比。实验已经表明一个相类似的结果。

47　这个定理表示一条与热作用的平衡和热作用的方式有必然联系的一般规律。如果从一个受热面所逃逸出的辐射线在所有方向上都有相同的强度,那么,位于由保持一恒温的一个包壳所处处围定的一个空间的某一个这样的点上的一个温度计,将指示比该包壳高得无比的温度[①]。正如我们总是注意到的一样,处于这一包壳内的物体不会取得共同的温度;它们所达到的温度或与它们所处的位置有关,或与它们的形状有关,或与相邻物体的形状有关。

如果人们认为在从同一点所逃逸出的辐射线之间有什么不同于我们所阐明的别的联系,那么或者同样的结果会被观察到,或者别的作用同样与一般经验相反。我们已经认识到,这一规律仅仅只是与辐射热平衡的一般事实相一致的规律。

48　如果一个没有空气的空间由一个其各部分都保持共同且不变的温度 a 的固体所处处围定,并且如果有有效温度 a 的一个温度计被放在这一空间的任一点上,那么,它的温度将保持不变。因此,它在每一时刻从这个包壳的内表面所得到的热与它向它所发出的热一样多。严格地说,在一给定空间内,热辐射线的这一作用是温度的量度:不过这个考虑预设了辐射热的数学理论。

如果现在在温度计和这个包壳面的一部分之间放进一个其温度是 a 的物体 M,那么温度计将不再得到来自这个内表面的某一部分的射线,但是这些射线将由它从所插入的物体 M 处所得到的那些射线所补偿。一个简单的计算表明,这个补偿是严格的,因此,温度计的状态将保持不变。若物体 M 的温度与这个包壳的温度不同,则情况不一样。当它更高时,所插入的物体 M 向温度计所发出的,并补偿被拦截的射线的这些射线,就传递比前者更多的热;因此,温度计的温度肯定升高。

相反,如果这个插进去的物体的温度比 a 低,那么温度计的温度肯定下降;因为,这个物体所拦截的射线由它所发出的、即由比包壳的射线更冷的那些射线所代替;因此,温度计就不能完全得到保持其温度 a 所必需的热。

49　到目前为止我们还没有考虑所有表面都具有反射一部分向它们所发射的射线

---

① 见傅立叶先生的证明,《物理学化学年鉴》,系列 2,第 4 卷,第 128 页。——A.F.

的能力。如果忽视这个性质,那么我们就只有很不完整的关于辐射热平衡的思想。

这时,假定在保持一恒温的这个包壳的内表面上有一部分在某种程度上具有所说的这种能力;则这个反射面的每一点都将向空间发出两种射线:一种仅仅从组成这一包壳的物质内部发出,其他则仅仅由它们所对着发出的这同一表面所反射。但是,在这个面排斥外部部分入射线的同时,它在内部保留部分它自身的射线。在这一方面,形成一种严格的补偿,也就是说,这个面所阻止发出的它自身的每一条射线,都由一条相同强度的反射线所代替。

如果反射线的这种能力无论在何种程度上对这个包壳的其他部分起作用,或者对被放进这同一空间,并且已经处于共同温度的物体表面起作用,那么,同样的结果就会发生。

因此,热的反射并不干扰温度平衡,并且,当这种平衡存在时,在离开同一点的射线强度据以随发射角的正弦而相应降低的规律中,它不参与任何变化。

50　假定在所有部分都保持温度 a 的这同一包壳中,我们放进一个孤立物体 M 和一个抛光金属面 R,当金属面 R 的凹面朝向这一物体时,它就反射它从这一物体所得到的大部分射线;如果我们在物体 M 和反射面 R 之间放一个温度计,随物体 M 的温度或等于,或大于,或小于共同温度 a,在这个镜子的焦点上,我们将会观察到三种不同的作用。

在第一种情况下,温度计保持温度 a;它得到 $1°$。来自不为物体 M 和这个镜子所遮挡的这一包壳所有部分的热辐射;$2°$。由这一物体所发出的射线;$3°$。面 R 向焦点所发出的那些射线,或者它们来自这个镜子本身的物质,或者这个镜子表面只反射它们;在最后这种射线中,我们可以区分由物体 M 向这个镜子所发出的射线和它从这一包壳那里所得到的射线。由假设,所讨论的所有这些射线都由有共同温度 a 的表面所产生,因此,温度计严格处于同一状态,仿佛由这一包壳所围成的空间不包含任何别的物体,而只含其自身一样。

在第二种情况下,放在已受热物体 M 和这个镜子之间的温度计肯定获得比 a 更高的温度。实际上,它得到和在第一种假设中相同的射线;不过有两个明显的差别:第一个差别产生于这样一个事实:由物体 M 向镜子所发出,并且反射到温度计上的射线,含有比在第一种情况中更多的热。另一个差别取决于这样一个事实:物体 M 直接向温度计所发出的射线,含有比前面更多的热。这两个原因,主要是第一个,就促使温度计的温度升高。

在第三种情况下,也就是说,当物体 M 的温度比 a 低时,温度计也肯定呈现出比 a 低的温度。事实上,它再次得到我们在第一种情况中所区分的所有各种射线;不过它们之中有两种所含的热比在第一种情况中要少,即,因由物体 M 发射,而由镜子反射到温度计上的那些射线,和这同一物体 M 直接向它所发出的那些射线。因此,温度计不能完全得到它为保持它的初始温度 a 所需要的热。它发出的热比它所得到的热要多。这样必然就是,它的温度肯定会降到它所得到的射线能够补偿它所失去的射线这样一点上。这最后一种作用就是所谓的冷反射(The reflection of cold),严格地说,它在于过弱热反射(The reflection of too feeble heat)。镜子拦截一定的热量,并且用更少的热量代替它。

51　如果在保持恒温 a 的这个包壳中放进一个物体 M,它的温度 a' 小于 a,那么这个物体的存在将使受到它射线作用的温度计降低温度,并且我们可以注意到,从物体 M 的表面向温度计所发射的射线,一般来说有两种:即来自这一物体 M 内部的那些射线,来自这一包壳的不同部分、碰到表面 M 上、然后反射到温度计上的那些射线。后一种射线有共同温度 a,但是属于物体 M 的那些射线包含的热则少一些,这些都是使温度计降温的射线。如果现在改变物体 M 的表面状态,例如,破坏其光泽,我们就降低了它所具有的反射入射线的能力,温度计的温度就会降得更低,呈现出比 a 更低的温度 a''。事实上，如若不是物体 M 发出更多的它自己的射线，并且反射更少的它从包壳那里所得到的射线，那么，所有条件就和前一种情况一样；也就是说，有共同温度的最后这些射线，部分地被更冷的射线所代替。因此，温度计就不能再得到和前面一样多的热。

如果与物体 M 的表面变化无关，我们放进一个适合于把离开 M 的射线反射到温度计上的金属镜，那么温度将呈现出比 a'' 更小的值 a'''。事实上，这个镜子从温度计那里拦截都有温度 a 的这个包壳的部分射线，并且用三种射线取而代之：即 1°。来自这个镜子内部本身，并且有相同温度的那些射线；2°。这个包壳的不同部分以相同温度向镜子所发出，并且被反射到焦点上的那些射线；3°。来自物体 M 内部，落到镜子上、然后被反射到温度计上的那些射线。最后这种射线的温度比 a 低；因此温度计不能再得到和它在放进镜子之前所得到的一样多的热。

最后，如果我们还着手改变镜子的表面状态，通过对它进行更理想的抛光，增加它反射热的能力，那么温度计的温度还会降得更低。事实上，在前面的情况中所出现的所有条件都存在。所发生的只是，镜子更少发出它自己的射线，并且用它所反射的那些射线来代替它们。现在，在最后这些射线中，所有那些从物体 M 内部所发出的射线的强度都比以前曾从金属镜内部所发出的射线小；因此，温度计所得到的热仍然比前面情况中的更少；因此，它将呈现出比 a''' 更低的温度 a''''。

运用同样这些原理，我们很容易解释热辐射和冷辐射的所有已知事实。

52 决不能把热效应与那些分子处于静止状态的弹性流体的效应相提并论。

试图从这个假设推出我们在本书中已解释的、所有实验已确证的这一传导规律，是徒劳的。热的自由态和光的自由态一样；而这种元素的激活态完全不同于气态物质的激活态。热以同一方式在真空，在弹性流体，以及在液体和固体物质中起作用，它仅仅以辐射的方式传导，不过它的显效应（sensible effects）随物体性质而异。

53 热是一切弹性的源泉；它是保持固体物质的形状和液体体积的斥力。在固体物质中，如果相邻分子的相互吸引作用不为分离它们的热所破坏，那么它们就会产生这种作用。

这种弹力随温度更高而更大；这就是为什么物体在它们的温度升高或降低时就膨胀或收缩的原因。

54 在固体物质内部，热的斥力和分子的引力之间所存在的平衡是稳定的；也就是说，当受到偶然原因干扰时，它就重建它自己的平衡。如果分子被安排在适合于平衡的距离上，并且如果一外力开始增加这一距离而不引起任何温度变化，那么，经过无数次变得愈来愈不明显的振荡之后，引力的作用就开始超过热的作用，并使分子恢复到它们的初始位置。

当一个机械原因使这些分子的初始距离缩小时，就会在相反的意义上产生一种类似的作用；诸如此类的有发出洪亮的声音的物体和柔性物体的振动基点，以及它们所有的弹性作用的振动基点等等。

55 在物质的液态和气态中，外压力是附加到或补充到分子引力上的，并且，作用在外表面时，它们并不抗形变，而只仅仅抗所占据的体积的变化。分析的研究将最恰当地表明抗分子引力或抗外压力的热的斥力怎样参与由一种或多种元素所组成的物体的，固体的或者是液体的合成，怎样决定气流体的弹性；不过，在我们之前，这些研究不属于这一主题，它们出现在动力学理论中。

56 毫无疑问，和光的作用方式一样，热的作用方式总是在于射线的相互传递，并且这一解释在现在已为大多数物理学家所接受；但是，建立热的理论并不需要考虑属于这一方面的现象。在本书中，读者将会看到，作为普通观察的必然结论，在固体或液体物质中，辐射热的平衡与传导怎样独立于任何物理解释而得到严格的论证。

第三节　热传导原理

57　我们现在开始考察实验所教给我们的关于热传导的知识

如果两个相同的分子由相同的物质所组成,并且有相同的温度,那么它们每一个都从另一个那里得到和它向它所发出的一样多的热;这样,它们的相互作用就可以看作为0,因为这种作用的结果不会引起这些分子状态的任何变化。相反,如果第一个比第二个热,那么它向它发出比它从它那里所得到的更多的热;这种相互作用的结果就是这两热量的差。就所有情况而言,我们排除任一对质点相互发出两相等热量这样一种情况。我们设想,只是受热较多的一点作用在另一点上,并且由于这一作用,第一个质点失去由第二个质点所得到的一定的热量。因此,这两个分子的作用,或者最热的分子传递给另一个的热量,就是它们相互发出的两热量的差。

58　假定我们在空气中放一个同质固体,它的不同点有不同的有效温度,则组成这一物体的每一个分子开始都会或者从距离极近的那些分子那里得到热,或者传热给它们。在同一时刻在这一物体的所有点之间所发生的这一作用,会在所有温度中产生一个无穷小的合变化(resultant change);这一固体将在每一时刻受到相似的作用,因此,温度的变化会变得愈来愈明显。

只考虑两个相等且挨得极近的分子 m 和 n 的系统,让我们来确定在某一时刻内第一个分子从第二个分子那里所能得到的热量:这样我们就可以把这同样的推理应用到与点 m 充分近、在第一个时刻内直接作用于它的所有其他点上。

由点 n 传递给点 m 的热量取决于这一时刻的长短,取决于这两点之间的这个很短的距离,取决于这两个点的有效温度,并且取决于这一固态物体的质;也就是说,如果这些因素中的某一个发生变化,即使所有其他因素都保持不变,所传导的热仍然会发生变化。目前,实验在这一方面已经揭示出一个一般的结果:它在于,所有其他环境保持不变,这两个分子中的一个从另一个那里所得到的热量,与这两个分子的温差成正比。因此,如果一切其他条件保持不变,点 n 与点 m 的温差变成两倍、三倍或四倍的,那么这一热量也是两倍、三倍或四倍的。为了解释这一结果,我们应当认为,n 对 m 作用的大小正好与这两点间温差的大小一样;如果温度相等,这个作用就等于0,但是如果分子 n 比同样的分子 m 含有更多的热,也就是说,如果 m 的温度为 v,n 的温度就是 $v+\Delta$,那么,一部分超出热就从 n 传到 m。现在如果热的这个超出量是两倍的,或者,与之等价,如果 n 的温度是 $v+2\Delta$,那么,超出热就由两个相等部分所构成,这两部分对应于整个温差的两等分;这两部分的每一部分都有它固有的作用,就好像是单独存在一样;因此,由 n 所传递给 m 的热量就和在温差只是 Δ 时所传递的热量的两倍一样多。超出热的这两个不同部分的同时作用,就是构成热传导原理的作用。由此得出:部分作用的和,或者 m 从 n 那里所得到的总热量,与这两温度的差成正比。

59　用 v 和 v' 表示两个相同分子 m 和 n 的温度,用 p 表示它们的极短距离,用 dt 表示这一时刻的无穷小长度,那么,m 在这一时刻内从 n 那里所得到的热量就由 $(v'-v)\phi(p) \cdot dt$ 来表示。我们用 $\phi(p)$ 表示距离 p 的某个函数,在固体和在液体中,当 p 有一个显著的量时,函数 $\phi(p)$ 就变成0。这个函数对同一给定物体的每一点都是相同的;它随这一物体的质而变化。

60　物体通过它们表面所失去的热量服从于这同一条原理。如果我们用 σ 表示其所有点都有温度 v 的这个表面的有限的或无穷小的面积,并且如果 a 表示大气温度,由

于系数 h 是外热导率的量度,所以我们就可以把 $\sigma h(v-a)dt$ 作为这个面 σ 在时刻 dt 内所传送到空气中去的热量表达式。

当其中一个传给另一个一定热量的这两个分子属于同一固体时,所传导的热的精确表达式就是我们在前一目中所给出的公式;并且,由于这两个分子挨得极近,所以温差极小。当热从一个固体传到一种气态介质中去时,情况就不同了。然而实验使我们认识到,如果这个差是一个充分小的量,那么所传送的热就显然与那个差成正比,并且,在开始的这些研究中①,可以把数 h 看作为这一表面的每一状态所特有的、与温度无关的、有一个不变值的数。

61   这些与所传导的热量有关的命题已经从不同的观察中导出。作为所讨论的这些表述的一个明显推论,我们首先看到,如果我们用一个共同的量使这一固态物体和它被置于其中的介质的所有温度升高,那么,温度的连续变化就完全相同,如同不曾使初始温度升高一样。现在,这个结果明显地与实验一致;它已经得到首批观察过热作用的物理学家们的承认。

62   如果这一介质保持在一恒温上,并且,如果被放到这一介质中的受热物体的体积充分小,以便在温度愈来愈低时能使这个物体所有点的温度都明显相同,那么,从同样这些命题可以得出,在每一时刻过这一物体表面所逃逸的热量与它的有效温度超过其介质温度的超出量成正比。因此,正如在本书中将会看到的,我们不难得出结论,其横坐标表示历经时间,纵坐标表示对应于那些时间的温度的这条曲线是一条对数曲线;现在,当这个固体的温度超过其介质温度的超出量是一个充分小量时,观察也提供同样的结果。

63   假定这一介质保持恒温 0 度,这同一物质的不同点 a,b,c,d,$\cdots$ 的初始温度是 α,β,γ,δ,$\cdots$,在第一时刻结束时它们变成 α',β',γ',δ',$\cdots$,在第二时刻结束时它们变成 α'',β'',γ'',δ'',$\cdots$,如此类推。根据所阐明的这些命题我们不难得出结论,如果同样这些点的初始温度是 $g\alpha$,$g\beta$,$g\gamma$,$g\delta$,$\cdots$,(g 是一个任意数),那么,由于不同点的作用,在第一时刻结束时,它们就变成 $g\alpha'$,$g\beta'$,$g\gamma'$,$g\delta'$,$\cdots$,在第二时刻结束时,它们就变成 $g\alpha''$,$g\beta''$,$g\gamma''$,$g\delta''$,$\cdots$,如此类推。例如,让我们来比较当这些点 a,b,c,d,$\cdots$ 的初始温度是 α,β,γ,δ 等等时的情况和当它们的初始温度是 2α,2β,2γ,2δ,$\cdots$ 时的情况,介质在这两种情况中保持 0 度。在第二个假定中,任意两点的温差是第一个假定中的两倍,每一点的温度超过介质的每一分子的温度的超出量也是两倍;因此在第二个假定中,任一分子向别的任一分子所发出的热量,或者它所得到的热量,是它若在第一个假定中所发出或者是得到的两倍。由于每一点所经历的温度变化与所得到的热量成正比,由此得出,在第二种情况中,这一变化是它在第一种情况中的两倍。现在我们已经假定,第一点的初始温度为 α,它在第一时刻结束时变成 α';因此,如果这一初始温度原本是 2α,并且如果所有其他温度都翻一倍,那么它就变成 $2\alpha'$。所有其他分子 b,c,d 的情况亦如此,并且,如果这个比不是 2,而是任一数 g,也可以得出类似的结果。这样,从热传导原理得出:如果我们以任一给定的比升高或者是降低所有的初始温度,那么,我们就以同样的比升高或者是降低所有的后续温度。

同前面两个结果一样,这个结果由观察所确证。如若从一个分子传给另一个分子的热量实际上不与温差成正比,那么这个结果就不成立。

64   关于一根金属棒或一个金属环的不同点的永恒温度,以及关于相同物体中和形如球和立方体的几个其他固体中的热传导,我们已经以精密的仪器作了观察。这些实验

---

①   杜隆(Dulong)和珀蒂(Petit)在实验上所研究的更精确的冷却定律,可以在《综合工艺学校学报》〔(*The Journal de l'Ecole Polytechnique*),第 11 卷,第 234—294 页,巴黎,1820 年〕中,或在雅曼(Jamin)的《物理教程》(*Cours de Physique*)第 47 讲中找到。——A. F.

结果与从前面的例题所导出的结果是一致的。如果从一个固体分子传送到另一个固体分子，或传送到一个空气分子的热量不与温度的超出量成正比，那么它们就会完全不同。首先有必要弄清这一命题的所有严格结论；由此我们确定作为这一问题的目的的那些量的主要部分。这样，通过比较计算值和那些由许多非常精确的实验所给出的值，我们就很容易测量系数的变化，并完善我们第一阶段的研究。

第四节　均匀热运动和线性热运动

65　首先，我们将在最简单的情况中，即在围在两个平行平面之间的一个无穷固体的情况中，考虑均匀的热运动。

我们假定由某种同质物质所组成的一个固体被围在两个无穷平行平面之间；下平面 A 以任一原因保持恒温 a；例如，我们可以设想这一物体被延展，并且平面 A 是这一固体和这种围住它的物质所共有的一个截面，并且由一个恒定热源加热其所有的点；上平面 B 也由一个类似原因保持一固定温度 b，其值小于 a 值；问题是要确定，如果它持续无穷时间，那么这一假定的结果会是怎样的。

如果我们假定，这一物体所有部分的初始温度是 b，那么显然，离开热源 A 的热将传得愈来愈远，并且会提高围在这两个平面之间的分子的温度；然而根据假定，由于上平面的温度不能升高得超过 b，所以热将在更冷的物质中弥散，通过与这种冷物质接触，使平面 B 保持恒温 b。这一温度系统愈来愈趋近于一个终极状态，这一状态永远不能达到，但是，正如我们将要表明的，只要它一旦形成，它就具有存在和保持自身无变化的性质。

在我们要考虑的这个终极和固定状态中，这一固体的一点的永恒温度显然与平行于基底的同一截面的所有点相同；我们要证明，为一个中间截面的所有点都共有的这一固定温度，以算术级数从基底向上平面递减，也就是说，如果我们用垂直于两个平面之间的距离 AB 所作的纵坐标 $A\alpha$ 和 $B\beta$ 表示两恒温 a 和 b（见图1），那么中间薄层的固定温度就由连接端点 α 和 β 的直线 $\alpha\beta$ 的纵坐标来表示，因此，如果用 z 表示一个中间截面的高度，或表示它与平面 A 的垂直距离，用 e 表示整个高度或距离 AB，用 v 表示其高为 z 的截面温度，那么，我们肯定有方程 $v = a + \dfrac{b-a}{e}z$。

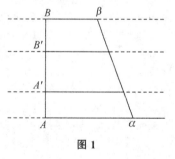

图 1

事实上，如果这些温度最初是根据这一规律而形成的，那么，在这一固体的状态中就不会发生任何变化。为了使我们自己确信这一点，只要比较一个中间截面 A' 所通过的热量和在同一时刻内另一截面 B' 所通过的热量就够了。

考虑到这一固体的终极状态已经形成并延续，我们看到，这一物体在平面 A' 以下的这部分肯定向这一平面之上的那部分传热，因为第二部分比第一部分冷。

设想这一固体的两点 m 和 m'，它们相互挨得很近，并且，为使它们在一个无穷小时刻内发生作用，我们以任一方式使其中一个 m 位于平面 A' 的下方，另一个 m' 位于这个平面的上方；较热的点 m 将经过平面 A' 向 m' 传递一定的热量。设 x, y, z 是点 m 的直角坐标，x', y', z' 是点 m' 的坐标；同样设另外两点 n 和 n'，它们相互挨得很近，并且它们相对于平面 B' 所处的位置与 m 和 m' 相对于平面 A' 所处的位置相同；也就是说，当用 ξ 表示两截面 A' 和 B' 的垂直距离时，点 n 的坐标就是 $x, y, z+\xi$，点 n' 的坐标就是 x'，

y'，$z'+\xi$；这两个距离 mm' 和 nn' 相等：并且，点 m 的温度 v 超过点 m' 的温度 v' 的差与两点 n 和 n' 的温差相等。事实上，前一个差可以这样来确定：在一般方程 $v=a+\dfrac{b-a}{e}z$ 中，先代入 z，然后代入 z'，并用第一个方程减去第二个方程，因此，这一结果 $v-v'=\dfrac{b-a}{e}(z-z')$。通过 $z+\xi$ 和 $z'+\xi$ 的代换，我们会发现，点 n 的温度超过点 n' 的温度的超出量，也由 $\dfrac{b-a}{e}(z-z')$ 来表示。

由此得出，点 m 向点 m' 所发出的热量与点 n 向点 n' 所发出的热量相等，因为，在确定所传递的热的这个量时，同时起作用的所有这些因素都是相同的。

显然，我们可以把同样的推理应用到经过截面 A' 或者截面 B' 而相互传热的每一个两分子系统中去；因此，如果我们能够计算同一时刻内经过截面 A' 或者截面 B' 所流过的总热量，我们就会发现，对于这两个截面来说，这个量是相等的。

由此得出，这一固体在 A' 和 B' 之间的这一部分总是得到和它所失去的一样多的热，由于这一结果可应用于包含在两个平行截面之间的这一物体的任一部分，所以，显然这一棱柱的任一部分都不能达到比它目前所处的更高的温度。因此，我们就严格论证了，这一棱柱的状态，正好和它开始时一样，将继续存在。

因此，围在两个无穷平行平面之间的一个固体的不同截面的永恒温度，由一条直线 $\alpha\beta$ 的纵坐标表示，并且满足线性方程 $v=a+\dfrac{b-a}{e}z$。

66 如上所述，我们清楚地看到什么因素构成在由两个无穷平行平面所围成的固体中的热传导，这两个平面的每一个都保持一恒温。热经下平面逐渐贯穿到这一物质中去：中间截面的温度被升高，但是，它们决不能超过，甚至也不能完全达到它们愈来愈接近的某个极限：这个极限温度和终极温度对不同的中间薄层来说是不同的，并且以算术级数从下平面的固定温度降至上平面的固定温度。

这种终极温度是为使固体的状态达到永恒而不得不给予固体的那些温度；正如我们即将看到的一样，在它之前的变化状态也服从于分析：不过，我们现在只考虑终极温度或永恒温度系统。在这种最后的状态中，在每一时间间隔内，过一个平行于基底的截面或者是过那个截面的一个确定部分，有一定的热量流过，如果时间间隔相等，则这个量不变。这种均匀流动对于所有中间截面都是相同的；它与从热源所发出的热量相等，并且，根据保持温度不变这一原因，它与在同一时间内从这一固体的上表面所失掉的热量也相等。

67 现在的问题是要测量在一给定时间内，在这一固体中过平行于基底的某一个截面的一个确定部分所均匀传导的热量：正如我们将看到的一样，它取决于两极端温度 a 和 b，取决于固体两边之间的距离 e；如果这几个因素中的任何一个开始发生变化，其他因素保持不变，它都会发生变化。假定第二个固体由和第一个固体一样的同一种物质组成，

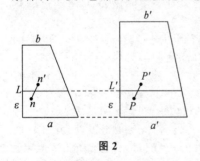

图 2

并且被包围在两个无穷平行平面之间，这两个平面的垂直距离是 e'（见图 2）：下边保持固定温度 a'，上边保持温度 b'；两个固体都被看作是处于具有一旦形成便保持自身不变的性质的终极状态和永恒状态中。因此，对于第一个固体来说，温度规律由方程 $v=a+\dfrac{b-a}{e}z$ 表示，第二个固体，则由方程 $u=a'+\dfrac{b'-a'}{e'}z$ 表示，第一个固体中的 v 和第二个固体中的 u 是其高为 z 的截面温度。

如此，我们将比较在单位时间内过第一个固体的一个中间截面 L 上的单位面积的热

量和在同一时间内过第二个固体的一个截面 L' 上的相同面积的热量，ε 是两个截面的共同高度。就是说，是它们每一个到它们自己基底的距离。我们将在第一个物体中考虑两个很近的点 n 和 n'，其中一点 n 在平面 L 下面，另一点 n' 在这个平面上面；x，y，z 是 n 的坐标，x'，y'，z' 是 n' 的坐标，ε 小于 z' 大于 z。

我们在第二个固体中也考虑两点 p 和 p' 的瞬时作用，这两点相对于截面 L' 所处的位置与点 n 和 n' 相对于第一个固体的截面 L 所处的位置相同。因此，在第二个固体中用以表示三直交轴的这同样的坐标 x，y，z 和 x'，y'，z'，也确定点 p 和 p' 的位置。

现在，点 n 到点 n' 的距离与点 p 到 p' 的距离相等，并且，由于这两个物体由同一种物质所组成，所以，根据热传导原理我们得出结论，n 对 n' 的作用，或者 n 所给予 n' 的热量，以及 p 对 p' 的作用，彼此之间的比与温差 $v-v'$ 和 $u-u'$ 的比相同。

这样，在属于第一个固体的方程中先代入 v，然后代入 v'，并相减，我们就有 $v-v'=\dfrac{b-a}{e}(z-z')$；通过第二个方程，我们同样有 $u-u'=\dfrac{b'-a'}{e'}(z-z')$，因此，所考虑的这两个作用的比就是 $\dfrac{a-b}{e}$ 与 $\dfrac{a'-b'}{e'}$ 的比。

现在我们可以设想许多其他的两分子系统，它们中的第一个分子过平面 L 向第二个分子发出一定的热量，在第一个固体中所选出的每一个这样的系统都可以与位于第二个固体中的对应系统相比较，这个对应系统过截面 L' 而发生作用；这样，我们可以再次应用前面的推理来证明这两个作用的比总是 $\dfrac{a-b}{e}$ 与 $\dfrac{a'-b'}{e'}$ 的比。

于是，在某一时刻内过截面 L 的总热量，就由其每一个都由两点所组成的无数系统的同时作用所产生；因此，这一热量和在第二个固体中在同一时刻过截面 L' 的总热量的相互之间的比，也是 $\dfrac{a-b}{e}$ 与 $\dfrac{a'-b'}{e'}$ 的比。

这样，我们就容易相互比较这两个固体中所均匀传导的恒定热流量的强度，即在单位时间内，过这两个固体的每一个的单位面积的热量。这两个强度的比是两个商 $\dfrac{a-b}{e}$ 和 $\dfrac{a'-b'}{e'}$ 的比。如果这两个商相等，那么，在其他方面，无论 a，b，e，a'，b'，e' 会取什么值，这两个热流量就相等；一般地，用 F 表示第一个热流量，用 F' 表示第二个热流量，我们则有 $\dfrac{F}{F'}=\dfrac{a-b}{e}\div\dfrac{a'-b'}{e'}$。

68 假定在第二个固体中，下平面的永恒温度 a' 是沸水温度 1；上平面的这种温度 b' 是溶冰温度 0；两个平面的距离 e' 是测量单位（1 米）；如果这一固体由一种已知的物质所组成，那么，让我们用 K 来表示在单位时间内（1 分钟）经过这一固体中单位面积的恒定热流量；K 表示一定数量的热量单位，即把 1 千克冰转化成水所需要的热的一定数量的倍数；一般地，在由相同物质所组成的一个固体中，我们用方程 $\dfrac{F}{K}=\dfrac{a-b}{e}$ 或 $F=K\dfrac{a-b}{e}$ 来确定恒定热流量 F。

F 值表示在一个单位时间内经过平行于基底的截面上的单位面积的热量。

因此，温度计所测得的、由其垂直距离为 e、并保持固定温度 a 和 b 的两个平行且无穷的平面所围成的固体的状态，由两个方程 $v=a+\dfrac{b-a}{e}z$，和 $F=K\dfrac{a-b}{e}$ 或者 $F=-K\dfrac{\mathrm{d}v}{\mathrm{d}z}$ 来表示。

这两个方程的第一个表示温度从下边降到上边所遵循的规律，第二个指明在一给定时间内经过平行于基底的某一截面的一个确定部分的热量。

69　我们把参与第二个方程的系数 K 看作是每种物质的热导率的量度；这个数对于不同的物体有非常不同的值。

一般地，它在包围在两个无穷平行平面之间并且由一种已知物质所组成的同质固体中，表示在一分钟内，在平行于这两个极面的一个截面上，过一平方米的面积所流过的热量，同时假定这两个极面一个保持沸水温度，另一个保持溶水温度，并且假定所有中间平面都达到并保持一永恒温度。

我们可以应用另一个热导率的定义，因为，我们可以用把热容量看作是指单位体积而不是指单位物质的方法来计算热容量。所有这些定义，只要它们是清晰和精确的，就同样都是好的。

我们马上要指出怎样通过观察来确定不同物质中的热导率或者是热导性（The conductibility or conductibility）的 K 值。

70　要建立我们在第68目中所提到的方程，并不一定要假定发挥其作用的这些点是在极短距离中经过这些平面的。

如果这些点的距离有任一数量，其结果仍然一样；因此，它们也可以应用到在构成这一假定的其他条件都保持相同时热的直接作用在这一物体内部延伸到相当远的距离的情况中去。

我们只需假定，保持固体表面温度的原因，不仅仅对极靠近这一表面的那一部分物质起作用，而且它的作用也延伸到一个有限深度。在这种情况中，方程 $v=a-\dfrac{a-b}{e}$ 仍然表示固体的永恒温度。这一命题的真正意义是：如果我们对这一物质的所有点都给出由这个方程所表示的温度，并且，如果除开任何原因之外，对这两个极端薄层的作用，总是使它们的每一个分子都保持在这同一个方程对它们所规定的温度上，那么，这一固体的内点将保持它们的初始状态而无任何变化。

如果我们假定这一物体一点的作用可以延伸一个有限的距离 ε，那么必然地，由外因保持其状态的这两个极端薄层的厚度，就应该至少等于 ε。不过事实上，在固体的自然状态中，当量 ε 仅仅只有一个微不足道的值时，我们就可以不考虑这一厚度；并且它仍然满足这一外因对包围这一固体的这两个极薄层的作用。这就是我们始终应当由这一表述所理解的保持表面温度不变的含意。

71　我们继而进一步考察这同一个固体在它的一个极面受保持一种恒温空气的作用时的情况。

假定下平面无论以何种外因保持固定温度 a，并且上平面不像以前那样保持较低温度 b，而是受保持那种较低温度 b 的空气的作用，两个平面的垂直距离仍用 e 来表示；问题是要确定终极温度。

假定在这一固体的初始状态中，它的分子的共同温度是 b 或者小于 b，我们不难设想，从热源 A 所不停地发出的热贯穿到这一物体中，并且愈来愈提高中间截面的温度；上表面逐渐被加热，它允许已经贯穿到这一固体中的一部分热逃逸到空气中去。这一温度系统不断接近一个终极状态，这一状态一旦形成，就会保持不变；在这个我们要考察的终极状态中，平面 B 的温度有一个固定的但却是待定的值，我们用 β 来表示它，并且，由于下平面 A 也保持一永恒温度 a，所以这一温度系统由一般方程 $v=a+\dfrac{\beta-a}{e}z$ 来表示，v 仍然表示其高为 z 的截面的固定温度。在单位时间内，过任一截面的单位面积的热量，都是 $K\dfrac{a-\beta}{e}$，K 表示内热导率。

我们现在应当考虑到：其温度为 β 的上表面 B 允许一定的热量逃逸到空气中去，这个量肯定严格等于经过这个固体任一截面 L 的热量。如若不然，则包含在这一截面 L 和平面 B 之间的这一部分物质就不能得到等于它所失去的热量；因此，它就不能保持它的状态，这与假设相反；因此，在这个表面上的恒定热流量等于经过这一固体的热流量。现在，在单位时间内从平面 B 的单位面积所逃逸的热量由 $h(\beta-b)$ 来表示，b 是空气的固定温度，h 是表面 B 的热导率的量度；因此，我们肯定有方程 $K\dfrac{a-\beta}{e}=h(\beta-b)$，它确定 β 的值。

由此可以推出 $a-\beta=\dfrac{he(a-b)}{he+K}$，这个方程的右边是已知的；因为温度 a 和 b 被给定，量 h，K，e 同样被给定。

为了表示这个固体任一个截面的温度，当把 $a-\beta$ 这个值代到一般方程 $v=a+\dfrac{\beta-a}{e}$ z 中去时，我们就有方程 $a-v=\dfrac{hz(a-b)}{he+K}$，随相应变量 v 和 z 而进入这一方程的，只有一些已知量。

72　到此，我们就确定了包围在保持不等温的两个无穷平行平面之间的固体温度的终极和永恒的状态。严格地说，这第一种情况就是热的线性传导和均匀传导的情况，因为在与这一固体的边平行的平面上没有热传导；由于这个热流量的值对于所有时刻和所有截面来说都相等，所以，传给这一固体的热是均匀流动的。

我们现在要重新表述从这个问题的考察中所得出的三个主要命题；这三个命题可以应用于许多地方，并且构成我们的理论的最基本的原理。

第一，如果在这个固体厚度为 e 的两极，我们作表示这两个边的温度 a 和 b 的垂线，并且，如果我们引连结这两个初始纵坐标端点的直线，那么，所有中间温度就都与这条直线的纵坐标成正比；它们由一般方程 $a-v=\dfrac{a-b}{e}z$ 来表示，v 表示其高为 z 的截面温度。

第二，由于其他一切条件都相同，所以，在单位时间内，在平行于两个极面的任一截面上的单位面积内所流过的热量与极端温度的差 $a-b$ 成正比，与分离这两个面的距离 e 成反比。这个热量由 $K\dfrac{a-b}{e}$ 来表示，或者，如果我们从这个一般方程推出恒定值 $\dfrac{\mathrm{d}v}{\mathrm{d}z}$，则由 $-K\dfrac{\mathrm{d}v}{\mathrm{d}z}$ 表示；对于一种已知的物质，在所考察的这一固体中，这个均匀热流量总可以由垂线 e 和其纵坐标表示温度的这条直线之间的夹角的正切来表示。

第三，由于这个固体的两个极面中的一个始终受温度 a 的作用，所以，如果另一个极面受保持固定温度 b 的空气的作用；那么，同前一种情况一样，与空气接触的这个面就达到一固定温度 β，它大于 b，并且这个面允许一热量在单位时间内过一个单位面积逃逸到空气中去，这个量由 $h(\beta-b)$ 来表示，h 表示这个面的外热导率。

这同一热流量 $h(\beta-b)$ 与过这一棱柱、其值为 $K(a-\beta)$ 的热流量相等；因此，我们有方程 $h(\beta-b)=K\dfrac{a-\beta}{e}$，它给出 β 的值。

第五节　细棱柱中永恒温度的规律

73　我们很容易把刚才所解释的原理应用到下述问题中去，这个问题本身很简单，但是把它的解建立在精确理论之上,却是一个重要问题。

形如无穷长的长方体的一个金属棒受一个热源的作用,这个热源使它末端 A 的所有点都产生一恒温。我们需要确定这根棒的不同截面的固定温度。

假定垂直于轴的截面是一个正方形,这个正方形的边 $2l$ 非常小,以至于我们可以认为同一个截面上不同点的温度相等而不会有明显的误差。金属棒周围的空气保持恒温 0 度,并且以匀速气流流动。

在这个固体内部,热将陆续经过位于热源右边 * 的所有部分,并且不直接受它的作用;它们将愈来愈被加热,但是每一点的温度不会升得超过某个极限。这个最高温度对于每一个截面都是不同的;一般地,它随截面到原点距离的增加而下降:我们用 v 表示垂直于轴并且与原点 A 的距离为 x 的截面的固定温度。

在这固体的每一点都达到它的最高热度之前,温度系统将不断变化,并且愈来愈接近于一个固定状态,这个状态就是我们所要考察的状态。这个终极状态一旦形成,它就保持自身不变。为了使温度系统成为永恒的,在单位时间内,经过一个与原点距离为 x 的截面的热量,就应当与在同一时间内,经过位于这同一截面右边的那一部分棱柱外表面所逃逸的所有热量完全平衡。其厚为 dx,其外面积为 $8l\,dx$ 的薄层,在单位时间内,允许逃逸到空气中去的热量,用 $8hlv \cdot dx$ 来表示,h 是棱柱外热导率的量度。因此,取从 $x=0$ 到 $x=\infty$ 的积分 $\int 8hlv \cdot dx$,我们就得到在单位时间内从这根棒的整个表面所逃逸的热量;如果我们取从 $x=0$ 到 $x=x$ 的相同积分,我们就得到经过包含在热源和距离为 x 的截面之间的那部分面积所失去的热量。用 C 表示其值不变的第一个积分,用 $\int 8hlv \cdot dx$ 表示第二个积分的变化值,差 $C-\int 8hlv \cdot dx$ 就表示经过这一截面右边的那部分表面所逃逸到空气中去的全部热量。另一方面,包围在距离为 x 和 $x+dx$ 的两个无穷近的截面之间的这个固体的薄层,肯定类似于一个无穷固体,这个无穷固体由两个平行平面所界定,这两个平行平面有固定温度 $v+dv$,因为由假定,这个温度在这同一截面的整个范围中不发生变化。这个固体的厚是 dx,这个截面面积是 $4l^2$:因此,由前面的原理,在单位时间内,经过这个固体的一个截面所均匀流过的热量,是 $-4l^2 K \dfrac{dv}{dx}$ **,k 是内热导率:因此,我们肯定有方程 $-4l^2 K \dfrac{dv}{dx}=C-\int 8hlv \cdot dx$,即 $Kl \dfrac{d^2v}{dx^2}=2hv$。

74   通过考虑包围在距离为 x 和 $x+dx$ 的两个截面之间的一个无穷薄薄层中的热平衡,我们会得到同样的结果。事实上,在单位时间内,经过位于距离为 x 的第一个截面的热量,是 $-4l^2 K \dfrac{dv}{dx}$。为了得出在同一时间内经过位于距离为 $x+dx$ 的第二个截面所流过的热量,我们应当在上面的式子中把 x 变成 $x+dx$;结果得到 $-4l^2 K \left[\dfrac{dv}{dx}+d\left(\dfrac{dv}{dx}\right)\right]$。如果我们从第一个式子中减去第二个式子,我们就求出由这两个截面所围成的这一薄层在单位时间内得到多少热量;并且,由于这一薄层的状态是永恒的,所以由此可见,所获得的全部热量经过这同一薄层的外表面 $8l\,dx$ 而被耗散到空气中去;既然最后的热量是 $8hlv\,dx$:因此,我们得到同样的方程 $8hlv\,dx=4l^2 K\,d\left(\dfrac{dv}{dx}\right)$,从而 $\dfrac{d^2v}{dx^2}=\dfrac{2h}{Kl}v$。

---

* 或左边(临时地)。

** 英文版中 l 没有平方,现根据法文《文集》本加上。——汉译者

75 这个方程无论以什么方式组成,我们都有必要注意,进入其厚为 dx 的这个薄层的热量都有一个有限值,它的精确表达式是 $-4l^2K\dfrac{dv}{dx}$。由于这个薄层包围在两个表面之间,其中第一个有温度 v,第二个有较低温度 v',所以我们看到,它通过第一个面所得到的热量依赖于差 $v-v'$,并且与它成正比,但是,这个注记还不足以完成这个计算。所讨论的这个量不是一个微分:它有一个有限值,因为它等价于经过位于这个截面右边这一棱柱的那部分表面所逃逸的全部热量。为了形成一个关于它的精确思想,我们应当比较其厚为 dx 的薄层和由其距离为 e、并且保持不相等的温度 a 和 b 的两个平行平面所限定的固体。经过较热的面而进入这样一个棱柱的热量事实上与极端温度的差 $a-b$ 成正比,但是它不仅仅依赖于这个差:由于所有其他条件相同,所以当棱柱愈厚时,它就愈少,一般地,它与 $\dfrac{a-b}{e}$ 成正比。这就是为什么经过第一个面而进入这个其厚为 dx 的薄层的热量与 $\dfrac{v-v'}{dx}$ 成正比的原因。

我们强调这个注记,因为忽视它是建立这一理论的第一个障碍。如果我们不对这个问题的基础作彻底的分析,那么我们得到的方程就不是齐次的,更何况就不能建立表示更复杂的情况的热运动方程了。

为了使我们不至于把观察在特殊情况下所提供的结论看作是一般的,还必须在这个计算中考虑棱柱的大小。这样,通过实验我们发现,一端受热的一根铁棒,在与热源距离 6 英尺处,不能得到 1 度的温度(80 进制温标[①]);因为要产生这一作用,热源的热就必须大大超过铁的熔点;不过这个结果依赖于所使用的这个棱柱的粗细。如果它愈粗,那么热就被传导到愈远的距离,也就是说,由于所有条件都保持不变,所以当这根棒愈粗时,它达到 1 度的固定温度的那个点就离热源愈远。通过加热一根铁棒的一端,我们总可以在这一固体的另一端升高 1 度的温度;我们只需使它的基底半径充分大就行了:我们可以说,这是显然的,此外,读者可在这个问题的解中找到一个证明(第 78 目)。

76 *上述方程的积分是 $v=Ae^{-x\sqrt{\frac{2h}{kl}}}+Be^{+x\sqrt{\frac{2h}{kl}}}$,$A$ 和 B 是两个任意常数;现在,如果我们假定距离 x 是无穷的,那么温度值 v 就肯定无穷地小;因此,项 $Be^{+x\sqrt{\frac{2h}{kl}}}$ 在积分中就没有了:这样,方程 $v=Ae^{-x\sqrt{\frac{2h}{kl}}}$ 就表示这个固体的永恒状态;在原点的温度由常数 A 所表示,因为那是当 x 为 0 时的 v 值。

温度下降所遵循的这个规律和实验所给出的规律相同;有几个物理学家已经观察过一根金属棒的一端受一热源的恒定作用时这根金属棒在不同点的固定温度,并且他们已经确定,与原点的距离表示对数,温度表示相应的数。

77 *由于两相邻温度的恒商的数值由观察所确定,所以我们容易推出比 $\dfrac{h}{k}$ 的值;因为,用 v_1,v_2 表示对应于距离 x_1,x_2 的温度,我们有 $\dfrac{v_1}{v_2}=e^{-(x_1-x_2)\sqrt{\frac{2h}{kl}}}$,因此,$\sqrt{\dfrac{2h}{k}}=\dfrac{\log v_1-\log v_2}{x_2-x_1}\sqrt{l}$。

至于 h 和 k 这两个独立的值,它们不能由这种实验来确定:我们还应当观察变化的

---

① 列氏〔列奥米尔(Reaumur)〕温标。——A.F.

* $k=K$。

热运动。

78　*假定相同物质不同粗细的两根棒在它们的端点受到相同温度 A 的作用；设 l_1 是第一根棒的某一个截面的边，l_2 是第二根棒的某一个截面的边，为了表示这两个固体的温度，我们有方程 $v_1 = Ae^{-x_1\sqrt{\frac{2h}{kl_1}}}$ 和 $v_2 = Ae^{-x_2\sqrt{\frac{2h}{kl_2}}}$，在第一个固体中，$v_1$ 表示由距离 x_1 所给出的一个截面的温度，在第二个固体中，v_2 表示由距离 x_2 所给出的截面温度。

当这两根棒达到一个固定状态时，第一根棒离热源一定距离的截面温度与第二根棒离热源相同距离的截面温度是不等的；为了使这两个固体的温度相等，距离应当是不同的。如果我们想相互比较从原点到这两根棒达到相同温度的点的距离 x_1 和 x_2，我们就应当使这两个方程的右边相等，由此我们得出 $\dfrac{x_1^2}{x_2^2} = \dfrac{l_1}{l_2}$。因此，所讨论的这两个距离相互之间的比和粗细的平方根的比相同。

79　**如果粗细相等而所组成的物质不同的两个金属棒被涂上相同的敷层，因而使它们有相同的外热导率①，并且如果它们在它们的端点受到相同温度的作用，那么，热就因得到最大热导率而最容易被传导，并且传到离原点最远的距离。为了相互比较从共同原点到获得同一固定温度的点的距离 x_1 和 x_2，在用 k_1 和 k_2 表示这两种物质各自的热导率后，我们应当解方程 $e^{-x_1\sqrt{\frac{2h}{k_1 l}}} = e^{-x_2\sqrt{\frac{2h}{k_2 l}}}$，所以，$\dfrac{x_1^2}{x_2^2} = \dfrac{k_1}{k_2}$。

因此，两个热导率的比是从共同原点到获得同一固定温度的点的距离的平方的比。

80　容易确定在单位时间内有多少热流过达到其固定状态的这根棒的一个截面：这个量由 $-4Kl^2\dfrac{\mathrm{d}v}{\mathrm{d}x}$，或者是 $4A\sqrt{2Khl^3} \cdot e^{-x\sqrt{\frac{2h}{kl}}}$ 来表示，并且，如果我们在原点取它的值，我们就把 $4A\sqrt{2Khl^3}$ 作为在单位时间内从热源流进这一固体的热量的量度；因此，在所有其他条件相同时，热源的消耗与粗细的立方的平方根成正比。

从 x 为 0 到 x 为无穷取积分 $\int 8hlv \cdot \mathrm{d}x$，我们会得到相同的结果。

第六节　闭空间的加热

81　在下面的问题中我们再利用第 72 目中的定理，这个问题的解提供有益的应用；它在于确定闭空间的加热程度。

设想任一形式的一个闭空间，它充满空气，且处处封闭，边界的所有部分都是同质的，并且有共同的厚度 e，厚度 e 非常小，以至于外表面与内表面的比和 1 相差无几。这个边界所限定的这一空间由一个其作用恒定的热源加热；例如，通过一个保持恒温 α、面积为 σ 的面来加热。

此处我们只考虑包含在这个空间中的空气的平均温度，而不考虑这个气团的不均匀分布，因此我们假定，有某种原因不断混合这团空气的所有部分，并使它们的温度变成均匀的。

---

*　$k = K$。

**　$k = K$。

①　因根豪茨(Ingenhousz)(1789)，"论导热材料"(*Sur les métaux comme conducteurs de la chaleur*)，《物理学学报》(*Journal de Physique*)，第 34 卷，第 68、380 页。格林《物理学学报》(*Journal der Physik*)，第 1 卷。——A.F.

我们首先看到,不断离开热源、在周围空气中扩散自己、并且贯穿到这个边界所围成的这一气团中去的热,部分地弥散到表面,并进入外部空气,我们假定外部空气保持较低且永恒的温度 n。内部空气愈来愈被加热,这个固体的边界亦如此:这个温度系统逐渐趋近于一个终极状态,这个终极状态是这个问题的目的,并且,只要热源面 σ 保持温度 α,外部空气保持温度 n,它就具有自行存在并保持自身不变的性质。

在我们所希望确定的这个永恒状态中,空气保持一固定温度 m;这个固体边界的内表面 s 的温度也有一个固定值 a;最后,限定这个包壳的外表面 s 保持一小于 a 但大于 n 的温度 b。量 σ、α、s、e 和 n 是已知的,量 m、a 和 b 是未知的。

加热程度在于温度 m 超过外部空气温度 n 的超出量;这个超出量显然依赖于加热面的面积 σ,并且依赖于它的温度 α;它也依赖于这个包壳的厚度 e,依赖于界定它的面的面积 s,依赖于热据以贯穿到内表面或与之相反的能力;最后,依赖于组成这个包壳实体的热导率:因为,如果这些因素中任何一个被改变而其他因素保持不变,那么加热程度仍然会发生变化。问题是要确定所有这些量怎样结合到 $m-n$ 的值中去。

82 这个固体的边界由各保持一固定温度的两个相等的面所限定;因此,包围在这两个面的两个相对部分和围绕这两部分基底的周线所作的法线之间的每一棱柱基元都处在相同的状态之中,就像它属于包围在两个保持不同温度的平行平面之间的一个无穷固体一样。组成边界的所有棱柱基元沿它们的整个长度相接触。与内表面等距的这个物体的那些点,无论它们属于哪一个棱柱,都有相同的温度;所以,在与这些棱柱的长垂直的方向上,不可能有任何热传导。因此,这种情况与我们已经讨论过的情况相同,并且,我们应当对它应用在前面几目中所叙述过的线性方程。

83 因此,在我们要考虑的这个永恒状态中,在单位时间内由面 σ 所提供的热流量与在相同时间内从内部空气进入这个包壳的内表面的热流量相等;它也与在单位时间内过这个固体包壳内的一个中间截面的热流量相等,这个中间截面由一个与围成这个包壳的面相等且平行的面所构成;最后,这同一热流量还与过这个固体包壳外表面而从这个固体包壳流过并被耗散到空气中去的热量相等。如若这 4 个热流量不等,那么某种变化就必然在温度的这个状态中出现,这与假定矛盾。

第一个量由 $\sigma(a-m)g$ 来表示,g 表示属于热源面 σ 的外热导率。

第二个量是 $s(m-a)h$,系数 h 是受热源作用的面 s 的外热导率的量度。

第三个量是 $s\dfrac{a-b}{e}K$,系数 K 是形成这个边界的同质物质的固有热导率的量度。

第四个量是 $s(b-n)H$,H 表示面 s 的外热导率,热离开这个面而被耗散到空气中去。由于围成这个包壳的这两个面的状态差,所以系数 h 和 H 可能有非常不同的值;它们被假定为是已知的,系数 K 也一样:这时,为了确定三个未知量 m、a 和 b,我们有三个方程:$\sigma(a-m)g=s(m-a)h$,$\sigma(a-m)g=s\dfrac{a-b}{e}K$,$\sigma(a-m)g=s(b-n)H$。

84 m 的值是这个问题的特殊对象。它可以通过把这些方程写成如下形式而得到:$m-a=\dfrac{\sigma}{s}\dfrac{g}{h}(a-m)$,$a-b=\dfrac{\sigma}{s}\dfrac{ge}{K}(a-m)$,$b-n=\dfrac{\sigma}{s}\dfrac{g}{H}(a-m)$;相加,并用 P 表示已知是 $\dfrac{\sigma}{s}\left(\dfrac{g}{h}+\dfrac{ge}{K}+\dfrac{g}{H}\right)$,则有 $m-n=(a-m)P$;因此我们得到

$$m-n=(a-n)\frac{P}{1+P}=\frac{(a-n)\dfrac{\sigma}{s}\left(\dfrac{g}{h}+\dfrac{ge}{K}+\dfrac{g}{H}\right)}{1+\dfrac{\sigma}{s}\left(\dfrac{g}{h}+\dfrac{ge}{K}+\dfrac{g}{H}\right)}.$$

85 这个结果表明,加热程度 $m-n$ 怎样依赖于构成这个假定的已知量。我们要指

出由它导出的一些主要结果[1]。

第一,加热程度 $m-n$ 与热源温度超过外界空气温度的超出最成正比。

第二,$m-n$ 的值不依赖于包壳的形状,也不依赖于它的体积,而只依赖于热所由之发出的面和得到它的面的比 $\dfrac{\sigma}{s}$,还依赖于这个边界的厚度 e。

如果我们使热源面 σ 增加一倍,则加热程度不会翻倍,它只是根据这个方程所表示的某个规律而增加。

第三,规定热作用的所有特定系数,即 g,K,H 和 h,与厚度 e 一起,在 $m-n$ 的值中构成一个单一的因素 $\dfrac{g}{h}+\dfrac{ge}{K}+\dfrac{g}{H}$,它的值可以通过观察来确定。

如果我们使这个边界的厚度 e 增加一倍,那么如果在构成这个边界时,我们用了其固有热导率是原来两倍的物质,则我们会得到同样的结果。因此,若使用的是不良导热物质,则允许我们的边界厚度就小;所得到的这个效应只依赖于比 $\dfrac{e}{K}$。

第四,如果热导率 K 是 0,我们得到 $m=\alpha$;即内部空气呈热源温度;如果 H 为 0,或者 h 为 0,情况亦如此。换言之,由于这时热不能耗散到外部空气中去,所以这些推论是显然的。

第五,正如我们在后面将要表明的那样,我们假定已知量 g,H,h,K 和 α 的值可以直接由实验来确定;不过在实际问题中注意到对应于已知的 σ 值和 α 值的 $m-n$ 的值就够了,并且,借助于方程 $m-n=\dfrac{(\alpha-n)\dfrac{\sigma}{s}p}{1+\dfrac{\sigma}{s}p}$,我们可以用这个值来确定整个系数 $\dfrac{g}{h}+\dfrac{ge}{K}$

$+\dfrac{g}{H}$,方程中的 p 表示所求的这个系数。在这个方程中,我们应当不用 $\dfrac{\sigma}{s}$ 和 $\alpha-n$ 而代之以我们假定为已知的这些量的值和观察将使之成为已知的 $m-n$ 的值。由此可以导出 p 的值,然后我们可以把这个公式应用到任何其他的情况中去。

第六,系数 H 以和系数 h 同样的方式结合到 $m-n$ 的值中;所以,无论这个面指的是内表面还是外表面,它的状态,或者覆盖它的这个包壳的状态,都产生同样的作用。

如果我们在这里不处理一些其结果可能有直接用处的全新问题,我们可能会认为注意这些不同的结论没有什么用。

86 我们知道,有生命的物体保持一明显固定的温度,我们可以把它看作是与它们生活于其中的介质温度无关的。正如其燃烧已变成均匀的燃烧物质一样,这些物体也可以说是恒定的热源。这样,借助于前面那些注记,我们就可以精确地预见和控制在人员大量集中的场所的温升。如果在这里我们观察到在给定环境下的温度计的高度,那么如果当集中在这同一空间的人数变得非常大时,我们就可以预先确定这个温度计的高度将是怎样的。

实际上,有几个次要条件左右这个结果,例如包壳各部分的不同的厚度,它们形状的差异,开口所产生的影响,空气中不同的热分布等。因此,我们不能严格应用由分析所给出的这些规律;不过这些规律本身是有价值的,因为它们包含这个问题的真正原理:它们拒斥含糊推理和无用的或混乱的努力。

87 如果这同一空间由两个或更多的不同类型的热源所加热,或者,如果第一个包

---

① 作者在他发表于《巴黎科普协会通报》(*Bulletin par la Société Philomatique de Paris*,1818 年,第 1—11 页)的原始论文的摘要中,以一种相当不同的方法表述了这些结果。——A.F.

壳本身包含在第二个包壳中,并且由一层空气将它们分开,那么同样地,我们能够很容易地确定加热程度和各表面的温度。

如果我们假定,除第一个热源 σ 之外,还存在第二个加热面 π,它的恒定温度是 β,外热导率为 j,那么,在所有其他名称都保持不变时,我们有下面的方程:

$$m - n = \frac{\frac{(\alpha - n)\sigma g + (\beta - n)\pi j}{s}\left(\frac{e}{K} + \frac{1}{H} + \frac{1}{h}\right)}{1 + \frac{\sigma g + \pi j}{s}\left(\frac{e}{K} + \frac{1}{H} + \frac{1}{h}\right)}.$$

如果我们只假定一个热源 σ,并且如果第一个包壳本身包含在第二个之中,s,h,K,H,e 表示第一个包壳的各因素,与之对应,s',h',K',H',e' 表示第二个包壳中的各因素,p 表示围绕第二个包壳外表面的空气的温度,那么,我们就得到如下的方程:$m - p = \frac{(\alpha - p)P}{1 + P}$。量 P 表示 $\frac{\sigma}{s}\left(\frac{g}{h} + \frac{ge}{K} + \frac{g}{H}\right) + \frac{\sigma}{s'}\left(\frac{g}{h'} + \frac{ge'}{K'} + \frac{g}{H'}\right)$。如果我们有三个或更多的连续包壳,我们会得到一个类似的结果;由此我们得出结论,由空气分开的这些固体包壳,尽管它们的厚度可能很小,但却非常有助于增加加热的程度。

88 为了使这个注记更明显,我们比较从受热面所逃逸的热量,和若包围这同一固体的这个面以一个充满空气的间隙与这个固体分开时这个固体所失去的热量。

如果物体 A 由一个恒定原因加热,因此它的表面保持一固定温度 b,空气保持较低的温度 a,那么,在单位时间内过单位面积逃逸到空气中去的热量就由 $h(b - a)$ 来表示,h 是外热导率的量度。因此,为了使这个物体保持固定温度 b,这一热源,无论它怎样,都应当提供与 $hS(b - a)$ 相等的热量,S 表示这个固体的面积。

假定一个极薄的壳层从物体 A 上给拆下来,由一个充满空气的间隙使它与这个固体分开;并且假定这同一固体 A 的表面仍保持温度 b。我们看到,保持在这个壳层和这个物体之间的空气将受热,并得到比 a 更高的温度 a'。这个壳层本身将达到一个永恒状态,并向固定温度为 a 的外部空气传导这个物体所失掉的所有的热。因此,从这个固体所逃逸的热量不是 $hS(b - a)$,而是 $hS(b - a')$,因为我们假定,这个固体的新的表面和界定这个壳层的两个面也有相同的外热导率 h。显然,热源的消耗会比它开始时要少。问题是要确定这些量的精确比。

89 设 e 是这个壳层的厚度,m 是它内表面的固定温度,n 是它外表面的温度,K 是它的内热导率。作为经过这个固体表面而离开这个固体的热量表达式,我们有 $hS(b - a')$。

作为贯穿到这个壳层内表面的热量表达式,我们有 $hS(a' - m)$。

过这同一壳层任一截面的热量表达式,是 $KS\frac{m - n}{e}$。

最后,过外表面而进入空气的热量表达式,是 $hS(n - a)$。

所有这些量肯定相等,因此,我们有下述方程:$h(n - a) = \frac{K}{e}(m - n)$,$h(n - a) = h(a' - m)$,$h(n - a) = h(b - a')$。

此外,如果我们写出恒等方程 $h(n - a) = h(n - a)$,并以下述形式整理它们:$n - a = n - a$,$m - n = \frac{he}{K}(n - a)$,$a' - m = n - a$,$b - a' = n - a$,那么相加,我们就得到 $b - a = (n - a)\left(3 + \frac{he}{K}\right)$。

在原来这个固体的表面与空气自由连通时,它所失去的热量是 $hS(b - a)$,现在它是

$hS(b-a')$ 或 $hS(n-a)$ ，它等于 $hS\dfrac{b-a}{3+\dfrac{he}{K}}$ 。

在 $3+\dfrac{he}{K}$ 比 1 的这个比中，第一个量比第二个量大。

因此，其表面直接与空气连通的一个固体，为了保持温度 b ，所需要的热应当比当它的极面不是附在这个固体上，而是由任意小的充满空气的间隙使它与这个固体分开时，为保持它的温度 b 所需要的热，多三倍多。

如果我们假定厚度 e 无穷小，那么所失去的热量比就是 3，若 K 无穷大，则这个比仍是这个值。

我们不难解释这个结果，因为，由于热不贯穿几个面就不能逃逸到外部空气中去，所以当插入面的数目增加时，流出的热量就肯定减少；不过，如果我们还不能使这个问题纳入分析，那么我们就仍然不能得到对这种情况的任何精确的判断。

90　在上一目中，我们没有考虑经过分开这两个面的空气层的辐射作用；然而因存在一部分直接穿过这种中间空气的热，所以这个条件会使这个问题有所改变。这样，为了使这个分析目的更清晰，我们假定两个面之间的间隙没有空气，这个受热物体由任意多个彼此分开的平行薄层包住。

如果经过保持温度 b 的这个固体的表面而逃离这个固体的热本身在真空中自由膨胀，并由保持较低温度 a 的平行面所接受，那么，在单位时间内经过单位面积所扩散的热量就与这两恒温的差 $(b-a)$ 成正比：这个量由 $H(b-a)$ 表示，H 是与 h 不同的相对热导率的值。

因此，使这个固体保持其初始状态的热源，在每一单位时间内，都应当提供与 $HS(b-a)$ 相等的热量。

现在，在总是假定这个固体受任一使它表面保持温度 b 的外因作用时，在由真空间隙分开的几个连续薄层包住这一物体表面的情况中，我们应当确定这个消耗的新值。

设想这整个温度系统已经成为固定的；设 m 是第一个薄层的内表面的温度，这个面必然与这个固体的表面相对，设 n 是这同一薄层的外表面的温度，e 是这个薄层的厚度，K 是它的热导率；同时用 m_1，n_1，m_2，n_2，m_3，n_3，m_4，n_4 等等表示不同薄层的内表面和外表面的温度，用 K，e 表示这些薄层的热导率和厚度；最后，假定所有这些面都处在与这个固体表面相同的状态中，因此，系数 H 的值对于它们是相同的。

贯穿到对应于任一下标 i 的一个薄层的内表面的热量是 $HS(n_{i-1}-m_i)$ ，过这个薄层的热量是 $\dfrac{KS}{s}(m_i-n_i)$ ，从它外表面所逃逸的热量是 $HS(n_i-m_{i+1})$ 。这三个量，以及属于其他薄层的所有这样的量，都相等；所以，通过比较所研究的所有这些量和它们的第一个量 $HS(b-m_1)$ ，我们可以建立方程；因此，用 j 表示薄层数，则我们有：

$$b-m_1=b-m_1,$$

$$m_1-n_1=\frac{He}{K}(b-m_1),$$

$$n_1-m_2=b-m_1,$$

$$m_2-n_2=\frac{He}{K}(b-m_1),$$

$$\cdots\cdots\cdots\cdots\cdots\cdots\cdots$$

$$m_j-n_j=\frac{He}{K}(b-m_1),$$

$$n_j-a=b-m_1.$$

把这些方程相加,我们得到$(b-a)=(b-m_1)j\left(1+\dfrac{He}{K}\right)+(b-m_1)$。*

当物体 A 的表面向保持温度 a 的一个固定面发射其射线时,热源为使物体 A 的表面保持温度 b 所应当消耗的热量,是 $HS(b-a)$。当我们在这个物体 A 的表面和保持温度 a 的固定面之间放进 j 个单独薄层时,这个消耗量是 $HS(b-m_1)$ 或者是 $HS\dfrac{b-a}{j\left(1+\dfrac{He}{K}\right)+1}$;

因此,热源在第二种假设中所应当提供的热量,比在第一种假设中所要提供的少得多,这两个量的比是 $\dfrac{1}{j\left(1+\dfrac{He}{K}\right)+1}$。如果我们假定这些薄层的厚度 e 是无穷小的,这个比就是

$\dfrac{1}{j+1}$。这样,热源的消耗就与包住这个固体表面的薄层数成反比。

91　对这些结果,以及对在连续包壳之间的间隙被空气填满时我们对所获得的那些结果的考察,清楚地解释为什么这种表面分开和空气介入非常有助于保热。

另外,在我们假定热源是外部的,并且从热源所发出的热连续经过不同的可以透热的包壳和它们所包住的空气时,分析提供类似的结论。这就是当实验者使温度计受太阳光的作用,并且温度计被几层玻璃罩罩住,其中各层都包住一些空气时所发生的情况。

由于类似的原因,较高的大气层的温度就比地球表面的温度要低得多。

一般来说,关于闭空间中空气的加热的这些定理可以推广到许多不同的问题上去。如在温室、烘房、羊圈和车间等的情况中,或者在诸如医院、营房和会堂等许多土木建筑中,在我们希望精确预见和控制温度时,回到这些定理上来是有用的。

在这些不同的应用中,我们应当注意一些改变这些分析结果的其他附加情况,如包壳不同部分的厚度不等,空气的介入等等;不过,这些细节会使我们离开我们的主要目的,我们的主要目的是一般原理的严格论证。

至于其他方面,如刚才所说,我们只考虑了闭空间中温度的永恒状态。此外,我们也能用分析来表示在这之前的变化状态,或者当热源撤掉后开始发生的状态,由此可见,我们也可以确定我们所运用的这些物体的特性或尺寸怎样影响加热的进程和时间;不过,这些研究需要一种不同的分析,这种分析原理我们将在下面几章中解释。

第七节　三维的均匀热运动

92　到此为止,我们考虑的只是一维情况下的均匀热运动,不过,我们很容易把这同样的原理运用到热在三个垂直方向均匀传导的情况中去。

假定由六个直角面所包围的一个固体的不同的点有由线性方程 $v=A+ax+by+cz$ 所表示的不同的有效温度,x,y,z 是温度为 v 的一个分子的直角坐标。再假定作用在这个棱柱的六个面上的任一外因使位于这个表面的每一个分子都保持由一般方程

$$v=A+ax+by+cz \qquad\text{(a)}$$

所表示的有效温度,我们要证明,假定使这个固体各个外表面保持它们初始温度的同样

---

*　在英译本中,此式是 $(b-a)=(b-m_1)j\left(1+\dfrac{He}{K}\right)+1$。

此处依法文《文集》本及其勘误表改正。——汉译者

这些原因，也足以保持每一个内部分子的有效温度，因此它们的温度也不得不由这个线性方程来表示。

对这个问题的考察是这个一般理论的一个组成部分，它将用来确定任一形状的固体内的变化的热运动的规律，因为，组成这个物体的每个棱柱状分子在一个无穷小的时间内都处在与这个线性方程（a）所表示的相类似的状态中。这样，根据微分学的一般原理，我们很容易从均匀运动的概念导出变化运动的一般方程。

93 为了证明在这个固体的各外表面维持它们的温度时这个物体内部不可能发生变化，只要相互比较在同一时刻内经过两个平行平面的热量就够了。

设 b 是我们首先假定的与 x 和 y 的水平面平行的这两个平面的垂直距离。设 m 和 m' 是两个挨得无穷近的分子，其中一个在第一个水平面的上方，另一个在其下方；设 x，y，z 是第一个分子的坐标，x'，y'，z' 是第二个的坐标。同样，设 M 和 M' 表示由第二个水平面所分开的两个无穷近的分子，相对于这个平面，它们处于与 m 和 m' 相对于第一个平面的完全相同的位置；也就是说，M 的坐标是 x，y，$z+b$，M' 的坐标是 x'，y'，$z'+b$，显然，分子 m 和 m' 的距离 mm' 与分子 M 和 M' 的距离 MM' 相等；另外，设 v 是 m 的温度，v' 是 m' 的温度，同样，设 V 和 V' 是 M 和 M' 的温度，不难看到，两个差 $v-v'$ 和 $V-V'$ 相等；事实上，先在一般方程 $v=A+ax+by+cz$ 中代入 m 和 m' 的坐标，我们得到 $v-v'=a(x-x')+b(y-y')+c(z-z')$ 然后代入 M 和 M' 的坐标，我们同样得到 $V-V'=a(x-x')+b(y-y')+c(z-z')$。现在 m 向 m' 所发出的热量依赖于使这两个分子分开的距离 mm'，并且它与它们的温差 $v-v'$ 成正比。所传导的热量可以由 $q(v-v')dt$ 来表示，系数 q 的值在某种意义上依赖于距离 mm'，且依赖于形成这个固体的物质的质，dt 是这一时刻的长度。从 M 传导到 M' 的热量，或者是 M 对 M' 的作用，同样由 $q(V-V')dt$ 来表示，系数 q 与表达式 $q(v-v')dt$ 中的相同，因为距离 MM' 与 mm' 相等，并且这两个作用发生在这同一固体中；此外，$V-V'$ 与 $v-v'$ 相等，因此，这两个作用相等。

如果我们选择相互挨得很近的另外两点 n 和 n'，它们经过第一个水平面而传热，那么我们将以同样的方式得到它们的作用与经过第二个水平面传热的相应两点 N 和 N' 的作用相等。因此我们得出，在同一时刻内，经过第一个平面的全部热量与经过第二个平面的全部热量相等。从平行于 x 和 z 的平面的两个平面，以及从平行于 y 和 z 的平面的另外两个平面的比较中，我们可以得到同样的结果。所以，包围在六个直角面之间的这个固体的任何部分，从其每一面所得到的热量，与它通过其相对的面所失去的热量一样多；因此，这个固体的任何部分都不会有温度的变化。

94 由此我们看到，流过所讨论的这些平面之一的一个热流量，在所有时刻内，都是一样的，它对于所有其他平行截面，也是一样的。

为了确定这个恒流量的值，我们把它与已经讨论过的最简单情形中所均匀流过的热量比较一下。这种最简单的情形就是包围在两个无穷平面之间且保持一恒定状态的无穷固体的情况。我们已经看到，在这种情况中，这个物体的不同点的温度由方程 $v=A+cz$ 来表示；我们继续证明，在这个无穷固体中，在垂直方向上所传导的均匀热流量，与在相同方向中经过六直角面所包围的棱柱所流过的热量是相等的。如果属于第一个固体的方程 $v=A+cz$ 中的系数 c 与表示这个棱柱状态的更一般的方程 $v=A+ax+by+cz$ 中的系数 c 相同，那么这个等式就必然成立。事实上，由 H 所表示的这个棱柱中的一个平面垂直于 z，由 m 和 μ 所表示的两个分子相互挨得很近，其中第一个 m 在这个平面 H 的下方，第二个在这个平面的上方，设 v 是坐标为 x，y，z 的 m 的温度，w 是坐标为 $x+\alpha$，$y+\beta$，$z+\gamma$ 的 μ 的温度。取第三个分子 μ'，它的坐标是 $x-\alpha$，$x-\beta$，$z+\gamma$，它的温度可以由 w' 表示。我们看到，μ 和 μ' 在同一水平面上，从连接这两点的线段 $\mu\mu'$ 的中点所作的垂线经过点 m，因此，距离 $m\mu$ 和 $m\mu'$ 相等。m 对 μ 的作用，或者这两个分子

中的第一个过平面 H 向另一个所发出的热量,取决于它们的温差 $v-w$。同样,m 对 μ' 的作用取决于这两个分子的温差 $v-w'$,因为,m 和 μ 的距离与 m 和 μ' 的距离是相等的。因此,当用 $q(v-w)$ 表示在单位时间内 m 对 μ 的作用时,我们就用 $q(v-w')$ 表示 m 对 μ' 的作用,q 是一个共同的未知因子,它取决于距离 $m\mu$,也取决于这个固体的质。因此,在单位时间内所产生的这两个作用的和是 $q(v-w+v-w')$。

如果在一般方程 $v=A+ax+by+cz$ 中,我们用 m 的坐标,然后用 μ 和 μ' 的坐标代替 x,y 和 z,那么我们得到 $v-w=-a\alpha-b\beta-c\gamma$,$v-w'=+a\alpha+b\beta-c\gamma$。因此,$m$ 对 μ 和 m 对 μ' 的这个两作用的和是 $-2qc\gamma$。

这样,假定平面 H 属于其温度方程为 $v=A+cz$ 的无穷固体,也假定我们用 m,μ 和 μ' 表示这个固体中的三个分子,第一个分子的坐标是 x,y,z,第二个的坐标是 $x+\alpha,y+\beta,z+\gamma$,第三个的坐标是 $x-\alpha,y-\beta,z+\gamma$;那么,和前一种情况一样,我们有 $v-w+v-w'=-2c\gamma$。因此,m 对 μ 和 m 对 μ' 的这两个作用的和,同无穷固体中由六直角平面所包围的棱柱中的情况相同。

如果我们考虑这个平面 H 下方另外一点 n,对位于该平面上方同样高度的另外两点 v 和 v' 的作用,则我们会得到一个类似的结果。因此,过这个平面 H 所产生的所有这种作用的和,也就是说,由于这个表面所分开的这些挨得很近的分子的作用而在单位时间内经过这个面的上边的全部热量,在这两个固体中总相等。

95　这两个固体的第二个,由两个无穷平面所界定,温度方程是 $v=A+cz$,在这个固体中,我们知道在单位时间内流过任一水平截面的单位面积的热量是 $-cK$,c 是 z 的系数,K 是热导率;因此,在由六直角平面所包围的这个棱柱中,当表示这个棱柱温度的线性方程是 $v=A+ax+by+cz$ 时,在单位时间内经过任一水平截面的单位面积的热量,也是 $-cK$。用同样的方法可以证明,在单位时间内均匀流过任一垂直于 x 的截面的单位面积的热量,由 $-aK$ 表示,在单位时间内经过垂直于 y 的一个截面的单位面积的全部热量,由 $-bK$ 表示。

我们在本目和前两目中所论证的这些定理假定物质内部的热的直接作用限制在极小的距离内,然而,若由每个分子所发出的热辐射线能直接贯穿相当远的距离,则它们仍然成立,不过正如我们在第 70 目中所注意到的,在这种情形下,必须假定保持这个固体各表面温度的原因在这一物体中总是部分地延伸一有限的深度。

第八节　在已知固体的一个已知点的热运动的量度

96　我们仍然需要确定热理论的某个基本原理,它在于严格定义和测量过一个方向已知的平面而经过实体每一点的热量。

如果热被不均匀地分布在同一物体的分子之间,那么任一点的温度将时刻发生变化。用 t 表示历经时间,用 v 表示 t 时后由坐标为 x,y,z 的一个无穷小的分子所达到的温度;则这个固体的变化状态就由像 $v=F(x,y,z,t)$ 这样的一个方程所表示。假定函数 F 已知,因而我们可以在每一时刻确定任一点的温度;设想我们过点 m 作平行于 x 和 y 平面的一个水平面,并设想我们在这个水平面上引一个其圆心在 m 上的无穷小圆 ω;我们需要确定在时刻 dt 内从这个固体在这个平面下方的部分经过该圆 ω 而进入在这个平面上方的那一部分的热量。

与点 m 挨得极近并且在这个平面之下的所有点,在无穷小时刻 dt 内,都对在这个平面之上并且与点 m 挨得极近的所有点发生作用,即位于这个平面一边的每一点都向位于另一边的每一点传热。

我们把向这个平面上方传递一定热量的作用看作是正的，把使热经过平面下方的作用看作是负的。过圆 ω 所发生的所有部分作用的和，即过该圆任一点从这个平面下方的这个固体的部分进入其上方这一部分的所有热量的和，构成其表达式待求的这个热流量。

不难想到，这个热流量在这个固体的整个范围内可能不一样，并且，如果我们在另一点 m' 引一个等于前一个的水平圆 ω'，那么，在同一时刻内，在这两个平面 ω 和 ω' 的上方所出现的两个热量可能不等：这两个量可以互相比较，它们的比是不难确定的数。

97 我们已经知道线性运动和均匀运动情形下这个恒流量的值；因此，在由两个无穷的水平面所包围的固体中，其中一个面保持温度 a，另一个保持温度 b，对于这个物体的每一部分，这个热流量都是相同的；我们可以把它看作是仅仅发生在垂直方向上的。对应于单位面积和单位时间的这个值，是 $K\left(\dfrac{a-b}{e}\right)$，$e$ 表示这两个平面的垂直距离，K 表示热导率；这个固体不同点的温度由方程 $v=a-\left(\dfrac{a-b}{e}\right)z$ 来表示。

当问题是由六直角平面构成一个固体，其中这六直角平面两两平行，并且不同点的温度由方程 $v=A+ax+by+cz$ 表示时，则这种传导就同时沿 x，y 和 z 的方向发生；流过平行于 x 和 y 平面的一个确定部分的热量，在这个棱柱的整个范围内相同；它对应于单位面积和单位时间的值，在 z 的方向上是 $-cK$，在 y 的方向上是 $-bK$，在 x 的方向上则是 $-aK$。

一般地，在我们刚才所引述的两种情形中，垂直流量的值仅仅取决于 z 的系数和热导率 K；这个值总等于 $-K\dfrac{\mathrm{d}v}{\mathrm{d}z}$。

在时刻 $\mathrm{d}t$ 内，流过面积为 ω 的一个无穷小水平圆、并如此从该圆平面下方的这个固体的一部分进入其在上方这一部分的热量表达式，在所说的这两种情形中，是 $-K\dfrac{\mathrm{d}v}{\mathrm{d}z}\omega\mathrm{d}t$。

98 现在不难使这个结果一般化，并不难认识到，在由方程 $v=F(x,y,z,t)$ 所表示的变化的热运动的每一种情形中，它都成立。

事实上，让我们用 x'，y'，z' 表示这一点 m 的坐标，用 v' 表示它的有效温度。设 $x'+\xi$，$y'+\eta$，$z'+\zeta$ 是与点 m 挨得无穷近的点 μ 的坐标，它的温度是 w；ξ，η，ζ 是加到坐标 x'，y'，z' 上的无穷小量；它们以与 x，y 和 z 平行、原点在 m 上的三直交轴来确定与点 m 挨得无穷近的分子的位置。对方程 $v=F(x,y,z,t)$ 微分，并用 ξ，η，ζ 代替这些微分，我们就得到表示等于 $v+\mathrm{d}v$ 的 w 值的线性方程 $w=v'+\dfrac{\mathrm{d}v'}{\mathrm{d}x}\xi+\dfrac{\mathrm{d}v'}{\mathrm{d}y}\eta+\dfrac{\mathrm{d}v'}{\mathrm{d}z}\zeta$；系数 v'，$\dfrac{\mathrm{d}v'}{\mathrm{d}x}$，$\dfrac{\mathrm{d}v'}{\mathrm{d}y}$，$\dfrac{\mathrm{d}v'}{\mathrm{d}z}$ 是 x，y，z，t 的一些函数，其中，属于点 m 的已知常数值 x'，y'，z' 代替 x，y，z。

假定同一点 m 也属于由六直角平面所包围的一个固体，体积有限的这个棱柱的各个点的有效温度由线性方程 $w=A+a\xi+b\eta+c\zeta$ 表示；位于界定这个固体的各个面的分子由某种外因保持这个线性方程所规定的温度。ξ，η，ζ 是这个棱柱的一个分子的直角坐标，它们表示原点在 m 的三个轴，这个分子的温度是 w。

如此，如果我们把属于这个微分方程的量 v'，$\dfrac{\mathrm{d}v'}{\mathrm{d}x}$，$\dfrac{\mathrm{d}v'}{\mathrm{d}y}$，$\dfrac{\mathrm{d}v'}{\mathrm{d}z}$ 看作是进入这个棱柱方程的常系数 A，a，b，c，那么，由方程 $w=v'+\dfrac{\mathrm{d}v'}{\mathrm{d}x}\xi+\dfrac{\mathrm{d}v'}{\mathrm{d}y}\eta+\dfrac{\mathrm{d}v'}{\mathrm{d}z}\zeta$ 所表示的这个棱柱的状态，就尽可能接近地与这个固体的状态重合；即所有与点 m 挨得无穷近的分子，无论我们认为是在这个固体中还是在这个棱柱中，都有相同的温度。这个固体与这个棱柱的重合完全类似于曲面和与它们相切的平面的重合。

由此显然得到，在时刻 $\mathrm{d}t$ 内，在这个固体中流过圆 ω 的热量与在这个棱柱中流过这同一个圆的热量是相同的;其作用发生在任一效应中的所有这些分子在这两个固体中都有相同的温度。因此,在这两个固体的任一个当中,所讨论的热量都由 $-K\dfrac{\mathrm{d}v}{\mathrm{d}z}\omega t$ 来表示。若圆心为 m 的圆 ω 与 y 轴垂直,则它就是 $-K\dfrac{\mathrm{d}v}{\mathrm{d}y}\omega t$,若该圆与 x 轴垂直,则它是 $-K\dfrac{\mathrm{d}x}{\mathrm{d}z}\omega t$。

我们刚才所确定的这个热流量的值在这个固体中点点均不相同,它也随时间而异。要是我们设想它在一个单位面积的所有点上都有和点 m 相同的值,并在单位时间内保持这个值,则这个热流量就由 $-K\dfrac{\mathrm{d}v}{\mathrm{d}z}$ 来表示,在 y 的方向上,它是 $-K\dfrac{\mathrm{d}v}{\mathrm{d}y}$,在 x 的方向上,就是 $-K\dfrac{\mathrm{d}v}{\mathrm{d}x}$。因此,我们在计算中通常采用相对于单位时间单位面积的这个热流量的值。

99 这个定理一般用于测量热据以经过以任一方式位于其温度随时间变化的一个固体内部的一个平面的一个已知点的速度。过这个已知点 m,我们应当在这个平面上作一条垂线,在这条垂线的每一点上,应当作表示它的不同点的有效温度的纵坐标。因此,我们就形成一条平面曲线 A,它的横轴是这条垂线。这条曲线的纵坐标的流数,与点 m 相一致,取异号,表示热经过这个平面时的速度。纵坐标的这个流数被理解为是这条曲线的微元与这个横轴的一条平行线所成夹角的正切。

我们刚才所解释的这个结果是在热理论中最经常应用的结果。我们要讨论这些不同的问题,就不能不对在温度可变的一个物体的每一点的热流量的值形成一个非常精确的思想。必须坚持这个基本见解;我们将要谈的一个例子会更清楚地表明在分析中曾经作出的这种应用。

100 假定边长为 π 的一个立方体的物质的不同点有由方程 $v=\cos x\cos y\cos z$ 所表示的不同的有效温度。坐标 x,y,z 根据三个直交轴来测量,这三个直交轴与该立方体的各个面垂直,原点在这个立方体的中心。这个固体外表面各点的有效温度为 0 度,还假定有一些外因使得所有这些点都保持有效温度 0。在这个假定下,这个物体将愈来愈冷,处在这个物体内部的所有点的温度将发生变化,并且在一个有限时间之后,它们都将达到表面温度 0。

现在我们要证明,这个固体的变化状态由方程 $v=\mathrm{e}^{-gt}\cos x\cos y\cos z$ 来表示,系数 g 等于 $\dfrac{3K}{CD}$,K 是形成这个固体物质的热导率,D 为密度,C 为比热;t 是历经时间。

这里我们假定这个方程成立,我们继而考查对它可能作出的应用,以求出过平行于三个直角平面之一的一个已知平面的热量。如果通过坐标为 x,y,z 的点 m,我们作一个垂直于 z 的平面,那么仿照上一目的方法,我们会发现,在这一点上并过这个平面的热流量的值是 $-K\dfrac{\mathrm{d}v}{\mathrm{d}z}$,或者是 $K\mathrm{e}^{-gt}\cos x\cdot\cos y\cdot\sin z$。在时刻 $\mathrm{d}t$ 内,过处在这个平面上并且边长为 $\mathrm{d}x$ 和 $\mathrm{d}y$ 的一个无穷小矩形的热量,是 $K\mathrm{e}^{-gt}\cos x\cos y\sin z\,\mathrm{d}x\,\mathrm{d}y\,\mathrm{d}t$。

因此,在时刻 $\mathrm{d}t$ 内,过这同一平面的全面积的总热量,是 $K\mathrm{e}^{-gt}\sin z\cdot\mathrm{d}t\displaystyle\iint\cos x\cos y\,\mathrm{d}x\,\mathrm{d}y$;这个二重积分从 $x=-\dfrac{1}{2}\pi$ 取到 $x=\dfrac{1}{2}\pi$,从 $y=-\dfrac{1}{2}\pi$ 取到 $y=\dfrac{1}{2}\pi$。这样,我们就得到作为这个总热量的表达式,$4K\mathrm{e}^{-gt}\sin z\,\mathrm{d}t$。

这时,如果我们相对 t 从 $t=0$ 到 $t=t$ 取积分,那么我们就得到自冷却开始到实际时刻为止的过这同一平面的热量。这个积分是 $\dfrac{4K}{g}\sin z(1-\mathrm{e}^{-gt})$,它在表面上的值是 $\dfrac{4K}{g}(1-\mathrm{e}^{-gt})$,因此,在一无穷时间之后,通过这些面中的某个面所失去的热量是 $\dfrac{4K}{g}$。由于这同一推理可用于这六个面中的每一个,因此我们得出,这个固体到完全冷却时所失去的全部热量等于 $\dfrac{24K}{g}$,或者是 $8CD$,因为 g 等于 $\dfrac{3K}{CD}$。冷却期间所耗散的总热量肯定应当与热导率 K 无关,因为 K 只会或多或少地影响冷却速度。

100A　我们可以用另一种方法来确定这个固体在一给定时间内所失去的热量,这将在某种程度上起到检验上述运算的作用。事实上,尺寸为 dx,dy,dz 的矩形分子的物质是 $D\,dx\,dy\,dz$,因此,为使它从 0 度变为沸水温度而必须给予它的热量,是 $CD\,dx\,dy\,dz$,如果所需要的是使这个分子升温至 v,那么热量的消耗应当是 $vCD\,dx\,dy\,dz$。

由此得到,为了求这个固体在时间 t 之后的热超过它在 0 度时所保持的热的超出量,我们应当在区间 $x=-\dfrac{1}{2}\pi$, $x=\dfrac{1}{2}\pi$, $y=-\dfrac{1}{2}\pi$, $y=\dfrac{1}{2}\pi$, $z=-\dfrac{1}{2}\pi$, $z=\dfrac{1}{2}\pi$ 之间取多重积分 $\displaystyle\iiint vCD\,dx\,dy\,dz$。

因此,只要用它的值代替 v,即用 $\mathrm{e}^{-gt}\cos x\cos y\cos z$ 代替 v,我们就得到实际热量超过属于温度 0 的热量的超出量 $8CD(1-\mathrm{e}^{-gt})$;或者,正如我们以前所得到的,在无穷时间之后,是 $8CD$。

在本导言中,我们叙述了为解决与固体中的热运动有关的不同问题所必须了解的所有基本原理,为表明在分析中运用它们的方式,我们给出了它们的某些应用;我们对它们所能作出的最重要的应用,就是由它们导出热传导的一般方程,这是下一章的主题。

第 76 目注。福布斯(J. D. Farbes)对一端受热的一根长铁棒的温度的研究明确表明,传导率 K 不是不变的,而是随温度的上升而减少。——《爱丁堡皇家协会会刊》(*Transactions of the Rogal Society of Edinburgh*),第 23 卷,第 133—146 页,第 24 卷,第 73—110 页。

第 98 目注。拉梅(Lamé)在他的《热的解析理论》〔(*Théorie Analytique de la Chaleur*),第 1—8 页〕一书中研究了关于在热导率随热流方向而变化的一个物体内热量的一般表达式。——A. F.

第 二 章

热运动方程

· Chapter Ⅱ · *Equation of the Movement of Heat* ·

　　傅立叶导出的热传导方程及其求解过程中使用的变量分离法已成为现代偏微分方程基础理论的重要组成部分；傅立叶积分也是用封闭形式解偏微分方程的主要方法。这一思想在他1811年的获奖论文中已体现出来，后来又在1822年的专著中总结了如何用这个积分求解各种类型的微分方程；傅立叶工作的另一重要影响是促进了数学中的函数概念及有关概念的发展。

第一节　环中变化的热运动方程

101　我们可以建立表示任一形状的固体物质中热运动的一般方程,并把它们应用到特殊情况中去。不过,这种方法常常会涉及很复杂的计算,这种计算不难避免。有几个问题我们最好以表示适合于它们的条件的特殊方法来处理;我们现在就采取这一步骤,并分别考察导言第一节所阐明的问题。开始我们只局限于建立微分方程,随后几章将给出它们的积分。

102　我们已经考虑过一端浸入一个恒定热源的细棱柱棒中的均匀热运动。这第一种情况不会有任何困难,因为除了温度的永恒状态外不涉及别的任何问题,表示它们的方程不难积分。下面的问题则需要更深入的研究;它的目的是要确定其不同的点已经得到完全任意的初始温度的一个固体环的变化状态。

这个固体环或臂环由一个矩形截面绕一个垂直于环平面的轴旋转而成(见图 3),l 是面积为 S 的这个截面的周长,系数 h 计量外热导率,K 计量内热导率,C 是比热,D 是密度。曲线 $oxx'x''$ 表示这个臂环的中周,或者是表示通过所有这些截面图形中心的那条曲线。一个截面与原点的距离由长为 x 的弧所测定;R 是中周的半径。

图 3

假定鉴于这个截面的微小面积和形状,我们可以认为同一截面不同点的温度相等。

103　设想这个臂环的不同截面的任意初始温度已经给定,然后这个固体受保持 0 度且以定速移动的空气的作用;这个温度系统将不断变化,热将在这个环中传导,并在表面耗散:需要的是确定这个固体在任一给定时刻的状态。

设 v 是距离为 x 的截面在历经时间 t 后所获得的温度;v 是 x 和 t 的某个函数,所有初始温度也应当进入该函数中;这就是待求的函数。

104　我们要考虑在由一个距离为 x 的截面和另一个距离为 $x+dx$ 的截面之间所围成的一个无穷小薄片中的热运动。对某一时刻的长度来说,这个薄片的状态就是由保持不等温的两个平行平面所限定的一个无穷固体的状态;因此,根据导言中所建立的原理,在这个时刻 dt 内过第一个截面、并由此从这个薄片前面的这个固体的部分进入这个薄片本身的热量,由四个因子的积来计算,即由热导率 K,截面面积 S,比 $-\dfrac{dv}{dx}$ 和时刻长度的积来计算,其表达式是 $-KS\dfrac{dv}{dx}dt$。为确定从这同一薄片过第二个截面所逃逸、并进入这个固体毗邻部分的热量,只需在前一表达式中把 x 变成 $x+dx$,或者同样地,把它对 x 的微分加到这个表达式中就够了;因此,这个薄片通过它的第一个面所得到的热量等于 $-KS\dfrac{dv}{dx}dt$,过相对的面所失去的热量由 $-KS\dfrac{dv}{dx}dt-KS\dfrac{d^2v}{dx^2}dx\,dt$ 来表示。因此,由于这个薄片的位置,它得到等于前两个量的差的热量,即 $KS\dfrac{d^2v}{dx^2}dx\,dt$。

另一方面,外表面为 $l\,dx$,温度与 v 相差无穷小的这同一薄片,允许等于 $h\,l\,v\,dx\,dt$ 的

◀ 在荣纳河东岸所看到的让欧塞尔人引以为自豪的圣·热尔曼修道院全景。

热量在时刻 dx 内逃逸到空气中去；由此得出，固体的这个无穷小部分实际保留由 $KS\dfrac{d^2v}{dx^2}dx\,dt-h\,lv\,dx\,dt$ 所表示的热量，这个量使它的温度发生变化。我们应当考察这个变化的总量。

105 系数 C 表示把所说的单位重量的这种物质从 0 度提高到 1 度需要多少热；所以，用密度 D 乘这个无穷小薄片的体积 Sdx，得到它的重量，再乘以比热 C，我们就得到作为使这个薄片的体积从 0 度升高到 1 度的热量 $CSdx$。因此，引起增加等于 $KS\dfrac{d^2v}{dx^2}dx\,dt$ $-h\,lv\,dx\,dt$ 的热量的温度增量，由最后这个量除以 $CSdx$ 而得到。因此，按惯例，用 $\dfrac{dv}{dt}dt$ 表示在时刻 dt 内所发生的温度的增量，我们有方程

$$\frac{dv}{dt}=\frac{K}{CD}\frac{d^2v}{dx^2}-\frac{hl}{CDS}v。\tag{a}$$

我们将在后面阐明为确定通解而可能对这个方程所作的运用，并且阐明这个问题的困难之所在；此处我们只给出与这个臂环的永恒温度有关的一个注记。

106 假定由于环平面是水平的，因而发挥一个恒定作用的每一个热源被放在不同点 m，n，p，q，等等的下面；热将在这个固体中传导，并且由于通过表面而被消耗的热不断由热源所发出的热来补偿，所以，这个固体的每一截面温度将愈来愈趋近于一个随不同截面而异的定值。为了用方程（a）表示若一旦产生，它们就自行存在的这后一种温度的规律，我们应当假定量 v 不随 t 而变化；这就消去了项 $\dfrac{dv}{dt}$。因此我们有方程 $\dfrac{d^2v}{dx^2}=\dfrac{hl}{KS}v$，所以 $v=Me^{-x\sqrt{\frac{hl}{KS}}}+Ne^{+x\sqrt{\frac{hl}{KS}}}$，$M$ 和 N 是两个常数[①]。

107 假定位于两个相邻热源之间的部分环周长被分成若干等份，分界点与原点的距离为 x_1，x_2，x_3，x_4，…，用 v_1，v_2，v_3，v_4，…表示分界点的温度；当两个常数由对应于热源的两个值确定之后，v 和 x 之间的关系就由前述方程给出。用 α 表示量 $e^{-\sqrt{\frac{hl}{KS}}}$，用 λ 表示两个相邻的分界点的距离 x_2-x_1，我们有方程：$v_1=M\alpha^{x_1}+N\alpha^{-x_1}$，$v_2=M\alpha^{\lambda}\cdot\alpha^{x_1}$ $+N\alpha^{-\lambda}\alpha^{-x_1}$，$v_3=M\alpha^{2\lambda}\alpha^{x_1}+M\alpha^{-2\lambda}\alpha^{-x_1}$，因此我们得出下述关系 $\dfrac{v_1+v_3}{v_2}=\alpha^{\lambda}+\alpha^{-\lambda}$。

对于温度为 v_2，v_3，v_4 的三个点，一般地，对于任何相邻的三个点，我们都会得到一个类似的结果。由此得到，如果我们观察均处在同样两个热源 m 和 n 之间，且由一个恒定间隔 λ 分开的几个相邻点的温度 v_1，v_2，v_3，v_4，v_5，…，那么我们会看到，任何三个相邻的温度都是这样的：两端之和除以中点的温度得一个常数商 $\alpha^{\lambda}+\alpha^{-\lambda}$。

108 如果在包含在任何别的两个热源 n 和 p 之间的空间中我们观察由同一间隔 λ 分

[①] 除此处 l 表示面积为 S 的一个截面的周长外，这个方程与表示一端受热的一根有限长的棒的恒定温度的方程相同（第 76 目）。在这种有限长的棒的情况下，我们可以确定常数 M 和 N 之间的两个关系；因为，如果 V 是热源温度，在那里，$x=0$，则 $V=M+N$；如果在这根棒远离热源的那一端，此时 $x=l$，假定我们取与该端距离为 dx 的一个截面，那么，在单位时间内，过这个截面的热流量是 $-KS\dfrac{dv}{dx}$，这与通过周边和这个薄片自由端的热耗散，即

$hv(ldx+S)$ 相等；因此，最后当 dx 变为 0 时，$hv+K\dfrac{dv}{dx}=0$，这时 $x=L$，即 $Me^{-L\sqrt{\frac{hl}{KS}}}+Ne^{+L\sqrt{\frac{hl}{KS}}}=\sqrt{\dfrac{Kl}{hS}}$

$\left(Me^{-L\sqrt{\frac{hl}{KS}}}-Ne^{+L\sqrt{\frac{hl}{KS}}}\right)$。

参见韦尔德，《物理演讲》，第 37 页。——A.F.

开的别的不同点的温度,那么我们同样会得到,对于任何三个相邻的点,两端温度之和除以中点的温度得同一常数商 $\alpha^{\lambda}+\alpha^{-\lambda}$。这个商值既与热源位置无关,也与热源强度无关。

109　设 q 是这个常数值,我们有方程 $v_3=qv_2-v$;由此我们看到,当周长被分成几等份时,包含在两个相邻热源之间的分界点的温度,由一个循环级数的那些项来表示,这个级数的相关比(scale of relation)由 q 和 -1 两项组成。

实验已经充分确证了这个结果。我们曾让一个金属环受不同热源的恒定且同时的作用,我们观察由若干恒定间隔分开的几点的恒定温度;我们总发现,不脱离一个热源的任何三个相邻点的温度,都有所说的这个关系。即使热源增加,且无论怎样安排它们,商 $\dfrac{v_1+v_3}{v_2}$ 的数值都不会发生任何变化;它仅仅取决于环的尺寸和质,而与这个固体的受热方式无关。

110　当我们由观察得到常数商 q 或者是 $\dfrac{v_1+v_3}{v_2}$ 时,通过方程 $\alpha^{\lambda}+\alpha^{-\lambda}=q$,就可以从中导出 α^{λ} 的值。这个方程的一个根是 α^{λ},另一个是 $\alpha^{-\lambda}$。由于这个量被确定,我们就可以由它导出比 $\dfrac{h}{K}$ 的值,这个值是 $\dfrac{S}{l}(\log\alpha)^2$。用 ω 表示 α^{λ},我们有 $\omega^2-q\omega+1=0$。因此,用方程 $\omega^2-q\omega+1=0$ 的一个根的双曲对数的平方乘 $\dfrac{S}{l}$,并且用 λ^2 除这个积,我们就得到两个热导率的比。

第二节　实心球中变化的热运动方程

111　形如球体的一个同质固体物质,在保持永恒温度 1 的一种介质中浸泡无穷时间,然后让它受保持 0 度并且以一定速移动的空气的作用;需要确定这个物体在整个冷却时间内的连续状态。

用 x 表示任一点与球心的距离,用 v 表示在历经时间 t 之后这同一点的温度;为使这个问题更一般化,假定处在与球心距离为 x 的所有点的共同初始温度随不同的 x 值而异;若浸泡尚未持续无穷时间,则就是这种情况。

这个固体与球心等距的那些点有相同的温度,因此,v 是 x 和 t 的某个函数。当我们假定 $t=0$ 时,这个函数的值就应当与完全任意给定的初始状态一致。

112　我们要考虑由半径为 x 和 $x+\mathrm{d}x$ 的两个球面所围成的无穷薄壳层中的瞬时热运动:在一个无穷小时刻 $\mathrm{d}t$ 内,过半径为 x 的较小的面,并从这个固体最靠近球心的部分进入这个球形壳层的热量,等于四个因子的积,这四个因子是热导率 K,时间 $\mathrm{d}t$,壳面面积 $4\pi x^2$,以及比 $\dfrac{\mathrm{d}v}{\mathrm{d}x}$,$\dfrac{\mathrm{d}v}{\mathrm{d}x}$ 取负号;这个积由 $-4K\pi x^2\dfrac{\mathrm{d}v}{\mathrm{d}x}\mathrm{d}t$ 来表示。

为了确定在这同一时刻内流过这同一壳层的第二个面、并从这个壳层进入包围它的这个固体的这一部分的热量,就应当在前一个表达式中,把 x 变成 $x+\mathrm{d}x$:即应当把项 $-4K\pi x^2\dfrac{\mathrm{d}v}{\mathrm{d}x}\mathrm{d}t$ 对 x 的微分加到这一项上去。因此我们得到作为经过第二个面而离开这个球形壳层的热量表达式 $-4K\pi x^2\dfrac{\mathrm{d}v}{\mathrm{d}x}\mathrm{d}t-4K\pi\mathrm{d}\left(x^2\dfrac{\mathrm{d}v}{\mathrm{d}x}\right)\mathrm{d}t$;如果我们从进入第一个面的量中减去这个量,我们就有 $4K\pi\mathrm{d}\left(x^2\dfrac{\mathrm{d}v}{\mathrm{d}x}\right)\mathrm{d}t$。显然,这个差就是积聚在这个中间壳层中的热量,这个热量的作用会改变它的温度。

113 系数 C 表示使一个确定重量的单位从 0 度升至 1 度所需要的热量；D 是单位重量的体积，$4\pi x^2 dx^2$ 是中间薄层的体积，它与它只相差一个可以忽略不计的量：所以，$4\pi CD x^2 dx$ 是使中间壳层从 0 度升至 1 度所需要的热量。因此，必须用 $4\pi CD x^2 dx$ 除这个壳层中所积聚的热量，这样，我们得到它的温度 v 在时间 dt 内的增量。因此，我们得到方程 $dv = \dfrac{K}{CD} dt \cdot \dfrac{d\left(x^2 \dfrac{dv}{dx}\right)}{x^2 dx}$，或 $\dfrac{dv}{dt} = \dfrac{K}{CD} \cdot \left(\dfrac{d^2 v}{dx^2} + \dfrac{2}{x}\dfrac{dv}{dx}\right)$。 (c)

114 上述方程表示这个固体内部的热运动规律，不过表面上的点的温度还受到我们应当表示的一个特殊条件的支配。与表面状态有关的这个条件可随所讨论的问题的性质而变化：例如我们可以假定在加热这个球体并使它的分子升至沸水温度后，再对表面上所有的点给定 0 度温度，并且以任一外因使它们保持这个 0 度温度，从而使冷却发生作用。在这种情况下，我们可以设想一个球，这个球的变化状态是需要确定的，这个球由一个极薄的壳层所覆盖，冷却因素就是在这个壳层上发挥它的作用的，我们可以假定，1°，这个无穷薄的壳层附着在这个固体上，其物质与这个固体的物质相同，并且像这个物体其他部分一样成为这个物体的一部分，2°，这个壳层的所有分子都处于 0 度，它由始终防止这一温度高于或低于 0 度的一个原因所维持。为了从理论上表述这个条件，当我们对 x 给定等于球半径的全值 X 时，无论 t 取什么值，我们都应当让包含 x 和 t 的这个函数 v 变成 0。在这个假定下，如果我们用 $\phi(x, t)$ 表示 x 和 t 的这个函数，它表示 v 的值，那么我们就有两个方程：$\dfrac{dv}{dt} = \dfrac{K}{CD}\left(\dfrac{d^2 v}{dx^2} + \dfrac{2}{x}\dfrac{dv}{dx}\right)$ 和 $\phi(X, t) = 0$。此外，初始状态应当由这同一个方程 $\phi(x, t)$ 来表示：因此我们有作为第二个条件的 $\phi(x, 0) = 1$。这样，在我们开始已经描述过的这个假定下，一个固体球的变化状态就由应当满足上面三个方程的一个函数 v 来表示。第一个条件是一般的，它在每一时刻都属于这个物体的所有点；第二个只对表面分子起作用，第三个则仅仅属于初始温度。

115 如果这个固体在空气中冷却，则第二个方程就不一样了；这时，我们应当设想这个极薄壳层由某一外因保持在如像下述情况的一种状态中：每一时刻从球体逃逸掉等于有介质时介质会从中带走的热量。

现在，在一个无穷小时刻 dt 内，在这个固体内部流过位于距离为 x 的球面的热量，等于 $-4K\pi x^2 \dfrac{dv}{dx} dt$；这个一般表达式适用于所有 x 的值。因此，假定 $x = X$，我们就可以确定在这个球的变化状态中流过形成它的边界的极薄壳层的热量；另一方面，这个固体的外表面有一变化的温度，我们用 v 来表示这一温度，这个外表面，允许一定的热量逃逸到空气中去，这个热量与温度，与表面面积 $4\pi X^2$ 成正比。这个量的值是 $4h\pi X^2 V dt$。

如假设，为了表示这个壳层的作用在每一时刻内代替介质的存在所产生的作用，只需要使量 $4h\pi X^2 V dt$ 等于表达式 $-4K\pi X^2 \dfrac{dv}{dx} dt$ 在我们对 x 给定其全值 X 时所得到的值就够了。因此我们得到方程 $\dfrac{dv}{dx} = -\dfrac{h}{K} v$，当我们在 $\dfrac{dv}{dx}$ 和 v 这两个函数中用 x 的值 X 代替 x 时，这个方程肯定成立，我们用 $K\dfrac{dV}{dx} + hV = 0$ 的形式表示它。

116 因此，在 $x = X$ 时，所取的这个 $\dfrac{dv}{dx}$ 的值，与对应于同一点的 v 值，肯定有一个常数比 $-\dfrac{h}{K}$。这样，我们假定这个冷却的外因始终以下述方式决定这个极薄壳层的状态；对应于 $x = X$，由这个状态所产生的 $\dfrac{dv}{dx}$ 的值与 v 的值成正比，这两个量的常数比是 $-\dfrac{h}{K}$。

由于这个条件因始终存在使 $\dfrac{\mathrm{d}v}{\mathrm{d}x}$ 的极值不是别的而只能是 $-\dfrac{h}{K}v$ 的某种原因而被满足,所以,这个壳层的作用将代替空气的作用。

不必假定这个壳层是极薄的,在后面我们将看到,它可以有一个不定的厚度。此处把厚度看作无穷小,是为了把注意力集中在这个固体的表面状态上。

117 因此,用以确定函数 $\phi(x,t)$ 或者是 v 的三个方程如下: $\dfrac{\mathrm{d}v}{\mathrm{d}t}=\dfrac{K}{CD}\left(\dfrac{\mathrm{d}^2v}{\mathrm{d}x^2}+\dfrac{2}{x}\right.$ $\left.\dfrac{\mathrm{d}v}{\mathrm{d}x}\right)$, $K\dfrac{\mathrm{d}V}{\mathrm{d}x}+hV=0$, $\phi(x,0)=1$。

第一个适用于 x 和 t 的所有可能的值;无论 t 取何值,当 $x=X$ 时,第二个方程成立;无论 x 取何值,当 $t=0$ 时,第三个方程成立。

应当假定,在初始状态中,所有球形薄层均无相同的温度:倘若设想浸泡尚未持续无穷长的时间,则必然会出现这种情况。在比前述情况更一般的这种情况下,这个被给定的函数,表示处在与球心的距离为 x 的分子的初始温度,用 $F(x)$ 来表示;这样,第三个方程就由 $\phi(x,0)$ 这样一个方程代替。

剩下的只是一个纯分析问题,它的解将在下面几章中的一章中给出。它主要是借助于这个一般条件和它所服从的两个具体条件来求 v 的值。

第三节 实圆柱中变化的热运动方程

118 一个无穷长的实圆柱,它的边与它的圆形基底垂直,由于完全浸没在温度处处相同某种液体中,而逐渐被加热,加热的方式是这样的:与轴等距的所有点都得到相同的温度;随后让它受一种较冷的气流的作用;需要确定的是在一个给定的时间之后不同薄层的温度。

x 表示某个圆柱面的半径,这个圆柱面上的所有点与轴等距;X 是这个圆柱体的半径;自冷却开始时,在历经由 t 所表示的某个时间之后,这个圆柱体的那些处在与轴相距 x 的点的温度,是 v。因此,v 是 x 和 t 的函数,如果在这个函数中使 t 等于 0,则由此得到的这个 x 的函数必然满足初始状态,初始状态是任意的。

119 考虑在一个半径为 x 的面和另一个半径为 $x+\mathrm{d}x$ 的面之间的这个圆柱的一个无穷薄的部分中的热运动。在时刻 $\mathrm{d}t$ 内,这一部分从它所围住的这个固体的那一部分中所得到的热量,即在同一时间内,经过其半径为 x、其长度* 假定与单位相等的这个圆柱面的热量,由 $-2K\pi x\dfrac{\mathrm{d}v}{\mathrm{d}x}\mathrm{d}t$ 来表示。

为了求过半径为 $x+\mathrm{d}x$ 的第二个面而从这个无穷薄的壳层进入围住它的这个固体的那部分的热量,我们应当在前一个表达式中,把 x 变成 $x+\mathrm{d}x$,或者是同样地,把项 $-2K\pi x\dfrac{\mathrm{d}v}{\mathrm{d}x}\mathrm{d}t$ 对 x 的微分加到该项上去。这样,所得到的热和所失去的热的差,或者是说聚集在这个无穷薄的壳层中决定着温度变化的热量,是取反号的这同一个微分,或者是 $2K\pi\cdot\mathrm{d}t\cdot\mathrm{d}\left(x\dfrac{\mathrm{d}v}{\mathrm{d}x}\right)$;

---

* 长度(length),看来在这里是指圆柱的高。——汉译者

另一方面,这个中间壳层的体积是 $2\pi x\,\mathrm{d}x$,并且 $2CD\pi x\,\mathrm{d}x$ 表示把它从 0 度升至 1 度所需要的热量,C 是比热,D 是密度。因此,商 $\dfrac{2K\pi\cdot\mathrm{d}t\cdot\mathrm{d}\left(x\dfrac{\mathrm{d}v}{\mathrm{d}x}\right)}{2CD\pi x\,\mathrm{d}x}$ 是这一温度在时刻 $\mathrm{d}t$ 内所得到的增量。因此我们得到方程 $\dfrac{\mathrm{d}v}{\mathrm{d}t}=\dfrac{K}{CD}\left(\dfrac{\mathrm{d}^2v}{\mathrm{d}x^2}+\dfrac{1}{x}\dfrac{\mathrm{d}v}{\mathrm{d}x}\right)$。

120 由于在时刻 $\mathrm{d}t$ 内,经过半径为 x 的圆柱面的热量,一般地,由 $2K\pi x\dfrac{\mathrm{d}v}{\mathrm{d}x}\mathrm{d}t$ 来表示,所以,在前一值中使 $x=X$,则我们就得到在同一时间内从这个固体表面所逃逸的热量;另一方面,弥散到空气中去的这个相同的量,根据热传导原理,等于 $2\pi Xhv\mathrm{d}t$;因此,在这个面上,我们肯定有定义方程 $-K\dfrac{\mathrm{d}v}{\mathrm{d}x}=hv$。我们在关于球的那些目中,或者是在对任一形状的物体给出一般方程的那些目中,以更大的篇幅解释了这些方程的性质,因此,表示无穷圆柱中的热运动的函数 v 应当满足:

第一,一般方程 $\dfrac{\mathrm{d}v}{\mathrm{d}t}=\dfrac{K}{CD}\left(\dfrac{\mathrm{d}^2v}{\mathrm{d}x^2}+\dfrac{1}{x}\dfrac{\mathrm{d}v}{\mathrm{d}x}\right)$,无论 x 和 t 如何,它都适用;

第二,定义方程 $\dfrac{h}{K}v+\dfrac{\mathrm{d}v}{\mathrm{d}x}=0$,当 $x=X$ 时,无论变量 t 如何,它都成立;

第三,定义方程 $v=F(x)$。当使 $t=0$ 时,无论变量 x 如何,v 的所有值都应当满足最后这个条件。任意函数 $F(x)$ 被看作是已知的;它对应于初始状态。

第四节　无穷长实棱柱中的均匀热运动方程

121 一个棱柱棒的一端浸在使该端保持温度 A 的一个恒定热源中;这根棒的长度无穷的其余部分不断受到保持 0 度的均匀气流的作用;需要确定的是这根棒的一个已知点所能达到的最高温度。

这个问题与第 73 目的问题不同,因为,为了得到一个精确的解,我们现在必须计及这个固体的所有方面。

的确,我们曾经假定,在一根很细的棒中,同一个截面的所有点都得到明显相等的温度;然而,某种不可靠性可能会隐含在这一假定的结果中。因此,最好是严格地解决这个问题,然后用分析来考查到什么时候,在什么条件下,我们才可以认为同一截面上的不同点的温度是相等的。

122 与这根棒的长成直角的截面是边为 $2l$ 的一个正方形,这根棒的轴是 x 轴,原点在端面 A 上。这根棒上的一点的三个直角坐标是 x,y,z,v 表示同一点的固定温度。

问题在于要确定,只要与热源相连通的端面 A 的所有点都一直受到永恒温度 A 的作用,为使这根棒上的不同点的温度能够继续存在而无任何变化,我们应当对这些不同的点赋予怎样的一些温度;因此,v 是 x,y 和 z 的一个函数。

123 考虑围在与 x,y 和 z 的这三个轴垂直的六个平面之间的一个棱柱分子中的热运动。前三个面经过坐标为 x,y,z 的点 m,另外三个经过坐标为 $x+\mathrm{d}x,y+\mathrm{d}y,z+\mathrm{d}z$ 的点 m'。

为了求在单位时间内通过点 m 并且与 x 轴垂直地经过第一个面而进入这个分子的热量,我们应当记住,在这个面上的这个分子的表面积是 $\mathrm{d}y\,\mathrm{d}z$,流过这个面积的热量,根据第 98 目的定理,等于 $-K\dfrac{\mathrm{d}v}{\mathrm{d}x}$;因此,这个分子所得到的通过矩形 $\mathrm{d}y\,\mathrm{d}z$ 并且经过点 m 的一个热量由 $-K\mathrm{d}y\,\mathrm{d}z\,\dfrac{\mathrm{d}v}{\mathrm{d}x}$ 来表示。为了求过其对面而从这个分子所逃逸的热量,我们应当在前一个式子中,用 $x+\mathrm{d}x$ 代替 x,或者同样地,在这个式子中再加上它只对 x 的微分;由此我们得到,这个分子在它与 x 轴垂直的第二个面上所失掉的热量等于 $-K\mathrm{d}y\,\mathrm{d}z$ $\dfrac{\mathrm{d}v}{\mathrm{d}x}-K\mathrm{d}y\,\mathrm{d}z\,\mathrm{d}\left(\dfrac{\mathrm{d}v}{\mathrm{d}x}\right)$;因此,我们应当从在对面所进入的热量中减去这个量;这两个量的差是 $K\mathrm{d}y\,\mathrm{d}z\,\mathrm{d}\left(\dfrac{\mathrm{d}v}{\mathrm{d}x}\right)$ 或 $K\mathrm{d}x\,\mathrm{d}y\,\mathrm{d}z\,\dfrac{\mathrm{d}^2v}{\mathrm{d}x^2}$;由于是沿 x 轴的方向传导,所以这个式子表示在这个分子中所聚积的热量;如果它不能与在别的方向上所失去的热量平衡,那么所聚积的热就会使这个分子的温度发生变化。

用同样的方法得到,等于 $-K\mathrm{d}z\,\mathrm{d}x\,\dfrac{\mathrm{d}v}{\mathrm{d}y}$ 的热量经过垂直于 y 轴的这个平面上的点 m 而进入这个分子,从对面所逃逸的热量是 $-K\mathrm{d}z\,\mathrm{d}x\,\dfrac{\mathrm{d}v}{\mathrm{d}y}-K\mathrm{d}z\,\mathrm{d}x\,\mathrm{d}\left(\dfrac{\mathrm{d}v}{\mathrm{d}y}\right)$,最后的微分只对 y 取。这样,这两个量的差,或 $K\mathrm{d}x\,\mathrm{d}y\,\mathrm{d}z\,\dfrac{\mathrm{d}^2v}{\mathrm{d}y^2}$,由于是沿 y 轴的方向传导,就表示这个分子所得到的热量。

最后,我们用同样的方法证明,由于是沿 z 轴的方向传导,这个分子得到等于 $K\mathrm{d}x\,\mathrm{d}y\,\mathrm{d}z\,\dfrac{\mathrm{d}^2v}{\mathrm{d}z^2}$ 的热量。现在,为使温度不至于发生任何变化,这个分子就应当保持和它开始时所保持的一样多的热,因此,它在某一个方向所得到的热就应当与它在另一个方向所失去的热平衡。这样,所得到的这三个热量的和就应当等于 0;因此,我们建立方程 $\dfrac{\mathrm{d}^2v}{\mathrm{d}x^2}+\dfrac{\mathrm{d}^2v}{\mathrm{d}y^2}+\dfrac{\mathrm{d}^2v}{\mathrm{d}z^2}=0$。

124　现在剩下的是表示与这个表面有关的一些条件。如果我们假定点 m 属于这个棱柱棒的某个面,这个面与 z 轴垂直,那么我们会看到,在单位时间内,矩形 $\mathrm{d}x\,\mathrm{d}y$ 允许等于 $Vh\,\mathrm{d}x\,\mathrm{d}y$ 的热量逃逸到空气中去,V 表示这个表面上的点 m 的温度,即表示在使得 z 等于这个棱柱的直径的一半 l 时所要求的这个函数 $\phi(x,y,z)$ 所达到的值。另一方面,由于这些棱柱分子的作用,在单位时间内,经过位于这个棱柱内且与 z 轴垂直的无穷小的面 ω 的热量,根据上面提供的定理,等于 $-K\omega\dfrac{\mathrm{d}v}{\mathrm{d}z}$。这个表达式是一般的,并且,当把它应用于坐标 z 得到其全值 l 的那些点时,我们由此得到,在函数 $\dfrac{\mathrm{d}v}{\mathrm{d}z}$ 中,对 z 给定其全值 l,则经过这个面上的矩形 $\mathrm{d}x\,\mathrm{d}y$ 的热量,是 $-K\mathrm{d}x\,\mathrm{d}y\,\dfrac{\mathrm{d}v}{\mathrm{d}z}$。因此,为使这些分子的作用能与介质的作用一致,这两个量 $-K\mathrm{d}x\,\mathrm{d}y\,\dfrac{\mathrm{d}v}{\mathrm{d}z}$ 和 $h\,\mathrm{d}x\,\mathrm{d}y\,v$ 就应当相等。当我们在函数 $\dfrac{\mathrm{d}v}{\mathrm{d}z}$ 和 v 中,对 z 给定它在所考虑过的第一个面的对面所具有的值 $-l$ 时,这个等式也应当成立。此外,由于经过垂直于 y 轴的一个无穷小的面 ω 的热量是 $-K\omega\dfrac{\mathrm{d}v}{\mathrm{d}y}$,因此,在函数 $\dfrac{\mathrm{d}v}{\mathrm{d}y}$ 中对 y 给定其全值 l 时,则经过与 y 轴垂直的这个棱柱的某一个面上的矩形 $\mathrm{d}z\,\mathrm{d}x$ 的热量,是 $-K\mathrm{d}z\,\mathrm{d}x\,\dfrac{\mathrm{d}v}{\mathrm{d}y}$。现在,这个矩形 $\mathrm{d}z\,\mathrm{d}x$ 允许由 $h\,v\mathrm{d}x\,\mathrm{d}y$ 所表示的热量逃逸到空气中去;因此,当在函数 v 和 $\dfrac{\mathrm{d}v}{\mathrm{d}y}$ 中使 y 等于 l 或者 $-l$ 时,方程 $hv=-K\dfrac{\mathrm{d}v}{\mathrm{d}y}$ 必然成立。

125 由假设，当我们假定 $x=0$ 时，无论 y 和 z 的值如何，函数 v 的值都必然等于 A。因此，所求的函数 v 由下述条件确定：

第一，对 x,y,z 的所有值，它满足一般方程 $\dfrac{\mathrm{d}^2 v}{\mathrm{d}x^2}+\dfrac{\mathrm{d}^2 v}{\mathrm{d}y^2}+\dfrac{\mathrm{d}^2 v}{\mathrm{d}z^2}=0$；

第二，当 y 等于 l 或者 $-l$ 时，无论 x 和 z 如何，它满足方程 $\dfrac{h}{K}v+\dfrac{\mathrm{d}v}{\mathrm{d}y}=0$，或者，当 z 等于 l 或者 $-l$ 时，无论 x 和 y 如何，它满足方程 $\dfrac{h}{K}v+\dfrac{\mathrm{d}v}{\mathrm{d}z}=0$；

第三，当 $x=0$ 时，无论 y 和 z 如何，它满足方程 $v=A$。

第五节 实立方体中变化的热运动方程

126 把一个所有点都达到相同温度的实立方体放在保持 0 度的均匀气流中。需要确定的是这个物体在整个冷却期间的连续状态。

取这个立方体的中心为直角坐标系的原点；从这一点到各面的垂线为 x,y,z 轴；立方体的边为 $2l$，v 是坐标为 x,y,z 的一点自冷却开始到历经时间 t 之后所降至的温度。问题在于确定依 x,y,z 而定的函数 v。

127 为了建立 v 所应当满足的一般方程，我们应当确定这个固体的一个无穷小部分，在时刻 $\mathrm{d}t$ 内，由于与它挨得极近的那些分子的作用，所应当经历的温度变化。这样，我们考虑围在六直角平面内的一个棱柱分子；六直角平面的前三个面经过坐标为 x,y,z 的点 m，另外三个面经过坐标为 $x+\mathrm{d}x$，$y+\mathrm{d}y$，$z+\mathrm{d}z$ 的点 m'。

在时刻 $\mathrm{d}t$ 内，过垂直于 x 的第一个矩形 $\mathrm{d}y\,\mathrm{d}z$ 而进入这个分子的热量，是 $-K\,\mathrm{d}y\,\mathrm{d}z\dfrac{\mathrm{d}v}{\mathrm{d}x}\mathrm{d}t$，并且在同一时间内，过对面而从这个分子中所逃逸的热量，由在前一表达式中用 $x+\mathrm{d}x$ 代替 x 而得到，它是 $-K\,\mathrm{d}y\,\mathrm{d}z\left(\dfrac{\mathrm{d}v}{\mathrm{d}x}\right)\mathrm{d}t-K\,\mathrm{d}y\,\mathrm{d}z\,\mathrm{d}\left(\dfrac{\mathrm{d}v}{\mathrm{d}x}\right)\mathrm{d}t$，这个微分只对 x 取。在时刻 $\mathrm{d}t$ 内，过垂直于 y 轴的第一个矩形 $\mathrm{d}z\,\mathrm{d}x$ 而进入这个分子的热量，是 $-K\,\mathrm{d}z\,\mathrm{d}x\dfrac{\mathrm{d}v}{\mathrm{d}y}\mathrm{d}t$，在同一时间内，过对面而从这个分子中所逃逸的热量，是 $-K\,\mathrm{d}z\,\mathrm{d}x\dfrac{\mathrm{d}v}{\mathrm{d}y}\mathrm{d}t-K\,\mathrm{d}z\,\mathrm{d}x\,\mathrm{d}\left(\dfrac{\mathrm{d}v}{\mathrm{d}y}\right)\mathrm{d}t$，这个微分只对 y 取。在时刻 $\mathrm{d}t$ 内，这个分子过它垂直于 z 轴的下平面所得到的热量，是 $-K\,\mathrm{d}x\,\mathrm{d}y\dfrac{\mathrm{d}v}{\mathrm{d}z}\mathrm{d}t$，而过其对面所失去的热量，是 $-K\,\mathrm{d}x\,\mathrm{d}y\dfrac{\mathrm{d}v}{\mathrm{d}z}\mathrm{d}t-K\,\mathrm{d}x\,\mathrm{d}y\,\mathrm{d}\left(\dfrac{\mathrm{d}v}{\mathrm{d}z}\right)\mathrm{d}t$，这个微分只对 z 取。

现在，我们应当从这个分子所得到的热量的和中，减去从它那里所逃逸的全部热量的和，差是确定它在这个时刻内的温度增量的量：这个差是 $K\,\mathrm{d}y\,\mathrm{d}z\,\mathrm{d}\left(\dfrac{\mathrm{d}v}{\mathrm{d}x}\right)\mathrm{d}t+K\,\mathrm{d}z\,\mathrm{d}x\,\mathrm{d}\left(\dfrac{\mathrm{d}v}{\mathrm{d}y}\right)\mathrm{d}t+K\,\mathrm{d}x\,\mathrm{d}y\,\mathrm{d}\left(\dfrac{\mathrm{d}v}{\mathrm{d}z}\right)\mathrm{d}t$，或者是 $K\,\mathrm{d}x\,\mathrm{d}y\,\mathrm{d}z\left(\dfrac{\mathrm{d}^2 v}{\mathrm{d}x^2}+\dfrac{\mathrm{d}^2 v}{\mathrm{d}y^2}+\dfrac{\mathrm{d}^2 v}{\mathrm{d}z^2}\right)\mathrm{d}t$。

128 如果用使这个分子从 0 度升至 1 度所需的量除刚才得到的这个量，那么在时刻 $\mathrm{d}t$ 内所产生的温度增量就成为已知的。现在这前一个量是 $CD\,\mathrm{d}x\,\mathrm{d}y\,\mathrm{d}z$：$C$ 表示这一物质的热容量；D 表示其密度，$\mathrm{d}x\,\mathrm{d}y\,\mathrm{d}z$ 表示这个分子的体积。因此，这个固体内部的热运动由方程

$$\frac{\mathrm{d}v}{\mathrm{d}t} = \frac{K}{CD}\left(\frac{\mathrm{d}^2 v}{\mathrm{d}x^2} + \frac{\mathrm{d}^2 v}{\mathrm{d}y^2} + \frac{\mathrm{d}^2 v}{\mathrm{d}z^2}\right) \tag{d}$$

来表示。

129　剩下的问题是建立关于表面状态的方程，根据我们已经建立的原理，这不会有任何困难。事实上，在时刻 $\mathrm{d}t$ 内，过处在与 x 轴垂直的一个平面上的矩形 $\mathrm{d}z\,\mathrm{d}y$ 的热量，是 $-K\,\mathrm{d}y\,\mathrm{d}z\,\dfrac{\mathrm{d}v}{\mathrm{d}x}\mathrm{d}t$。当 x 的值等于这个棱柱厚度的一半 l 时，这个结果应当成立，它适用于这个固体的所有点。在这种情况下，由于矩形 $\mathrm{d}y\,\mathrm{d}z$ 在表面上，所以，在时刻 $\mathrm{d}t$ 内，过它并弥散到空气中去的热量，由 $hv\,\mathrm{d}y\,\mathrm{d}z\,\mathrm{d}t$ 来表示，因此当 $x=l$ 时，我们应当有方程 $hv=-K\dfrac{\mathrm{d}v}{\mathrm{d}x}$。当 $x=-l$ 时这一条件亦被满足。

我们还可以得到，由于过处于与 y 轴垂直的一个平面上的矩形 $\mathrm{d}y\,\mathrm{d}x$ 的热量，一般地，是 $-K\,\mathrm{d}z\,\mathrm{d}x\,\dfrac{\mathrm{d}v}{\mathrm{d}z}$，并且过这同一矩形而从表面逃逸到空气中去的热量是 $hv\,\mathrm{d}z\,\mathrm{d}x\,\mathrm{d}t$，所以，当 $y=l$ 或者是 $-l$ 时，我们肯定有方程 $hv+K\dfrac{\mathrm{d}v}{\mathrm{d}y}=0$。最后，我们以同样的方法得到定义方程 $kv+K\dfrac{\mathrm{d}v}{\mathrm{d}z}=0$，它在 $z=l$ 或者是 $-l$ 时成立。

130　因此，表示在实立方体的固体内变化的热运动的这个所求方程，应当以下述条件来确定：

第一，它满足一般方程 $\dfrac{\mathrm{d}v}{\mathrm{d}t} = \dfrac{K}{CD}\left(\dfrac{\mathrm{d}^2 v}{\mathrm{d}x^2} + \dfrac{\mathrm{d}^2 v}{\mathrm{d}y^2} + \dfrac{\mathrm{d}^2 v}{\mathrm{d}z^2}\right)$；

第二，它满足三个定义方程 $hv+K\dfrac{\mathrm{d}v}{\mathrm{d}x}=0$，$hv+K\dfrac{\mathrm{d}v}{\mathrm{d}y}=0$，$hv+K\dfrac{\mathrm{d}v}{\mathrm{d}z}=0$，它们在 $x=\pm l$，$y=\pm l$，$z=\pm l$ 时成立；

第三，如果在包含 x,y,z,t 的函数 v 中，无论 x,y 和 z 的值如何，我们都取 $t=0$，那么，由假定，我们应当有 $v=A$，它是温度的初始值和公共值。

131　在前述问题中所得到的这个方程表示所有固体内部的热运动。事实上，无论物体形状如何，显然，通过把它们分解成棱柱状的分子，我们就可以得到这个结果。因此，我们可以只限于以这种方式来论证热传导方程。然而，为了使原理的展示更全面，为了使我们能把用来建立固体内部的热传导的一般方程和关于表面状态的方程的定理在少数几个相邻的目中集中起来，我们将在下面两节中开始研究这些方程而不涉及任何特殊的问题，也不回到我们在导言中解释过的基本命题上来。

第六节　固体内热传导的一般方程

132　**定理 1.** 如果围在六直角平面之间的一个同质固体的不同点有由线性方程

$$v = A - ax - by - cz \tag{a}$$

所确定的有效温度，如果处在界定这个棱柱的六个平面的外表面上的分子以任一原因保持由方程（a）所表示的温度；那么，处在这个物体内部的所有分子将自行保持它们的有效温度，因此这个棱柱的状态不发生任何变化。

v 表示坐标为 x,y,z 的点的有效温度，A,a,b,c 是常系数。

为了证明这个命题，考虑这个固体中处在同一直线 $m\mu$ 上的任意三点 m,M,μ，点 M 把这条直线分成两等份；用 x,y,z 表示点 M 的坐标，用 v 表示其温度，用 $x+\alpha$，$y+\beta$，$z+\gamma$

表示点 μ 的坐标,用 w 表示其温度,$x-\alpha$,$y-\beta$,$z-\gamma$ 表示点 m 的坐标,u 表示它的温度,我们有 $v=A-ax-by-cz$,$w=A-a(x+\alpha)-b(y+\beta)-c(z+\gamma)$,$u=A-a(x-\alpha)-b(y-\beta)-c(z-\gamma)$,所以我们得到,$v-w=a\alpha+b\beta+c\gamma$,和 $u-v=a\alpha+b\beta+c\gamma$;因此 $v-w=u-v$。

现在,一点从另一点所得到的热量取决于这两点间的距离和它们的温差。这样,点 M 对 μ 的作用等于 m 对 M 的作用;因此,点 M 从 m 处得到与它向点 μ 所放出的一样多的热。

无论经过点 M 并且被分成两等份的这条直线的方向和长度如何,我们都得到同样的结果。因此,对于这一点来说,不可能改变它的温度,因为它从所有部分得到的热同它放出的热一样多。

同样的推理适用于所有别的点;因此,这个固体的状态不会发生任何变化。

133 **推论 1**.一个固体被包围在两个无穷平行平面 A 和 B 之间,如果假定它的不同点的有效温度由方程 $v=1-z$ 来表示,围住它的两个平面以任一原因保持 A 为 1、B 为 0 的温度;那么,倘若我们使 $A=1$,$a=0$,$b=0$,$c=1$,则这个特例包含在上述定理中。

134 **推论 2**.如果在这同一固体内,我们设想平行于界定它的那些面的一个平面 M,那么我们会看到,一定的热量在单位时间内流过这个平面;因为,挨得很近的两点,如 m 和 n,其中一个在这个平面下方,另一个在它上方,受热不等;因此,温度高的第一点在每一时刻内肯定向第二点发出一定的热量,根据这个物体的质和这两个分子的距离,在某些情况下,这个热量可能很小,甚至难以察觉。

对于由这个平面分开的任何两点,它同样成立。受热多的分子向别的分子发出一定的热量,这些部分作用的和,或者说过这个平面所发出的所有热量,构成一个其值不变的连续热流量,因为所有分子都保持其自己的温度。容易证明,这个热流量,或者说在单位时间内,过平面 M 的热量,等于在同一时间内过平行于第一个平面的另一个平面 N 的热流量。事实上,围在两个平面 M 和 N 之间的这个物体的部分不断过面 M 得到和它过面 N 所失去的一样多的热。如果过面 M 而进入所考虑的物质的这个部分的热量不等于过对面 N 所逃逸的热量,那么,围在这两个平面之间的这个固体就会得到新的热,或者会失去它所有的一部分热,它的温度就不是不变的,这与前述定理矛盾。

135 一个给定的物体的热导率的量度,被看作是在组成这个物体、并且围在两个平行平面之间的一个无穷固体中,在单位时间内,流过平行于外平面的任一中间平面上的单位面积的热量,这两个外平面之间的距离等于单位长度,其中一个保持 1 度,另一个保持 0 度。过这个棱柱全面积的这个恒定热流量,由系数 K 表示,它是热导率的量度。

136 **引理**.如果我们假定上一目所讨论的这个固体的所有温度都乘以任一数 g,因此温度方程是 $v=g-gz$,而不是 $v=1-z$,如果两个外平面一个保持 g 度,另一个保持 0 度,那么,在这第二种假定下,这一恒定热流量,或在单位时间内,过平行于这两个基底的中间平面上的单位面积的热量,就等于前一热流量与 g 的积。

事实上,由于所有温度都以 1 与 g 的比增加,所以,任两点 m 和 μ 的温差都以同一个比增加。因此,根据热传导原理,为了确定 m 在第二种假定下向 μ 所发出的热量,我们应当用 g 乘同一点 m 在第一种假定下向 μ 所发出的热量。对于任何别的两点,这同样成立。现在,过一个平面 M 的热量,等于处在这个平面同一边的点 m,m',m'',m''',$\cdots$作用于处在另一边的点 μ,μ',μ'',μ''',$\cdots$的所有作用的和。因此,如果在第一种假定下的这个恒定热流量用 K 表示,那么,当我们用 g 乘所有这些温度时,它等于 gK。

137 **定理 2**.如果有一个棱柱,它的不变温度由方程 $v=A-ax-by-cz$ 来表示,并且它由六直角平面所固定,它的所有点都保持由前一个方程所确定的不变温度,在这样一个棱柱中,在单位时间内,经过在垂直于 z 轴的任一中间平面上的单位面积的热量,与包围在两个无穷平行平面之间,其不变温度的方程是 $v=c-cy$ 的一个同质固体中的不变热流量相同。

为证此，让我们考虑在这个棱柱中，和在这个无穷固体中，由垂直于 z 轴的平面 M 所分开的两个极近的点 m 和 μ；μ 在这个平面的上方，m 在它的下方（见图 4），在这同一平面的下方，让我们取一点 m'，使得从点 μ 到这个平面的

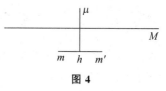

图 4

垂线也垂直于距离 mm'，并交于这个距离的中点 h。用 x，y，$z+h$ 表示点 μ 的坐标，它的温度是 w，用 $x-\alpha$，$y-\beta$，z 表示点 m 的坐标，其温度为 v，用 $x+\alpha$，$y+\beta$，z 表示 m' 的坐标，它的温度为 v'。

m 对 μ 的作用，或者说 m 在一定时间内向 μ 所发出的热量，可以用 $q(v-w)$ 来表示。因子 q 取决于距离 $m\mu$ 和这个物体的质。因此，m' 对 μ 的作用由 $q(v'-w)$ 表示；因子 q 与前一个表达式中的相同；这样，m 对 μ 和 m' 对 μ 的这两个作用的和，或 μ 从 m 和 m' 那里所得到的热量，由 $q(v-w+v'-w)$ 来表示。现在，如果点 m，μ，m' 属于这个棱柱，那么我们有 $w=A-ax-by-c(z+h)$，$v=A-a(x-\alpha)-b(y-\beta)-cz$，和 $v'=A-a(x+\alpha)-b(y+\beta)-cz$；如果同样这几点属于一个无穷固体，那么由假定，我们有 $w=c-c(z+h)$，$v=c-cz$，和 $v'=c-cz$。在第一种情况中，我们得到 $q(v-w+v'-w)=2qch$，在第二种情况中，我们仍然有相同的结果。因此，当恒温方程是 $v=A-ax-by-cz$ 时，在第一种假定下，μ 从 m 和 m' 那里所得到的热量，与当恒温方程是 $v=c-cz$ 时，μ 从 m 和 m' 那里所得到的热量相等。

对于任意的其他三点 m'，μ，m''，只要第二点 μ' 处在与其他两点相等的距离上，并且这个等腰三角形 m'，μ'，m'' 的高与 z 轴平行，则可以得出同样的结论。现在，过任一平面 M 的热量，等于位于这个平面一边的所有点 m，m'，m''，m'''，…对位于另一边的所有点 μ，μ'，μ''，μ'''，…所施加的作用的和；因此，在单位时间内，过这个无穷固体中的平面 M 的一个确定部分的恒定热流量，等于在这同一时间内，流过这个棱柱中的平面 M 的相同部分的热量，这个棱柱的所有温度都由方程 $v=A-ax-by-cz$ 来表示。

138 **推论**。当这个热流量所经过的这个平面的部分是单位面积时，它在这个无穷固体中取值 cK，它在这个棱柱中也取相同的值 cK 或者 $-K\dfrac{dv}{dz}$。用同样的方法可以证明：在单位时间内，在这同一棱柱中过垂直于 y 轴的任一平面上的单位面积所产生的恒定热流量，等于 bK 或者 $-K\dfrac{dv}{dy}$；过垂直于 x 轴的一个平面的这种热流量取值 aK 或者 $-K\dfrac{dv}{dx}$。

139 我们在前几目中所证明的这些命题也适用于分子的瞬时作用在物体内部可以影响到一段明显的距离时的情况。在这种情况中，我们应当假定，使这个物体外层保持由这个线性方程所表示的状态的原因，影响这个物体到一个有限深度。所有的观察都证明，在固体或者是在液体中，所讨论的这个距离都非常小。

140 **定理 3**。如果一个固体的点的温度由方程 $v=f(x,y,z)$ 表示，其中 x,y,z 是在历经时间 t 后温度等于 v 的一个分子的坐标；那么，过引自这个固体中垂直于某一个轴的一个平面的一部分的热流量，就不再是恒定的了；它的值随这个平面的不同部分而异，也随时间而异。这个变量可由分析来确定。

设 ω 是圆心与这个固体的点 m 重合、面与纵坐标 z 垂直的一个无穷小的圆；在时刻 dt 内，有一定的热量流过这个圆，它们从这个圆平面下面的圆的部分而进入上面的部分。这个热流由离开下面一点过这个小平面 ω 的一点而到达上面一点的所有热辐射线组成。我们要证明，这个热流量的值的表达式是 $-K\dfrac{dv}{dz}\omega dt$。

让我们用 x'，y'，z' 表示温度为 v' 的点 m 的坐标；假定所有别的分子都以这一点 m 作为平行于前坐标轴的新的轴原点；设 ξ，η，ζ 是相对于原点 m 的一点的三个坐标；为

表示与点 m 挨得无穷近的一个分子的有效温度 w，我们有线性方程 $w=v'+\xi\dfrac{dv'}{dx}+\eta$

$\dfrac{dv'}{dy}+\zeta\dfrac{dv'}{dz}$。系数 v'，$\dfrac{dv'}{dx}$，$\dfrac{dv'}{dy}$，$\dfrac{dv'}{dz}$ 是在函数 v，$\dfrac{dv}{dx}$，$\dfrac{dv}{dy}$，$\dfrac{dv}{dz}$ 中用常量 x'，y'，z' 代替

变量 x,y,z 所得到的值，x'，y'，z' 是点 m 到前三个坐标 x,y,z 的距离。

现在假定点 m 也是围在六直角平面中的一个矩形棱柱的内分子，这六直角平面与原点为 m 的三条轴垂直；体积有限的这个棱柱的每一个分子的有效温度 w，由线性方程 $w=A+a\xi+b\eta+c\zeta$ 来表示，界定这个棱柱的这六个面保持最后这个方程所赋予它们的固定温度。这些内分子的状态也是永恒的，并且，由表达式 $-Kcw\,dt$ 所测定的一个热量在时刻 dt 内流过这个圆 ω。

如此，如果我们把量 v'，$\dfrac{dv'}{dx}$，$\dfrac{dv'}{dy}$，$\dfrac{dv'}{dz}$ 作为常数 A,a,b,c 的值，那么这个棱柱的固

定状态就由方程 $w=v'+\dfrac{dv'}{dx}\xi+\dfrac{dv'}{dy}\eta+\dfrac{dv'}{dz}\zeta$ 来表示。

因此，与点 m 挨得无穷近的分子，在时刻 t 内，在状态变化着的这个固体中，和在状态为恒定的这个棱柱中，就有相同的有效温度。这样，在时刻 dt 内，过无穷小圆 ω 而存在于点 m 上的热流量，在这每一个固体中都相同；因此，它由 $-K\dfrac{dv'}{dz}\omega\,dt$ 表示。

由此我们得到下述命题：

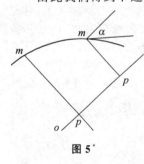

图 5[*]

如果在内部温度根据分子的作用而随时间变化的一个固体中，我们引任一条直线，并在这条直线的不同点上作等于这些点在同一瞬间所得温度的一个平面曲线的纵坐标 pm（见图5）；那么，在这条直线的每一点 p 的热流量，与这条曲线元素和横坐标的平行线所成夹角 α 的正切成正比；即，如果我们把垂直于这条直线的一个无穷小圆 ω 的圆心放在点 p 上，那么，在时刻 dt 内，在横坐标 op 的延长线的方向上流过这个圆的热量，由四个因子的积来测定，这四个因子是，角 α 的正切，常系数 K，圆面积 ω，和时刻长度 dt。

141　**推论**. 如果我们用 ε 表示这条曲线的横坐标或者是这条直线的一点 p 与一个定点 o 的距离，用 v 表示代表点 p 的温度的纵坐标，那么，v 随距离 ε 而变化，并且是这段距离的某个函数 $f(\varepsilon)$；流过位于点 p 并且与这条直线垂直的圆 ω 的热量，是 $-K\dfrac{dv}{d\varepsilon}\omega\,dt$，

或者当用 $f'(\varepsilon)$ 表示函数 $\dfrac{df(\varepsilon)}{d\varepsilon}$ 时，是 $-Kf'(\varepsilon)\omega\,dt$。

我们可以以便于应用的下述方式来表示这个结果。

为了得到在温度随分子的作用而变化的一个固体中所作的一条直线上一点 p 的有效热流量，我们应当用与点 p 挨得无穷近的两个点之间的距离除这两点的温差。这个热流量与这个商成正比。

142　**定理 4.** 根据前面的定理，容易推出热传导的一般方程。

假定任一形状的一个同质固体的不同点已经得到由于分子相互作用的影响而连续变化的初始温度，假定方程 $v=f(x,y,z,t)$ 表示这个固体的连续状态，那么，现在可以表

＊　在英文版中，图中的 α 是 d，现根据法文《文集》本改定。——汉译者

明，一个有四个变量的函数 v 必然满足方程 $\dfrac{\mathrm{d}v}{\mathrm{d}t}=\dfrac{K}{CD}\left(\dfrac{\mathrm{d}^2v}{\mathrm{d}x^2}+\dfrac{\mathrm{d}^2v}{\mathrm{d}y^2}+\dfrac{\mathrm{d}^2v}{\mathrm{d}z^2}\right)$ 。

事实上，让我们考虑围在与 x,y 和 z 轴成直角的六个平面之间的一个分子的热运动；这些面的前三个经过坐标为 x,y,z 的点 m，另外三个经过坐标为 $x+\mathrm{d}x$，$y+\mathrm{d}y$，$z+\mathrm{d}z$ 的点 m'。

在时刻 $\mathrm{d}t$ 内，这个分子过经过点 m 的下矩形 $\mathrm{d}x\,\mathrm{d}y$ 得到等于 $-K\,\mathrm{d}x\,\mathrm{d}y\,\dfrac{\mathrm{d}v}{\mathrm{d}z}$ 的热量。为得到这个分子由对面所逃逸的热量，只需在前一表达式中把 z 变成 $z+\mathrm{d}z$，即把这个表达式仅对 z 所取的微分加到这个表达式本身中去就够了；这样，我们把 $-K\,\mathrm{d}x\,\mathrm{d}y\,\dfrac{\mathrm{d}v}{\mathrm{d}z}\mathrm{d}t-K\,\mathrm{d}x\,\mathrm{d}y\,\dfrac{\mathrm{d}\left(\dfrac{\mathrm{d}v}{\mathrm{d}z}\right)}{\mathrm{d}z}\mathrm{d}z\,\mathrm{d}t$ 作为过上矩形所逃逸的热量的值。这同一分子也过经过点 m 的第一个矩形 $\mathrm{d}z\,\mathrm{d}x$ 而得到等于 $-K\dfrac{\mathrm{d}v}{\mathrm{d}y}\mathrm{d}z\,\mathrm{d}x\,\mathrm{d}t$ 的热量；如果我们把它仅对 y 所取的微分加到这个表达式本身中去，则我们得到，过对面 $\mathrm{d}z\,\mathrm{d}x$ 所逃逸的热量由 $-K\dfrac{\mathrm{d}v}{\mathrm{d}y}\mathrm{d}z\,\mathrm{d}x\,\mathrm{d}t-K\dfrac{\mathrm{d}\left(\dfrac{\mathrm{d}v}{\mathrm{d}y}\right)}{\mathrm{d}y}\mathrm{d}y\,\mathrm{d}z\,\mathrm{d}x\,\mathrm{d}t$ 来表示。

最后，这个分子经过第一个矩形 $\mathrm{d}y\,\mathrm{d}z$ 而得到等于 $-K\dfrac{\mathrm{d}v}{\mathrm{d}x}\mathrm{d}y\,\mathrm{d}z\,\mathrm{d}t$ 的热量，它过经过 m' 的对面的矩形所失去的热量由 $-K\dfrac{\mathrm{d}v}{\mathrm{d}x}\mathrm{d}y\,\mathrm{d}z\,\mathrm{d}t-K\dfrac{\mathrm{d}\left(\dfrac{\mathrm{d}v}{\mathrm{d}x}\right)}{\mathrm{d}x}\mathrm{d}x\,\mathrm{d}y\,\mathrm{d}z\,\mathrm{d}t$ 来表示。

现在，我们应当取这个分子所得到的热量的和，并从中减去它所失去的热量的和。因此，在时刻 $\mathrm{d}t$ 内，聚积在这个分子内的总热量等于 $K\left(\dfrac{\mathrm{d}^2v}{\mathrm{d}x^2}+\dfrac{\mathrm{d}^2v}{\mathrm{d}y^2}+\dfrac{\mathrm{d}^2v}{\mathrm{d}z^2}\right)\mathrm{d}x\,\mathrm{d}y\,\mathrm{d}z\,\mathrm{d}t$。剩下的只是求由这个附加热所必然引起的温度的增量。

由于 D 是这个固体的密度或者是单位体积的重量，C 是热容量或者是使单位重量从 0 度升至 1 度的热量；所以 $CD\,\mathrm{d}x\,\mathrm{d}y\,\mathrm{d}z$ 表示使体积为 $\mathrm{d}x\,\mathrm{d}y\,\mathrm{d}z$ 的这个分子从 0 度升至 1 度所需要的热量。所以，用这个积除这个分子所恰好得到的热量，我们就得到它的温度增量。因此，我们得到一般方程

$$\frac{\mathrm{d}v}{\mathrm{d}t}=\frac{K}{CD}\left(\frac{\mathrm{d}^2v}{\mathrm{d}x^2}+\frac{\mathrm{d}^2v}{\mathrm{d}y^2}+\frac{\mathrm{d}^2v}{\mathrm{d}z^2}\right),\tag{A}$$

它是所有固体内部的热传导方程。

143　与这个方程无关，这个温度系统常常受几个确定条件的支配，不可能给出这些条件的一般表达式，因为这些条件依赖于这个问题的性质。

如果热在其中传导的这个物体的体积有限，如果它的表面由于某个特殊原因保持一个给定的状态；例如，如果它所有的点由于那个原因保持恒定温度 0，那么，用 $\phi(x,y,z,t)$ 表示未知函数 v，我们就有条件方程 $\phi(x,y,z,t)=0$；无论 t 值如何，所有属于外表面的点 x,y,z 的值都肯定满足这个方程。此外，如果我们假定这个物体的初始温度由已知函数 $F(x,y,z)$ 表示，那么，我们还有方程 $\phi(x,y,z,0)=F(x,y,z)$；由这个方程所表示的条件肯定被属于这个固体的任一点的坐标 x,y,z 的所有值满足。

144　不用使这个物体的表面受恒温作用，我们可以代而假定这个表面的不同点的温度是不相同的，它依一条已知的规律随时间而变化；这条规律就是在地球温度问题中

所发生的规律。在这种情况下,与表面有关的这个方程包含变量 t。

145 为了从一个很一般的观点来单独考查热传导问题,我们应当假定初始状态被给定的这个固体的长、宽、高都是无穷的;这样,就没有任何特殊条件干扰热扩散了,这个原理所服从的规律就变得更明显;它由一般方程 $\dfrac{\mathrm{d}v}{\mathrm{d}t}=\dfrac{K}{CD}\left(\dfrac{\mathrm{d}^2v}{\mathrm{d}x^2}+\dfrac{\mathrm{d}^2v}{\mathrm{d}y^2}+\dfrac{\mathrm{d}^2v}{\mathrm{d}z^2}\right)$ 来表示,对于这个方程,我们应当加上与这个固体的任意初始状态有关的方程。

假定坐标为 x,y,z 的一个分子的初始温度是一个已知函数 $F(x,y,z)$,用 $\phi(x,y,z)$ 表示未知值 v,我们有定义方程 $\phi(x,y,z,0)=F(x,y,z)$;因此,这个问题以在时间为 0 时它可适合包含任意函数 F 的方程这样一种方式简化为一般方程(A)的积分。

第七节 与表面有关的一般方程

146 如果固体有一个确定的形状,如果它的初始温度被逐渐扩散到保持恒温的空气中,那么一般方程(A)和表示初始状态的方程就应当加上与表面状态有关的第三个条件。

在下面几目中,我们来考查表示这第三个条件的方程的性质。

考虑把热扩散到保持固定温度 0 度的空气中去的一个固体的变化状态。设 ω 是外表面的一个无穷小部分,μ 是 ω 的一点,过这一点向这个表面作一条法线,这条线的不同点在同一时刻有不同的温度。

设 v 是点 μ 在一个确定时刻所得到的有效温度,w 是这个固体在法线上一点 ν 所得到的相应的温度,点 ν 与点 μ 有一个无穷小量 α 的距离。用 x,y,z 表示点 μ 的坐标,点 ν 的坐标用 $x+\delta x,y+\delta y,z+\delta z$ 来表示;设 $f(x,y,z)=0$ 是适合于这个固体表面的一个已知方程,$v=\phi(x,y,z)$ 是给出四变量函数 ν 的值的一般方程。对方程 $f(x,y,z)=0$ 微分,我们有 $m\,\mathrm{d}x+n\,\mathrm{d}y+p\,\mathrm{d}z=0$;$m,n,p$ 是 x,y,z 的函数。

由第 141 目所阐明的推论得到,在法线方向上的热流量,或者说在面 ω 处在法线任一点上并且与法线垂直时在时刻 $\mathrm{d}t$ 内流过面 ω 的热量,与挨得无穷近的两个点的温差除以它们的距离所得的商成正比。所以,法线末端的这个热流量的表达式是 $-K\dfrac{w-v}{\alpha}\omega\,\mathrm{d}t$;$K$ 表示这个物体的热导率。另一方面,面 ω 允许一定的热量逃逸到空气中去,在单位时间内,这个量等于 $hv\omega\,\mathrm{d}t$;h 是对应于空气的热导率。因此,法线末端的热流量有两个不同的表达式,即:$hv\omega\,\mathrm{d}t$ 和 $-K\dfrac{w-v}{\alpha}\omega\,\mathrm{d}t$;所以这两个量相等;与表面有关的条件正是通过这个等价性而被引入分析的。

147 我们有 $w=v+\delta v=v+\dfrac{\mathrm{d}v}{\mathrm{d}x}\delta x+\dfrac{\mathrm{d}v}{\mathrm{d}y}\delta y+\dfrac{\mathrm{d}v}{\mathrm{d}z}\delta z$。现在,由几何学的一些原理得到,坐标 $\delta x,\delta y,\delta z$,它们确定与点 μ 所对应的法线上的点 ν 的位置,满足下面这些条件:$p\,\delta x=m\,\delta z,\quad p\,\delta y=n\,\delta z$。

因此我们有 $w-v=\dfrac{1}{p}\left(m\dfrac{\mathrm{d}v}{\mathrm{d}x}+n\dfrac{\mathrm{d}v}{\mathrm{d}y}+p\dfrac{\mathrm{d}v}{\mathrm{d}z}\right)\delta z$;我们也有 $\alpha=\sqrt{\delta x^2+\delta y^2+\delta z^2}=\dfrac{1}{p}(m^2+n^2+p^2)^{\frac{1}{2}}\delta z$,或者是用 q 表示量 $(m^2+n^2+p^2)^{\frac{1}{2}}$,则有 $\alpha=\dfrac{q}{p}\delta z$,所以 $\dfrac{w-v}{\alpha}=$

$$\left(m \frac{\mathrm{d}v}{\mathrm{d}x} + n \frac{\mathrm{d}v}{\mathrm{d}y} + p \frac{\mathrm{d}v}{\mathrm{d}z} \right) \frac{1}{q}$$ ；因此方程 $h v \omega \, \mathrm{d}t = -k \left(\frac{w-v}{\alpha} \right) \omega \, \mathrm{d}t$ 变成如下形式[①]

$$m \frac{\mathrm{d}v}{\mathrm{d}x} + n \frac{\mathrm{d}v}{\mathrm{d}y} + p \frac{\mathrm{d}v}{\mathrm{d}z} + \frac{h}{K} v q = 0 \, 。 \tag{B}$$

这个方程是确定的，并且只适用于表面上的点；它正是应当补充到热传导的一般方程（A）和确定这个固体初始状态的条件中去的方程；m, n, p, q 是表面上的点的坐标的函数。

148 一般地，方程（B）表明在固体界面的法方向上的温降是这样进行的：因分子的作用而趋于逃逸的热量，总等于这个物体在介质中肯定会失去的热量。

我们可以设想这个固体物质以这样一种方式被延长：表面不是受空气的作用，而是属于它所界定的这个固体，同时也属于包含它的一个固体壳层的物体。在这个假定下，如果任一原因在每一时刻规定着这个固体壳层的温降，并且以方程（B）所表示的条件总被满足这样一种方式决定这种温降，那么，这个壳层的作用就代替空气的作用，并且热运动在这两种情况中相同；这样，我们可以假定这个原因存在，并且在这个假定下确定这个固体的变化状态；这就是在运用这两个方程（A）和（B）时所要做的。

由此可见，在使这个固体服从一个附加条件时，物体的中断和介质的作用怎样干扰热扩散。

149 我们也可以从另一种观点来考虑与表面状态有关的方程（B）；不过，我们应当首先从定理 3（第 140 目）推出一个值得注意的结论。我们保持同一定理的推论中所表示的结构（第 141 目）。设 x, y, z 是点 p 的坐标，$x+\delta x, y+\delta y, z+\delta z$ 是与点 p 挨得无穷近、并且取自所说的直线上一点 q 的坐标；如果我们用 v 和 w 表示这两点 p 和 q 在同一时刻所得到的温度，那么我们有 $w = v + \delta v = v + \frac{\mathrm{d}v}{\mathrm{d}x} \delta x + \frac{\mathrm{d}v}{\mathrm{d}y} \delta y + \frac{\mathrm{d}v}{\mathrm{d}z} \delta z$；所以，商 $\frac{\delta v}{\delta \varepsilon} = \frac{\mathrm{d}v}{\mathrm{d}x} \frac{\delta x}{\delta \varepsilon}$ $+ \frac{\mathrm{d}v}{\mathrm{d}y} \frac{\mathrm{d}y}{\delta \varepsilon} + \frac{\mathrm{d}v}{\mathrm{d}z} \frac{\delta z}{\delta \varepsilon}$，且 $\delta \varepsilon = \sqrt{\delta x^2 + \delta y^2 + \delta z^2}$；因此，流过位于点 m 并且与这条直线垂直的面 ω 的热量，是 $-K \omega \, \mathrm{d}t \left(\frac{\mathrm{d}v}{\mathrm{d}x} \frac{\delta x}{\delta \varepsilon} + \frac{\mathrm{d}v}{\mathrm{d}y} \frac{\delta y}{\delta \varepsilon} + \frac{\mathrm{d}v}{\mathrm{d}z} \frac{\delta z}{\delta \varepsilon} \right)$。

第一项是 $-K \frac{\mathrm{d}v}{\mathrm{d}x}$ 与 $\mathrm{d}t$ 和 $\omega \frac{\delta x}{\delta \varepsilon}$ 的积，根据几何原理，这后一个量是 ω 在 y 和 z 平面上的投影面积，如果这个投影面积在点 p 并且与 x 轴垂直，那么这个积就表示流过这个投影面积的热量。

如果这个投影在点 p 并且与 ω 本身平行，那么，第二项 $-K \frac{\mathrm{d}v}{\mathrm{d}y} \omega \frac{\delta y}{\delta \varepsilon} \mathrm{d}t$ 就表示经过在 x 和 z 平面上所作的 ω 的投影的热量。

最后，如果这个投影在点 p 并且与纵坐标 z 垂直，那么第三项 $-K \frac{\mathrm{d}v}{\mathrm{d}z} \omega \frac{\delta z}{\delta \varepsilon} \mathrm{d}t$ 就表示在时刻 $\mathrm{d}t$ 内流过 x 和 y 平面上 ω 的投影的热量。

由此可见，流过在这个固体内部所作的一个面上的每个无穷小部分的热量，总可以分解成另外三个热流量，它们沿垂直于那些投影平面的方向而贯穿到这个面的三个正投影上。这个结果导致类似于在力的理论中所注意到的那些性质。

150 由于流过形状和位置已知的一个无穷小平面 ω 的热量等于经过它的三个正投影的热量，所以由此得到，如果我们设想固体内部一个任一形状的微元，那么从这个多面

---

① 设 N 是这条法线 $K \frac{\mathrm{d}v}{\mathrm{d}N} + hv = 0, \frac{\mathrm{d}v}{\mathrm{d}N} = \frac{m}{g} \frac{\mathrm{d}v}{\mathrm{d}x} + \cdots$；其余如原文。——R. L. E.

体的不同的面而进入其中的热量就相互补偿：更准确地说，进入由这个分子所得到的热量表达式的一阶项的和为零；因此，实际上聚积在这个分子中并且使其温度发生变化的热，只能由比那些一阶项无穷小的项来表示。

当一般方程（A）已经建立时，考虑一个棱柱形分子的热运动我们就可以明显地看到这个结果（第 127 和 142 目）；用这个分子的三个投影所得到的热量代替过每个面所得到的热量，则这个论证可以扩展到任一形状的分子上去。

从其他方面来看也必然如此；因为，如果这个固体的某个分子在每一时刻内得到由一阶项所表示的热量，那么它的温度变化就比其他分子的变化无穷地大，即在每一无穷小时刻内，它的温度或者增加或者减少一个有限量，这与经验矛盾。

151 我们现在把这个注记运用到处在固体外表面的分子上去。

过在 x 和 y 平面上的一点 a（见图 6），作两个平面，一个与 x 轴垂直，另一个与 y 轴垂

图 6

直。过这同一平面上与 a 挨得无穷近的点 b，作与前两个平面平行的另外两个平面；从点 a,b,c,d 一直上升到固体外表面的纵坐标 z，在外表面标出四个点 a'、b'、c'、d'，并且成为其底为矩形 $abcd$ 的棱柱的边。如果过表示四个点 a'、b'、c'、d' 的最小高度 a' 作一个平行于 x 和 y 平面的平面，那么它将从这个截棱柱上截下一个分子，这个分子的某个面，即 $a'b'c'd'$，与这个固体的表面重合。四个纵坐标 aa'、cc'、dd'、bb' 的值如下：$aa'=z$，$cc'=z+\dfrac{\mathrm{d}z}{\mathrm{d}x}\mathrm{d}x$，

$d'=z+\dfrac{\mathrm{d}z}{\mathrm{d}y}\mathrm{d}y$，$bb'=z+\dfrac{\mathrm{d}z}{\mathrm{d}x}\mathrm{d}x+\dfrac{\mathrm{d}z}{\mathrm{d}y}\mathrm{d}y$。

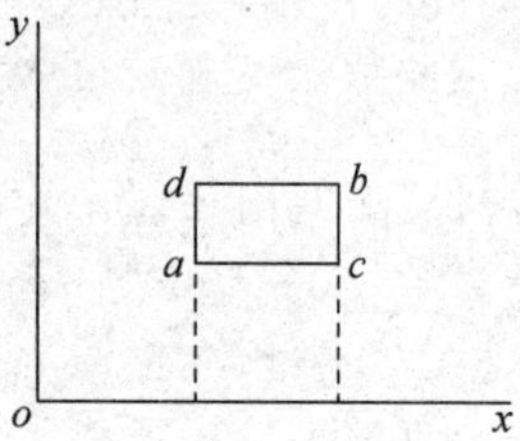

152 垂直于 x 轴的某个面是一个三角形，其对面是一梯形。这个三角形的面积是 $\dfrac{1}{2}\mathrm{d}y\,\dfrac{\mathrm{d}z}{\mathrm{d}y}\mathrm{d}y$，由于垂直于这个面的方向的热量是 $-K\,\dfrac{\mathrm{d}v}{\mathrm{d}x}$，所以，忽略因子 $\mathrm{d}t$，我们把 $-K\,\dfrac{\mathrm{d}v}{\mathrm{d}x}\dfrac{1}{2}\mathrm{d}y\,\dfrac{\mathrm{d}z}{\mathrm{d}y}\mathrm{d}y$ 作为在某一时刻内过所说的这个三角形而进入这个分子的热量表达式。

其对面的面积是 $\dfrac{1}{2}\mathrm{d}y\left(\dfrac{\mathrm{d}z}{\mathrm{d}x}\mathrm{d}x+\dfrac{\mathrm{d}z}{\mathrm{d}x}\mathrm{d}x+\dfrac{\mathrm{d}z}{\mathrm{d}y}\mathrm{d}y\right)$，去掉比一阶项无穷小的二阶项，垂直于这个面的热流量也是 $-K\,\dfrac{\mathrm{d}v}{\mathrm{d}x}$；从经过第一个面而进入的热量中减去经过第二个面所逃逸的热量，我们得到 $K\,\dfrac{\mathrm{d}v}{\mathrm{d}x}\dfrac{\mathrm{d}z}{\mathrm{d}x}\mathrm{d}x\,\mathrm{d}y$。

这个项表示这个分子通过垂直于 x 的两个面所得到的热量。

由一个类似的过程，我们可以得到这同一分子过垂直于 y 的两个面所得到的热量等于 $K\,\dfrac{\mathrm{d}v}{\mathrm{d}y}\dfrac{\mathrm{d}z}{\mathrm{d}y}\mathrm{d}x\,\mathrm{d}y$。

这个分子过矩形基底所得到的热量是 $-K\,\dfrac{\mathrm{d}v}{\mathrm{d}z}\mathrm{d}x\,\mathrm{d}y$。最后，过上表面 $a'b'c'd'$ 有一定的热量逃逸掉，它等于进入那个外表面面积 ω 的积 hv。根据已知的原理，ω 的值与 $\mathrm{d}x$ $\mathrm{d}y$ 乘以比 $\dfrac{\varepsilon}{z}$ 的值相同；ε 表示外表面与 x 和 y 平面之间的法线长，且 $\varepsilon=\left[1+\left(\dfrac{\mathrm{d}z}{\mathrm{d}x}\right)^2+\left(\dfrac{\mathrm{d}z}{\mathrm{d}y}\right)^2\right]^{\frac{1}{2}}$，所以，这个分子过面 $a'b'c'd'$ 失去等于 $hv\,\mathrm{d}x\,\mathrm{d}y\,\dfrac{\varepsilon}{2}$ 的热量。

现在，为了使温度的变化在每一时刻不可能是一个有限量，进入由这个分子所得到的总热量的表达式的一阶项就应当相互抵消；这样，我们必定有方程 $K\left(\dfrac{\mathrm{d}v}{\mathrm{d}x}\dfrac{\mathrm{d}z}{\mathrm{d}x}\mathrm{d}x\,\mathrm{d}y+\right.$

$$\frac{\mathrm{d}v}{\mathrm{d}y}\frac{\mathrm{d}z}{\mathrm{d}y}\mathrm{d}x\,\mathrm{d}y-\frac{\mathrm{d}v}{\mathrm{d}z}\mathrm{d}x\,\mathrm{d}y\Big)-hv\frac{\varepsilon}{z}\mathrm{d}x\,\mathrm{d}y=0,\text{或者是}\ \frac{h}{K}v\frac{\varepsilon}{z}=\frac{\mathrm{d}v}{\mathrm{d}x}\frac{\mathrm{d}z}{\mathrm{d}x}+\frac{\mathrm{d}v}{\mathrm{d}y}\frac{\mathrm{d}z}{\mathrm{d}y}-\frac{\mathrm{d}v}{\mathrm{d}z}\text{。}$$

153　用由方程 $m\,\mathrm{d}x+n\,\mathrm{d}y+p\,\mathrm{d}z=0$ 所导出的 $\frac{\mathrm{d}z}{\mathrm{d}x}$ 和 $\frac{\mathrm{d}z}{\mathrm{d}y}$ 的值代替 $\frac{\mathrm{d}z}{\mathrm{d}x}$ 和 $\frac{\mathrm{d}z}{\mathrm{d}y}$，并且用 q 表示量 $(m^2+n^2+p^2)^{\frac{1}{2}}$ [*]，我们有

$$K\Big(m\frac{\mathrm{d}v}{\mathrm{d}x}+n\frac{\mathrm{d}v}{\mathrm{d}y}+p\frac{\mathrm{d}v}{\mathrm{d}z}\Big)+hvq=0,\tag{C}$$

因此，我们显然知道由这个方程的每一项所表示的意义。

对所有这些项取异号，并且用 $\mathrm{d}x\,\mathrm{d}y$ 来乘它们，则第一项表示这个分子过垂直于 x 的两个面得到多少热，第二项表示它过垂直于 y 的两个平面得到多少热，第三项表示它过垂直于 z 的面得到多少热，第四项表示它从介质那里得到多少热。因此，这个方程表示，所有一阶项的和为零，所得到的热只能由二阶项表示，而不能由别的项表示。

154　事实上，为了得到方程（C），我们把其基底在这个固体表面的一个分子看作是过它的不同的面而受热或失热的一个容器。这个方程表明，进入已经得到的热的表达式的所有一阶项相互抵消；因此热增益只能由二阶项表示。我们可以对这个分子赋予一个其轴与固体表面垂直的直棱柱的形状，或一个截棱柱的形状，或任一别的形状。

一般方程（A）（第 142 目）假定所有一阶项在这个物体内相互抵消，这对于被围在固体中的棱柱状分子是显然的。对于位于物体界面上的分子，方程（B）（第 147 目）表示同样的结果。

这些就是我们考查这一部分热理论的一般观点。

方程 $\dfrac{\mathrm{d}v}{\mathrm{d}t}=\dfrac{K}{CD}\Big(\dfrac{\mathrm{d}^2v}{\mathrm{d}x^2}+\dfrac{\mathrm{d}^2v}{\mathrm{d}y^2}+\dfrac{\mathrm{d}^2v}{\mathrm{d}z^2}\Big)$ 表示物体内部的热运动。它能使我们确定所有固体和液体物质每时每刻的分布，由此我们可以导出属于每一种特殊情况的方程。

在下面两目中，我们将对圆柱和球的问题作出这种应用。

第八节　一般方程的应用

155　让我们用 r 表示任一圆柱形壳层的可变半径，如前面 118 目一样，假定所有与轴等距的分子在每一时刻有一共同的温度；v 是 r 和 t 的函数；r 是由方程 $r^2=y^2+z^2$ 给定的 y 和 z 的函数。显然，首先 v 相对于 x 的变化为零；因此，项 $\dfrac{\mathrm{d}^2v}{\mathrm{d}x^2}$ 应当省略。这样，根据微分学的一些原理，我们有方程 $\dfrac{\mathrm{d}v}{\mathrm{d}y}=\dfrac{\mathrm{d}v}{\mathrm{d}r}\dfrac{\mathrm{d}r}{\mathrm{d}y}$ 和 $\dfrac{\mathrm{d}^2v}{\mathrm{d}y^2}=\dfrac{\mathrm{d}^2v}{\mathrm{d}r^2}\Big(\dfrac{\mathrm{d}r}{\mathrm{d}y}\Big)^2+\dfrac{\mathrm{d}v}{\mathrm{d}r}\Big(\dfrac{\mathrm{d}^2r}{\mathrm{d}y^2}\Big),\ \dfrac{\mathrm{d}v}{\mathrm{d}z}=\dfrac{\mathrm{d}v}{\mathrm{d}r}\dfrac{\mathrm{d}r}{\mathrm{d}z}$ 和 $\dfrac{\mathrm{d}^2v}{\mathrm{d}z^2}=\dfrac{\mathrm{d}^2v}{\mathrm{d}r^2}\Big(\dfrac{\mathrm{d}r}{\mathrm{d}z}\Big)^2+\dfrac{\mathrm{d}v}{\mathrm{d}r}\Big(\dfrac{\mathrm{d}^2r}{\mathrm{d}z^2}\Big)$；所以

$$\frac{\mathrm{d}^2v}{\mathrm{d}y^2}+\frac{\mathrm{d}^2v}{\mathrm{d}z^2}=\frac{\mathrm{d}^2v}{\mathrm{d}r^2}\Big[\Big(\frac{\mathrm{d}r}{\mathrm{d}y}\Big)^2+\Big(\frac{\mathrm{d}r}{\mathrm{d}z}\Big)^2\Big]+\frac{\mathrm{d}v}{\mathrm{d}r}\Big(\frac{\mathrm{d}^2r}{\mathrm{d}y^2}+\frac{\mathrm{d}^2r}{\mathrm{d}z^2}\Big)\text{。}\ [**]\tag{a}$$

在这个方程的右边，量 $\dfrac{\mathrm{d}r}{\mathrm{d}y}$，$\dfrac{\mathrm{d}r}{\mathrm{d}z}$，$\dfrac{\mathrm{d}^2r}{\mathrm{d}y^2}$，$\dfrac{\mathrm{d}^2r}{\mathrm{d}z^2}$，应当以它们各自的值来代替；为此，我们

---

[*]　此式在英译本中为 $(m^2+n^2+p^2)$，有误。现根据法文《文集》本改正。——汉译者

[**]　英文版中，方程（a）为：$\dfrac{\mathrm{d}^2v}{\mathrm{d}y^2}+\dfrac{\mathrm{d}^2v}{\mathrm{d}z^2}=\dfrac{\mathrm{d}^2v}{\mathrm{d}r^2}\Big[\Big(\dfrac{\mathrm{d}r}{\mathrm{d}y}\Big)^2+\Big(\dfrac{\mathrm{d}r}{\mathrm{d}z}\Big)^2+\dfrac{\mathrm{d}v}{\mathrm{d}r}\Big(\dfrac{\mathrm{d}^2r}{\mathrm{d}y^2}+\dfrac{\mathrm{d}^2r}{\mathrm{d}z^2}\Big)\Big]$，即大括号把等式右边 $\dfrac{\mathrm{d}^2v}{\mathrm{d}r^2}$ 后的所有项都包含进去了，有误。现在的这个方程依法文《文集》本改正。——汉译者

从方程 $y^2 + z^2 = r^2$ 推出 $y = r\dfrac{\mathrm{d}r}{\mathrm{d}y}$ 和 $1 = \left(\dfrac{\mathrm{d}r}{\mathrm{d}y}\right)^2 + r\dfrac{\mathrm{d}^2 r}{\mathrm{d}y^2}$，$z = r\dfrac{\mathrm{d}r}{\mathrm{d}z}$ 和 $1 = \left(\dfrac{\mathrm{d}r}{\mathrm{d}z}\right)^2 + r\dfrac{\mathrm{d}^2 r}{\mathrm{d}z^2}$，因此 $y^2 + z^2 = r^2\left[\left(\dfrac{\mathrm{d}r}{\mathrm{d}y}\right)^2 + \left(\dfrac{\mathrm{d}r}{\mathrm{d}z}\right)^2\right]$，$2 = \left(\dfrac{\mathrm{d}r}{\mathrm{d}y}\right)^2 + \left(\dfrac{\mathrm{d}r}{\mathrm{d}z}\right)^2 + r\left(\dfrac{\mathrm{d}^2 r}{\mathrm{d}y^2} + \dfrac{\mathrm{d}^2 r}{\mathrm{d}z^2}\right)$。第一个方程的左边等于 r^2，所以它给出

$$\left(\frac{\mathrm{d}r}{\mathrm{d}y}\right)^2 + \left(\frac{\mathrm{d}r}{\mathrm{d}z}\right)^2 = 1; \tag{b}$$

不用 $\left(\dfrac{\mathrm{d}r}{\mathrm{d}y}\right)^2 + \left(\dfrac{\mathrm{d}r}{\mathrm{d}z}\right)^2$，而取它的值 1，则第二个方程给出

$$\frac{\mathrm{d}^2 r}{\mathrm{d}y^2} + \frac{\mathrm{d}^2 r}{\mathrm{d}z^2} = \frac{1}{r}。 \tag{c}$$

如果现在把方程（b）和（c）所给出的值代入（a），则我们有 $\dfrac{\mathrm{d}^2 v}{\mathrm{d}y^2} + \dfrac{\mathrm{d}^2 v}{\mathrm{d}z^2} = \dfrac{\mathrm{d}^2 v}{\mathrm{d}r^2} + \dfrac{1}{r}\dfrac{\mathrm{d}v}{\mathrm{d}r}$。所以，正如在前面第 119 目所得到的，表示圆柱体中的热运动的方程是 $\dfrac{\mathrm{d}v}{\mathrm{d}t} = \dfrac{K}{CD}\left(\dfrac{\mathrm{d}^2 v}{\mathrm{d}r^2} + \dfrac{1}{r}\dfrac{\mathrm{d}v}{\mathrm{d}r}\right)$。

我们也可以假定与圆心等距的粒子没有得到相同的初始温度；在这种情况下，我们可以得到更一般得多的方程。

156　为了用方程（a）来确定已经浸没在一种液体中的一个球的热运动，我们把 v 看作是 r 和 t 的一个函数；由于 r 是壳层的可变半径，所以 r 是由方程 $r^2 = x^2 + y^2 + z^2$ 所给定的 x, y, z 的一个函数。这样，我们有 $\dfrac{\mathrm{d}v}{\mathrm{d}x} = \dfrac{\mathrm{d}v}{\mathrm{d}r}\dfrac{\mathrm{d}r}{\mathrm{d}x}$ 和 $\dfrac{\mathrm{d}^2 v}{\mathrm{d}x^2} = \dfrac{\mathrm{d}^2 v}{\mathrm{d}x^2}\left(\dfrac{\mathrm{d}r}{\mathrm{d}x}\right)^2 + \dfrac{\mathrm{d}v}{\mathrm{d}r}\dfrac{\mathrm{d}^2 r}{\mathrm{d}x^2}$，$\dfrac{\mathrm{d}v}{\mathrm{d}y} = \dfrac{\mathrm{d}v}{\mathrm{d}r}\dfrac{\mathrm{d}r}{\mathrm{d}y}$ 和 $\dfrac{\mathrm{d}^2 v}{\mathrm{d}y^2} = \dfrac{\mathrm{d}^2 v}{\mathrm{d}x^2}\left(\dfrac{\mathrm{d}r}{\mathrm{d}y}\right)^2 + \dfrac{\mathrm{d}v}{\mathrm{d}r}\dfrac{\mathrm{d}^2 r}{\mathrm{d}y^2}$，$\dfrac{\mathrm{d}v}{\mathrm{d}z} = \dfrac{\mathrm{d}v}{\mathrm{d}r}\dfrac{\mathrm{d}r}{\mathrm{d}z}$ 和 $\dfrac{\mathrm{d}^2 v}{\mathrm{d}z^2} = \dfrac{\mathrm{d}^2 v}{\mathrm{d}r^2}\left(\dfrac{\mathrm{d}r}{\mathrm{d}z}\right)^2 + \dfrac{\mathrm{d}v}{\mathrm{d}r}\dfrac{\mathrm{d}^2 r}{\mathrm{d}z^2}$。

在方程 $\dfrac{\mathrm{d}v}{\mathrm{d}t} = \dfrac{K}{CD}\left(\dfrac{\mathrm{d}^2 v}{\mathrm{d}x^2} + \dfrac{\mathrm{d}^2 v}{\mathrm{d}y^2} + \dfrac{\mathrm{d}^2 v}{\mathrm{d}z^2}\right)$ 中作这些代换，则我们有

$$\frac{\mathrm{d}v}{\mathrm{d}t} = \frac{K}{CD}\left\{\frac{\mathrm{d}^2 v}{\mathrm{d}r^2}\left[\left(\frac{\mathrm{d}r}{\mathrm{d}x}\right)^2 + \left(\frac{\mathrm{d}r}{\mathrm{d}y}\right)^2 + \left(\frac{\mathrm{d}z}{\mathrm{d}r}\right)^2\right] + \frac{\mathrm{d}v}{\mathrm{d}r}\left(\frac{\mathrm{d}^2 r}{\mathrm{d}x^2} + \frac{\mathrm{d}^2 r}{\mathrm{d}y^2} + \frac{\mathrm{d}^2 r}{\mathrm{d}z^2}\right)\right\}。 \tag{a}$$

方程 $x^2 + y^2 + z^2 = r^2$ 给出下述结果；$x = r\dfrac{\mathrm{d}r}{\mathrm{d}x}$ 和 $1 = \left(\dfrac{\mathrm{d}r}{\mathrm{d}x}\right)^2 + r\dfrac{\mathrm{d}^2 r}{\mathrm{d}x^2}$，$y = r\dfrac{\mathrm{d}r}{\mathrm{d}y}$ 和 $1 = \left(\dfrac{\mathrm{d}r}{\mathrm{d}y}\right)^2 + r\dfrac{\mathrm{d}^2 r}{\mathrm{d}y^2}$，$z = r\dfrac{\mathrm{d}r}{\mathrm{d}z}$ 和 $1 = \left(\dfrac{\mathrm{d}r}{\mathrm{d}z}\right)^2 + r\dfrac{\mathrm{d}^2 r}{\mathrm{d}z^2}$。

三个一阶方程给出：$x^2 + y^2 + z^2 = r^2\left[\left(\dfrac{\mathrm{d}r}{\mathrm{d}x}\right)^2 + \left(\dfrac{\mathrm{d}r}{\mathrm{d}y}\right)^2 + \left(\dfrac{\mathrm{d}r}{\mathrm{d}z}\right)^2\right]$。

或者 $1 = \left(\dfrac{\mathrm{d}r}{\mathrm{d}x}\right)^2 + \left(\dfrac{\mathrm{d}r}{\mathrm{d}y}\right)^2 + \left(\dfrac{\mathrm{d}r}{\mathrm{d}z}\right)^2$。*

三个二阶方程给出：$3 = \left(\dfrac{\mathrm{d}r}{\mathrm{d}x}\right)^2 + \left(\dfrac{\mathrm{d}r}{\mathrm{d}y}\right)^2 + \left(\dfrac{\mathrm{d}r}{\mathrm{d}z}\right)^2 + r\left(\dfrac{\mathrm{d}^2 r}{\mathrm{d}x^2} + \dfrac{\mathrm{d}^2 r}{\mathrm{d}y^2} + \dfrac{\mathrm{d}^2 r}{\mathrm{d}z^2}\right)$；若不用 $\left(\dfrac{\mathrm{d}r}{\mathrm{d}x}\right)^2 + \left(\dfrac{\mathrm{d}r}{\mathrm{d}y}\right)^2 + \left(\dfrac{\mathrm{d}r}{\mathrm{d}z}\right)^2$ 而取它的值 1，则我们有 $\dfrac{\mathrm{d}^2 r}{\mathrm{d}x^2} + \dfrac{\mathrm{d}^2 r}{\mathrm{d}y^2} + \dfrac{\mathrm{d}^2 r}{\mathrm{d}z^2} = \dfrac{2}{r}$。

在方程（a）中作这些代换，我们有方程 $\dfrac{\mathrm{d}v}{\mathrm{d}t} = \dfrac{K}{CD}\left(\dfrac{\mathrm{d}^2 v}{\mathrm{d}r^2} + \dfrac{2}{r}\dfrac{\mathrm{d}v}{\mathrm{d}r}\right)$，它与第 114 目中的方程相同。

如果我们假定与球心等距的分子没有得到相同的初始温度，那么这个方程包含的项

---

* 英文版没有这一行。这是根据法文《文集》本添加的。——汉译者

数就更多。

我们还可以从定义方程(B)推出在我们假定形状一定的固体向空气传热的特殊情况下,表示表面状态的方程;不过在大多数情况下,如果坐标选得恰当,这些方程就会立刻出现,并且它们的形式很简单。

第九节　一般注记

157　现在,固体中热运动规律的研究在于我们所建立的方程的积分;这是下面几章的事。我们对进入我们分析的那些量的性质给出几个一般的考虑,从而结束本章。

为了计量这些量并且用数值来表示它们,就应当使它们与不同的单位进行比较,这样的单位有五个,即长度单位,时间单位,温度单位,重量单位,最后是用于计量热量的单位。对于最后这个单位,我们本来可以选择使体积一定的某种物质从 0 度升至 1 度的热量。从许多方面看,选择这个单位,比选择使一个重量已知的冰块在 0 度时转变成相同物质的水而不使温度升高所需要的热量这样一种单位更好。我们采用后一种单位只是因为它在某种意义上已经在几本物理学的著作中早就被选定了;此外,这个假定可以使我们不用作任何改变而直接应用这些分析结果。

158　在每个物体中,确定热的可测作用的特殊要素总共有三个,即物体的固有热导率,对空气的热导率,以及热容量。表示这些量的数,和比重一样,是许多不同物质所特有的自然特征。

我们在第 36 目已经注意到,如果我们对真空中的辐射热的作用有更充分的观察,那么表面热导率就可能以更精确的方式测得。

正如在第一章第 1 节第 11 目所叙述的,我们可以看到,只有三个待定系数 K,h,C 进入这一研究;它们以观察来确定;我们将在最后指出可以精确测定它们的实验。

159　进入分析的数 C,总是乘以密度 D,即乘以等于单位体积重量的单位重量数;因此,积 CD 可以由系数 c 来代替。在这种情况下,我们应当把热容量理解为是使一种给定物质的单位体积,而不是那种物质的单位重量,从 0 度升至 1 度所需要的热量。

为了不违背通常的定义,我们曾认为热容量属于重量而非属于体积;然而,最好是用我们刚才所定义的系数 c;这样,由单位重量所测定的数值就不进入分析式子了;我们要考虑的只是,第一,长度 x,温度 v,和时间 t;第二,系数 c,h,和 K。前三个量是待定的,另外三个量对于每一种物质都是实验确定的常因素。至于单位面积和单位体积,它们不是绝对的,而取决于单位长度。

160　现在应当注意,每个待定量或者是常量都有本身固有的量纲(dimension),如果同一个方程的项没有相同的量纲指数(exponent of dimension),那么它们就不能比较。为了使我们的定义更精确,也为了检验这一分析,我们已经把这个考虑引入热理论。这个考虑来自关于量的基本概念;由于这个原因,它相当于希腊人未经证明而留给我们的基本引理。

161　在热的解析理论中,每个方程(E)都表示这些现存的量 x,t,v,c,h,K 之间的一种必然联系。这种联系决不依赖于长度单位的选择,从性质上看,长度单位的选择完全是偶然的,也就是说,如果我们用一个不同的单位测量长度,那么方程(E)仍然相同。于是,我们假定长度单位变了,并且它的第二个值等于第一个值除以 m。在方程(E)中,表示某条线段 ab,因而表示单位长度的某个倍数的任一个量 x,对应于同一长度 ab,就变成 mx;时间值 t 和温度值 v 不变;特定因素 h,K,c 就不同了,第一个,h,变成 $\dfrac{h}{m^2}$;因为它表示在单位时间内从温度为 1 的单位面积所逃逸的热量。如果我们注意考察系数 K 的性质,那么正如我们在第 68 目和 135 目中曾经定义它的那样,我们会看出,它变成 $\dfrac{K}{m}$;因为热流量与表面积成正比,与两个无穷平面之间的距离成反比(第 72 目)。至于表示积 CD 的系数 c,它也取决于长度单位,并且变成 $\dfrac{c}{m^3}$;因此,当我们用 mx 代替 x,同时用 $\dfrac{K}{m}$,$\dfrac{h}{m^2}$,$\dfrac{c}{m^3}$ 代替 K,h,c 时,方程(E)肯定不会发生任何变化;在作了这些代换之后,数 m 就消掉了;因此,x 相对于长度单位的量纲是 1,K 的量纲是 -1,h 的量纲是 -2,c 的量纲是 -3。如果我们把每个量本身的量纲指数赋予这各个量,那么这个方程是齐次的,因为每项都有相同的总指数。像 S 这样的一些数,它们表示面或者是立体,在第一种情况下是二维的,在第二种情况下,它是三维的。根据分析原理,角,正弦,以及其他三角函数,幂的对数和指数等,是不随长度单位而变化的绝对数(absolute numbers);因此,它们的量纲应当看作是 0,这是所有绝对数的量纲。

如果时间单位原来是 1,现在变成 $\dfrac{1}{n}$,那么数 t 现在就变成 nt,而数 x 和 v 不变。系数 K,h,c 则变成 $\dfrac{K}{n}$,$\dfrac{K}{n}$,c。因此,x,t,v 相对于时间单位的量纲是 $0,1,0$;K,h,c 的量纲是 $-1,-1,0$。

如果温度单位被改变,因而温度 1 变成对应于一种并非沸水效应的温度;并且如果那种效应需要更低的温度,这一温度相对于沸水温度是 1 比数 p,那么,v 就变成 vp,x 和 t 保持它们的值不变,系数 K,h,c 变成 $\dfrac{K}{p}$,$\dfrac{h}{p}$,$\dfrac{c}{p}$。

下表指明三个待定量和三个常量对于每种单位的量纲。

量与常数	长度	持续时间	温度
x 的量纲指数……	1	0	0
t 的量纲指数……	0	1	0
v 的量纲指数……	0	0	1
热导率,K……	-1	-1	-1
表面热导率,h……	-2	-1	-1
热容量,c……	-3	0	-1*

162 如果我们保持系数 C 和 D 不动,它们的积曾由 c 来表示,那么,我们就不得不考虑重量单位,并且我们会得到,相对于长度单位,密度 D 的量纲指数是 -3,C 的量纲指数是 0。

一旦把上述规则运用到不同的方程和它们的变换上,我们就得到,它们相对于每种单位都是齐次的,每一个角量或者是指数量的量纲是零。如若不然,则要么是在分析中犯了错误,要么是引进了一些简化式。

例如,如果我们取第 105 目的方程(b),$\dfrac{\mathrm{d}v}{\mathrm{d}t}=\dfrac{K}{CD}\dfrac{\mathrm{d}^2v}{\mathrm{d}x^2}-\dfrac{h\,l}{CDS}v$,那么我们得到,相对于长度单位,这三项中每一项的量纲都是 0;温度单位的量纲是 1,时间单位的是 -1。

在第 76 目的方程 $v=A\mathrm{e}^{-x\sqrt{\frac{2h}{Kl}}}$ 中,每一项的线性量纲是 0。显然,无论长度单位和温度单位如何,指数 $x\sqrt{\dfrac{2h}{Kl}}$ 的量纲均为 0。

---

* 在英文本中,这里是 1,有误。现根据法文《文集》本改正。——汉译者

第 三 章

无穷矩形固体中的热传导

• *Chapter* Ⅲ. *Propagation of Heat in an Infinite Rectangular Solid* •

傅立叶在处理问题时,具有极好的分析技巧和使用符号的才能,定积分符号 $\int_a^b$ 就是他建议使用的。他在有关热传导问题中用数学公式将基本物理原理表达得十分详尽和完整,以致后人没有插足的余地。

第一节 问题的表述

163 根据前述的那些方法,与均匀热传导有关、或者说与固体内变化的热运动有关的一些问题,就转化为纯分析的问题,物理学这一部分的进步因而取决于分析技巧中所能作出的进步。我们已经证明的这些微分方程包含这个理论的主要结果;它们以最一般和最简单的方式表示数值分析与一类非常广泛的现象的必然联系;并且它们永远与数理科学这一自然哲学中最重要的分支之一联系起来。

现在还需要发现这些方程的恰当的处理方法,以便导出它们的全解以及对它们的一种简便的运用。下述问题提供产生这样的解的第一个分析的例子;在我们看来,指明我们所要遵循的方法的原理,是再恰当不过的了。

164 假定一个同质固体物质包含在两个竖直、平行并且无穷的平面 B 和 C 之间,并且由垂直于这两个平面的一个平面 A 分成两部分(图 7);我们进而考虑由三个无穷平面 A , B , C 所界定的这个物体 BAC 的温度。假定这个无穷固体的另一部分 $B'AC'$ 是一个恒定热源,即它的所有点都保持温度 1 并且不发生变化。边界两侧的固体,一侧由平面 C 和平面 A 所形成,另一侧由平面 B 和平面 A 所形成,它们在所有点上都取恒温 0,某一外因总是使它们保持这个温度不变;最后,由 A , B 和 C 所界定的这个固体的分子取初始温度 0。热将连续从热源 A 进入这个固体 BAC ,并在那里沿纵向无穷地传导,同时朝冷物体 B 和 C 传导,它们将吸收大部分的热。固体 BAC 的温度将逐渐升高:但不可能超过,甚至也不能达到最高温度,这种最高温度随这个物体的不同点而异。我们要确定这个变化状态所不断逼近的这个终极和不变的状态。

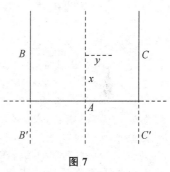

图 7

如果这个终极状态已知并且已经形成了,则它会自我保持,这是它区别于所有其他状态的特征。因此,实际问题在于确定由两个冰块 B 和 C 及一种沸水物质 A 所界定的无穷固体的永恒温度;对如此简单和基本的问题的思考,是发现自然现象规律的最纯粹的方式之一,从科学史上看,每一个理论都是以这种方式建立的。

165 为了更简洁地表述这个问题,假定一个无穷长的矩形薄片 BAC 在基底 A 被加热,基底的所有点都保持恒温 1,同时与基底 A 垂直的两个无穷边 B 和 C 在每一点仍然受恒温 0 的作用;我们需要确定这个薄片任一点的驻温(stationary temberature)应当是怎样的。

假定这个薄片的表面不失热,或同样的,我们考虑由类似于前述薄片的无数薄片叠加而成的一个固体:取把这个薄片分成两等份的直线 Ax 为 x 轴,任一点 m 的坐标是 x 和 y ;最后,薄片宽 A ,用 $2l$ 表示,或者,为了简化计算,用直径与圆周长的比值 π 来表示。

设想坐标为 x 和 y 的这个固体薄片 BAC 的一点 m 有有效温度 v ,对应于不同点的量 v 是这样的:只要基底 A 的每一点的温度总是 1,边 B 和 C 在它们所有点上都保持温度 0 不变,则这些温度不会发生任何变化。

◀ 圣·热尔曼修道院附近的小链条葡萄园

如果在每一点 m 建立一个等于温度 v 的纵坐标，那么就形成一个曲面，这个曲面在这个薄片上开拓，并延伸至无穷。我们试图求这样一个曲面的性质：这个曲面经过在 y 轴上方所作的与 y 轴相距一个单位的一条直线，并且沿平行于 x 轴的两条无穷直线与水平面 xy 相交。

166 为了应用一般方程 $\dfrac{\mathrm{d}v}{\mathrm{d}t}=\dfrac{K}{CD}\left(\dfrac{\mathrm{d}^2v}{\mathrm{d}x^2}+\dfrac{\mathrm{d}^2v}{\mathrm{d}y^2}+\dfrac{\mathrm{d}^2v}{\mathrm{d}z^2}\right)$，在所讨论的情况中，我们应当考虑排除 z 轴，因此项 $\dfrac{\mathrm{d}^2v}{\mathrm{d}z^2}$ 应当略去；由于我们希望确定驻温，所以，相对于左边 $\dfrac{\mathrm{d}v}{\mathrm{d}t}$，它等于零；因此，属于这个实际问题并且确定所求曲面的性质的这个方程如下：

$$\frac{\mathrm{d}^2v}{\mathrm{d}x^2}+\frac{\mathrm{d}^2v}{\mathrm{d}y^2}=0。 \tag{a}$$

x 和 y 的这个函数，$\phi(x,y)$，表示这个固体 BAC 的永恒状态，第一，它应当满足方程（a）；第二，当我们用 $-\dfrac{1}{2}\pi$ 或 $+\dfrac{1}{2}\pi$ 代替 y 时，无论 x 的值如何，它应当等于零；第三，当我们假定 $x=0$ 并且 y 取 $-\dfrac{1}{2}\pi$ 和 $+\dfrac{1}{2}\pi$ 之间的任意一个值时，它应当等于 1。

此外，由于所有的热都来自热源 A，所以，当我们对 x 给定一个很大的值时，这个函数 $\phi(x,y)$ 就应该变得极其地小。

167 为了在所适合的范围内考虑这个问题，我们首先要求满足方程（a）的 x 和 y 的最简单的函数；然后，我们要使 v 值普通化，以满足规定的所有条件。用这种方法，这个解将得到所有可能的开拓，并且我们要证明，所提出的这个问题不可能有别的解。

两个变量的那些函数，在我们对这两个变量中的一个或者是两个赋予无穷的值时，常常化为不怎么复杂的式子；这就是在这种特殊情况下，在取 x 的一个函数与 y 的一个函数的积的形式的代数函数中，所能注意到的。

我们首先要考查这个 v 的值是否可以由这样的积来表示；由于函数 v 应当在这个薄片的整个范围内表示薄片的状态，因而也应该包括坐标为无穷的那些点的状态。这样，我们记 $v=F(x)f(y)$；在方程（a）中用 $F''(x)$ 代替并且表示 $\dfrac{\mathrm{d}^2F(x)}{\mathrm{d}x^2}$，用 $f''(y)$ 代替并表示 $\dfrac{\mathrm{d}^2f(y)}{\mathrm{d}y^2}$，则我们有 $\dfrac{F''(x)}{F(x)}+\dfrac{f''(y)}{f(y)}=0$；然后我们假定 $\dfrac{F''(x)}{F(x)}=m^2$，$\dfrac{f''(y)}{f(y)}=-m^2$，$m$ 是任意一个常数，正如仅仅为了求 v 的一个特殊值而提出的那样，我们从前面这些方程得到 $F(x)=\mathrm{e}^{-mx}$，$f(x)=\cos my$。

168 我们不可能假定 m 是一个负数，并且，由于 m 是一个正数，所以我们应当排除像 e^{mx} 这样的项会进入其中的所有那些特殊的 v 值，因为当 x 无穷大时，温度 v 不可能成为无穷的。事实上，由于除了恒定热源 A 之外没有提供任何别的热源，所以只有极小一部分热可以到达离热源很远的那部分空间。余热愈来愈多地向无穷边 B 和 C 转移，并且在形成它们的边界的冷物质中耗失。

进入函数 $\mathrm{e}^{-mx}\cos my$ 中的指数 m 是未知的，我们可以为这个指数选择任意一个正数：不过，为在 x 无论取什么值而取 $y=-\dfrac{1}{2}\pi$ 或 $y=+\dfrac{1}{2}\pi$ 时，v 都可以变为零，m 就必须取数列 $1,3,5,7,\cdots$ 中的某一项；第二个条件因这个方法而被满足。

169 把类似于上面那个项的几个项相加，容易得到一个更一般的 v 值，于是我们有

$$v=a\mathrm{e}^{-x}\cos y+b\mathrm{e}^{-3x}\cos 3y+c\mathrm{e}^{-5x}\cos 5y+d\mathrm{e}^{-7x}\cos 7y+\cdots。 \tag{b}$$

显然，由 $\phi(x,y)$ 表示的函数 v 满足方程 $\dfrac{\mathrm{d}^2v}{\mathrm{d}x^2}+\dfrac{\mathrm{d}^2v}{\mathrm{d}y^2}=0$ 和条件 $\phi\left(x,\pm\dfrac{1}{2}\pi\right)=0$。第三个

条件也要得到满足,因而它由 $\phi(0,y)=1$ 来表示,应当注意到,当我们对 y 给定 $-\dfrac{1}{2}\pi$ 和 $+\dfrac{1}{2}\pi$ 之间的任一值时,这个结果必然成立。如果我们以不包含在界限 $-\dfrac{1}{2}\pi$ 和 $+\dfrac{1}{2}\pi$ 之间的一个量来代替 y,那么我们对函数 $\phi(0,y)$ 所可能取的值就不能推出任何东西。因此,方程(b)应当服从下述条件:$1=a\cos y+b\cos3y+c\cos5y+d\cos7y+\cdots$。

数目无穷的系数 $a,b,c,d,\cdots$ 由这个方程来确定。

右边是 y 的一个函数,只要变量 y 在界线 $-\dfrac{1}{2}\pi$ 和 $+\dfrac{1}{2}\pi$ 之间,这个函数就等于 1。读者或许会怀疑这样一个函数是否存在,不过这个困难在后面会得到彻底解决。

170　在给出这些系数的计算之前,我们可以注意由方程(b)中的级数的每一项所表示的意义。

假定基底 A 的固定温度不是每点都等于 1,而是随直线 A 的点愈来愈远离中点而下降,与那段距离的余弦成正比;在这种情况下,容易看出纵坐标表示温度 v 或 $\phi(x,y)$ 的这个曲面的性质是怎样的。如果这个曲面在原点被一个垂直于 x 轴的平面所截,那么,构成这个截面边界的曲线方程是 $v=a\cos y$;这些系数的值则如下:$a=a,b=0,c=0,d=0$,等等,这个曲面方程则是 $v=a\mathrm{e}^{-x}\cos y$。

如果与 y 轴垂直地截这个曲面,则截线是凸面朝这个轴的对数螺线;如果与 x 轴垂直地截它,则截线是凹面朝 x 轴的三角曲线。

由此得到,函数 $\dfrac{\mathrm{d}^2v}{\mathrm{d}x^2}$ 总为正,而 $\dfrac{\mathrm{d}^2v}{\mathrm{d}y^2}$ 总为负。现在,一个分子所得到的热量因其位置在沿 x 方向的两个分子之间而与 $\dfrac{\mathrm{d}^2v}{\mathrm{d}x^2}$ 的值成正比(第 123 目):由此得到,这个中间分子在 x 方向上从它前面的分子那里所得到的热量比它向它后面的分子所传递的热量多。但是,如果这同一分子被看作是在位于沿 y 轴方向的两个其他分子之间,因函数 $\dfrac{\mathrm{d}^2v}{\mathrm{d}y^2}$ 为负,那么,这个中间分子向它后面的分子传递比它从它前面的分子那里所得到的更多的热。因此我们得到,如方程 $\dfrac{\mathrm{d}^2v}{\mathrm{d}x^2}+\dfrac{\mathrm{d}^2v}{\mathrm{d}y^2}=0$ 所示,它沿 x 方向所得到的热的超出量,由它在 y 方向上所失去的热量严格抵消。因此,从热源 A 所逃逸的热所流过的路线就成为已知的。它沿 x 方向传导,同时被分解成两部分,一部分指向某一边,另一部分继续远离原点,像前面那样再被分解,以至无穷。我们所考虑的这个曲面由对应于基底 A 的三角曲线随它与 x 轴垂直的平面沿该轴运动而成,它的每个纵坐标与同一分数的逐次幂成正比地无穷减少。

如果基底 A 的固定温度由项 $b\cos3y$ 或者是 $c\cos5y,\cdots$ 表示,那么我们可以得出类似的推断;用这种方法,可以形成最一般情况下的热运动的精确概念;因为在后面我们会看到,这种运动总是由许多基本运动复合而成,这些基本运动的每一个都像它们单独存在那样被完成。

第二节　热理论中使用三角级数的第一个例子

171　现在取方程 $1=a\cos y+b\cos3y+c\cos5y+d\cos7y+\cdots$,其中,系数 a,b,c,d,$\cdots$ 是需要确定的。为使这个方程成立,这些常数当然应当满足由逐次微分所得到的方

程；因此下面得出，

$$1 = a\cos y + b\cos 3y + c\cos 5y + d\cos 7y + \cdots,$$
$$0 = a\sin y + 3b\sin 3y + 5c\sin 5y + 7d\sin 7y + \cdots,$$
$$0 = a\cos y + 3^2 b\cos 3y + 5^2 c\cos 5y + 7^2 d\cos 7y + \cdots,$$
$$0 = a\sin y + 3^3 b\sin 3y + 5^3 c\sin 5y + 7^3 d\sin 7y + \cdots,$$

余类推，以至无穷。

当 $y = 0$ 时，这些方程必然成立，因此我们有

$$1 = a + b + c + d + e + f + g + \cdots,$$
$$0 = a + 3^2 b + 5^2 c + 7^2 d + 9^2 e + 11^2 f + \cdots,$$
$$0 = a + 3^4 b + 5^4 c + 7^4 d + 9^4 e + \cdots,$$
$$0 = a + 3^6 b + 5^6 c + 7^6 d + \cdots,$$
$$0 = a + 3^8 b + 5^8 c + \cdots,$$

和未知数 $a,b,c,d,e,\cdots$ 的数目一样，这些方程的个数是无穷的。问题在于只保留一个未知数而消去其他所有的。

172　为了对这些消元结果形成一个清晰的概念，我们假定未知数 $a,b,c,d,\cdots$ 的数目在开始时是有限的并且等于 m。去掉所有那些包含跟着前 m 个未知数之后的未知数，我们就只运用前 m 个方程。如果相继使 m 等于 $2,3,4,5,\cdots$，那么未知数的值就会由每一个这样的假定而求得。例如，对于两个未知数的情况，量 a 将得到某个值，对于三个、四个，或者是随后更多未知数的情况，它将得到别的值。未知数 b 亦如此，它将得到和那些消元情况一样多的不同的值；其他每一个未知数同样可以有无穷多个不同的值。现在，对于未知数数目无穷多的情况，其中某一个的值，是它通过逐次消元所得到的那些值所逼近的极限。这样，所要考察的是，随着未知数数目的增加，$a,b,c,d,\cdots$ 每一个的值能否收敛于它连续逼近的一个有限的极限。

我们假定使用下面六个方程：

$$1 = a + b + c + d + e + f + \cdots,$$
$$0 = a + 3^2 b + 5^2 c + 7^2 d + 9^2 e + 11^2 f + \cdots,$$
$$0 = a + 3^4 b + 5^4 c + 7^4 d + 9^4 e + 11^4 f + \cdots,$$
$$0 = a + 3^6 b + 5^6 c + 7^6 d + 9^6 e + 11^6 f + \cdots,$$
$$0 = a + 3^8 b + 5^8 c + 7^8 d + 9^8 e + 11^8 f + \cdots,$$
$$0 = a + 3^{10} b + 5^{10} c + 7^{10} d + 9^{10} e + 11^{10} f + \cdots,$$

不含 f 的五个方程是：

$$11^2 = a(11^2 - 1^2) + b(11^2 - 3^2) + c(11^2 - 5^2)$$
$$+ d(11^2 - 7^2) + e(11^2 - 9^2),$$
$$0 = a(11^2 - 1^2) + 3^2 b(11^2 - 3^2) + 5^2 c(11^2 - 5^2)$$
$$+ 7^2 d(11^2 - 7^2) + 9^2 e(11^2 - 9^2),$$
$$0 = a(11^2 - 1^2) + 3^4 b(11^2 - 3^2) + 5^4 c(11^2 - 5^2)$$
$$+ 7^4 d(11^2 - 7^2) + 9^4 e(11^2 - 9^2),$$
$$0 = a(11^2 - 1^2) + 3^6 b(11^2 - 3^2) + 5^6 c(11^2 - 5^2)$$
$$+ 7^6 d(11^2 - 7^2) + 9^6 e(11^2 - 9^2),$$
$$0 = a(11^2 - 1^2) + 3^8 b(11^2 - 3^2) + 5^8 c(11^2 - 5^2)$$
$$+ 7^8 d(11^2 - 7^2) + 9^8 e(11^2 - 9^2).$$

继续消元，我们会得到含 a 的最后的方程，它是：

$$a(11^2 - 1^2)(9^2 - 1^2)(7 - 1^2)(5 - 1^2)(3^2 - 1^2) = 11^2 \cdot 9^2 \cdot 7^2 \cdot 5^2 \cdot 3^2 \cdot 1^2.$$

173　如果我们所运用的方程多一个，那么为确定 a，我们会得到一个类似于前面的方程，它的左边多一个因子，即 13^2-1^2，右边有一个新因子 13^2。a 的这些不同的值所服从的这个规律是显然的，由此得到，与无穷数目的方程所对应的 a 值因而表示为：$a=\dfrac{3^2}{3^2-1^2}\cdot\dfrac{5^2}{5^2-1^2}\cdot\dfrac{7^2}{7^2-1^2}\cdot\dfrac{9^2}{9^2-1^2}\cdot\dfrac{11^2}{11^2-1^2}\cdots$，或者是 $a=\dfrac{3\cdot3}{2\cdot4}\cdot\dfrac{5\cdot5}{4\cdot6}\cdot\dfrac{7\cdot7}{6\cdot8}\cdot\dfrac{9\cdot9}{8\cdot10}\cdot\dfrac{11\cdot11}{10\cdot12}\cdots$。

现在，最后这个式子是已知的，根据沃利斯（Wallis）定理[①]我们得到 $a=\dfrac{4}{\pi}$。这样就只需确定其他未知数的值了。

174　消去 f 后所剩下的五个方程可以与在假设只有五个未知数时所能运用的五个更简单的方程进行比较。后一种情况下的这些方程与第 172 目中的那些方程不同，因为在它们中，我们会发现 e,d,c,b,a 被分别乘以因子 $\dfrac{11^2-9^2}{11^2},\dfrac{11^2-7^2}{11^2},\dfrac{11^2-5^2}{11^2},\dfrac{11^2-3^2}{11^2},\dfrac{11^2-1^2}{11^2}$。

由此得到，如果我们已经解了在五个未知数情况下所应当运用的这五个线性方程，并计算了每个未知数的值，那么就容易由它们推出对应于在应当运用六个方程情况下的同名未知数的值。这只需要用已知因子乘以在第一种情况下所得到的 e,d,c,b,a 的值就够了。一般地，我们容易从根据一定数目的方程和未知数的假定所取的某个这样的量的值，过渡到在应当多应用一个方程和未知数情况下所取的同一个量的值。例如，如果在五个方程和五个未知数的假定下所得的 e 值由 E 表示，那么在多一个未知数情况下所取的同一个量的值，就是 $E\dfrac{11^2}{11^2-9^2}$。同样，在七个未知数情况下所取的这同一个值，就是 $E\dfrac{11^2}{11^2-9^2}\cdot\dfrac{13^2}{13^2-9^2}$，在八个未知数的情况下，它是 $E\dfrac{11^2}{11^2-9^2}\cdot\dfrac{13^2}{13^2-9^2}\cdot\dfrac{15^2}{15^2-9^2}$，等等。同样，只要知道对应于两个未知数的情况下的 b 值，就可以由此推出对应于三个、四个、五个等等未知数的情况下的同一字母的值。我们要做的只是把第一个值乘以 $\dfrac{5^2}{5^2-3^2}\cdot\dfrac{7^2}{7^2-3^2}\cdot\dfrac{9^2}{9^2-3^2}\cdots$。

同样，如果我们知道 C 在三个未知数的情况下的值，我们就可以用连续因子 $\dfrac{7^2}{7^2-5^2}\cdot\dfrac{9^2}{9^2-5^2}\cdot\dfrac{11^2}{11^2-5^2}\cdots$ 乘这个值。

我们可以计算 d 在只有四个未知数情况下的值，并让它乘以 $\dfrac{9^2}{9^2-7^2}\cdot\dfrac{11^2}{11^2-7^2}\cdot\dfrac{13^2}{13^2-7^2}\cdots$。

a 值的计算服从这同一规则，因为只要取定它对于一个未知数的情况下的值，并依次乘以 $\dfrac{3^2}{3^2-1^2},\dfrac{5^2}{5^2-1^2},\dfrac{7^2}{7^2-1^2},\dfrac{9^2}{9^2-1^2}$，就可以得到这个量的最后的值。

175　因此，问题简化为确定一个未知数的情况下的 a 值，两个未知数的情况下的 b 值，三个未知数的情况下的 c 值，以及等等其他未知数的情况下别的值。

只观察这些方程而无须任何计算，我们就容易得出，这些逐次消元的结果必定是

[①]　即沃利斯所得到的 π 的表达式：$\dfrac{\pi}{2}=\dfrac{2\cdot2\cdot4\cdot4\cdot6\cdot6\cdot8\cdot8\cdots}{1\cdot3\cdot3\cdot5\cdot5\cdot7\cdot7\cdot9\cdots}$。——汉译者

$$a = 1,$$

$$b = \frac{1^2}{1^2 - 3^2},$$

$$c = \frac{1^2}{1^2 - 5^2} \cdot \frac{3^2}{3^2 - 5^2},$$

$$d = \frac{1^2}{1^2 - 7^2} \cdot \frac{3^2}{3^2 - 7^2} \cdot \frac{5^2}{5^2 - 7^2},$$

$$e = \frac{1^2}{1^2 - 9^2} \cdot \frac{3^2}{3^2 - 9^2} \cdot \frac{5^2}{5^2 - 9^2} \cdot \frac{7^2}{7^2 - 9^2}.$$

176　剩下来的只是使前面这些量乘以能使它们完整、并且我们已经给出的(第174目)那些积的级数。因此,对于未知数 a,b,c,d,e,f,等等的最后的值,我们有下述表达式:

$$a = 1 \cdot \frac{3^2}{3^2 - 1^2} \cdot \frac{5^2}{5^2 - 1^2} \cdot \frac{7^2}{7^2 - 1^2} \cdot \frac{9^2}{9^2 - 1^2} \cdot \frac{11^2}{11^2 - 1^2} \cdots,$$

$$b = \frac{1^2}{1^2 - 3^2} \cdot \frac{5^2}{5^2 - 3^2} \cdot \frac{7^2}{7^2 - 3^2} \cdot \frac{9^2}{9^2 - 3^2} \cdot \frac{11^2}{11^2 - 3^2} \cdots,$$

$$c = \frac{1^2}{1^2 - 5^2} \cdot \frac{3^2}{3^2 - 5^2} \cdot \frac{7^2}{7^2 - 5^2} \cdot \frac{9^2}{9^2 - 5^2} \cdot \frac{11^2}{11^2 - 5^2} \cdots,$$

$$d = \frac{1^2}{1^2 - 7^2} \cdot \frac{3^2}{3^2 - 7^2} \cdot \frac{5^2}{5^2 - 7^2} \cdot \frac{9^2}{9^2 - 7^2} \cdot \frac{11^2}{11^2 - 7^2} \cdots,$$

$$e = \frac{1^2}{1^2 - 9^2} \cdot \frac{3^2}{3^2 - 9^2} \cdot \frac{5^2}{5^2 - 9^2} \cdot \frac{7^2}{7^2 - 9^2} \cdot \frac{11^2}{11^2 - 9^2} \cdot \frac{13^2}{13^2 - 9^2} \cdots,$$

$$f = \frac{1^2}{1^2 - 11^2} \cdot \frac{3^2}{3^2 - 11^2} \cdot \frac{5^2}{5^2 - 11^2} \cdot \frac{7^2}{7^2 - 11^2} \cdot \frac{9^2}{9^2 - 11^2} \cdot \frac{13^2}{13^2 - 11^2} \cdots,$$

或者是

$$a = +1 \cdot \frac{3 \cdot 3}{2 \cdot 4} \cdot \frac{5 \cdot 5}{4 \cdot 6} \cdot \frac{7 \cdot 7}{6 \cdot 8} \cdots,$$

$$b = -\frac{1 \cdot 1}{2 \cdot 4} \cdot \frac{5 \cdot 5}{2 \cdot 8} \cdot \frac{7 \cdot 7}{4 \cdot 10} \cdot \frac{9 \cdot 9}{6 \cdot 12} \cdots,$$

$$c = +\frac{1 \cdot 1}{4 \cdot 6} \cdot \frac{3 \cdot 3}{2 \cdot 8} \cdot \frac{7 \cdot 7}{2 \cdot 12} \cdot \frac{9 \cdot 9}{4 \cdot 14} \cdot \frac{11 \cdot 11}{6 \cdot 16} \cdots,$$

$$d = -\frac{1 \cdot 1}{6 \cdot 8} \cdot \frac{3 \cdot 3}{4 \cdot 10} \cdot \frac{5 \cdot 5}{2 \cdot 12} \cdot \frac{9 \cdot 9}{2 \cdot 16} \cdot \frac{11 \cdot 11}{4 \cdot 18} \cdots,$$

$$e = +\frac{1 \cdot 1}{8 \cdot 10} \cdot \frac{3 \cdot 3}{6 \cdot 12} \cdot \frac{5 \cdot 5}{4 \cdot 14} \cdot \frac{7 \cdot 7}{2 \cdot 16} \cdot \frac{11 \cdot 11}{2 \cdot 20} \cdot \frac{13 \cdot 13}{4 \cdot 22} \cdots,$$

$$f = -\frac{1 \cdot 1}{10 \cdot 12} \cdot \frac{3 \cdot 3}{8 \cdot 14} \cdot \frac{5 \cdot 5}{6 \cdot 16} \cdot \frac{7 \cdot 7}{4 \cdot 18} \cdot \frac{9 \cdot 9}{2 \cdot 20} \cdot \frac{13 \cdot 13}{2 \cdot 24} \cdot \frac{15 \cdot 15}{4 \cdot 26} \cdots.$$

根据沃利斯定理,量 $\frac{1}{2}\pi$ 或圆周长的四分之一等于 $\frac{2 \cdot 2}{1 \cdot 3} \cdot \frac{4 \cdot 4}{3 \cdot 5} \cdot \frac{6 \cdot 6}{5 \cdot 7} \cdot \frac{8 \cdot 8}{7 \cdot 9} \cdot$ $\frac{10 \cdot 10}{9 \cdot 11} \cdot \frac{12 \cdot 12}{11 \cdot 13} \cdot \frac{14 \cdot 14}{13 \cdot 15} \cdots$。

如果现在在 $a,b,c,d,\cdots$ 的值中,我们注意为了使成对的奇数序列和偶数序列完整而应当加到分子和分母上去的因子是怎样的,那么我们就会发现,要补充的因子分别是：

$$
\left.
\begin{array}{ll}
对于\ b, & \dfrac{3\cdot 3}{6}, \\[2mm]
对于\ c, & \dfrac{5\cdot 5}{10}, \\[2mm]
对于\ d, & \dfrac{7\cdot 7}{14}, \\[2mm]
对于\ e, & \dfrac{9\cdot 9}{18}, \\[2mm]
对于\ f, & \dfrac{11\cdot 11}{22},
\end{array}
\right\}
因此我们得出
\left\{
\begin{array}{l}
a=\ \ 2\cdot\dfrac{2}{\pi}, \\[2mm]
b=-2\cdot\dfrac{2}{3\pi}, \\[2mm]
c=\ \ 2\cdot\dfrac{2}{5\pi}, \\[2mm]
d=-2\cdot\dfrac{2}{7\pi}, \\[2mm]
e=\ \ 2\cdot\dfrac{2}{9\pi}, \\[2mm]
f=-2\cdot\dfrac{2}{11\pi}.^{①}
\end{array}
\right.
$$

177　因此我们完全实现了消元，并且确定了方程 $1=a\cos y+b\cos 3y+c\cos 5y+d\cos 7y+e\cos 9y+\cdots$ 中的系数 $a,b,c,d,\cdots$。

这些系数代换给出下述方程：$\dfrac{\pi}{4}=\cos y-\dfrac{1}{3}\cos 3y+\dfrac{1}{5}\cos 5y-\dfrac{1}{7}\cos 7y+\dfrac{1}{9}\cos 9y-\cdots$。^{②}　右边是 y 的一个函数，当我们对变量 y 给定包含在 $-\dfrac{1}{2}\pi$ 和 $+\dfrac{1}{2}\pi$ 之间的一个值时，该函数的值不变。容易证明，这个级数总是收敛的，即，以任一个数代替 y，并遵循这些系数的计算，我们都愈来愈趋近于一个固定的值，因此，这个值与所计算的项的和的差变得小于任一给定的量。无须为读者可以补充的一个证明而停下来，我们注意，如果赋予 y 的这个值包含在 0 到 $\dfrac{1}{2}\pi$ 之间，那么不断逼近的这个固定值就是 $\dfrac{1}{4}\pi$，不过，若 y 包含在 $\dfrac{1}{2}\pi$ 到 $\dfrac{3}{2}\pi$ 之间，则它等于 $-\dfrac{1}{4}\pi$；因为在第 2 个区间里，这个级数的每一项都变号。一般地，这个级数的极限交替为正或负；从别的方面考虑，这种收敛不能快得足以提供一种简便的逼近方式，不过它却足以使方程成立。

178　取 x 为横坐标，y 为纵坐标，则方程 $y=\cos x-\dfrac{1}{3}\cos 3x+\dfrac{1}{5}\cos 5x-\dfrac{1}{7}\cos 7x+\cdots$ 属于由一些分离的直线段所组成的一条曲线，这些直线段平行于轴且等于圆周长。这些平行线交替地位于轴的上方或者是下方，与轴相距 $\dfrac{1}{4}\pi$，并由本身成为这条线的一部分的一些垂线所连结。为了对这条曲线的性质形成一个精确的概念，应当先假定函数 $\cos x-\dfrac{1}{3}\cos 3x+\dfrac{1}{5}\cos 5x-\cdots$ 的项数有一个有限的值。在后一种情况下，方程 $y=\cos x-\dfrac{1}{3}\cos 3x+\dfrac{1}{5}\cos 5x-\cdots$ 属于一条曲线，这条曲线交替经过横轴的上方或者是下方，同时在每次横坐标 x 变成等于 $0,\pm\dfrac{1}{2}\pi,\pm\dfrac{3}{2}\pi,\pm\dfrac{5}{2}\pi,\cdots$ 中的某个量时截这个轴。

随着方程的项数的增加，所讨论的这条曲线就愈来愈趋于和由平行直线和垂线所组成的前面那条线相重合，因此，这条曲线是由逐次增加项数所得到的不同曲线的极限。

---

①　由 a 推出 b 的值，由 b 推出 c 的值，等等，这样要稍稍好一些。——R. L. E.

②　根据第 4 节的方法，用 $\cos y,\cos 3y,\cos 5y$ 等等分别乘第一个方程两边，可以确定系数 a,b,c 等等，正如格雷戈里(D. F. Gregorg)所做过的。《剑桥数学学报》(*Cambridge Mathematical Journal*)，第 1 卷，第 106 页。——A. F.

第三节　对这些级数的若干注记

179　我们可以从另一种观点来考察同样这些方程，并直接证明方程 $\frac{\pi}{4}=\cos x-\frac{1}{3}\cos 3x+\frac{1}{5}\cos 5x-\frac{1}{7}\cos 7x+\frac{1}{9}\cos 9x-\cdots$。

x 为零的情况由莱布尼兹级数 $\frac{\pi}{4}=1-\frac{1}{3}+\frac{1}{5}-\frac{1}{7}+\frac{1}{9}-\cdots$ 所验证。

接下来我们假定级数 $\cos x-\frac{1}{3}\cos 3x+\frac{1}{5}\cos 5x-\frac{1}{7}\cos 7x+\cdots$ 的项数不是无限的而是有限的，并且等于 m。我们把这个有限级数的值看作是 x 和 m 的一个函数。我们用根据 m 的负幂所安排的级数来表示这个函数；我们会发现，随着数 m 变得愈大，这个函数值就愈趋近于一个常数，并且与 x 无关。

设 y 是所要求的函数，假定项数 m 是偶数，该函数由方程 $y=\cos x-\frac{1}{3}\cos 3x+\frac{1}{5}\cos 5x-\frac{1}{7}\cos 7x+\cdots-\frac{1}{2m-1}\cos(2m-1)x$ 给出。对 x 微分后，这个方程给出 $-\frac{\mathrm{d}y}{\mathrm{d}x}=\sin x-\sin 3x+\sin 5x-\sin 7x+\cdots+\sin(2m-3)x-\sin(2m-1)x$；乘以 $2\sin 2x$，我们有 $-2\frac{\mathrm{d}y}{\mathrm{d}x}\sin 2x=2\sin x\sin 2x-2\sin 3x\sin 2x+2\sin 5x\sin 2x\cdots+2\sin(2m-3)x\sin 2x-2\sin(2m-1)x\sin 2x$。

用两个余弦的差来代替右边的每一项，我们得到

$$-2\frac{\mathrm{d}y}{\mathrm{d}x}\sin 2x=\cos(-x)-\cos 3x$$
$$-\cos x+\cos 5x$$
$$+\cos 3x-\cos 7x$$
$$-\cos 5x+\cos 9x$$
$$\cdots\cdots\cdots\cdots\cdots$$
$$+\cos(2m-5)x-\cos(2m-1)x$$
$$-\cos(2m-3)x+\cos(2m+1)x。$$

右边简化成 $\cos(2m+1)x-\cos(2m-1)x$，或者是 $-2\sin 2mx\sin x$；因此
$$y=\frac{1}{2}\int\left(\mathrm{d}x\,\frac{\sin 2mx}{\cos x}\right)。$$

180　我们对右边进行分部积分，同时在这个积分中把应当逐次积分的因子 $\sin 2mx\,\mathrm{d}x$ 和应当逐次微分的因子 $\frac{1}{\cos x}$ 或者是 $\sec x$ 区别开；用 $\sec' x$，$\sec'' x$，$\sec''' x$，$\cdots$ 来表示这些微分的结果，我们有 $2y=$ 常数 $-\frac{1}{2m}\cos 2mx\,\sec x+\frac{1}{2^2 m^2}\sin 2mx\,\sec' x+\frac{1}{2^3 m^3}\cos 2mx\,\sec'' x-\cdots$；因此，$y$，或者是作为 x 和 m 的一个函数的 $\cos x-\frac{1}{3}\cos 3x+\frac{1}{5}\cos 5x-\frac{1}{7}\cos 7x+\cdots-\frac{1}{2m-1}\cos(2m-1)x$，变得由一个无穷级数来表示；显然，数 m 愈增加，y 值就愈趋于不变。由此，当这个数 m 是无穷的时，这个函数 y 有一个定值，x 的值是一个小于 $\frac{1}{2}\pi$ 的无论怎样的正值，y 的这个定值都是一样的。现在，如果假定弧 x 为零，我们则有 $y=1-\frac{1}{3}+\frac{1}{5}-\frac{1}{7}+\frac{1}{9}\cdots$，它等于 $\frac{1}{4}\pi$。因此，一般地，我们有

$$\frac{1}{4}\pi=\cos x-\frac{1}{3}\cos 3x+\frac{1}{5}\cos 5x-\frac{1}{7}\cos 7x+\frac{1}{9}\cos 9x-\cdots。\tag{a}$$

181　如果在这个方程中，我们假定 $x=\dfrac{1}{2}\dfrac{\pi}{2}$，则我们得到 $\dfrac{\pi}{2\sqrt{2}}=1+\dfrac{1}{3}-\dfrac{1}{5}-\dfrac{1}{7}+\dfrac{1}{9}$

$+\dfrac{1}{11}-\dfrac{1}{13}-\dfrac{1}{15}+\cdots$；对弧 x 给定其他的特殊值，我们就得到别的级数，记下这些级数没有用，因为有几个这样的级数已经在欧拉（Euler）的著作中发表了。如果我们用 dx 乘方程（a），并对它积分，那么我们有 $\dfrac{\pi x}{4}=\sin x-\dfrac{1}{3^2}\sin 3x+\dfrac{1}{5^2}\sin 5x-\dfrac{1}{7^2}\sin 7x+\cdots$。

在上个方程中令 $x=\dfrac{1}{2}\pi$，我们得到一个已知级数 $\dfrac{\pi^2}{8}=1+\dfrac{1}{3^2}+\dfrac{1}{5^2}+\dfrac{1}{7^2}+\dfrac{1}{9^2}+\cdots$。特殊情况可以无限列举，不过，遵循这同一过程来确定由多重弧的正弦和余弦所组成的不同级数的值，这更符合本书的目的。

182　设 $y=\sin x-\dfrac{1}{2}\sin 2x+\dfrac{1}{3}\sin 3x-\dfrac{1}{4}\sin 4x\cdots+\dfrac{1}{m-1}\sin(m-1)x-\dfrac{1}{m}\sin mx$，

m 是任一偶数。我们由这个方程推出 $\dfrac{dy}{dx}=\cos x-\cos 2x+\cos 3x-\cos 4x\cdots+\cos(m-1)$

$x-\cos mx$；乘以 $2\sin x$，并且用两个正弦的差来代替右边的每一项，我们有

$$2\sin x\,\frac{dy}{dx}=\sin(x+x)-\sin(x-x)$$
$$-\sin(2x+x)+\sin(2x-x)$$
$$+\sin(3x+x)-\sin(3x-x)$$
$$\cdots\cdots\cdots\cdots\cdots\cdots$$
$$+\sin\{(m-1)x-x\}-\sin\{(m+1)x-x\}$$
$$-\sin(mx+x)+\sin(mx-x);$$

化简，$2\sin x\,\dfrac{dy}{dx}=\sin x+\sin mx-\sin(mx+x)$；量 $\sin mx-\sin(mx+x)$，或者是 $\sin\left(mx+\dfrac{1}{2}x-\dfrac{1}{2}x\right)-\sin\left(mx+\dfrac{1}{2}x+\dfrac{1}{2}x\right)$，等于 $-2\sin\dfrac{1}{2}x\cos\left(mx+\dfrac{1}{2}x\right)$；因此

我们有 $\dfrac{dy}{dx}=\dfrac{1}{2}-\dfrac{\sin\dfrac{1}{2}x}{\sin x}\cos\left(mx+\dfrac{1}{2}x\right)$，或 $\dfrac{dy}{dx}=\dfrac{1}{2}-\dfrac{\cos\left(mx+\dfrac{1}{2}x\right)}{2\cos\dfrac{1}{2}x}$；由此我们得到 y

$=\dfrac{1}{2}x-\displaystyle\int dx\,\dfrac{\cos\left(mx+\dfrac{1}{2}x\right)}{2\cos\dfrac{1}{2}x}$。

如果我们分部积分，同时区分应当逐次微分的因子 $\dfrac{1}{\cos\dfrac{1}{2}x}$ 或者是 $\sec\dfrac{1}{2}x$ 和应当连续几次积分的因子 $\cos\left(mx+\dfrac{1}{2}x\right)$，那么我们将形成一个级数，其中 $m+\dfrac{1}{2}$ 的幂进入分母。至于常数，它等于零，因为 y 值从 x 的值开始。

由此得到，当项数很大时，有限级数 $\sin x-\dfrac{1}{2}\sin 2x+\dfrac{1}{3}\sin 3x-\dfrac{1}{5}\sin 5x+\dfrac{1}{7}\sin 7x-\cdots$

$-\dfrac{1}{m}\sin mx$ 的值与 $\dfrac{1}{2}x$ 的值相差无几，若项数无穷，则我们有已知方程 $\dfrac{1}{2}x=\sin x-\dfrac{1}{2}\sin 2x$

$+\dfrac{1}{3}\sin 3x-\dfrac{1}{4}\sin 4x+\dfrac{1}{5}\sin 5x-\cdots$。

从最后这个级数，还可以推出上面对 $\frac{1}{4}\pi$ 的值所给出的级数。

183　现在设 $y=\frac{1}{2}\cos2x-\frac{1}{4}\cos4x+\frac{1}{6}\cos6x-\cdots+\frac{1}{2m-2}\cos(2m-2)x-\frac{1}{2m}\cos2mx$。

微分，乘以 $2\sin2x$，代入余弦的差，并化简，我们得到 $2\dfrac{\mathrm{d}y}{\mathrm{d}x}=-\tan x+\dfrac{\sin(2m+1)x}{\cos x}$，或者是 $2y=c-\displaystyle\int\mathrm{d}x\tan x+\int\mathrm{d}x\,\dfrac{\sin(2m+1)x}{\cos x}$；分部积分右边最后一项，并假定 m 无穷，我们有 $y=c+\dfrac{1}{2}\log\cos x$。如果在方程 $y=\frac{1}{2}\cos2x-\frac{1}{4}\cos4x+\frac{1}{6}\cos6x-\frac{1}{8}\cos8x+\cdots$ 中，我们假定 x 为零，那么我们得到 $y=\frac{1}{2}-\frac{1}{4}+\frac{1}{6}-\frac{1}{8}+\cdots=\frac{1}{2}\log2$；因此 $y=\frac{1}{2}\log2+\frac{1}{2}\log\cos x$。因此我们碰到由欧拉给出的级数 $\log\left(2\cos\dfrac{1}{2}x\right)=\cos x-\dfrac{1}{2}\cos2x+\dfrac{1}{3}\cos3x-\dfrac{1}{4}\cos4x+\cdots$。

184　对方程 $y=\sin x+\frac{1}{3}\sin3x+\frac{1}{5}\sin5x+\frac{1}{7}\sin7x+\cdots$ 应用同一过程，我们得到下面从未被注意过的级数，$\frac{1}{4}\pi=\sin x+\frac{1}{3}\sin3x+\frac{1}{5}\sin5x+\frac{1}{7}\sin7x+\frac{1}{9}\sin9x+\cdots$[①]。

对于所有这些级数，我们应当注意到，只有当变量 x 包含在某一界限内时，由它们建立的方程才成立。因此，只要变量 x 不包含在我们所安排的界限之内，函数 $\cos x-\frac{1}{3}\cos3x+\frac{1}{5}\cos5x-\frac{1}{7}\cos7x+\cdots$ 就不等于 $\frac{1}{4}\pi$。级数 $\sin x-\frac{1}{2}\sin2x+\frac{1}{3}\sin3x-\frac{1}{4}\sin4x+\frac{1}{5}\sin5x-\cdots$ 亦如此。只要弧 x 大于 0 小于 π，这个总是收敛的无穷级数就取值 $\frac{1}{2}x$。不过，如果这个弧超过 π，那么它就不等于 $\frac{1}{2}x$；它恰恰取与 $\frac{1}{2}x$ 相反的值；因为显然，在从 $x=\pi$ 到 $x=2\pi$ 的区间内，这个函数以反号取它在前面从 $x=0$ 到 $x=\pi$ 的区间所取的所有值。人们知道这个级数已经很长时间了，但是，用来发现它的这种分析没有指出为什么当变量超过 π 时这个结果就不成立。

因此，我们应当仔细考查我们所要应用的这种方法，应当寻找每个这样的三角级数所服从的初始界限。

185　为了实现这一点，只需考虑，由那些无穷级数所表示的值只有在完成它们的项的和的极限可以给定的情况下才能精确地知道，就够了；因此，我们应当假定我们只运用这些级数的前几项，并且我们应当找到把余数包含在内的这个界限。

我们把这个注记运用到方程 $y=\cos x-\frac{1}{3}\cos3x+\frac{1}{5}\cos5x-\frac{1}{7}\cos7x+\cdots+\dfrac{\cos(2m-3)x}{2m-3}-\dfrac{\cos(2m-1)x}{2m-1}$ 中。它的项数是偶数，用 m 表示；由此推得方程 $\dfrac{2\mathrm{d}y}{\mathrm{d}x}=\dfrac{\sin2mx}{\cos x}$，因此，我们可以由分部积分推出 y 的值。现在，由于 u 和 v 是 x 的函数，所以积分 $\displaystyle\int uv\mathrm{d}x$ 可以分解成由和所期望的一样多的项所组成的一个级数。例如，我们可以写成 $\displaystyle\int uv\mathrm{d}x=c+u\int v\mathrm{d}x-\dfrac{\mathrm{d}u}{\mathrm{d}x}\int\mathrm{d}x\int$

---

① 和在第 222 目中一样，这可以通过从 0 到 π 的积分推出。——R. L. E.

$$vdx + \frac{\mathrm{d}^2 u}{\mathrm{d}x^2} \int dx \int dx \int v dx - \int \left[\mathrm{d}\left(\frac{\mathrm{d}^2 u}{\mathrm{d}x^2} \right) \int dx \int dx \int v dx \right]$$，这是一个可通过微分来验证的方程。

用 v 表示 $\sin 2mx$，用 u 表示 $\sec x$，我们得到 $2y = c - \frac{1}{2m} \sec x \cos 2mx + \frac{1}{2^2 m^2} \sec' x \sin$

$2mx + \frac{1}{2^3 m^3} \sec'' x \cos 2mx - \int \left(\mathrm{d} \frac{\sec'' x}{2^3 m^3} \cdot \cos 2mx \right)$。

186　现在需要确定把使这个级数完整起来的这个积分 $\frac{1}{2^3 m^3} \int \mathrm{d}(\sec'' x) \cos 2mx$ 包含在内的那个界限。为了形成这个积分，我们应当对弧 x 给定从这个积分开始的下限 0 一直到这个弧的最后的值 x 的无数值；对于 x 的每一个这样的值，都应当确定微分 $\mathrm{d}(\sec'' x)$ 的值和因子 $\cos 2mx$ 的值，并且应当加上所有的部分积：现在，可变因子 $\cos 2mx$ 必然是一个或正或负的分数；因此，这个积分由这个微分 $\mathrm{d}(\sec'' x)$ 分别乘以这些分数后所得的这些可变的值的和而组成。这样，当从 $x=0$ 一直取到 x 时，这个积分的总值比这些微分 $\mathrm{d}(\sec'' x)$ 的和要小，反过来取，则它比这个和要大：因为，在第一种情况下，我们是用常量 1 来代替可变因子 $\cos 2mx$，在第二种情况下，我们是用 -1 来代替这个因子：现在，这些微分 $\mathrm{d}(\sec'' x)$ 的和，或者同样地，从 $x=0$ 所取的积分 $\int \mathrm{d}(\sec'' x)$，是 $\sec'' x - \sec'' 0$；$\sec'' x$ 是 x 的某个函数，$\sec'' 0$ 是这个函数在弧 x 为 0 的假定下所取的值。

因此，所求的积分包含在 $+(\sec'' x - \sec'' 0)$ 和 $-(\sec'' x - \sec'' 0)$ 之间；即，用 k 表示一个或正或负的未知分数，我们总有 $\int \mathrm{d}(\sec'' x) \cos 2mx = k(\sec'' x - \sec'' 0)$。因此我们得到方程 $2y = c - \frac{1}{2m} \sec x \cos 2mx + \frac{1}{2^2 m^2} \sec' x \sin 2mx + \frac{1}{2^3 m^3} \sec'' x \cos 2mx - \frac{k}{2^3 m^3} (\sec'' x - \sec'' 0)$，其中量 $\frac{k}{2^3 m^3} (\sec'' x - \sec'' 0)$ 严格地表示这个无穷级数的所有后面那些项的和。

187　如果我们只研究了两项，那么我们有方程 $2y = c - \frac{1}{2m} \sec x \cos 2mx + \frac{1}{2^2 m^2} \sec' x \sin 2mx + \frac{k}{2^2 m^2} (\sec' x - \sec' 0)$。由此得到，我们可以用和我们所希望的一样多的项来展开 y 值，并精确地表示这个级数的余项；因此我们得到一组方程 $2y = c - \frac{1}{2m} \sec x \cos 2mx + \frac{k}{2^2 m^2} (\sec x - \sec 0)$，$2y = c - \frac{1}{2m} \sec x \cos 2mx + \frac{1}{2^2 m^2} \sec' x \sin 2mx - \frac{k}{2^2 m^2} (\sec' x - \sec' 0)$，$2y = c - \frac{1}{2m} \sec x \cos 2mx + \frac{1}{2^2 m^2} \sec' x \sin 2mx + \frac{1}{2^3 m^3} \sec'' x \cos 2mx - \frac{k}{2^3 m^3} (\sec'' x - \sec'' 0)$。

进入这些方程的数 k 不完全相同，在每个方程中，它表示总包含在 1 和 -1 之间的某个量；m 等于级数 $\cos x - \frac{1}{3} \cos 3x + \frac{1}{5} \cos 5x - \cdots - \frac{1}{2m-1} \cos(2m-1)x$ 的项数，这个级数的和由 y 来表示。

188　如果给定数 m，并且无论这个数有多大，我们都可以像我们所希望的那样严格地确定 y 值的可变部分，那么，我们就可以应用这些方程。如果数 m 像假定的那样是无穷的，那么我们只考虑第一个方程；显然，常数后的两项变得愈来愈小；因此，在这种情况下，$2y$ 的精确值是常数 c；这个常数由在 y 值中假定 $x=0$ 而确定，因此我们得到 $\frac{\pi}{4} = \cos x - \frac{1}{3} \cos 3x + \frac{1}{5} \cos 5x - \frac{1}{7} \cos 7x + \frac{1}{9} \cos 9x - \cdots$。

现在容易看出,如果弧 x 小于 $\frac{1}{2}\pi$,则结果必然成立。事实上,当对这个弧赋予与 $\frac{1}{2}\pi$ 挨得像我们所希望的那样近的一个确定值 X 时,我们总可以对 m 给定一个充分大的值,使得使这个级数完整起来的项 $\frac{k}{2m}(\sec x - \sec 0)$ 变得小于任一个量;不过,这个结论的正确性以项 $\sec x$ 不能取超出所有可能界限的值这样一个事实为基础。由此得到,同一推理不能运用于弧 x 不小于 $\frac{1}{2}\pi$ 的情况。

同样的分析可以运用到表示 $\frac{1}{2}x$ 和 $\log\cos x$ 的值的级数上去,用这种方法,我们可以给定变量所应当包含在内的界限,以使分析结果不带任何的不确定性;此外,同样这些问题可以用建立在其他原理之上的另一种方法来处理。[①]

189 一个固体薄片中的固定温度规律的表达式应当以方程 $\frac{\pi}{4} = \cos x - \frac{1}{3}\cos 3x + \frac{1}{5}\cos 5x - \frac{1}{7}\cos 7x + \frac{1}{9}\cos 9x - \cdots$ 的知识为条件,获得这个方程的更简单的方法如下:

如果两个弦的和等于 $\frac{1}{2}\pi$,圆周的四分之一,那么它们的正切的积是 1;因此,一般地,我们有

$$\frac{1}{2}\pi = \arctan u + \arctan \frac{1}{u}; \qquad (b)$$

符号 $\arctan u$ 表示正切为 u 的弧长,给定那个弧的值的级数是已熟知的;因此我们有下述结果:

$$\frac{1}{2}\pi = u + \frac{1}{u} - \frac{1}{3}\left(u^3 + \frac{1}{u^3}\right) + \frac{1}{5}\left(u^5 + \frac{1}{u^5}\right) - \frac{1}{7}\left(u^7 + \frac{1}{u^7}\right) + \frac{1}{9}\left(u^9 + \frac{1}{u^9}\right) - \cdots 。 \quad (c)$$

如果现在我们在方程(b)和方程(c)中用 $e^{x\sqrt{-1}}$ 来代替 u,则我们有 $\frac{1}{2}\pi = \text{arc tan} e^{x\sqrt{-1} + \text{arc tan} e^{-x\sqrt{-1}}}$,和 $\frac{1}{4}\pi = \cos x - \frac{1}{3}\cos 3x + \frac{1}{5}\cos 5x - \frac{1}{7}\cos 7x + \frac{1}{9}\cos 9x - \cdots$。

方程(c)的这个级数总是发散的,方程(a)(第 180 目)的级数总是收敛的;它的值是 $\frac{1}{4}\pi$ 或 $-\frac{1}{4}\pi$。

第四节 通 解

190 现在我们可以构造我们所提出的这个问题的全解了;因为,在方程(b)的系数(第 169 目)确定之后,剩下的就只是代入它们而已,我们有

$$\frac{\pi v}{4} = e^{-x}\cos y - \frac{1}{3}e^{-3x}\cos 3y + \frac{1}{5}e^{-5x}\cos 5y - \frac{1}{7}e^{-7x}\cos 7y + \cdots 。 \qquad (\alpha)$$

这个 v 值满足方程 $\dfrac{\mathrm{d}^2 v}{\mathrm{d}x^2} + \dfrac{\mathrm{d}^2 v}{\mathrm{d}y^2} = 0$;当我们对 y 给定一个等于 $\frac{1}{2}\pi$ 或者是 $-\frac{1}{2}\pi$ 的值时,它变成零;最后,当 x 为零,y 包含在 $-\frac{1}{2}\pi$ 到 $+\frac{1}{2}\pi$ 之间时,它等于 1。因此,这个问题的所有物理条件都被满足,无疑,如果我们对这个薄片的每一点都给定方程(α)所确定的温度,同时基底 A 保持温度 1,无穷边 B 和 C 保持温度 0,那么,这个温度系统中就不

---

① 参见德·摩根(De Morgan)的《微积分计算》($Diff. and Int. Calculus$),第 605—609 页。——A. F.

可能发生任何变化。

191　由于方程（α）的右边呈极其收敛的级数形式，所以总容易从数值上来确定其坐标 x 和 y 已知的一点的温度。这个解引出有必要加以注意的各种结果，因为它们也属于这个一般理论。

如果其固定温度被考虑的点 m 离原点 A 很远，那么方程（α）右边的值就很接近于等于 $e^{-x}\cos y$；如果 x 是无穷的，则它简化成这一项。

方程 $v=\dfrac{4}{\pi}e^{-x}\cos y$ 也表示一旦形成便保持不变的这个固体的一个状态；方程 $v=\dfrac{4}{3\pi}e^{-3x}\cos 3y$ 所表示的状态亦如此，一般地，这个级数的每一项都对应着具有这同样性质的一个特殊状态。所有这些局部系统都同时存在于方程（α）所表示的系统之中；它们被叠加，热运动相对于它们的每一个而发生，就像它们单独存在一样。在与这些项的任一个相对应的状态中，基底 A 的点的固定温度都互不相同，这是未满足这个问题的唯一条件；但是，由所有这些项的和所产生的一般状态则满足这个特殊条件。

随着我们考虑其温度的点离原点愈远，热运动就愈不复杂；因为只要距离 x 充分地大，级数的每一项相对于它前面的项就非常地小，因此，对于受热薄片离原点愈来愈远的那些部分，薄片的状态就明显地由前三项，或者前两项，或者是仅仅由第一项来表示。

纵坐标计量固定温度 v 的这个曲面，由许多特殊面的纵坐标相加而成，这些特殊面的方程是 $\dfrac{\pi v_1}{4}=e^{-x}\cos y$，$\dfrac{\pi v_2}{4}=-\dfrac{1}{3}e^{-3x}\cos 3y$，$\dfrac{\pi v_3}{4}=\dfrac{1}{5}e^{-5x}\cos 5y,\cdots$。

当 x 无穷时，这些方程的第一个与这个一般曲面重合，它们有一个公共的渐近面。

如果把它们纵坐标的差 $v-v_1$ 看作是一个曲面的纵坐标，那么当 x 无穷时，这个面就与方程为 $\dfrac{1}{4}\pi v_2=-\dfrac{1}{3}e^{-3x}\cos 3y$ 的面重合。这个级数的所有其他项都产生类似的结果。

如果在原点的截面不是像在实际假定中的那样由平行于 y 轴的直线围成，而是由两个对称的部分所组成的任一图形，那么我们会再次得到同样的结果。因此显然，特殊值 $ae^{-x}\cos y,be^{-3x}\cos 3y,ce^{-5x}\cos 5y,\cdots$ 在这个物理问题中自有它们的来源，并且与热现象有一种必然的联系。它们每一个都表示一个简单的模型，在两个无穷边保持恒温不变的一个矩形薄片中，热按照这种简单模型而形成和传导。这个一般温度系统总是由许多简单系统复合而成，对于它们的和的表达式，只有系数 $a,b,c,d,\cdots$ 是任意的。

192　方程（α）可以用来确定在其基底受热的矩形薄片中的永恒热运动的一切情况。例如，如果要问热源的消耗怎样，即在一个给定的时间内，流过基底 A 并且补偿流进冷物质 B 和 C 中去的热量的这个热量是多少；那么我们应当认为垂直于 y 轴的热流量由 $-K\dfrac{\mathrm{d}v}{\mathrm{d}x}\mathrm{d}y$ 来表示。因此，在时刻 $\mathrm{d}t$ 内流过该轴的一部分 $\mathrm{d}y$ 的热量是 $-K\dfrac{\mathrm{d}v}{\mathrm{d}x}\mathrm{d}y\,\mathrm{d}t$；当温度永恒不变时，单位时间内的总热流量是 $-K\dfrac{\mathrm{d}v}{\mathrm{d}x}\mathrm{d}y$。为了确定经过基底的总热量，我们应当在 $y=-\dfrac{1}{2}\pi$ 和 $y=+\dfrac{1}{2}\pi$ 的界限内对这个表达式积分，或者同样地，应当从 $y=0$ 到 $y=\dfrac{1}{2}$ 积分，并把这个结果翻一倍。量 $\dfrac{\mathrm{d}v}{\mathrm{d}x}$ 是 x 和 y 的一个函数，为了使计算能够适合于与 y 轴重合的基底 A，在这个函数中，应当使 x 等于 0。因此，热源消耗的表达式是 $2\displaystyle\int\left(-K\dfrac{\mathrm{d}v}{\mathrm{d}x}\mathrm{d}y\right)$。这个积分应当从 $y=0$ 取到 $y=\dfrac{1}{2}\pi$，如果在函数 $\dfrac{\mathrm{d}v}{\mathrm{d}x}$ 中，假定 x 不等于 0，而是 $x=x$，那么，积分将是 x 的函数，它表示在单位时间内流过与原点相距 x 的一个横截边的热量。

193   如果我们想确定在单位时间内流过在薄片上所作的平行于边 B 和 C 的一条直线的热量,那么我们运用表达式 $-K\dfrac{\mathrm{d}v}{\mathrm{d}y}$,让它乘以所作的直线的基元 $\mathrm{d}x$,然后在这条直线的给定边界之间对 x 积分;因此,积分 $\int\left(-K\dfrac{\mathrm{d}v}{\mathrm{d}y}\mathrm{d}x\right)$ 表示有多少热流过这整条直线;如果在这个积分之前或者是之后我们使 $y=\dfrac{1}{2}\pi$,则我们就可以确定在单位时间内从这个薄片经过无穷边 C 所逃逸的热量。接着我们可以对最后这个量和热源的消耗进行比较;因为热源必然不断提供流进物质 B 和 C 的热。如果这种补偿不是在每一时刻都存在,那么这个温度系统就是变化的。

194   方程(α)给出 $-K\dfrac{\mathrm{d}v}{\mathrm{d}x}=\dfrac{4K}{\pi}\left(\mathrm{e}^{-x}\cos y-\mathrm{e}^{-3x}\cos3y+\mathrm{e}^{-5x}\cos5y-\mathrm{e}^{-7x}\cos7y+\cdots\right)$;乘以 $\mathrm{d}y$,并从 $y=0$ 积分,我们有 $\dfrac{4K}{\pi}\left(\mathrm{e}^{-x}\sin y-\dfrac{1}{3}\mathrm{e}^{-3x}\sin3y+\dfrac{1}{5}\mathrm{e}^{-5x}\sin5y-\dfrac{1}{7}\mathrm{e}^{-7x}\sin7y+\cdots\right)$。

如果令 $y=\dfrac{1}{2}\pi$,并且使这个积分翻一倍,则我们得到 $\dfrac{8K}{\pi}\left(\mathrm{e}^{-x}+\dfrac{1}{3}\mathrm{e}^{-3x}+\dfrac{1}{5}\mathrm{e}^{-5x}+\dfrac{1}{7}\mathrm{e}^{-7x}+\cdots\right)$,它是在单位时间内经过与基底平行并且与基底相距 x 的一条直线的热量表达式。

我们从方程(α)还可以推出 $-K\dfrac{\mathrm{d}v}{\mathrm{d}y}=\dfrac{4K}{\pi}\left(\mathrm{e}^{-x}\sin y-\mathrm{e}^{-3x}\sin3y+\mathrm{e}^{-5x}\sin5y-\mathrm{e}^{-7x}\sin7y+\cdots\right)$;因此,从 $x=0$ 所取的积分 $\int-K\left(\dfrac{\mathrm{d}v}{\mathrm{d}y}\right)\mathrm{d}x$ 等于 $\dfrac{4K}{\pi}\left[(1-\mathrm{e}^{-x})\sin y-\dfrac{1}{3}(1-\mathrm{e}^{-3x})\sin3y+\dfrac{1}{5}(1-\mathrm{e}^{-5x})\sin5y-\dfrac{1}{7}(1-\mathrm{e}^{-7x})\sin7y+\cdots\right]$。*

如果从 x 为无穷时它所取的值中减去这个量,则我们得到 $\dfrac{4K}{\pi}\left(\mathrm{e}^{-x}\sin y-\dfrac{1}{3}\mathrm{e}^{-3x}\sin3y+\dfrac{1}{5}\mathrm{e}^{-5x}\sin5y-\cdots\right)$;并且,一旦使 $y=\dfrac{1}{2}\pi$,我们就有经过从与原点距离 x 的点一直到这个薄片的终点的无穷边 C 的总热量的表达式,即 $\dfrac{4K}{\pi}\left(\mathrm{e}^{-x}+\dfrac{1}{3}\mathrm{e}^{-3x}+\dfrac{1}{5}\mathrm{e}^{-5x}+\dfrac{1}{7}\mathrm{e}^{-7x}+\cdots\right)$,显然,它等于同时通过这个薄片上在与原点距离 x 处所作的这条横截线的热量的一半。我们已经注意到,这个结果是这个问题的条件的一个必然推论;如果它不成立,那么这个薄片位于这条横截线以外并且无限延伸的部分,就不能通过它的基底得到等于通过它的两边所失去的热量;因此它不可能保持自己的状态,这与假定矛盾。

195   至于热源的消耗,我们由在前一表达式中假定 $x=0$ 而得到;因此它呈一个无穷值的形式,如果注意到,根据假定,直线 A 的每一点的温度都取 1 并且保持 1,那么其原因就是显然的:与这个基底很近的平行线也有与 1 相差无几的温度;因此,所有毗邻的冷物质 B 和 C 的这些直线的端点向它们所传导的热量比温度下降为连续的和难以察觉的时候要大得多。在薄片开始的这一部分中,在接近 B 或者是 C 的这些端点处,存在一个热瀑(a cataract of heat),或是说一个无穷热流。在距离 x 变得明显时,这个结果不成立。

196   基底的长曾用 π 来表示。如果我们对它给定任一值 $2l$,我们则应当用 $\dfrac{1}{2}\pi\dfrac{y}{l}$ 来代替 y,也用 $\dfrac{\pi}{2l}$ 乘 x 的值时,我们则应当用 $\dfrac{1}{2}\pi\dfrac{x}{l}$ 来代替 x。用 A 表示基底的恒温,我

---

*　在英文版中,此式中的各项没有 $\dfrac{1}{3}$,$\dfrac{1}{5}$,$\dfrac{1}{7}$,$\cdots$ 这些系数,此处是根据法文《文集》本添加的。——汉译者

们则应当用 $\dfrac{v}{A}$ 代替 v。在方程（α）中作这些代换后，我们有

$$v = \frac{4A}{\pi}\left(\mathrm{e}^{-\frac{\pi x}{2l}}\cos\frac{\pi y}{2l} - \frac{1}{3}\mathrm{e}^{-\frac{3\pi x}{2l}}\cos3\,\frac{\pi y}{2l} + \frac{1}{5}\mathrm{e}^{-\frac{5\pi x}{2l}}\cos5\,\frac{\pi y}{2l} - \frac{1}{7}\mathrm{e}^{-\frac{7\pi x}{2l}}\cos7\,\frac{\pi y}{2l} + \cdots\right)。\quad (\beta)$$

这个方程精确地表示包含在两个冰块 B 和 C 和一个恒定热源之间的一个无穷矩形棱柱中的永恒温度系统。

197　我们由这个方程或者是从第 171 目容易看到，热在这个固体中以与原点愈来愈分开、同时指向无穷面 B 和 C 的方式传导。与基底截面平行的每个截面由在每一时刻恢复到同一强度的一个热波（a wave of heat）所横切；其强度随截面与原点变得愈远而愈弱。与此类似的运动相对于与两个无穷面平行的任一平面而发生；每一个这样的平面由把它的热传到两侧物质的一个恒波（a constant wave）所横切。

如果我们不是非得要阐明一个有必要确定其原理的全新理论，那么包含在前几目中的推导就不必要了。为此，我们增加下述注记。

198　方程（α）的每一项只对应于可存在于底部受热、两个无穷边保持一恒温的矩形薄片中的一个特殊温度系统。因此，当基底的点有由 $\cos y$ 所表示的固定温度时，方程 $v = \mathrm{e}^{-x}\cos y$ 就表示这些永恒温度。现在我们设想这个受热薄片是在所有方向上都无限延伸的一个薄片的一部分，用 x 和 y 来表示这个平面任一点的坐标，用 v 来表示该点的温度，我们可对这整个平面运用方程 $v = \mathrm{e}^{-x}\cos y$；由此，边 B 和 C 得到恒温 0；但是邻接部分 BB 和 CC 的温度则不同；它们得到并保持更低的温度。基底 A 在每一点有由 $\cos y$ 所表示的永恒温度，邻接部分 AA 有更高的温度。如果我们作其纵坐标等于这个平面每一点的永恒温度的一个曲面，并且如果它被经过直线 A 或者是与直线 A 平行的一个垂直平面所截，那么截线形式就是一条三角曲线的形式，它的纵坐标表示这个无穷的和周期的余弦级数。如果该曲面被与 x 轴平行的一个垂直平面所截，那么截线形式就是通过其全长的对数曲线的形式。

199　由此可见这一分析怎样满足假定基底温度等于 $\cos y$，两边 B 和 C 的温度等于 0 的这两个条件。在我们表示这两个条件时，我们事实上是在解决下述问题：如果这个受热薄片构成一个无穷平面的一部分，那么，为使这个系统能自永恒，并使这个无穷矩形的固定温度能成为这个假定所给定的温度，这个平面的所有点的温度应当是怎样的？

我们在前一部分中曾经假定某些外因使这个矩形固体的三个面一个保持 1 度，另两个保持 0 度。这种效应可以以不同的方式来表示；不过，适合于这个研究的假定在于把这个棱柱看作是其所有尺寸都为无穷的一个固体的一部分，在于确定包围这个棱柱的物质的温度，因此，我们总可以保持与这个面有关的这两个条件。

200　为了确定在极面 A 保持 1 度，两个无穷边保持 0 度的一个矩形薄片的永恒温度系统，我们可以考虑温度从已知的初始状态到作为这个问题目的的固定状态所经历的变化。因此，我们可以确定这个固体相对于所有时间值的变化状态，然后假定时间值是无穷的。

我们所采用的方法是不同的，它更直接地通向终极状态的表达式，因为它以这个状态的一个独特性质为基础。我们现在要表明，除了我们所表示的解以外，这个问题不可能有其他的解。证明由下述命题得出。

201　如果我们对一个无穷矩形薄片的所有点给定由方程（α）所表示的温度，如果我们在两边保持固定温度 0，同时基底 A 受到使这条直线 A 的所有点都保持固定温度 1 的一个热源的作用；那么，这个固体的状态不可能发生任何变化。事实上，由于方程 $\dfrac{\mathrm{d}^2v}{\mathrm{d}x^2} + \dfrac{\mathrm{d}^2v}{\mathrm{d}y^2} = 0$ 被满足，所以显然（第 170 目），确定每个分子温度的热量既不能增加也不能减少。

在这同一固体的不同点得到由方程（α）或者是 $v = \phi(x,y)$ 所表示的温度后，假定边 A 不是保持 1 度，而是给定和两条直线 B 和 C 一样的固定温度 0，那么保留在薄片 BAC

中的热将流过三条边 A，B，C，由假定，它得不到补充，因此温度将不断降低，它们最后的和公共的值是零。这个结果是显然的，因为，根据建立方程（α）的方法，离原点 A 无穷远的点只有无穷小的温度。

如果这个温度系统不是 $v=\phi(x,y)$，而是 $v=-\phi(x,y)$；则同一作用就在反方向上发生；即所有这些初始负温度不断变化，并且愈来愈趋近于它们的终极值 0，同时三条边 A，B，C 保持 0 度不变。

202　设 $v=f(x,y)$ 是表示这个薄片 BAC 中的这些点的初始温度的一个已知方程，该薄片基底 A 保持 1 度，同时边 B 和 C 保持 0 度。

设 $v=F(x,y)$ 是表示一个固体薄片 BAC 中每一点的初始温度的另一个已知方程，该固体薄片完全与前面的一样，只是它的三条边 B，A，C 都保持 0 度。

假定在第一个固体中，继终极状态之后的变化状态由方程 $v=\phi(x,y,t)$ 来确定，t 表示历经时间，方程 $v=\Phi(x,y,t)$ 确定第二个固体的变化状态，第二个固体的初始温度是 $F(x,y)$。

最后，假定和前两个相同的第三个固体：设 $v=f(x,y)+F(x,y)$ 是表示它初始状态的方程，设基底 A 的恒温是 1，两条边 B 和 C 的恒温均为 0。

我们继而表明，第三个固体的变化状态由方程 $v=\phi(x,y,t)+\Phi(x,y,t)$ 来表示。

事实上，第三个固体的一点 m 的温度是变化的，因为其体积由 M 表示的那个分子得到或者是失去一定的热量 Δ。在时刻 dt 内，温度增量是 $\dfrac{\Delta}{cM}dt$，系数 c 表示相对于体积的比热。同一点的温度变化在第一个固体中是 $\dfrac{d}{cM}dt$，在第二个固体中是 $\dfrac{D}{cM}dt$，字母 d 和 D 表示这个分子因所有相邻分子的作用而得到的或正或负的热量。现在容易看出，Δ 等于 $d+D$。对这一点的证明只需考虑这一点 m 从或者是属于这一薄片的内点、或者是属于围住这一薄片的几条边的另一点 m' 所得到的热量，就够了。

点 m_1 的初始温度由 f_1 来表示，它在时刻 dt 内向分子 m 传送由 $q_1(f_1-f)$ 所表示的热量，因子 q_1 表示这两个分子之间的距离的某个函数。因此，m 所得到的全部热量是 $\sum q_1(f_1-f)dt$，符号 $\sum$ 表示通过考虑作用于 m 的其他点 m_2，m_3，m_4，$\cdots$ 所得到的所有项的和；即用 q_2，f_2，或 q_3，f_3，或 q_4，f_4，$\cdots$ 代替 q_1，f_1。同样，我们会发现 $\sum q_1(F_1-F)$ 是由第二个固体的同一点 m 所得到的全部热量的表达式；因子 q_1 与项 $\sum q_1(f_1-f)$ 中的一样，因为，这两个固体由相同的物质组成，并且点的位置相同，这样，我们有 $d=\sum q_1(f_1-f)dt$ 和 $D=\sum q_1(F_1-F)dt$。由同一原因，我们可以得到 $\Delta=\sum q_1[f_1+F_1-(f+F)]dt$；因此 $\Delta=d+D$ 和 $\dfrac{\Delta}{cM}=\dfrac{d}{cM}+\dfrac{D}{cM}$。

由此得到，第三个固体的分子 m 在时刻 dt 内得到与同一点在前两个固体中所得到的两个增量的和相等的温度增量。因此，在第一时刻末，初始假定仍然成立，因为第三个固体的任一分子都有与在其他两个固体中所有的温度的和相等的温度。因此，这同一关系在每一时刻开始时都存在。即，第三个固体的变化状态总可以由方程 $v=\phi(x,y,t)+\Phi(x,y,t)$ 来表示。

203　前述命题可应用于与均匀的或变化的热运动有关的一切问题。它表明，这个运动总可以分解成几个别的运动，其中每一个都分别起作用，就像它们单独存在一样。这种简单作用的叠加是热理论的基本原理之一。在本研究中，我们正是用一般方程的性质来表示它，并根据热传导原理而推出它的来源的。

现在设 $v=\phi(x,y)$ 是方程（α），它表示在基底 A 受热并且边 B 和 C 保持 0 度不变的固体薄片 BAC 的永恒状态；由假定，这个薄片的初始状态是这样的：除基底 A 的那些点的温度是 1 外,它所有其他点的温度都是 0。这样,我们可以把这个初始状态看作是由两个其他状态所组成的,在这两个状态的第一个中,初始温度是 $-\phi(x,y)$,三条边均保持 0 度,在第二个中,初始温度是 $+\phi(x,y)$,两条边 B 和 C 保持 0 度,基底 A 保持 1 度;这两个状态的叠加等于假定的初始状态。这样,剩下的只需考查在这两个部分状态的每一个中的热运动就够了。现在,在第二个状态中,温度系统不可能经历任何变化;在第一个状态中,我们已经在第 201 目中注意到,温度将连续变化,并且最后以 0 结束。因此,严格意义上的终极状态,是由方程 $v=\phi(x,y)$ 或者是方程(α)所表示的状态。

如果这个状态一开始就形成,那么它将自行存在,并且,它就是我们用以确定这个状态的性质。如果我们假定这个固体薄片处在另一个初始状态中,那么,后一状态与固定状态的差形成一个部分状态,这个部分状态隐隐地消失。经过相当长的时间之后,这个差接近于零,固定温度系统不发生任何变化。因此,变化温度愈来愈收敛于与初始热无关的终极状态。

204 由此我们看到,终极状态是唯一的;因为,若设想第二个终极状态,则第二个和第一个的差则形成一个部分状态,虽然三条边 A,B,C 保持 0 度,但是这一个部分状态仍应是自存的。现在类似地,如果我们假定与从原点 A 所流过的热源无关的另一个热源;那么这个最后效应不可能发生;此外,这个假定不是我们已经处理过的问题的假定,在我们的问题中,初始温度为 0。显然,离原点很远的部分只能得到极小的温度。

由于必须确定的终极状态是唯一的,所以由此得到,所提出的这个问题只有等于方程(α)的解,不可能有别的解。我们可以对这个结果给出另一种形式,不过,我们既不可能扩大也不可能缩小这个解而不改变它的精确性。

我们在本章所阐明的这个方法首先在于得出符合这个问题的几个很简单的特殊值,在于使这个解更一般,从而使 v 或者是 $\phi(x,y)$ 能满足三个条件,即 $\dfrac{\mathrm{d}^2 v}{\mathrm{d}x^2}+\dfrac{\mathrm{d}^2 v}{\mathrm{d}y^2}=0$,$\phi(x,0)=1$,$\phi\left(x,\pm\dfrac{1}{2}\pi\right)=0$。

显然,我们也可以按相反的次序进行,所得到的解必然和前面的一样。我们不打算讨论这些细节,因为一旦得到解,这些细节就很容易补充。我们只在下一节为函数 $\phi(x,y)$ 给出一个值得注意的表达式,函数 $\phi(x,y)$ 的值在方程(α)中以一个收敛级数展开。

第五节 解的结果的有限表达式

205 前述解应当根据方程 $\dfrac{\mathrm{d}^2 v}{\mathrm{d}x^2}+\dfrac{\mathrm{d}^2 v}{\mathrm{d}y^2}=0^*$ 的积分推出,该方程的任意函数符号内包含有虚量。此处我们只注意积分

$$v=\phi\left(x+y\sqrt{-1}\right)+\phi\left(x-y\sqrt{-1}\right) \tag{A}$$

与方程 $\dfrac{\pi v}{4}=\mathrm{e}^{-x}\cos y-\dfrac{1}{3}\mathrm{e}^{3x}\cos 3y+\dfrac{1}{5}\mathrm{e}^{-5x}\cos 5y-\cdots$ 所给定的 v 值有一个明显的关系。

事实上,用余弦的虚式代替余弦,我们有 $\dfrac{\pi v}{2}=\mathrm{e}^{-(x-y\sqrt{-1})}-\dfrac{1}{3}\mathrm{e}^{-3(x-y\sqrt{-1})}+\dfrac{1}{5}\mathrm{e}^{-5(x-y\sqrt{-1})}-\cdots+\mathrm{e}^{-(x+y\sqrt{-1})}-\dfrac{1}{3}\mathrm{e}^{-3(x+y\sqrt{-1})}+\dfrac{1}{5}\mathrm{e}^{-5(x+y\sqrt{-1})}-\cdots$

---

* 格雷戈里从 $v=\cos\left(y\dfrac{\mathrm{d}}{\mathrm{d}x}\right)\phi(x)+\sin\left(y\dfrac{\mathrm{d}}{\mathrm{d}x}\right)\psi(x)$ 的形式得出这个结果。《剑桥数学学报》,第 1 卷,第 105 页。——A.F.

第一个级数是 $x-y\sqrt{-1}$ 的函数，第二个级数是 $x+y\sqrt{-1}$ 的相同函数。

比较这些级数和 z 的正切函数中 arc tan z 的已知展开式，我们立即看到，第一个级数是 arc tan $e^{-(x-y\sqrt{-1})}$，第二个是 arc tan $e^{-(x+y\sqrt{-1})}$；因此，方程（α）有有限形式

$$\frac{\pi v}{2}=\text{arc tan }e^{-(x+y\sqrt{-1})}+\text{arc tan }e^{-(x-y\sqrt{-1})} \text{。} \tag{B}$$

在这个形式中，它与通积分

$$v=\phi\left(x+y\sqrt{-1}\right)+\psi\left(x-y\sqrt{-1}\right) \tag{A}$$

相一致。函数 $\phi(z)$ 是 arc tan e^{-x}，函数 $\psi(z)$ 亦如此。

如果在方程（B）中，我们用 p 表示右边第一项，用 q 表示第二项，那么我们有 $\frac{1}{2}\pi v=p+q$，$\tan p=e^{-(x+y\sqrt{-1})}$，$\tan q=e^{-(x-y\sqrt{-1})}$；因此 $\tan(p+q)=\dfrac{\tan p+\tan q}{1-\tan p\tan q}=\dfrac{2e^{-x}\cos y}{1-e^{-2x}}=\dfrac{2\cos y}{e^x-e^{-x}}$；这样，我们推出方程

$$\frac{1}{2}\pi v=\text{arc tan}\left(\frac{2\cos y}{e^x-e^{-x}}\right)\text{。} \tag{C}$$

这是我们可以据以表述该问题的解的最简形式。

206　v 或 $\phi(x,y)$ 的这个值满足与固体边界有关的条件，即 $\phi\left(x,\pm\frac{1}{2}\pi\right)=0$ 和 $\phi(0,y)=1$；它也满足一般方程 $\dfrac{d^2v}{dx^2}+\dfrac{d^2v}{dy^2}=0$，因为方程（C）是方程（B）的一个变换。因此它严格表示这个永恒的温度系统；由于那个状态是唯一的，所以，不可能有更一般或更严格的任何其他的解。

当未知数 v,x,y 中有两个是已知的时，由表，方程（C）提供另一个未知数的值；它非常清楚地指明其纵坐标是这个固体薄片一个已知点的永恒温度的那个曲面的性质。最后，我们由这同一方程得到计量热在两个垂直方向上所流过的速度的微分系数 $\dfrac{dv}{dx}$ 和 $\dfrac{dv}{dy}$ 的值，我们因而知道在任何其他方向的热流量的值。

因此，这两个系数被表示成* $\dfrac{dv}{dx}=-\dfrac{4}{\pi}\cos y\left(\dfrac{e^x+e^{-x}}{e^{2x}+2\cos 2y+e^{-2x}}\right)$，$\dfrac{dv}{dy}=-\dfrac{4}{\pi}\sin y\left(\dfrac{e^x-e^{-x}}{e^{2x}+2\cos 2y+e^{-2x}}\right)$。

我们可以注意到，在第 194 目中，$\dfrac{dv}{dx}$ 的值，以及 $\dfrac{dv}{dy}$ 的值，是由无穷级数给出的，用虚数幂代替三角函数的值，我们很容易得到这些级数的和。

我们现在所处理的这个问题，是我们在热的理论中，或更准确地说，在需要运用分析的这个理论的那部分中所解决的第一个问题。不管我们是利用三角函数表，还是利用收敛级数，它都提供很简单的数值应用，它严格表示热运动的一切情况。我们现在转到更一般的考虑上来。

---

* 在英文本中，下面两式右边的系数不是 $-\dfrac{4}{\pi}$，而是 -2，此处依法文《文集》本改定。——汉译者

第六节　任意函数的三角级数展开

207　矩形固体中的热传导问题已经导出方程 $\dfrac{\mathrm{d}^2 v}{\mathrm{d}x^2} + \dfrac{\mathrm{d}^2 v}{\mathrm{d}y^2} = 0$；如果假定这个固体的某个面的所有点有相同的温度，那么我们应当确定级数 $a\cos x + b\cos 3x + c\cos 5x + d\cos 7x + \cdots$ 的系数 $a, b, c, d, \cdots$，从而使得只要弧 x 包含在 $-\dfrac{1}{2}\pi$ 到 $+\dfrac{1}{2}\pi$ 之间，这个函数的值就等于一个常数。虽然我们刚才已经给出这些系数的值；但是在这当中我们只处理了一个更一般的问题的一个个别情况，这个更一般的问题在于以多重弧的正弦或余弦的无穷级数来展开任意一个函数。该问题与偏微分方程理论相联系，并且，自那种分析产生以来，人们就一直试图解决它。为了对热传导方程进行适当积分，我们有必要解决这个问题。我们现在开始解释这个解。

首先，我们考虑需要把其展开式只含变量奇数幂的函数化成一个多重弧的正弦级数的情况。用 $\phi(x)$ 表示这样一个函数，我们则设置方程 $\phi(x) = a\sin x + b\sin 2x + c\sin 3x + d\sin 4x + \cdots$，在这个方程中，需要确定系数 $a, b, c, d, \cdots$ 的值。我们先把方程写成 $\phi(x) = x\phi'(0) + \dfrac{x^2}{2!}\phi''(0) + \dfrac{x^3}{3!}\phi'''(0) + \dfrac{x^4}{4!}\phi^{\mathrm{IV}}(0) + \dfrac{x^5}{5!}\phi^{\mathrm{V}}(0) + \cdots$，其中 $\phi'(0), \phi''(0), \phi'''(0), \phi^{\mathrm{iv}}(0), \cdots$ 表示系数 $\dfrac{\mathrm{d}\phi(x)}{\mathrm{d}x}, \dfrac{\mathrm{d}^2\phi(x)}{\mathrm{d}x^2}, \dfrac{\mathrm{d}^3\phi(x)}{\mathrm{d}x^3}, \dfrac{\mathrm{d}^4\phi(x)}{\mathrm{d}x^4}, \cdots$ 在我们假定其中 $x = 0$ 时所取的值。因此，根据 x 的幂，用方程 $\phi(x) = Ax - B\dfrac{x^3}{3!} + C\dfrac{x^5}{5!} - D\dfrac{x^7}{7!} + E\dfrac{x^9}{9!} \cdots$ 来表示这个展开式，我们有

$$
\begin{array}{ll}
\phi(0) = 0, & \phi'(0) = A, \\
\phi''(0) = 0, & \phi'''(0) = -B, \\
\phi^{\mathrm{IV}}(0) = 0, \quad \text{和} & \phi^{\mathrm{V}}(0) = C, \\
\phi^{\mathrm{VI}}(0) = 0, & \phi^{\mathrm{VII}}(0) = -D, \\
\quad\vdots & \quad\vdots
\end{array}
$$

如果我们现在在比较前述方程和方程 $\phi(x) = a\sin x + b\sin 2x + c\sin 3x + d\sin 4x + e\sin 5x + \cdots$，那么，以 x 的幂展开右边，我们有方程

$$
\begin{array}{l}
A = a + 2b + 3c + 4d + 5e + \cdots \\
B = a + 2^3 b + 3^3 c + 4^3 d + 5^3 e + \cdots \\
C = a + 2^5 b + 3^5 c + 4^5 d + 5^5 e + \cdots \\
D = a + 2^7 b + 3^7 c + 4^7 d + 5^7 e + \cdots \\
E = a + 2^9 b + 3^9 c + 4^9 d + 5^9 e + \cdots
\end{array}
\qquad (a)
$$

这些方程用来求出数目无穷的系数 $a, b, c, d, e, \cdots$。为了确定它们，我们首先把未知数的数目看作是有限的，并且等于 m；因此，我们删去前 m 个方程之后的所有方程，并且从每个方程中略去右边我们保留的前 m 项之后的所有项。由于总数 m 被给定，所以系数 $a, b, c, d, e, \cdots$ 已经固定了由消元所能得到的那些值。如果方程和未知数的数目一个一个地增大，那么同一个量可以得到不同的值。因此，这些系数的值随我们增加应该确定它们的系数和未知数的数目而变化。我们需要求出在方程的数目增加时，未知数的值所不断收敛的极限。这些极限是满足前面那些方程的未知数在其数目无限时的真正的值。

208　这样，我们依次考虑这样一些情况，在这些情况中，我们不得不用一个方程确定一个未知数，用两个方程确定两个未知数，用三个方程确定三个未知数，以此类推，以至无穷。

与系数的值必定从中导出的那些方程类似,假定我们把不同的方程组表示如下:

$$a_1 = A_1,$$

$$\begin{cases} a_2 + 2b_2 = A_2, \\ a_2 + 2^3 b_2 = B_2, \end{cases}$$

$$\begin{cases} a_3 + 2b_3 + 3c_3 = A_3, \\ a_3 + 2^3 b_3 + 3^3 c_3 = B_3, \\ a_3 + 2^5 b_3 + 3^5 c_3 = C_3, \end{cases}$$

$$\begin{cases} a_4 + 2b_4 + 3c_4 + 4d_4 = A_4, \\ a_4 + 2^3 b_4 + 3^3 c_4 + 4^3 d_4 = B_4, \\ a_4 + 2^5 b_4 + 3^5 c_4 + 4^5 d_4 = C_4, \\ a_4 + 2^7 b_4 + 3^7 c_4 + 4^7 d_4 = D_4, \end{cases}$$ (b)

$$\begin{cases} a_5 + 2b_5 + 3c_5 + 4d_5 + 5e_5 = A_5, \\ a_5 + 2^3 b_5 + 3^3 c_5 + 4^3 d_5 + 5^3 e_5 = B_5, \\ a_5 + 2^5 b_5 + 3^5 c_5 + 4^5 d_5 + 5^5 e_5 = C_5, \\ a_5 + 2^7 b_5 + 3^7 c_5 + 4^7 d_5 + 5^7 e_5 = D_5, \\ a_5 + 2^9 b_5 + 3^9 c_5 + 4^9 d_5 + 5^9 e_5 = E_5, \end{cases}$$

$$\cdots\cdots\cdots\cdots\cdots\cdots$$

如果现在我们用包含 $A_5, B_5, C_5, D_5, E_5, \cdots$ 的五个方程消去最后的未知数 e_5,那么我们得到

$$a_5(5^2 - 1^2) + 2b_5(5^2 - 2^2) + 3c_5(5^2 - 3^2)$$
$$+ 4d_5(5^2 - 4^2) = 5^2 A_5 - B_5,$$

$$a_5(5^2 - 1^2) + 2^3 b_5(5^2 - 2^2) + 3^3 c_5(5^2 - 3^2)$$
$$+ 4^3 d_5(5^2 - 4^2) = 5^2 B_5 - C_5,$$

$$a_5(5^2 - 1^2) + 2^5 b_5(5^2 - 2^2) + 3^5 c_5(5^2 - 3^2)$$
$$+ 4^5 d_5(5^2 - 4^2) = 5^2 C_5 - D_5,$$

$$a_5(5^2 - 1^2) + 2^7 b_5(5^2 - 2^2) + 3^7 c_5(5^2 - 3^2)$$
$$+ 4^7 d_5(5^2 - 4^2) = 5^2 D_5 - E_5。$$

在前面由四个方程组成的方程组中,

$$
\begin{array}{ccc}
(5^2 - 1^2)a_5 & & a_4, \\
(5^2 - 2^2)b_5 & & b_4, \\
(5^2 - 3^2)c_5 & \text{代替} & c_4, \\
(5^2 - 4^2)d_5 & & d_4,
\end{array}
$$

并且用

$$
\begin{array}{ccc}
5^2 A_5 - B_5 & & A_4, \\
5^2 B_5 - C_5 & & B_4, \\
5^2 C_5 - D_5 & \text{代替} & C_4, \\
5^2 D_5 - E_5 & & D_4,
\end{array}
$$

我们就可以从中推导出上面这四个方程。

由类似的代换,我们总可以从对应于 m 个未知数的情况过渡到对应于 $m+1$ 个未知数的情况。依次写出对应于这些情况中某一种的各个量之间的所有关系,和对应于随后那种情况的各个量之间的所有关系,我们就有

$$\begin{cases} a_1 = a_2(2^2 - 1), \\ a_2 = a_3(3^2 - 1), b_2 = b_3(3^2 - 2^2), \\ a_3 = a_4(4^2 - 1), b_3 = b_4(4^2 - 2^2), c_3 = c_4(4^2 - 3^2), \\ a_4 = a_5(5^2 - 1), b_4 = b_5(5^2 - 2^2), c_4 = c_5(5^2 - 3^2), \\ \qquad\qquad\qquad\qquad\qquad d_4 = d_5(5^2 - 4^2), \\ a_5 = a_6(6^2 - 1), b_5 = b_6(6^2 - 2^2), c_5 = c_6(6^2 - 3^2), \\ \qquad\qquad\qquad d_5 = d_6(6^2 - 4^2), e_5 = e_6(6^2 - 5^2), \\ \cdots\cdots\cdots\cdots, \cdots\cdots\cdots\cdots\cdots, \cdots\cdots\cdots\cdots, \end{cases} \tag{c}$$

我们还有

$$\begin{cases} A_1 = 2^2 A_2 - B_2, \\ A_2 = 3^2 A_3 - B_3, B_2 = 3^2 B_3 - C_3, \\ A_3 = 4^2 A_4 - B_4, B_3 = 4^2 B_4 - C_4, C_3 = 4^2 C_4 - D_4, \\ A_4 = 5^2 A_5 - B_5, B_4 = 5^2 B_5 - C_5, C_4 = 5^2 C_5 - D_5, \\ \qquad\qquad\qquad\qquad\qquad D_4 = 5^2 D_5 - E_5, \\ \cdots\cdots\cdots\cdots, \cdots\cdots\cdots\cdots, \cdots\cdots\cdots\cdots, \end{cases} \tag{d}^*$$

由方程(c)我们得到,一旦用 $a, b, c, d, e, \cdots\cdots$ 表示其数目无限的这些未知数,我们就肯定有

$$\begin{cases} a = \dfrac{a_1}{(2^2-1)(3^2-1)(4^2-1)(5^2-1)\cdots}, \\ b = \dfrac{b_2}{(3^2-2^2)(4^2-2^2)(5^2-2^2)(6^2-2^2)\cdots}, \\ c = \dfrac{c_3}{(4^2-3^2)(5^2-3^2)(6^2-3^2)(7^2-3^2)\cdots}, \\ d = \dfrac{d_4}{(5^2-4^2)(6^2-4^2)(7^2-4^2)(8^2-4^2)\cdots}, \\ \cdots\cdots\cdots\cdots\cdots\cdots\cdots\cdots\cdots\cdots\cdots\cdots\cdots\cdots\circ \end{cases} \tag{e}^{**}$$

---

* 在英文版中,方程组(d)中各行中的数没有平方,但英译者在脚注中指出:各行中的数应当平方。这说明原法文版中各数是没有平方的。但是,法文《文集》版中有平方。因此,现直接加上。—— 汉译者

** 法文《文集》本的编者加斯东·达布在此给了一个脚注,他提出了一种方法,来克服分母无穷大的困难:

这些乘积表明这些分母是无穷大的,因而不能引进到这些推理中去。在已经有了很多异议的一种方法中,这就是一个更大的困难。我们通过下述方式可以避免这一困难。

用 $\left(1 - \dfrac{1}{5^2}\right)a_5, \left(1 - \dfrac{2^2}{5^2}\right)b_5, \left(1 - \dfrac{3^2}{5^2}\right)c_5, \left(1 - \dfrac{4^2}{5^2}\right)d_5$ 来代替 a_4, b_4, c_4, d_4,并且用 $A_5 - \dfrac{B_5}{5^2}, B_5 - \dfrac{C_5}{5^2}, C_5 - \dfrac{D_5}{5^2}$,

$D_5 - \dfrac{E_5}{5^2}$ 来代替 A_4, B_4, C_4, D_4,我们就能用前页中的那四个方程推出组成前面那个方程组的那些方程,这时,前页的

$$a_1 = a_2\left(1 - \frac{1}{2^2}\right),$$

$$a_2 = a_3\left(1 - \frac{1}{3^2}\right), b_2 = b_3\left(1 - \frac{2^2}{3^2}\right),$$

那些方程组有下述形式:

$$a_3 = a_4\left(1 - \frac{1}{4^2}\right), b_3 = b_4\left(1 - \frac{2^2}{4^2}\right), c_3 = c_4\left(1 - \frac{3^2}{4^2}\right),$$

$$a_4 = a_5\left(1 - \frac{1}{5^2}\right), b_4 = b_5\left(1 - \frac{2^2}{5^2}\right), c_4 = c_5\left(1 - \frac{3^2}{5^2}\right), d_4 = d_5\left(1 - \frac{4^2}{5^2}\right),$$

$$\cdots\cdots\cdots\cdots, \cdots\cdots\cdots\cdots, \cdots\cdots\cdots\cdots, \cdots\cdots\cdots\cdots,$$

209　这样,剩下的就是确定 a_1 , b_2 , c_3 , d_4 , e_5 ,…的值;第一个由 A_1 进入其中的一个方程来给定;第二个由 A_2 , B_2 进入其中的两个方程给定;第三个由 A_3 , B_3 , C_3 进入其中的三个方程给定;以此类推。由此得到,如果我们知道 A_1 ; A_2 , B_2 ; A_3 , B_3 , C_3 ; A_4 , B_4 , C_4 , D_4 ;…的值,那么,通过解一个方程,我们就不难得到 a_1 ,解两个方程,就得到 a_2 , b_2 ,解三个方程,就得到 a_3 , b_3 , c_3 ,…;在此之后,我们就可以确定 a , b , c , d , e ,…。这样,就需要用方程(d)来计算 A_1 ; A_2 , B_2 ; A_3 , B_3 , C_3 ; A_4 , B_4 , C_4 , D_4 ; A_5 , B_5 , C_5 , D_5 , E_5 ;…的值。第一,我们根据 A_2 和 B_2 得到 A_1 的值;第二,通过两个代换,我们由 A_3 , B_3 , C_3 得到这个 A_1 的值;第三,通过三个代换,我们由 A_4 , B_4 , C_4 , D_4 得到同一个 A_1 的值,…。 A_1 的逐个值是

$$A_1 = A_2 2^2 - B_2 ,$$
$$A_1 = A_3 2^2 \cdot 3^2 - B_3 (2^2 + 3^2) + C_3 ,$$
$$A_1 = A_4 2^2 \cdot 3^2 \cdot 4^2 - B_4 (2^2 \cdot 3^2 + 2^2 \cdot 4^2 + 3^2 \cdot 4^2)$$
$$+ C_4 (2^2 + 3^2 + 4^2) - D_4 ,$$
$$A_1 = A_5 2^2 \cdot 3^2 \cdot 4^2 \cdot 5^2$$
$$- B_5 (2^2 \cdot 3^2 \cdot 4^2 + 2^2 \cdot 3^2 \cdot 5^2 + 2^2 \cdot 4^2 \cdot 5^2 + 3^2 \cdot 4^2 \cdot 5^2)$$
$$+ C_5 (2^2 \cdot 3^2 + 2^2 \cdot 4^2 + 2^2 \cdot 5^2 + 3^2 \cdot 4^2 + 3^2 \cdot 5^2 + 4^2 \cdot 5^2)$$
$$- D_5 (2^2 + 3^2 + 4^2 + 5^2) + E_5 ,$$
$$\cdots\cdots\cdots\cdots\cdots\cdots 。$$

我们已经注意到其中的规律。这些值的最后一个,是我们要确定的值,它包含带有无穷下标的量 A , B , C , D , E ,…,这些量是已知的;它们和进入方程(a)的那些量相同。

把 A_1 的终极值除以无穷积 $2^2 \cdot 3^2 \cdot 4^2 \cdot 5^2 \cdot 6^2 \cdots$,则我们有

（接上页）

我们还有

$$A_1 = A_2 - \frac{B_2}{2^2} ,$$
$$A_2 = A_3 - \frac{B_3}{3^2} , B_2 = B_3 - \frac{C_3}{3^2} ,$$
$$A_3 = A_4 - \frac{B_4}{4^2} , B_3 = B_4 - \frac{C_4}{4^2} , C_3 = C_4 - \frac{D_4}{4^2} ,$$
$$\cdots\cdots\cdots , \cdots\cdots\cdots , \cdots\cdots\cdots$$

因此,

$$a = \cfrac{a_1}{\left(1 - \cfrac{1}{2^2}\right)\left(1 - \cfrac{1}{3^2}\right)\left(1 - \cfrac{1}{4^2}\right)\cdots} ,$$
$$b = \cfrac{b_2}{\left(1 - \cfrac{2^2}{2^3}\right)\left(1 - \cfrac{2^2}{4^2}\right)\left(1 - \cfrac{2^2}{5^2}\right)\cdots} ,$$
$$c = \cfrac{c_3}{\left(1 - \cfrac{3^2}{4^2}\right)\left(1 - \cfrac{3^2}{5^2}\right)\left(1 - \cfrac{3^2}{6^2}\right)\cdots} ,$$
$$\cdots\cdots\cdots\cdots\cdots\cdots ,$$

至于由下一目所给定的不同的 A 值,它们变成 $A_1 = A_2 - \dfrac{B_2}{2^2}$, $A_1 = A_3 - B_3 \left(\dfrac{1}{2^2} + \dfrac{1}{3^2}\right) + \dfrac{c_3}{2^2 \cdot 3^2}$, $A_1 = A_4 - B_4 \left(\dfrac{1}{2^2} + \dfrac{1}{3^2} + \dfrac{1}{4^2}\right) + c_4 \left(\dfrac{1}{3^2 \cdot 4^2} + \dfrac{1}{2^2 \cdot 4^2} + \dfrac{1}{3^2 \cdot 2^2}\right) - \dfrac{D_4}{2^2 \cdot 3^2 \cdot 4^2}$ 。

我们可以对 A_2 , B_2 , A_3 ,…进行同样的运算,因此,这部分的推理是完全重复的。——汉译者

$$A - B\left(\frac{1}{2^2} + \frac{1}{3^2} + \frac{1}{4^2} + \frac{1}{5^2} + \cdots\right)$$

$$+ C\left(\frac{1}{2^2 \cdot 3^2} + \frac{1}{2^2 \cdot 4^2} + \frac{1}{3^2 \cdot 4^2} + \cdots\right)$$

$$- D\left(\frac{1}{2^2 \cdot 3^2 \cdot 4^2} + \frac{1}{2^2 \cdot 3^2 \cdot 5^2} + \frac{1}{3^2 \cdot 4^2 \cdot 5^2} + \cdots\right)$$

$$+ E\left(\frac{1}{2^2 \cdot 3^2 \cdot 4^2 \cdot 5^2} + \frac{1}{2^2 \cdot 3^2 \cdot 4^2 \cdot 6^2} + \cdots\right) + \cdots。$$

这些数值系数是分数 $\frac{1}{1^2}, \frac{1}{2^2}, \frac{1}{3^2}, \frac{1}{5^2}, \frac{1}{6^2}, \cdots$ 在去掉第一个分数 $\frac{1}{1^2}$ 之后的不同组合所形成的积的和。如果我们用 $P_1, Q_1, R_1, S_1, T_1, \cdots$ 来表示这些积的各个和,并且如果我们运用方程(e)的第一个方程和方程(b)的第一个方程,那么,为了表示第一个系数 a 的值,我们有方程 $\dfrac{a(2^2-1)(3^2-1)(4^2-1)(5^2-1)\cdots}{2^2 \cdot 3^2 \cdot 4^2 \cdot 5^2 \cdots} = A - BP_1 + CQ_1 - DR_1 + ES_1 -$ $\cdots$,正如我们在下面将要看到的,现在容易确定量 $P_1, Q_1, R_1, S_1, T_1, \cdots$;因此,第一个系数 a 就完全变成已知数了。

210 我们现在应当继续研究后面的系数 $b, c, d, e, \cdots$,根据方程(e),它们依赖于量 $b_2, c_3, d_4, e_5, \cdots$。为此,我们运用方程(b),第一个方程已经用来求 a_1 的值,后两个给出 b_2 的值,接下去的三个给出 c_3 的值,再后面的四个给出 d_4 的值,$\cdots$。

一旦完成这个计算,通过对这些方程的简单观察,我们就得到 $b_2, c_3, d_4, \cdots$ 的下述结果:

$$2b_2(1^2 - 2^2) = A_2 1^2 - B_2,$$

$$3c_3(1^2 - 3^2)(2^2 - 3^2) = A_3 1^2 \cdot 2^2 - B_3(1^2 + 2^2) + C_3,$$

$$4d_4(1^2 - 4^2)(2^2 - 4^2)(3^2 - 4^2)$$

$$= A_4 1^2 \cdot 2^2 \cdot 3^2 - B_4(1^2 \cdot 2^2 + 1^2 \cdot 3^2 + 2^2 \cdot 3^2)$$

$$+ C_4(1^2 + 2^2 + 3^2) - D_4,$$

$$\cdots\cdots\cdots\cdots\cdots\cdots\cdots\cdots\cdots\cdots\cdots\cdots\cdots\cdots。$$

我们不难看出这些方程所遵循的规律;剩下的只是确定量 $A_2, B_2; A_3, B_3, C_3; A_4, B_4, C_4, D_4, \cdots$。

现在量 A_2, B_2 可以用 A_3, B_3, C_3 来表示,而后者可以用 A_4, B_4, C_4, D_4 表示。为此,只需完成由方程(d)所指明的代换就够了;这逐次的变换简化前面那些方程的右边,以致最后只包含带有无穷下标的 $A, B, C, D, \cdots$,也就是说,只包含进入方程(a)的已知量 $A, B, C, D, \cdots$;这些系数变成可以通过组合 $1, 2, 3, 4, 5$,直至无穷的这些数的平方而得到的不同积。我们只需注意,这些平方的第一个 1^2 不进入 a_1 的值的系数;第二个 2^2 不进入 b_2 的值的系数;第三个 3^2 只从那些用来形成 c_3 的值的系数中略去;依此类推,以至无穷。这样,对于 $b_2, c_3, d_4, e_5, \cdots$ 的值,因而对于 $b, c, d, e, \cdots$ 的值,我们有与我们在上面对第一个系数 a_1 所得到的完全类似的结果。

211 如果现在我们用 $P_2, Q_2, R_2, S_2, \cdots$ 来表示量

$$\frac{1}{1^2} + \frac{1}{3^2} + \frac{1}{4^2} + \frac{1}{5^2} + \cdots,$$

$$\frac{1}{1^2 \cdot 3^2} + \frac{1}{1^2 \cdot 4^2} + \frac{1}{1^2 \cdot 5^2} + \frac{1}{3^2 \cdot 4^2} + \frac{1}{3^2 \cdot 5^2} + \cdots,$$

$$\frac{1}{1^2 \cdot 3^2 \cdot 4^2} + \frac{1}{1^2 \cdot 3^2 \cdot 5^2} + \frac{1}{3^2 \cdot 4^2 \cdot 5^2} + \cdots$$

$$\frac{1}{1^2 \cdot 3^2 \cdot 4^2 \cdot 5^2} + \frac{1}{1^2 \cdot 4^2 \cdot 5^2 \cdot 6^2} + \cdots,$$

$$\cdots\cdots\cdots\cdots\cdots\cdots\cdots\cdots\cdots,$$

这些量由 $\frac{1}{1^2}, \frac{1}{2^2}, \frac{1}{3^2}, \frac{1}{4^2}, \frac{1}{5^2}, \cdots$ 以至无穷的这些分数组合所形成。为了确定 b_2 的值，在这些分数中略去 $\frac{1}{2^2}$，我们就有方程 $2b_2\dfrac{1^2-2^2}{1^2\cdot3^2\cdot4^2\cdot5^2\cdots}=A_2-BP_2+CQ_2-DR_2+ES_2-\cdots$。*

一般地，在 $\frac{1}{1^2}, \frac{1}{2^2}, \frac{1}{3^2}, \frac{1}{4^2}, \frac{1}{5^2}, \cdots$ 以至无穷的所有分数中刚好删去 $\frac{1}{n^2}$ 以后，用 $P_n, Q_n,$ $R_n, S_n, \cdots$ 来表示以组合这些分数所得的积的和；我们通常就有确定量 $a_1, b_2, c_3, d_4, e_5,$ $\cdots$ 的下述方程**：

$$A_1-BP_1+CQ_1-DR_1+ES_1-\cdots$$
$$=a_1\frac{1}{2^2\cdot3^2\cdot4^2\cdot5^2\cdots},$$
$$A_2-BP_2+CQ_2-DR_2+ES_2-\cdots$$
$$=2b_2\frac{(1^2-2^2)}{1^2\cdot3^2\cdot4^2\cdot5^2\cdots},$$
$$A_3-BP_3+CQ_3-DR_3+ES_3-\cdots$$
$$=3c_3\frac{(1^2-3^2)(2^2-3^2)}{1^2\cdot2^2\cdot4^2\cdot5^2\cdot6^2\cdots},$$
$$A_4-BP_4+CQ_4-DR_4+ES_4-\cdots$$
$$=4d_4\frac{(1^2-4^2)(2^2-4^2)(3^2-4^4)}{1^2\cdot2^2\cdot3^2\cdot5^2\cdot6^2\cdots},$$
$$\cdots\cdots\cdots\cdots\cdots\cdots\cdots\cdots\cdots\cdots\cdots。$$

212　如果我们现在考查给出系数 $a, b, c, d, \cdots$ 的值的方程（e），那么我们有下述结果：

$$a\frac{(2^2-1^2)(3^2-1^2)(4^2-1^2)(5^2-1^2)\cdots}{2^2\cdot3^2\cdot4^2\cdot5^2\cdots}$$
$$=A-BP_1+CQ_1-DR_1+ES_1-\cdots,$$
$$2b\frac{(1^2-2^2)(3^2-2^2)(4^2-2^2)(5^2-2^2)\cdots}{1^2\cdot3^2\cdot4^2\cdot5^2\cdots}$$
$$=A-BP_2+CQ_2-DR_2+ES_2-\cdots,$$
$$3c\frac{(1^2-3^2)(2^2-3^2)(4^2-3^2)(5^2-3^2)\cdots}{1^2\cdot2^2\cdot4^2\cdot5^2\cdots}$$
$$=A-BP_3-CQ_3-DR_3+ES_3-\cdots,$$
$$4d\frac{(1^2-4^2)(2^2-4^2)(3^2-4^2)(5^2-4^2)\cdots}{1^2\cdot2^2\cdot3^2\cdot5^2\cdots}$$
$$=A-BP_4+CQ_4-DR_4+ES_4-\cdots,$$
$$\cdots\cdots\cdots\cdots\cdots\cdots\cdots\cdots\cdots\cdots\cdots。$$

注意，为了使分子和分母各自的两个自然数序列完整无缺所需要的那些因子，我们会看到，第一个方程中的分式约简为 $\frac{1}{1}\cdot\frac{1}{2}$；第二个方程中的分式约简为 $-\frac{2}{2}\cdot\frac{2}{4}$；第三个中的，约简为 $\frac{3}{3}\cdot\frac{3}{6}$，第四个中，$-\frac{4}{4}\cdot\frac{4}{8}$；因此，乘以 $a, 2b, 3c, 4d, \cdots$ 的这些积，交替地是 $\frac{1}{2}$ 和 $-\frac{1}{2}$。这样，只需要求 $P_1, Q_1, R_1, S_1; P_2, Q_2, R_2, S_2; P_3, Q_3, R_3, S_3; \cdots$ 的值就够了。

----

* 此式中的 A_2，在英译本中是"A"，此处根据法文《全集》本修改。——汉译者

** 在英译本中，这些方程的左边第一项，在英译本中，都是"A"，此处根据法文《文集》本校订。——汉译者

为了得到这些值，我们可以注意，我们能使这些值随量 $P,Q,R,S,T,\cdots$ 的值而定，量 $P,Q,R,S,T,\cdots$ 表示可由分数 $\frac{1}{1^2},\frac{1}{2^2},\frac{1}{3^2},\frac{1}{4^2},\frac{1}{5^2},\frac{1}{6^2}\cdots$ 不删去任何一个而组成的不同的积。

对于上面这些积，它们的值由表示正弦展开式的级数给出。因此我们用 $P,Q,R,S,\cdots$ 表示级数

$$\frac{1}{1^2}+\frac{1}{2^2}+\frac{1}{3^2}+\frac{1}{4^2}+\frac{1}{5^2}+\cdots,$$

$$\frac{1}{1^2\cdot2^2}+\frac{1}{1^2\cdot3^2}+\frac{1}{1^2\cdot4^2}+\frac{1}{2^2\cdot3^2}+\frac{1}{2^2\cdot4^2}+\frac{1}{3^2\cdot4^2}+\cdots,$$

$$\frac{1}{1^2\cdot2^2\cdot3^2}+\frac{1}{1^2\cdot2^2\cdot4^2}+\frac{1}{1^2\cdot3^2\cdot4^2}+\frac{1}{2^2\cdot3^2\cdot4^2}+\cdots,$$

$$\frac{1}{1^2\cdot2^2\cdot3^2\cdot4^2}+\frac{1}{2^2\cdot3^2\cdot4^2\cdot5^2}+\frac{1}{1^2\cdot2^2\cdot3^2\cdot5^2}+\cdots。$$

$$\cdots\cdots\cdots\cdots\cdots\cdots\cdots\cdots\cdots\cdots。$$

级数 $\sin x=x-\dfrac{x^3}{3!}+\dfrac{x^5}{5!}-\dfrac{x^7}{7!}+\cdots$ 提供量 $P,Q,R,S,\cdots$ 的值。事实上，由于正弦的值由方程 $\sin x=x\left(1-\dfrac{x^2}{1^2\pi^2}\right)\left(1-\dfrac{x^2}{2^2\pi^2}\right)\left(1-\dfrac{x^2}{3^2\pi^2}\right)\left(1-\dfrac{x^2}{4^2\pi^2}\right)\left(1-\dfrac{x^2}{5^2\pi^2}\right)\cdots$ 来表示，所以我们有 $1-\dfrac{x^2}{3!}+\dfrac{x^4}{5!}-\dfrac{x^6}{7!}+\cdots=\left(1-\dfrac{x^2}{1^2\pi^2}\right)\left(1-\dfrac{x^2}{2^2\pi^2}\right)\left(1-\dfrac{x^2}{3^2\pi^2}\right)\left(1-\dfrac{x^2}{4^2\pi^2}\right)\cdots$。因此我们立即得到 $P=\dfrac{\pi^2}{3!},Q=\dfrac{\pi^4}{5!},R=\dfrac{\pi^6}{7!},S=\dfrac{\pi^8}{9!},\cdots$。

213　现在假定 $P_n,Q_n,R_n,S_n,\cdots$ 表示可以分数 $\dfrac{1}{1^2},\dfrac{1}{2^2},\dfrac{1}{3^2},\dfrac{1}{4^2},\dfrac{1}{5^2},\cdots$ 所形成的不同积的和，$\dfrac{1}{n^2}$ 已从这些分数中去掉，n 为任一整数；我们需要由 $P,Q,R,S,\cdots$ 来确定 $P_n,Q_n,R_n,S_n,\cdots$。如果我们用 $1-qP_n+q^2Q_n-q^3R_n+q^4S_n-\cdots$ 来表示因子 $\left(1-\dfrac{q}{1^2}\right)\left(1-\dfrac{q}{2^2}\right)\left(1-\dfrac{q}{3^2}\right)\left(1-\dfrac{q}{4^2}\right)\cdots$ 的积，在上述因子中只有因子 $\left(1-\dfrac{q}{n^2}\right)$ 被略去；那么由此得到，只要用 $\left(1-\dfrac{q}{n^2}\right)$ 乘量 $1-qP_n+q^2Q_n-q^3R_n+q^4S_n-\cdots$，我们就得到　$1-qP+q^2Q-q^3R+q^4S-\cdots$。

这个比较给出下述关系：$P_n+\dfrac{1}{n^2}=P,Q_n+\dfrac{1}{n^2}P_n=Q,R_n+\dfrac{1}{n^2}Q_n=R,S_n+\dfrac{1}{n^2}R_n=S,\cdots$；或者是

$$P_n=P-\frac{1}{n^2},$$

$$Q_n=Q-\frac{1}{n^2}P+\frac{1}{n^4},$$

$$R_n=R-\frac{1}{n^2}Q+\frac{1}{n^4}P-\frac{1}{n^6},$$

$$S_n=S-\frac{1}{n^2}R+\frac{1}{n^4}Q-\frac{1}{n^6}P+\frac{1}{n^8},$$

$$\cdots\cdots\cdots\cdots\cdots\cdots\cdots\cdots\cdots\cdots$$

运用 P,Q,R,S 等的已知值，并依次取 n 等于 $1,2,3,4,5,\cdots$，我们就有 $P_1,Q_1,R_1,S_1,\cdots$ 的值；$P_2,Q_2,R_2,S_2,\cdots$ 的值；$P_3,Q_3,R_3,S_3,\cdots$ 的值。

214　由上述理论得到：从方程 $a+2b+3c+4d+5e+\cdots=A,a+2^3b+3^3c+4^3d+5^3e+\cdots=B,a+2^5b+3^5c+4^5d+5^5e+\cdots=C,a+2^7b+3^7c+4^7d+5^7e+\cdots=D,a+$

$2^9 b + 3^9 c + 4^9 d + 5^9 e + \cdots = E$，所推出的 $a,b,c,d,e,\cdots$ 的值因而表示成，*

$$\frac{1}{2}a = A - B\left(\frac{\pi^2}{3!} - \frac{1}{1^2}\right) + C\left(\frac{\pi^4}{5!} - \frac{1}{1^2}\frac{\pi^2}{3!} + \frac{1}{1^4}\right)$$

$$- D\left(\frac{\pi^6}{7!} - \frac{1}{1^2}\frac{\pi^4}{5!} + \frac{1}{1^4}\frac{\pi^2}{3!} - \frac{1}{1^6}\right)$$

$$+ E\left(\frac{\pi^8}{9!} - \frac{1}{1^2}\frac{\pi^6}{7!} + \frac{1}{1^4}\frac{\pi^4}{5!} - \frac{1}{1^6}\frac{\pi^2}{3!} + \frac{1}{1^8}\right)$$

$$- \cdots 。$$

$$-\frac{1}{2}2b = A - B\left(\frac{\pi^2}{3!} - \frac{1}{2^2}\right) + C\left(\frac{\pi^4}{5!} - \frac{1}{2^2}\frac{\pi^2}{3!} + \frac{1}{2^4}\right)$$

$$- D\left(\frac{\pi^6}{7!} - \frac{1}{2^2}\frac{\pi^4}{5!} + \frac{1}{2^4}\frac{\pi^2}{3!} - \frac{1}{2^6}\right)$$

$$+ E\left(\frac{\pi^8}{9!} - \frac{1}{2^2}\frac{\pi^6}{7!} + \frac{1}{2^4}\frac{\pi^4}{5!} - \frac{1}{2^6}\frac{\pi^2}{3!} + \frac{1}{2^8}\right)$$

$$- \cdots\cdots\cdots\cdots\cdots\cdots\cdots\cdots\cdots 。$$

$$\frac{1}{2}3c = A - B\left(\frac{\pi^2}{3!} - \frac{1}{3^2}\right) + C\left(\frac{\pi^4}{5!} - \frac{1}{3^2}\frac{\pi^2}{3!} + \frac{1}{3^4}\right)$$

$$- D\left(\frac{\pi^6}{7!} - \frac{1}{3^2}\frac{\pi^4}{5!} + \frac{1}{3^4}\frac{\pi^2}{3!} - \frac{1}{3^6}\right)$$

$$+ E\left(\frac{\pi^8}{9!} - \frac{1}{3^2}\frac{\pi^6}{7!} + \frac{1}{3^4}\frac{\pi^4}{5!} - \frac{1}{3^6}\frac{\pi^2}{3!} + \frac{1}{3^8}\right)$$

$$- \cdots\cdots\cdots\cdots\cdots\cdots\cdots\cdots 。$$

$$-\frac{1}{2}4d = A - B\left(\frac{\pi^2}{3!} - \frac{1}{4^2}\right) + C\left(\frac{\pi^4}{5!} - \frac{1}{4^2}\frac{\pi^2}{3!} + \frac{1}{4^4}\right)$$

$$- D\left(\frac{\pi^6}{7!} - \frac{1}{4^2}\frac{\pi^4}{5!} + \frac{1}{4^4}\frac{\pi^2}{3!} - \frac{1}{4^6}\right)$$

$$+ E\left(\frac{\pi^8}{9!} - \frac{1}{4^2}\frac{\pi^6}{7!} + \frac{1}{4^4}\frac{\pi^4}{5!} - \frac{1}{4^6}\frac{\pi^2}{3!} + \frac{1}{4^8}\right)$$

$$- \cdots\cdots\cdots\cdots\cdots\cdots\cdots\cdots 。$$

215　知道了 $a,b,c,d,e,\cdots$ 的值，我们就可以在所提出的方程

$$\phi(x) = a\sin x + b\sin 2x + c\sin 3x + d\sin 4x + e\sin 5x + \cdots$$

中替换它们，同样，不用量 $A,B,C,D,E,\cdots$，而代之以它们的值 $\phi'(0),\phi'''(0),\phi^{V}(0)$，$\phi^{VII}(0),\phi^{IX}(0),\cdots$，我们就有一般方程

$$\frac{1}{2}\phi(x) = \sin x\left[\phi'(0) + \phi'''(0)\left(\frac{\pi^2}{3!} - \frac{1}{1^2}\right)\right.$$

$$+ \phi^{V}(0)\left(\frac{\pi^4}{5!} - \frac{1}{1^2}\frac{\pi^2}{3!} + \frac{1}{1^4}\right)$$

$$\left. + \phi^{VII}(0)\left(\frac{\pi^6}{7!} - \frac{1}{1^2}\frac{\pi^4}{5!} + \frac{1}{1^4}\frac{\pi^2}{3!} - \frac{1}{1^6}\right) + \cdots\right];$$

---

*　在法文本和英译本中，表示 b 和 d 的方程的右边第三项 c 的系数的第二项中，分子 π^2 都是 π^4，这与这些式子中所体现的规律相悖。傅立叶 1807 年的研究报告以及法文《文集》的相应分子都是 π^2，因而这里以后两个版本改定。——汉译者

$$-\frac{1}{2}\sin2x\left[\phi'(0)+\phi'''(0)\left(\frac{\pi^2}{3!}-\frac{1}{2^2}\right)\right.$$

$$+\phi^{V}(0)\left(\frac{\pi^4}{5!}-\frac{1}{2^2}\frac{\pi^2}{3!}+\frac{1}{2^4}\right)$$

$$\left.+\phi^{VII}(0)\left(\frac{\pi^6}{7!}-\frac{1}{2^2}\frac{\pi^4}{5!}+\frac{1}{2^4}\frac{\pi^2}{3!}-\frac{1}{2^6}\right)+\cdots\right];\qquad\text{(A)}$$

$$+\frac{1}{3}\sin3x\left[\phi'(0)+\phi'''(0)\left(\frac{\pi^2}{3!}-\frac{1}{3^2}\right)\right.$$

$$+\phi^{V}(0)\left(\frac{\pi^4}{5!}-\frac{1}{3^2}\frac{\pi^2}{3!}+\frac{1}{3^4}\right)$$

$$\left.+\phi^{VII}(0)\left(\frac{\pi^6}{7!}-\frac{1}{3^2}\frac{\pi^4}{5!}+\frac{1}{3^4}\frac{\pi^2}{3!}-\frac{1}{3^6}\right)+\cdots\right];$$

$$-\frac{1}{4}\sin4x\left[\phi'(0)+\phi'''(0)\left(\frac{\pi^2}{3!}-\frac{1}{4^2}\right)\right.$$

$$+\phi^{V}(0)\left(\frac{\pi^4}{5!}-\frac{1}{4^2}\frac{\pi^2}{3!}+\frac{1}{4^4}\right)$$

$$\left.+\phi^{VII}(0)\left(\frac{\pi^6}{7!}-\frac{1}{4^2}\frac{\pi^4}{5!}+\frac{1}{4^4}\frac{\pi^2}{3!}-\frac{1}{4^6}\right)+\cdots\right];$$

$$+\cdots\cdots\cdots\cdots\cdots\cdots\cdots$$

利用上述级数,我们可以把其展开式只含变量奇次幂的任一个所提出的函数,化成多重弧的正弦级数。

216 出现的第一种情况是 $\phi(x)=x$ 的情况;于是我们得到 $\phi'(0)=1,\phi'''(0)=0$, $\phi^{V}(0)=0,\cdots$,余者亦同。因此,我们得到曾由欧拉所给出的级数 $\frac{1}{2}x=\sin x-\frac{1}{2}\sin2x+\frac{1}{3}\sin3x-\frac{1}{4}\sin4x+\cdots$。

如果我们假定所提出的函数是 x^3,那么我们有 $\phi'(0)=0,\phi'''(0)=3!,\phi^{V}(0)=0$, $\phi^{VII}(0)=0,\cdots$,它们给出方程 $\frac{1}{2}x^3=\left(\pi^2-\frac{3!}{1^2}\right)\sin x-\left(\pi^2-\frac{3!}{2^2}\right)\frac{1}{2}\sin2x+\left(\pi^2-\frac{3!}{3^2}\right)\frac{1}{3}\sin3x+\cdots$。

从上面那个方程 $\frac{1}{2}x=\sin x-\frac{1}{2}\sin2x+\frac{1}{3}\sin3x-\frac{1}{4}\sin4x+\cdots$。开始,我们可以得到同样的结果。

事实上,用 $\mathrm{d}x$ 乘两边并积分,我们有 $C-\frac{x^2}{4}=\cos x-\frac{1}{2^2}\cos2x+\frac{1}{3^2}\cos3x-\frac{1}{4^2}\cos4x+\cdots$;常数 C 的值是 $1-\frac{1}{2^2}+\frac{1}{3^2}-\frac{1}{4^2}+\frac{1}{5^2}-\cdots$;其和已知为 $\frac{1}{2}\frac{\pi^2}{3!}$ 的一个级数。用 $\mathrm{d}x$ 乘方程 $\frac{1}{2}\frac{\pi^2}{3!}-\frac{x^2}{4}=\cos x-\frac{1}{2^2}\cos2x+\frac{1}{3^2}\cos3x-\cdots$ 的两边并积分,我们有 $\frac{1}{2}\frac{\pi^2 x}{3!}-\frac{1}{2}\frac{\pi^2}{3!}=\sin x-\frac{1}{2^2}\sin2x+\frac{1}{3^2}\sin3x-\cdots$。

如果现在我们不用 x 而用它从方程 $\frac{1}{2}x=\sin x-\frac{1}{2}\sin2x+\frac{1}{3}\sin3x-\frac{1}{4}\sin4x+\cdots$

中所导出的值，那么我们将得到和上面一样的同一个方程，即 $\dfrac{1}{2}\dfrac{x^3}{3!}=\sin x\left(\dfrac{\pi^2}{3!}-\dfrac{1}{1^2}\right)-$

$\dfrac{1}{2}\sin 2x\left(\dfrac{\pi^2}{3!}-\dfrac{1}{2^2}\right)+\dfrac{1}{3}\sin 3x\left(\dfrac{\pi^2}{3!}-\dfrac{1}{3^2}\right)-\cdots$。

用同样的方法，我们可以得到幂 $x^5,x^7,x^9,\cdots$ 的多重弧的级数展开式，一般地，可以得到其展开式只含变量奇次幂的每一个函数的多重弧的级数展开式。

217 我们可以把方程（A）（第 215 目）置于一个现在可以指明的更简单的形式中。首先我们注意到，$\sin x$ 的系数的一部分是级数 $\phi'(0)+\dfrac{\pi^2}{3!}\phi'''(0)+\dfrac{\pi^4}{5!}\phi^{\mathrm{V}}(0)+\dfrac{\pi^6}{7!}\phi^{\mathrm{VII}}(0)+\cdots$，它表示量 $\dfrac{1}{\pi}\phi(\pi)$。事实上，我们一般有 $\phi(x)=\phi(0)+x\phi'(0)+\dfrac{x^2}{2!}\phi''(0)+\dfrac{x^3}{3!}\phi'''(0)+\dfrac{x^4}{4!}\phi^{\mathrm{IV}}(0)+\cdots$。

现在由假定，当函数 $\phi(x)$ 只含奇次幂时，我们一定有 $\phi(0)=0,\phi''(0)=0,\phi^{\mathrm{IV}}(0)=0$，$\cdots$。因此 $\phi(x)=x\phi'(0)+\dfrac{x^3}{3!}\phi'''(0)+\dfrac{x^5}{5!}\phi^{\mathrm{V}}(0)+\cdots$；$\sin x$ 的系数的第二部分通过用 $-\dfrac{1}{1^2}$ 乘级数 $\phi'''(0)+\dfrac{\pi^2}{3!}\phi^{\mathrm{V}}(0)+\dfrac{\pi^4}{5!}\phi^{\mathrm{VII}}(0)+\dfrac{\pi^6}{7!}\phi^{\mathrm{IX}}(0)+\cdots$ 而得到，这个级数的值是 $\dfrac{1}{\pi}\phi''(\pi)$。用这种方法，我们可以确定 $\sin x$ 的系数的不同部分，以及 $\sin 2x,\sin 3x,\sin 4x,\cdots$ 的系数的不同部分。为此，我们可以运用方程：

$$\phi'(0)+\frac{\pi^2}{3!}\phi'''(0)+\frac{\pi^4}{5!}\phi^{\mathrm{V}}(0)+\cdots=\frac{1}{\pi}\phi(\pi);$$

$$\phi'''(0)+\frac{\pi^2}{3!}\phi^{\mathrm{V}}(0)+\frac{\pi^4}{5!}\phi^{\mathrm{VII}}(0)+\cdots=\frac{1}{\pi}\phi''(\pi);$$

$$\phi^{\mathrm{V}}(0)+\frac{\pi^2}{3!}\phi^{\mathrm{VII}}(0)+\frac{\pi^4}{5!}\phi^{\mathrm{IX}}(0)+\cdots=\frac{1}{\pi}\phi^{\mathrm{IV}}(\pi);$$

$$\phi^{\mathrm{VII}}(0)+\frac{\pi^2}{3!}\phi^{\mathrm{IX}}(0)+\frac{\pi^4}{5!}\phi^{\mathrm{XI}}(0)+\cdots=\frac{1}{\pi}\phi^{\mathrm{VI}}(\pi);$$

$$\cdots\cdots\cdots\cdots\cdots\cdots\cdots\cdots\cdots,$$

通过这些化简，方程（A）得到下述形式：

$$\begin{aligned}\frac{1}{2}\pi\phi(x)=&\sin x\left[\phi(\pi)-\frac{1}{1^2}\phi''(\pi)+\frac{1}{1^4}\phi^{\mathrm{IV}}(\pi)-\frac{1}{1^6}\phi^{\mathrm{VI}}(\pi)+\cdots\right]\\ &-\frac{1}{2}\sin 2x\left[\phi(\pi)-\frac{1}{2^2}\phi''(\pi)+\frac{1}{2^4}\phi^{\mathrm{IV}}(\pi)-\frac{1}{2^6}\phi^{\mathrm{VI}}(\pi)+\cdots\right]\\ &+\frac{1}{3}\sin 3x\left[\phi(\pi)-\frac{1}{3^2}\phi''(\pi)+\frac{1}{3^4}\phi^{\mathrm{IV}}(\pi)-\frac{1}{3^6}\phi^{\mathrm{VI}}(\pi)+\cdots\right]\\ &-\frac{1}{4}\sin 4x\left[\phi(\pi)-\frac{1}{4^2}\phi''(\pi)+\frac{1}{4^4}\phi^{\mathrm{IV}}(\pi)-\frac{1}{4^6}\phi^{\mathrm{VI}}(\pi)+\cdots\right]\\ &+\cdots\cdots\cdots\cdots\cdots\cdots\cdots\cdots;\end{aligned}\tag{B}$$

或

$$\begin{aligned}\frac{1}{2}\pi\phi(x)=&\phi(\pi)\left(\sin x-\frac{1}{2}\sin 2x+\frac{1}{3}\sin 3x-\cdots\right)\\ &-\phi''(\pi)\left(\sin x-\frac{1}{2^3}\sin 2x+\frac{1}{3^3}\sin 3x-\cdots\right)\\ &+\phi^{\mathrm{IV}}(\pi)\left(\sin x-\frac{1}{2^5}\sin 2x+\frac{1}{3^5}\sin 3x-\cdots\right)\\ &-\phi^{\mathrm{VI}}(\pi)\left(\sin x-\frac{1}{2^7}\sin 2x+\frac{1}{3^7}\sin 3x-\cdots\right)\\ &+\cdots\cdots\cdots\cdots\cdots\cdots\cdots\cdots。\end{aligned}\tag{C}$$

218 每当我们不得不以多重弧的正弦级数来展开所提出的函数时，我们都可以运用这两个公式的一个或者是另一个。例如,如果所提出的函数是 $e^x - e^{-x}$,它的展开式只含 x 的奇次幂,那么我们将有

$$\frac{1}{2}\pi\frac{e^x - e^{-x}}{e^\pi - e^{-\pi}} = \left(\sin x - \frac{1}{2}\sin 2x + \frac{1}{3}\sin 3x - \cdots\right)$$

$$- \left(\sin x - \frac{1}{2^3}\sin 2x + \frac{1}{3^3}\sin 3x - \cdots\right)$$

$$+ \left(\sin x - \frac{1}{2^5}\sin 2x + \frac{1}{3^5}\sin 3x - \cdots\right)$$

$$- \left(\sin x - \frac{1}{2^7}\sin 2x + \frac{1}{3^7}\sin 3x - \cdots\right)$$

$$+ \cdots\cdots\cdots\cdots\cdots\cdots\cdots\cdots\cdots \, .$$

整理 $\sin x$,$\sin 2x$,$\sin 3x$,$\sin 4x$,$\cdots$ 的系数,并且不用 $\frac{1}{n} - \frac{1}{n^3} + \frac{1}{n^5} - \frac{1}{n^7} + \cdots$,而代之以它的值 $\frac{n}{n^2+1}$,则我们有 $\frac{1}{2}\pi\frac{(e^x - e^{-x})}{e^\pi - e^{-\pi}} = \frac{\sin x}{1 + \frac{1}{1}} - \frac{\sin 2x}{2 + \frac{1}{2}} + \frac{\sin 3x}{1 + \frac{1}{3}} - \cdots$。

我们应当扩展这些应用,并且从中导出几个值得注意的级数。我们选取上面这个例子是因为看来它在几个问题中都与热传导有关。

219　到目前为止,我们一直假定,需要以多重弧的正弦级数展开的函数,可以根据变量 x 的幂所安排的级数来展开,并且假定只有奇次幂进入那个级数。我们可以把这同一结果扩展到任何函数上,甚至扩展到那些不连续的和完全任意的函数上。为了使这个命题清楚地成立,我们应当采用提供上述方程(B)的分析,并考查乘 $\sin x$,$\sin 2x$,$\sin 3x$,$\cdots$ 的系数的性质是什么。用 s 表示当 n 是奇数时乘这个方程中的 $\frac{1}{n}\sin x$,当 n 是偶数时乘 $-\frac{1}{n}\sin nx$ 的那个量,则我们有 $s = \phi(\pi) - \frac{1}{n^2}\phi''(\pi) + \frac{1}{n^4}\phi^{\text{IV}}(\pi) - \frac{1}{n^6}\phi^{\text{VI}}(\pi) + \cdots$。

把 s 看作是 π 的函数,取两次微分,并比较这些结果,我们得到 $s + \frac{1}{n^2}\frac{d^2 s}{d\pi^2} = \phi(\pi)$;这是 s 的上述值应当满足的一个方程。

现在,在方程 $s + \frac{1}{n^2}\frac{d^2 s}{dx^2} = \phi(x)$ 的积分中,把 s 看作是 x 的函数,这个积分就是 $s = a\cos nx + b\sin nx + n\sin nx\int\cos nx\,\phi(x)dx - n\cos nx\int\sin nx\,\phi(x)dx$。如果 n 是一个整数,并且 x 的值等于 π,则我们有 $s = \pm n\int\phi(x)\sin nx\,dx$。当 n 是奇数时,我们应当取正号,当 n 是偶数时,则应当取负号。在对上述微分方程求解之后,我们应当使 x 等于半圆周 π;运用分部积分,同时注意函数 $\phi(x)$ 只含变量 x 的奇数幂,并且从 $x=0$ 到 $x=\pi$ 取积分,则可以用项 $\int\phi(x)\sin nx\,dx$ 的展开式来检验我们的结果。

我们立即得到,这一项等于 $\pm\left(\phi(\pi) - \frac{1}{n^2}\phi''(\pi) + \frac{1}{n^4}\phi^{\text{IV}}(\pi) - \frac{1}{n^6}\phi^{\text{VI}}(\pi) + \frac{1}{n^8}\phi^{\text{VIII}}(\pi) - \cdots\right)$。

如果我们在方程(B)中代入 $\frac{s}{n}$ 的这个值,同时当这个方程的这一项是奇序号时取符号 $+$,当 n 是偶序号时取符号 $-$,那么一般地,对于 $\sin nx$ 的系数,我们有 $\int\phi(x)\sin nx\,dx$;如此,我们得到由下述方程

$$\frac{1}{2}\pi\phi(x) = \sin x\int\sin x\phi(x)dx + \sin 2x\int\sin 2x\phi(x)dx + \cdots + \sin ix\int\sin ix\psi(x)dx + \cdots \quad \text{(D)}$$

所表示的一个非常值得注意的结果,如果我们从 $x=0$ 到 $x=\pi$ 取积分,那么右边将总是

给出函数 $\phi(x)$ 所需要的展开式[①]。

220 我们由此看到,进入方程 $\frac{1}{2}\pi\phi(x) = a\sin x + b\sin 2x + c\sin 3x + d\sin 4x + \cdots$,

以及我们以前由逐次消元所得到的系数 $a,b,c,d,e,f,\cdots$,是由一般项 $\int \sin ix\,\phi(x)\mathrm{d}x$ 所表示的值,i 是其系数所需要的项数。这个注记是重要的,因为它表明即使是完全任意的函数,怎样也能够以多重弧的正弦级数展开。事实上,如果函数 $\phi(x)$ 由横坐标从 $x=0$ 延拓至 $x=\pi$ 的任一曲线的可变纵坐标来表示,如果我们在这个轴的同一部分作一个纵坐标为 $y=\sin x$ 的已知三角曲线,那么我们不难表示任一积分项的值。我们应当假定,对于对应 $\phi(x)$ 的一个值和 $\sin x$ 的一个值的每一个横坐标 x,我们都用第一个值乘第二个值,并且在同一点作一个等于积 $\phi(x)\sin x$ 的纵坐标。通过这种连续运算,我们形成第三条曲线,它的纵坐标是与表示 $\phi(x)$ 的任意曲线的纵坐标成比例地压缩了的这条三角曲线的纵坐标。如此,从 $x=0$ 取到 $x=\pi$ 的这条压缩曲线的面积给出 $\sin x$ 的系数的精确值;并且无论对应于 $\phi(x)$ 的这条已知曲线是怎样的,不管是我们能对它给定一个解析方程,还是它不服从于任何规律,显然,它都总是起到以任一方式压缩这条三角曲线的作用;因此,在一切可能的情况中,这条压缩曲线的面积有一个确定的值,它是函数展开式中 $\sin x$ 的系数的值。后面的系数 b 或者是 $\int \phi(x)\sin 2x\,\mathrm{d}x$ 的情况亦如此。

一般地,为了作系数 $a,b,c,d,\cdots$ 的值的图,我们应当设想,对于 x 轴从 $x=0$ 到 $x=\pi$ 的这同一区间,我们已经作了方程为 $y=\sin x$,$y=\sin 2x$,$y=\sin 3x$,$y=\sin 4x$,$\cdots$ 的曲线;这样,通过用方程为 $y=\phi(x)$ 的一条曲线的对应纵坐标乘所有上述曲线的纵坐标,我们就改变了这些曲线。这些压缩曲线的方程是 $y=\sin x\,\phi(x)$,$y=\sin 2x\,\phi(x)$,$y=\sin 3x\,\phi(x)$,$\cdots$。

从 $x=0$ 取到 $x=\pi$ 的上面这些曲线的面积,是方程 $\frac{1}{2}\pi\phi(x) = a\sin x + b\sin 2x + c\sin 3x + d\sin 4x + \cdots$ 中系数 $a,b,c,d,\cdots$ 的值。

221 通过直接确定方程 $\phi(x) = a_1\sin x + a_2\sin 2x + a_3\sin 3x + \cdots a_j\sin jx + \cdots$ 中的量 $a_1,a_2,a_3\cdots a_j,\cdots$,我们可以检验前面的方程(D)(第 219 目);为此,我们用 $\sin ix\mathrm{d}x$ 乘上一个方程的两边,i 是一个整数,同时取 $x=0$ 到 $x=\pi$ 的积分,这样,我们有 $\int$

$\phi(x)\sin ix\,\mathrm{d}x = a_1\int \sin x\,\sin ix\,\mathrm{d}x + a_2\int \sin 2x\,\sin ix\,\mathrm{d}x + \cdots + a_j\int \sin jx\,\sin ix\,\mathrm{d}x + \cdots$。

现在容易证明,第一,除了项 $a_i\int \sin ix\,\sin ix\,\mathrm{d}x$ 之外,进入右边的所有的积分都取值为 0;第二,$\int \sin ix\,\sin ix\,\mathrm{d}x$ 的值是 $\frac{1}{2}\pi$;因此我们得到 a_i 的值,即 $\frac{2}{\pi}\int \phi(x)\sin ix\,\mathrm{d}x$。

---

① 拉格朗日(Lagrange)已经表明(*Miscellanea Taurinensia*,第三卷,1766 年,第 260—261 页)。由方程

$$y = 2\left(\sum_{r=L}^{r=n} Y_r\sin X_r\ \pi\Delta X\right)\sin x\,\pi + 2\left(\sum_{r=1}^{r=n} Y_r\sin 2X_r\ \pi\Delta X\right)\sin 2x\,\pi + 2\left(\sum_{r=1}^{r=n} Y_r\sin 3X_r\ \pi\Delta X\right)\sin 3x\,\pi + \cdots +$$

$2\left(\sum_{r=1}^{r=n} Y_r\sin nX_r\ \pi\Delta X\right)\sin nx\,\pi$ 所给出的函数 y,对应于 x 的值 $X_1,X_2,X_3,\cdots X_n$,得到值 $Y_1,Y_2,Y_3,\cdots Y_n$,此处 $X_r = \dfrac{r}{n+1}$,$\Delta X = \dfrac{1}{n+1}$。

然而,拉格朗日不作从这个求和公式到由傅立叶所给出的求积公式的变换。

参见黎曼的《数学全集》(*Gesammelte Mathematische Werke*),莱比锡,1876 年,第 218—220 页,他的历史性评论,"论利用三角级数表示函数"(*Ueber die Darstellbarkeit einer Function durch eine Trigonometrische Reihe*)。——A. F.

整个问题被简化成考虑进入右边的那些积分的值,简化成证明前面那两个命题。从 $x=0$ 取到 $x=\pi$ 的积分 $2\int\sin jx\,\sin ix\,\mathrm{d}x$ 等于 $\dfrac{1}{i-j}\sin(i-j)x-\dfrac{1}{i+j}\sin(i+j)x+C$,其中 i 和 j 是整数。

由于这个积分必须从 $x=0$ 开始,所以常数 C 为零,并且,由于数 i 和 j 是整数,所以当 $x=\pi$ 时,这个积分的值就变成零;因此,像 $a_1\int\sin x\,\sin ix\,\mathrm{d}x$,$a_2\int\sin 2x\,\sin ix\,\mathrm{d}x$,$a_3\int\sin 3x\,\sin ix\,\mathrm{d}x$,$\cdots$ 这样的每一项都变成零,并且,每当数 i 和 j 不同时,就出现这个结果。数 i 和 j 相等时的情况则不同,因为简化成的积分 $\dfrac{1}{i-j}\sin(i-j)$ 变成 $\dfrac{0}{0}$,其值为 π。因此我们有 $2\int\sin ix\,\sin ix\,\mathrm{d}x=\pi$;所以我们以一种非常简单的方式得到 a_1,a_2,a_3,$\cdots,a_i,\cdots$ 的值,即,$a_1=\dfrac{2}{\pi}\int\phi(x)\sin x\,\mathrm{d}x$,$a_2=\dfrac{2}{\pi}\int\phi(x)\sin 2x\,\mathrm{d}x$,$a_3=\dfrac{2}{\pi}\int\phi(x)\sin 3x\,\mathrm{d}x$,$\cdots$,$a_i=\dfrac{2}{\pi}\int\phi(x)\sin ix\,\mathrm{d}x$。

代入这些值,我们有 $\dfrac{1}{2}\pi\phi(x)=\sin x\int\phi(x)\sin x\,\mathrm{d}x+\sin 2x\int\phi(x)\sin 2x\,\mathrm{d}x+\cdots+\sin ix\int\phi(x)\sin ix\,\mathrm{d}x+\cdots$。

222 最简单的情况是已知函数对包含在 0 到 π 之间的变量 x 的所有值有一个常数值的情况;在这种情况下,若数 i 是奇数,则积分 $\int\sin ix\,\mathrm{d}x$ 等于 $\dfrac{2}{i}$;若数 i 是偶数,则它等于 0。因此我们推出在前面曾经得到过的方程

$$\frac{1}{4}\pi=\sin x+\frac{1}{3}\sin 3x+\frac{1}{5}\sin 5x+\frac{1}{7}\sin 7x+\cdots。\tag{A}$$

应当注意,当函数 $\phi(x)$ 已经以多重弧的正弦级数展开时,只要变量 x 在 0 到 π 之间,那么级数 $a\sin x+b\sin 2x+c\sin 3x+d\sin 4x+\cdots$ 的值就和函数 $\phi(x)$ 的值相同;但是当 x 的值超过数 π 时,这个性质就一般不成立。

假定需要展开的这个函数是 x,由前述定理,我们有 $\dfrac{1}{2}\pi x=\sin x\int x\sin x\,\mathrm{d}x+\sin 2x\int x\sin 2x\,\mathrm{d}x+\sin 3x\int x\sin 3x\,\mathrm{d}x+\cdots$。

积分 $\displaystyle\int_0^\pi x\sin ix\,\mathrm{d}x$ 等于 $\pm\dfrac{\pi}{i}$;与积分号 $\int$ 有关的指标 0 和 π 表明积分的上下限;当 i 是奇数时,应当取符号 $+$,当 i 是偶数时,取符号 $-$。这样,我们有下述方程

$$\frac{1}{2}x=\sin x-\frac{1}{2}\sin 2x+\frac{1}{3}\sin 3x-\frac{1}{4}\sin 4x+\frac{1}{5}\sin 5x-\cdots。\tag{m}^*$$

223 我们也可以以多重弧的正弦级数展开与只有奇数幂进入其中的那些函数所不同的函数。为了以一个毫无问题的例子说明这种展开式的可能性,我们选择 $\cos x$,这个函数只含 x 的偶次幂,并且可以以下述形式展开:$a\sin x+b\sin 2x+c\sin 3x+d\sin 4x+e\sin 5x+\cdots$,尽管在这个级数中只有变量的奇次幂进入。

事实上,由前述定理,我们有 $\dfrac{1}{2}\pi\cos x=\sin x\int\cos x\,\sin x\,\mathrm{d}x+\sin 2x\int\cos x\,\sin 2x\,\mathrm{d}x$

---

* 这个方程的编号"(m)"是根据法文《文集》本(见勘误表)加上的。—— 汉译者

$+\sin 3x \int \cos x \sin 3x \, dx + \cdots$。当 i 为奇数时，积分 $\int \cos x \sin ix \, dx$ 等于零，当 i 为偶数时，这个积分等于 $\dfrac{2i}{i^2-1}$。依次假定 $i=2,4,6,8,\cdots$，我们有始终都收敛的级数 $\dfrac{1}{4}\pi \cos x =$

$\dfrac{2}{1 \cdot 3}\sin 2x + \dfrac{4}{3 \cdot 5}\sin 4x + \dfrac{6}{5 \cdot 7}\sin 6x + \cdots$；或者是 $\cos x = \dfrac{2}{\pi}\Big[\Big(\dfrac{1}{1}+\dfrac{1}{3}\Big)\sin 2x + \Big(\dfrac{1}{3}+\dfrac{1}{5}\Big)$

$\sin 4x + \Big(\dfrac{1}{5}+\dfrac{1}{7}\Big)\sin 6x + \cdots\Big]$。

这个结果在它以每一个都只含奇次幂的函数级数展示余弦展开式这一方面，是值得注意的。如果在上述方程中使 x 等于 $\dfrac{1}{4}\pi$，那么我们得到 $\dfrac{1}{4}\dfrac{\pi}{\sqrt{2}} = \dfrac{1}{2}\Big(\dfrac{1}{1}+\dfrac{1}{3}-\dfrac{1}{5}-\dfrac{1}{7}+\dfrac{1}{9}+\dfrac{1}{11}-\cdots\Big)$。

这个级数是已知的〔《无穷小分析导论》(*Introd. ad analysin. infinit.*)，第 10 章〕。

224　我们对以多重弧的余弦级数展开的无论怎样的一个函数都可以运用类似的分析。

设 $\phi(x)$ 是其展开式待求的函数，我们可以写

$$\phi(x)=a_0\cos 0x + a_1\cos x + a_2\cos 2x + a_3\cos 3x + \cdots + a_i\cos ix + \cdots。\tag{m}$$

如果用 $\cos jx$ 乘这个方程的两边，并且对右边每一项取从 $x=0$ 到 $x=\pi$ 的积分；那么容易看到，除已经包含 $\cos jx$ 的那一项外，这个积分的值为零。这个观察立即给出系数 a_j；一般地，假定 j 和 i 是整数，我们只需考虑从 $x=0$ 取到 $x=\pi$ 的积分 $\int \cos jx \cos ix \, dx$ 的值就够了。我们有 $\int \cos jx \cos ix \, dx = \dfrac{1}{2(j+i)}\sin(j+i)x + \dfrac{1}{2(j-i)}\sin(j-i)x + c$。

只要 j 和 i 是两个不同的数，那么，从 $x=0$ 取到 $x=\pi$ 的这个积分就显然变为零。当这两个数相等时情况则不同。当弧 x 等于 π 时，最后一项 $\dfrac{1}{2(j-i)}\sin(j-i)x$ 变成 $\dfrac{0}{0}$，其值为 $\dfrac{1}{2}\pi$。这样，如果我们用 $\cos ix$ 乘前述方程（m）的两边，并对它从 0 到 π 取积分，那么我们有 $\int \phi(x)\cos ix \, dx = \dfrac{1}{2}\pi a_i$，表示系数 a_i 的值的一个方程。

为了得到第一个系数 a_0，我们可以注意，在积分 $\dfrac{1}{2(j+i)}\sin(j+i)x + \dfrac{1}{2(j-i)}\sin(j-i)x$ 中，如果 $j=0$ 并且 $i=0$，那么每一项都变成 $\dfrac{0}{0}$，每一项的值都是 $\dfrac{1}{2}\pi$；因此，当两个整数 j 和 i 不同时，从 $x=0$ 取到 $x=\pi$ 的积分 $\int \cos jx \cos ix \, dx$ 为零；当这两个数相等但不等于 0 时，它等于 $\dfrac{1}{2}\pi$；当 j 和 i 的每一个都等于 0 时，它等于 π；因此我们得到下述方程，

$$\dfrac{1}{2}\pi\phi(x) = \dfrac{1}{2}\int_0^\pi \phi(x) \, dx + \cos x \int_0^\pi \phi(x)\cos x \, dx$$

$$+ \cos 2x \int_0^\pi \phi(x)\cos 2x \, dx + \cos 3x \int_0^\pi \phi(x)\cos 3x \, dx + \cdots。\tag{n}①$$

这个定理和前述定理适合于一切可能的函数，无论它们的性质可以由已知的分析方法来表示，还是它们对应于任意作出的曲线。

225　如果所提出的、需要以多重弧的余弦展开的这个函数就是变量 x 本身；那么我们可以记方程 $\dfrac{1}{2}\pi x = a_0 + a_1\cos x + a_2\cos 2x + a_3\cos 3x + \cdots + a_i\cos ix + \cdots$，为了确定任

---

① 与第 222 目中的（A）相似的步骤在此处不成立；我们还看到，在第 177 目中有一个类似的结果。——R. L. E.

意一个系数 a_i，我们有方程 $a_i = \int_0^\pi x \cos ix \, \mathrm{d}x$。当 i 是偶数时，这个积分取值为 0，当 i 是奇数时，它等于 $-\dfrac{2}{i^2}$。同时我们有 $a_0 = \dfrac{1}{4}\pi^2$。因此，我们形成下述级数，

$$x = \frac{1}{2}\pi - 4\frac{\cos x}{\pi} - 4\frac{\cos 3x}{3^2\pi} - 4\frac{\cos 5x}{5^2\pi} - 4\frac{\cos 7x}{7^2\pi} - \cdots 。$$

这里我们可以注意到，我们已经得到 x 的三个不同的展开式，即，$\dfrac{1}{2}x = \sin x - \dfrac{1}{2}\sin 2x + \dfrac{1}{3}\sin 3x - \dfrac{1}{4}\sin 4x + \dfrac{1}{5}\sin 5x - \cdots$，（第 222 目）$\dfrac{1}{2}x = \dfrac{2}{\pi}\sin x - \dfrac{2}{3^2\pi}\sin 3x + \dfrac{2}{5^2\pi}\sin 5x - \cdots$，（第 181 目）$\dfrac{1}{2}x = \dfrac{1}{4}\pi - \dfrac{2}{\pi}\cos x - \dfrac{2}{3^2\pi}\cos 3x - \dfrac{2}{5^2\pi}\cos 5x - \cdots$。

必须注意，$\dfrac{1}{2}x$ 的这三个值不应该看作是相等的；对于 x 的一切可能的值，上面三个展开式只是当变量 x 在 0 到 $\dfrac{1}{2}\pi$ 之间时才有共同的值。这三个级数的作图，以及其纵坐标由它们来表示的这些曲线的比较，表明这些函数的值明显的交错重合和发散。

为了给出函数以多重弧的余弦级数展开的第二个例子，我们选择只含变量奇次幂的函数 $\sin x$，我们可以假定它以下述形式展开：$a + b\cos x + c\cos 2x + d\cos 3x + \cdots$。把一般方程应用到这个特殊情况中，作为所需要的方程，我们得到 $\dfrac{1}{4}\pi\sin x = \dfrac{1}{2} - \dfrac{\cos 2x}{1\cdot 3} - \dfrac{\cos 4x}{3\cdot 5} - \dfrac{\cos 6x}{5\cdot 7} - \cdots$。因此，我们得到只含奇次幂的函数以只有变量的偶次幂进入的余弦级数展开的展开式。如果我们对 x 给定特殊值 $\dfrac{1}{2}\pi$，那么我们得到 $\dfrac{1}{4}\pi = \dfrac{1}{2} + \dfrac{1}{1\cdot 3} - \dfrac{1}{3\cdot 5} + \dfrac{1}{5\cdot 7} - \dfrac{1}{7\cdot 9} + \cdots$。现在，从已知方程，$\dfrac{1}{4}\pi = 1 - \dfrac{1}{3} + \dfrac{1}{5} - \dfrac{1}{7} + \dfrac{1}{9} - \dfrac{1}{11} + \cdots$，我们得到 $\dfrac{1}{8}\pi = \dfrac{1}{1\cdot 3} + \dfrac{1}{5\cdot 7} + \dfrac{1}{9\cdot 11} + \dfrac{1}{13\cdot 15} + \cdots$，和 $\dfrac{1}{8}\pi = \dfrac{1}{2} - \dfrac{1}{3\cdot 5} - \dfrac{1}{7\cdot 9} - \dfrac{1}{11\cdot 13} - \cdots$。

把这两个结果相加，和上面一样，我们有 $\dfrac{1}{4}\pi = \dfrac{1}{2} + \dfrac{1}{1\cdot 3} - \dfrac{1}{3\cdot 5} + \dfrac{1}{5\cdot 7} - \dfrac{1}{7\cdot 9} + \dfrac{1}{9\cdot 11} - \cdots$。

226　由于前面的分析给出了以多重弧的正弦或者是余弦级数展开任一函数的方法，所以，我们不难把它应用到当变量被包含在某个界限内并且有实数值时，或者当变量被包含在其他界限内时，被展开的这个函数有确定的值这样的情况中去。由于这个特殊的情况是在依赖于偏微分方程的物理问题中被提出的，并且以前它是作为不能以多重弧的正弦或者是余弦展开的那些函数的一个例子而被提出的，所以我们停下来考查这种情况。假定我们已经把这种形式的一个函数化为一个级数，当 x 包含在 0 到 α 之间时，该函数的值是常数，当 x 包含在 α 到 π 之间时，该函数的值为 0。我们运用一般方程（D），其中，积分应当从 $x=0$ 取到 $x=\pi$。由于进入积分符号下的 $\phi(x)$ 的值从 $x=\alpha$ 到 $x=\pi$ 等于 0，所以只需从 $x=0$ 到 $x=\alpha$ 取积分就够了。如此，用 h 表示这个函数的常数值，对于这个待求的级数，我们有 $\dfrac{1}{2}\pi\phi(x) = h\left(\dfrac{1-\cos\alpha}{1}\sin x + \dfrac{1-\cos 2\alpha}{2}\sin 2x + \dfrac{1-\cos 3\alpha}{3}\sin 3x + \cdots\right)$。

如果我们取 $h = \dfrac{1}{2}\pi$，并且用 $\operatorname{versin} x$ 表示弧 x 的正矢，那么我们有 $\phi(x) = \operatorname{versin}\alpha \sin x + \dfrac{1}{2}\operatorname{versin}2\alpha \sin 2x + \dfrac{1}{3}\operatorname{versin}3\alpha \sin 3x + \cdots$。①

总是收敛的这个级数是这样一种级数：即如果我们在 0 到 α 之间赋予 x 任一个值，

---

① 任意地处在某个界限内的函数，可以以余弦级数展开的情况，以及可以以正弦级数展开的情况，已由汤姆森（W. Thomson）爵士在一篇签字为 P. Q. R. 的论文"论傅立叶的三角级数中的函数展开式"〔《On Fourier's Expansions of Functions in Trigonometrical Series》，《剑桥数学学报》，第 258—262 页〕中表明。——A. F.

则它的项的和等于 $\frac{1}{2}\pi$；但是如果我们赋予 x 一个大于 α 并且小于 π 的任一个值，则这些项的和等于 0。

在下面这个同样有名的例子中，对于包含在 0 到 α 之间的所有 x 的值，$\phi(x)$ 的值等于 $\sin\frac{\pi x}{\alpha}$，对于 α 到 π 之间的 x 的值，它等于 0。为了得到级数所满足的这个条件，我们运用方程（D）。

这些积分应当从 $x=0$ 取到 $x=\pi$；但是，在所讨论的这个情况中，只需从 $x=0$ 到 $x=\alpha$ 取这些积分就够了，因为在其余的区间里，$\phi(x)$ 的值假定为 0。因此我们得到

$$\phi(x)=2\alpha\left(\frac{\sin\alpha\,\sin x}{\pi^2-\alpha^2}+\frac{\sin2\alpha\,\sin2x}{\pi^2-2^2\alpha^2}+\frac{\sin3\alpha\,\sin3x}{\pi^2-3^2\alpha^2}+\cdots\right)。$$

如果我们假定 α 等于 π，那么除第一项外，这个级数的所有的项都为 0，第一项变为 $\frac{0}{0}$，它的值是 $\sin x$；这样我们有 $\phi(x)=\sin x$。

227　我们可以把同样的分析扩大到这样一种情况中去：由 $\phi(x)$ 所表示的纵坐标原来是由不同部分所组成的一条曲线的纵坐标，这些不同部分有些可能是曲线弧，其余的是直线段。例如，设需要以多重弧的余弦级数来展开的函数值，在从 $x=0$ 到 $x=\frac{1}{2}\pi$ 内是 $\left(\frac{\pi}{2}\right)^2-x^2$，在 $x=\frac{1}{2}\pi$ 到 $x=\pi$ 内是 0。我们将运用一般方程（n），并且，在给定的区间内作积分时，我们得到，当 i 具有 $2n+1$ 的形式时，一般项[①] $\int\left[\left(\frac{\pi}{2}\right)^2-x^2\right]\cos ix\,\mathrm{d}x$ 等于 $(-1)^n\frac{2}{i^3}$，当 i 是一个奇数的两倍时，它等于 $\frac{\pi}{i^2}$，当 i 是一个奇数的四倍时，它等于 $-\frac{\pi}{i^2}$。另一方面，对第一项 $\frac{1}{2}\int\phi(x)\mathrm{d}x$ 的值，我们得到 $\frac{1}{3}\frac{\pi^3}{2^3}$。这样，我们有下面的展开式：$\frac{1}{2}\phi(x)$

$$=\frac{1}{2\cdot3}\left(\frac{\pi}{2}\right)^2+\frac{2}{\pi}\left(\frac{\cos x}{1^3}-\frac{\cos3x}{3^3}+\frac{\cos5x}{5^3}-\frac{\cos7x}{7^3}+\cdots\right)+\frac{\cos2x}{2^2}-\frac{\cos4x}{4^2}+\frac{\cos6x}{6^2}-\cdots。$$

右边由一些抛物线弧和直线段所组成的一条曲线来表示。

228　同样地，我们可以得到表示梯形周线的纵坐标的一个 x 的函数的展开式。假定 $\phi(x)$ 在从 $x=0$ 到 $x=\alpha$ 内等于 x，从 $x=\alpha$ 到 $x=\pi-\alpha$，该函数等于 α，最后，从 $x=\pi-\alpha$ 到 $x=\pi$，则等于 $\pi-\alpha$。为了把它化为多重弧的正弦级数，我们运用一般方程（D）。一般项 $\int\phi(x)\sin ix\,\mathrm{d}x$ 由三个不同的部分组成，对于 $\sin ix$ 的系数，在简化后，当 i 是奇数时，我们有 $\frac{2}{i^2}\sin i\alpha$；但是当 i 是偶数时，这个系数就变成 0。因此，我们得到方程

$$\frac{1}{2}\pi\phi(x)=2\left\{\sin\alpha\,\sin x+\frac{1}{3^2}\sin3\alpha\,\sin3x+\frac{1}{5^2}\sin5\alpha\,\sin5x+\frac{1}{7^2}\sin7\alpha\,\sin7x+\cdots\right\}。\qquad(\lambda)[②]$$

如果我们假定 $\alpha=\frac{1}{2}\pi$，那么，这个梯形就与一个等腰三角形重合，并且，和上面一样，对于

---

①　$\int\left[\left(\frac{\pi}{2}\right)^2-x^2\right]\cos ix\,\mathrm{d}x=\left(\frac{\pi}{2}\right)^2\frac{\sin ix}{i}-\frac{x^2}{i}\sin ix-\frac{2}{i^2}x\cos ix+2\frac{\sin ix}{i^3}$。——R. L. E.

②　傅立叶所给出的这个级数和其他级数的精确性得到汤姆森爵士在第 181 页的脚注所引的那篇论文的支持。——A. F.

这个三角形周线的方程,我们有 $\dfrac{1}{2}\pi\phi(x) = 2\left(\sin x - \dfrac{1}{3^2}\sin3x + \dfrac{1}{5^2}\sin5x - \dfrac{1}{7^2}\sin7x + \cdots\right)$,[①]这是一个无论 x 取什么值,都总是收敛的级数。一般地,我们在展开各种函数时所得到的这些三角级数总是收敛的,不过我们现在还不必在此处证明这一点;因为组成这些级数的项只是给出温度值的级数的项的系数;并且,这些系数受迅速递减的某种指数量的影响,因此,最后的级数是极收敛的。对于那些只有多重弧的正弦和余弦进入其中的级数,尽管它们表示不连续线段的纵坐标,但是我们同样容易证明它们是收敛的。这并不完全由这些项的值连续递减这一事实所决定;因为,这个条件不足以建立一个级数的收敛性。在项数不断增加时,我们所得到的这些值应当愈来愈趋于一个固定的极限,并且应当与它只相差一个比任一给定量都小的量,这才是必需的:这个极限就是这个级数的值。现在,我们可以严格证明所讨论的级数满足最后这个条件。

229　取前面的方程(λ),其中,我们可以赋予 x 任一个值;我们把这个量看作是一个新的纵坐标,它产生下面的结构。

在 x 和 y 平面上(见图 8)作一个其底 $O\pi$ 等于半圆周长,其高为 $\dfrac{1}{2}\pi$ 的矩形;在与底平行的边的中点 m 上,让我们

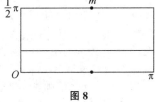

图 8

垂直于矩形平面作一条等于 $\dfrac{1}{2}\pi$ 的直线段,并从这条直线段的顶点向矩形的四个角作直线。这样就形成一个四棱锥。如果我们现在从在这个矩形短边上的点 O 来测定等于 α 的任一线段,并且通过这条线段的端点作一个平行于底 $O\pi$ 并且垂直于矩形平面的平面,那么这个平面和这个固体所共有的截面是一个其高等于 α 的梯形。

正如我们刚才已经看到的,这个梯形的周线的可变纵坐标等于 $\dfrac{4}{\pi}\left(\sin\alpha\sin x + \dfrac{1}{3^2}\sin3\alpha\sin3x\right.$

$\left. + \dfrac{1}{5^2}\sin5\alpha\sin5x + \cdots\right)$。

由此得到,若把我们所形成的这个四棱锥表面上的一点的坐标称为 x,y,z,对于在 $x=0, x=\pi, y=0, y=\dfrac{1}{2}\pi$ 的界限之间的这个多面体的表面的方程,我们有 $\dfrac{1}{2}\pi z =$

$\dfrac{\sin x\ \sin y}{1^2} + \dfrac{\sin3x\ \sin3y}{3^2} + \dfrac{\sin5x\ \sin5y}{5^2} + \cdots$。

这个收敛级数总是给出纵坐标 z 的值,或者从 x 和 y 平面到这个面任一点的距离的值。

因此,由多重弧的正弦或者是余弦所形成的这个级数适合于在确定的界限之间表示所有可能的函数,以及其形状不连续的线和面的纵坐标。不仅这些展开式的可能性已经得到证明,而且计算这个级数的项也不难;在方程 $\phi(x) = a_1\sin x + a_2\sin2x + a_3\sin3x + \cdots a_i\sin ix + \cdots$ 中,任一个系数的值都是一个定积分的值,即 $\dfrac{2}{\pi}\displaystyle\int\phi(x)\sin ix\,dx$。

无论函数 $\phi(x)$ 或者是它所表示的这条曲线的形状如何,这个积分都有一个可以引进这个方程的确定的值。这些定积分的值与在一个给定区间内包含在这条曲线和轴之间的这整个面积 $\displaystyle\int\phi(x)dx$ 的那些值类似,或者是与诸如这个面积的重心或任一固体的重心的纵坐标那样的力学量类似。显然,无论固体的图形是规则的,还是我们赋予它们完全任意的形式,所有这些量都有可以指定的值。

---

① 以 0 到 π 的界限之间的余弦来表示,则为 $\dfrac{1}{2}\pi\phi(x) = \dfrac{\pi^2}{8} - \left(\cos2x + \dfrac{1}{3^2}\cos6x + \dfrac{1}{5^2}\cos10x + \cdots\right)$。参见德·摩根的《微积分计算》,第 622 页。——A. F.

230　如果我们把这些原理运用到振弦运动的问题上去,那么我们就能够解决在丹尼尔·伯努利(Daniel Bernoulli)的研究中首次出现的困难。这位几何学家所给出的解假定任一函数都可以以多重弦的正弦或者是余弦级数展开。现在,这个命题的所有证明中最彻底的,就是旨在实际上把一个给定函数分解成带有确定系数的这样一种级数的证明。

在运用偏微分方程的研究中,常常容易得到其和组成一个更一般的积分的解;但是,这些积分的运用需要我们确定它们的范围,并且能够清楚地把它们表示通解的情况和它们只包含部分解的情况区分开来。特别是必须指定常数,并且,运用的困难在于发现这些系数。值得注意的是,我们能够用收敛级数,并且,正如我们在后面将要看到的,用定积分,来表示不服从于连续规律的线和面的纵坐标[①]。我们由此看到,如果有两个函数,无论它们的变量在包含在两个给定的界限内取任何一个值,这两个函数都有相同的值,即使在这样的两个函数中当用包含在另一个区间中的一个数来代替这个变量时这两个代替的结果是不相同的,那么,我们也仍然应当允许这样的函数进入分析。具有这个性质的函数由不同的线段来表示,这些线段只在它们轨迹的一个确定部分重合,并且提供有限密切(finite osculation)的一个奇异类型。这些考虑产生于偏微分方程的演算;它们对这个演算给予了新的说明,并且有助于它在物理理论中的应用。

231　以多重弧的余弦或者是正弦表示任一函数展开式的这两个一般方程,引出解释这些定理的真实意义和指出其应用的几个注记。

如果在级数 $a + b\cos x + c\cos 2x + d\cos 3x + e\cos 4x + \cdots$ 中,我们取 x 的值为负,那么这个级数保持不变;如果我们用圆周长 2π 的任一倍数来扩大这个变量,它仍然保持它的值。因此,在方程

$$\frac{1}{2}\pi\phi(x) = \frac{1}{2}\int \phi(x)\mathrm{d}x + \cos x \int \phi(x)\cos x\,\mathrm{d}x$$
$$+ \cos 2x \int \phi(x)\cos 2x\,\mathrm{d}x + \cos 3x \int \phi(x)\cos 3x\,\mathrm{d}x + \cdots \quad (\nu)$$

中,函数 ϕ 是周期函数,并且由一条由许多相等的弧所组成的曲线来表示,每一个这样的弧段都对应这个横轴上等于 2π 的一个区间。此外,每一个弧段都由两个对称的分支所组成,这个两分支对应着等于 2π 区间的两个等分。

这样,假定作任一形状的线段 $\phi\phi a$(见图 9),这条线段对应着一个等于 π 的区间。

如果我们要求一个级数具有 $\alpha + b\cos x + c\cos 2x + d\cos 3x + \cdots$ 的形式,使得当用包含在 0 到 π 之间的任一个值 X 来代替 x 时,我们求得这个级数的值为纵坐标 $X\phi$ 的值,那么,这个问题不难解决:

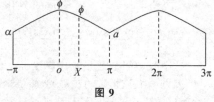

图 9

因为由方程(ν)所给出的系数是 $\dfrac{1}{\pi}\displaystyle\int \phi(x)\mathrm{d}x, \dfrac{2}{\pi}\displaystyle\int \phi(x)\cos 2x\,\mathrm{d}x, \dfrac{3}{\pi}\displaystyle\int \phi(x)\cos 3x\,\mathrm{d}x, \cdots$。

由于从 $x=0$ 取到 $x=\pi$ 的这些积分总有像面积 $O\phi a\pi$ 那样的可测值,并且由这些系数所形成的这个级数总是收敛的,所以,线段 $\phi\phi a$ 的纵坐标不可能不由展开式 $a + b\cos x + c\cos 2x + d\cos 3x + e\cos 4x + \cdots$ 来严格表示。

弧 $\phi\phi a$ 是完全任意的;但是,这条曲线其他部分的情况则不同,相反,它们是确定的;因此,与 0 到 $-\pi$ 区间对应的弧 ϕa 的弧 ϕa 相同;整个弧 $\alpha\phi a$ 在这个轴长为 2π 的相邻部分重复。

我们可以在方程(ν)中改变积分区间。如果我们从 $x=-\pi$ 到 $x=\pi$ 取积分,则结果将

---

① 泊松(Poisson),德弗勒斯(Deflers),狄利克雷(Dirichlet),德克森(Dirksen),贝塞尔(Bessel),哈密尔顿(Hamilton),布尔(Boole),德·摩根,斯托克斯(Stokes)等已经提供了一些证明,见第 195—196 页的注。——A.F.

翻一倍：如果积分区间是 0 到 2π，而不是 0 到 π，结果仍然翻一倍。一般地，我们用符号 $\int_a^b$ 表示变量等于 a 时开始、变量等于 b 时结束的积分；我们把方程（n）写成下面的形式：

$$\frac{1}{2}\pi\phi(x) = \frac{1}{2}\int_0^\pi \phi(x)\,\mathrm{d}x + \cos x \int_0^\pi \phi(x)\cos x\,\mathrm{d}x$$

$$+ \cos 2x \int_0^\pi \phi(x)\cos 2x\,\mathrm{d}x + \cos 3x \int_0^\pi \phi(x)\cos 3x\,\mathrm{d}x + \cdots. \qquad (\nu)$$

不从 $x=0$ 到 $x=\pi$ 取积分，我们可以从 $x=0$ 到 $x=2\pi$，或者是从 $x=-\pi$ 到 $x=\pi$ 来取这些积分；但是，在这两种情况的每一个当中，我们都应当在方程左边用 $\pi\phi(x)$ 代替 $\frac{1}{2}\pi\phi(x)$。

232 在以多重弧的正弦给出任一函数的展开式的方程中，当变量 x 变成负数时，级数要变号，并且保持相同的绝对值；当变量以圆周长 2π 的任一倍数增加和减少时，它保持它的值和它的符号不变。对应于区间 0 到 π 的弧 $\phi\phi a$（见图 10）是任意的；这条曲线的所有其他部分是确定的。与区间 0 到 $-\pi$ 对应的弧 $\phi\phi a$ 和已知弧 $\phi\phi a$ 的形式相同；只不过它

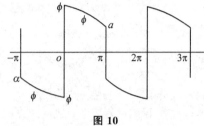

图 10

的位置相反。整个弧 $a\phi\phi\phi a$ 在从 π 到 3π 的区间内，并且在所有类似的区间内重复。我们写这个方程如下：

$$\frac{1}{2}\pi\phi(x) = \sin x \int_0^\pi \phi(x)\sin x\,\mathrm{d}x + \sin 2x \int_0^\pi \phi(x)\sin 2x\,\mathrm{d}x + \sin 3x \int_0^\pi \phi(x)\sin 3x\,\mathrm{d}x + \cdots.$$

$$(\mu)$$

我们可以改变这些积分的积分区间，用 $\int_0^{2\pi}$ 或者是 $\int_{-\pi}^{+\pi}$ 来代替 $\int_0^\pi$；不过在这两种情况中，都应当在左边用 $\pi\phi(x)$ 代替 $\frac{1}{2}\pi\phi(x)$。

233 以多重弧的余弦展开的函数 $\phi(x)$，由在从 $-\pi$ 到 $+\pi$ 的区间内以对称地处在 y 轴两边的两条相等的弧所形成的一条曲线来表示（见图 11）；因此这个条件被表示成 $\phi(x)=\phi(-x)$。

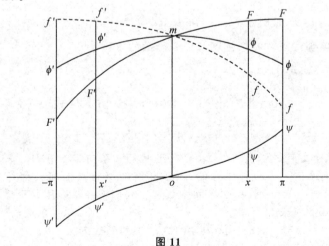

图 11

相反，表示函数 $\psi(x)$ 的这条曲线在同一区间内由两条相反的弧所组成，这两条弧是由方程 $\psi(x)=-\psi(-x)$ 来表示。

在从 $-\pi$ 到 $+\pi$ 的区间内，由一条任意画出的曲线所表示的任一函数 $F(x)$，总可以划分成像 $\phi(x)$ 和 $\psi(x)$ 那样的两个函数。事实上，如果曲线 $F'F'mFF$ 表示函数 $F(x)$，并且我们在点 o 建立一个纵坐标 om，那么，过点 m，我们总可以向轴 om 的正向作一条与已知曲线的弧 $mF'F'$ 相类似的弧 mff，向这同一轴的负向作一条与弧 mFF 相类似的弧 $mf'f'$；这样，我们肯定可以过点 m 作一条曲线 $\phi'\phi'm\phi\phi$，这条曲线把每一个纵坐标 xF 或者是 $x'f'$ 和相应的纵坐标 xf 或者是 $x'F'$ 之间的差分成两个相等的部分。我们也肯定可以作曲线 $\psi'\psi'o\psi\psi$，它的纵坐标计量 $F'F'mFF$ 的纵坐标和 $f'f'mff$ 的纵坐标之间的半差（half-difference）。如此，由于曲线 $F'F'mFF$ 和曲线 $f'f'mff$ 的纵坐标分别由 $F(x)$ 和 $f(x)$ 来表示，所以我们显然有 $f(x)=F(-x)$；同样，当用 $\phi(x)$ 表示 $\phi'\phi'm\phi\phi$ 的纵坐标，用 $\psi(x)$ 表示 $\psi'\psi'o\psi\psi$ 的纵坐标时，我们有 $F(x)=\phi(x)+\psi(x)$ 和 $f(x)=\phi(x)-\psi(x)=F(-x)$，因此 $\phi(x)=\frac{1}{2}F(x)+\frac{1}{2}F(-x)$，$\psi(x)=\frac{1}{2}F(x)-\frac{1}{2}F(-x)$，由此我们得到 $\phi(x)=\phi(-x)$，$\psi(x)=-\psi(-x)$，作图以另一种方式使它们成为显然的。

因此，其和等于 $F(x)$ 的这两个函数 $\phi(x)$ 和 $\psi(x)$，一个可以以多重弧的余弦展开，另一个可以以多重弧的正弦展开。

如果我们对第一个函数使用方程(ν)，对第二个函数使用方程(μ)，在每一种情况中都从 $x=-\pi$ 到 $x=\pi$ 取积分，并且把这两个结果相加，则我们有 $\pi[\phi(x)+\psi(x)]=\pi F(x)=$
$\frac{1}{2}\int\phi(x)\mathrm{d}x+\cos x\int\phi(x)\cos x\,\mathrm{d}x+\cos 2x\int\phi(x)\cos 2x\,\mathrm{d}x+\cdots+\sin x\int\psi(x)\sin x\,\mathrm{d}x+\sin 2x\int\psi(x)\sin 2x\,\mathrm{d}x+\cdots$ 这些积分应当从 $x=-\pi$ 取到 $x=\pi$。现在可以注意到，在积分 $\int_{-\pi}^{+\pi}\phi(x)\cos x\,\mathrm{d}x$ 中，我们可以用 $\phi(x)+\psi(x)$ 代替 $\phi(x)$ 而不改变它的值；因为，对于 x 轴的正向和负向，由于函数 $\cos x$ 由两个相似的部分组成，相反，函数 $\psi(x)$ 由两个相反的部分组成，所以，积分 $\int_{-\pi}^{+\pi}\psi(x)\cos x\,\mathrm{d}x$ 等于 0。如果我们用 $\cos 2x$ 或者是 $\cos 3x$，一般地，用 $\cos ix$ 代替 $\cos x$，i 是从 0 到无穷的任一整数，那么，情况亦如此。因此，积分 $\int_{-\pi}^{+\pi}\phi(x)\cos ix\,\mathrm{d}x$ 与积分 $\int_{-\pi}^{+\pi}[\phi(x)+\psi(x)]\cos ix\,\mathrm{d}x$，或者是 $\int_{-\pi}^{+\pi}F(x)\cos ix\,\mathrm{d}x$ 相同。同样显然的是，由于积分 $\int_{-\pi}^{+\pi}\phi(x)\sin ix\,\mathrm{d}x$ 为 0，所以，积分 $\int_{-\pi}^{+\pi}\psi(x)\sin ix\,\mathrm{d}x$ 等于积分 $\int_{-\pi}^{+\pi}F(x)\sin ix\,\mathrm{d}x$。因此，我们得到下面用于以多重弧的正弦和余弦展开任一函数的方程(p)：

$$\pi F(x)=\frac{1}{2}\int F(x)\mathrm{d}x$$
$$+\cos x\int F(x)\cos x\,\mathrm{d}x+\cos 2x\int F(x)\cos 2x\,\mathrm{d}x+\cdots$$
$$+\sin x\int F(x)\sin x\,\mathrm{d}x+\sin 2x\int F(x)\sin 2x\,\mathrm{d}x+\cdots \tag{p}$$

234 进入这个方程的函数 $F(x)$ 由任一形状的一条曲线 $F'F'FF$ 来表示。与 $-\pi$ 到 $+\pi$ 的区间对应的弧 $F'F'FF$ 是任意的；这条曲线的所有其他部分都是确定的，并且弧 $F'F'FF$ 在每一个其长为 2π 的相邻区间中重复。我们将经常应用这个定理，经常应用前面的方程(μ)和(ν)。

如果假定在从 $-\pi$ 到 $+\pi$ 的区间内，方程(p)中的函数 $F(x)$ 由一条曲线表示，该曲线由处于对称位置的两等弧所组成，那么，所有含正弦的项都变为 0，我们得到方程(ν)。相反，如果表示已知函数 $F(x)$ 的曲线由位置相反的两等弧所组成，那么，所有不含正弦的项都消掉，我们得到方程(μ)。当使函数 $F(x)$ 服从其他条件时，我们得到其他结果。

在一般方程（p）中，如果我们用量 $\frac{\pi x}{r}$ 代替变量 x，x 表示另一个变量，$2r$ 表示包含代表 $F(x)$ 的弧的区间长度；那么，这个函数就变成 $F\left(\frac{\pi x}{r}\right)$，我们可以用 $f(x)$ 来表示这个函数。积分区间 $x=-\pi$ 和 $x=\pi$ 变成 $\frac{\pi x}{r}=-\pi$，$\frac{\pi x}{r}=\pi$；因此，在这个代换之后，我们有

$$
\begin{aligned}
rf(x) = &\frac{1}{2}\int_{-r}^{+r}f(x)\mathrm{d}x\\
&+\cos\pi\frac{x}{r}\int f(x)\cos\frac{\pi x}{r}\mathrm{d}x+\cos\frac{2\pi x}{r}\int f(x)\cos\frac{2\pi x}{r}\mathrm{d}x+\cdots\\
&+\sin\pi\frac{x}{r}\int f(x)\sin\frac{\pi x}{r}\mathrm{d}x+\sin\frac{2\pi x}{r}\int f(x)\sin\frac{2\pi x}{r}\mathrm{d}x+\cdots
\end{aligned}\tag{P}
$$

所有这些积分必须像第一个一样从 $x=-r$ 取到 $x=+r$。如果在方程（ν）和（μ）中作同样的代换，那么我们有

$$
\frac{1}{2}rf(x)=\frac{1}{2}\int_0^r f(x)\mathrm{d}x+\cos\frac{\pi x}{r}\int_0^r f(x)\cos\frac{\pi x}{r}\mathrm{d}x\cos\frac{2\pi x}{r}\int_0^r f(x)\cos\frac{2\pi x}{r}\mathrm{d}x+\cdots,\tag{N}
$$

和

$$
\frac{1}{2}rf(x)=\sin\frac{\pi x}{r}\int_0^r f(x)\sin\frac{\pi x}{r}\mathrm{d}x+\sin\frac{2\pi x}{r}\int_0^r f(x)\sin\frac{2\pi x}{r}\mathrm{d}x+\cdots。\tag{M}
$$

在第一个方程（P）中，这些积分应当从 $x=0$ 取到 $x=2r$，当用 X 表示整个区间 $2r$ 时，我们有[①]

$$
\begin{aligned}
\frac{1}{2}Xf(x)=&\frac{1}{2}\int_0^X f(x)\mathrm{d}x\\
&+\cos\frac{2\pi x}{X}\int_0^X f(x)\cos\frac{2\pi x}{X}\mathrm{d}x+\cos\frac{4\pi x}{X}\int_0^X f(x)\cos\frac{4\pi x}{X}\mathrm{d}x+\cdots\\
&+\sin\frac{2\pi x}{X}\int_0^X f(x)\sin\frac{2\pi x}{X}\mathrm{d}x+\sin\frac{4\pi x}{X}\int_0^X f(x)\sin\frac{4\pi x}{X}\mathrm{d}x+\cdots。
\end{aligned}\tag{Π}
$$

235 就函数的三角级数展开式而言，我们从本节已经证明的那些内容得到，如果我们提出一个函数，在 $x=0$ 到 $x=X$ 的确定区间内它的值由任意作出的一条曲线的纵坐标来表示；那么我们总可以只含正弦或者是含余弦，或者是多重弧的正弦和余弦，或者是只含奇数倍数的余弦，来展开这个函数。为了确定这些级数的项，我们应当运用方程（M），（N），（P）。

表示温度初始状态的函数如果不简化成这种形式，热理论的基本问题就不能完全解决。

根据多重弧的余弦或者是正弦所安排的这些三角级数，和那些其项包含着变量的逐次幂的级数一样，属于初等分析。这些三角级数的系数是确定的面积，幂级数的系数是通过微分所给出的一些函数，并且，在这些函数中，我们对变量指派一个确定的值。关于三角级数的使用和性质，我们本来可以增加一些注记；不过我们只限于简短地阐明与我们所关心的这个理论具有最直接联系的那些注记。

第一，根据多重弧的正弦或者是余弦所安排的级数总是收敛的；也就是说，一旦对变量赋予非虚数的任一个值，那么这些项的和就愈来愈收敛于一个唯一确定的极限，这个

---

① 奥金尼利（J. O'Kinealy）先生已经表明，如果我们设想，对于连续区间 λ 上的 x 的每一个变程，任意函数 $f(x)$ 的值都循环，那么我们有符号方程 $\left(e^{\lambda\frac{\mathrm{d}}{\mathrm{d}x}}-1\right)f(x)=0$；因这个辅助方程的根是 $\pm n\frac{2\pi}{\lambda}\sqrt{-1}$，$n=0,1,2,3\cdots\infty$，由此得到 $f(x)=A_0+A_1\cos\frac{2\pi x}{\lambda}+A_2\cos2\frac{2\pi x}{\lambda}+A_3\cos3\frac{2\pi x}{\lambda}+\cdots+B_1\sin\frac{2\pi x}{\lambda}+B_2\sin2\frac{2\pi x}{\lambda}+B_3\sin3\frac{2\pi x}{\lambda}+\cdots$。

这些系数在傅立叶的方法中通过用 $\frac{\cos}{\sin}n\frac{2\pi x}{\lambda}$ 乘两边，并从 0 到 λ 积分而确定。[《哲学杂志》(*Philosophical Magazine*)，1871 年 8 月，第 95、96 页。]——A.F.

极限就是这个被展开的函数的值。

第二，如果我们有对应于一个已知级数 $a+b\cos x+c\cos2x+d\cos3x+e\cos4x+\cdots$ 的函数 $f(x)$ 的表达式，并且有另一个函数的表达式，它的已知展开式是 $a+\beta\cos x+\gamma\cos2x+\delta\cos3x+\varepsilon\cos4x+\cdots$，那么在实际的项中我们容易得到复合级数 $a\alpha+b\beta+c\gamma+d\delta+e\varepsilon+\cdots$ ①的和，一般地，容易得到级数 $a\alpha+b\beta\cos x+c\gamma\cos2x+d\delta\cos3x+e\varepsilon\cos4x+\cdots$ 的和，这个级数由逐项比较这两个已知级数而成。这个注记对任一数目的级数都适合。

第三，以多重弧的正弦和余弦级数给出一个函数 $F(x)$ 的展开式的级数（P）（第 234 目），可以安排成下述形式：$\pi F(x)=\dfrac{1}{2}\int F(\alpha)\,d\alpha+\cos x\int F(\alpha)\cos\alpha\,d\alpha+\cos2x\int F(\alpha)\cos2\alpha\,d\alpha+\cdots+\sin x\int F(\alpha)\sin\alpha\,d\alpha+\sin2x\int F(\alpha)\sin2\alpha\,d\alpha+\cdots$，

α 是一个新变量，它在积分后消去。

这样我们有 $\pi F(x)=\int_{-\pi}^{+\pi}F(\alpha)\,d\alpha\left(\dfrac{1}{2}+\cos x\cos\alpha+\cos2x\cos2\alpha+\cos3x\cos3\alpha+\cdots+\sin x\sin\alpha+\sin2x\sin2\alpha+\sin3x\sin3\alpha+\cdots\right)$，或者是 $F(x)=\dfrac{1}{\pi}\int_{-\pi}^{+\pi}F(\alpha)\,d\alpha\left[\dfrac{1}{2}+\cos(x-\alpha)+\cos2(x-\alpha)+\cdots\right]$

因此，用 $\sum\cos i(x-\alpha)$ 表示上一个级数的和，取 $i=1$ 到 $i=\infty$，我们有 $F(x)=\dfrac{1}{\pi}\int F(\alpha)\,d\alpha\left[\dfrac{1}{2}+\sum\cos i(x-\alpha)\right]$。

表达式 $\dfrac{1}{2}+\sum\cos i(x-\alpha)$ 表示 x 和 α 的一个函数，因此，如果用任一函数 $F(\alpha)$ 乘以它，并且对 α 在 $\alpha=-\pi$ 到 $\alpha=\pi$ 之间取积分，那么，所提出的函数 $F(\alpha)$ 就变成乘以半圆周 π 的 x 的同类函数（like function）。在后面，我们会看到具有我们刚才所阐明的性质的诸如 $\dfrac{1}{2}+\sum\cos i(x-\alpha)$ 的量的特征是什么。

第四，由于方程（M），（N）和（P）（第 234 目）一旦除以 r，便给出一个函数 $f(x)$ 的展开式，所以，如果在这些方程中，我们假定区间 r 变得无穷大，那么级数的每一项就都是无穷小的积分元；这样，这个级数的和就由一个定积分来表示。当物体有确定的体积时，表示初始温度并且进入偏微分方程积分的任意函数，就应当由与方程（M），（N）和（P）的相类似的级数展开；但是，正如在本书处理热的自由扩散的过程中所要解释的（第 9 章），当物体的体积不确定时，这些函数就呈现为一些定积分的形式。

第 6 节注。关于其值在某些界限内以多重弧的正弦和余弦级数任意给定的函数的展开式问题，关于在这些界限上与这样的级数的值有关的问题，以及这种级数的收敛性，其值的不连续性等等，主要权威有

泊松，《热的数学理论》（*Théorie mathématique de la Chaleur*），巴黎，1830 年，第 7 章，第 92—102 目，"论以一组周期量表示任意函数的方法"（*Sur la manière d'exprimer les fonctions arbitraires par des séries de quantités périodiques*），或者更简洁地，在他的《力学论著》（*Traité de Mécanique*）中，第 325—328 目。泊松关于这一主题的原始论文发表在《综合工艺学校学报》（*Journal de l'Ecole Polytechnique*）上，第 18 册，第 417—489 页，1820 年，以及第 19 册，第 404—509 页，1823 年。

德·摩根，《微积分计算》，伦敦，1842 年，第 609—617 页。展开式的证明似乎是原始的。在展开式的

---

① 我们有 $\int_{0}^{\pi}\psi(x)\phi(x)\,dx=a\alpha\pi+\dfrac{1}{2}\pi(b\beta+c\gamma+\cdots)$。——R. L. E.

验证中,作者遵循泊松的方法。

斯托克斯,《剑桥哲学会刊》(*Cambridge Philosophical Transactions*),1847 年,第 8 卷,第 533—556 页,"周期级数和的临界值"(*On the Critical values of the sums of Periodic Series*)。第 1 节,"确定以正弦或余弦级数展开的不连续性的方法和求导出函数展开式的方法"(*Mode of ascertaining the nature of the discontinuity of a function which is expanded in a series of sines or cosines, and of obtaining the developments of the derived functions*)。其中有图解论证。

汤姆森和泰特,《自然哲学》,牛津,1867 年,第 1 卷,第 75—77 目。

唐金(Don Kin),《声学》(*Acoustics*),牛津,1870 年,第 72—79 目,以及第 4 章的附录。

马蒂厄,《数学物理教程》,巴黎,1873 年,第 33—76 页。

不含把任意乘数引入级数逐个项的完全不同的讨论方法由下列作者所发明:

狄利克雷,《克雷尔学报》(*Crelle's Journal*),柏林,1829 年,第 4 卷,第 157—169 页。"论用于表示有界任意函数的三角级数的收敛"(*Sur la convergence des séries trigonométrigues qui serrent à représenter une fonction arbitraire entre les limites données*)。这篇论文的方法完全值得仔细研究,然而在英文教材中至今尚未看到。这位作者另一篇更长的论文载于多佛的《物理学索引》(*Repertorium der Physik*),柏林,1837 年,第 1 卷,第 152—174 页。"用正弦和余弦级数表示完全任意的函数"(*Ueber die Darstellung ganz uillkükrlicher Functionen durch Sinusund Cosinusreihen*)。G. L. 狄利克雷。

其他方面由下列作者给出:

德克森,《克雷尔学报》,1829 年,第 4 卷,第 170—178 页。"根据一个角的多倍的正弦和余弦收敛 fortschreitenden 级数"(*Ueber die Converygenz einer nach den Sinussen und Cosinussen der Vielfachen eines Winkels fortschreitenden Reihe*)。

贝塞尔,《天文学通讯》(*Astronomische Nachrichten*),阿尔托纳,1839 年,第 230—238 页。"用多倍的正弦和余弦表示一个函数 $\phi(x)$"(*Ueber den Ausdruck einer Function $\phi(x)$ durch Cosinusse und Sinusse der Vielfachen von x*)。

最后三位作者的论文由黎曼所评论,《数学全集》,莱比锡,1876 年,第 221—225 页。"关于利用三角级数表示一个函数的可能性"(*Ueber die Darstellbarkeit einer Function durch eine Trigonometrische Reihe*)。

哈密尔顿爵士发表过一篇论振荡函数和它们的性质的论文,《爱尔兰皇家科学院会刊》(*Transactions of the Royal Irish Academy*),1843 年,第 19 卷,第 264—321 页。这一阶段有可能进行介绍性和总结性评论的研究。

德弗勒斯、布尔和其他人关于以二重积分(傅立叶定理)展开任意函数这一主题研究的论著将在第 9 章第 361、362 目的注释中提及。——A. F.

第七节　对实际问题的应用

236　现在,我们可以用一般的方法解决底 A 持续受热,同时两个无穷边 B 和 C 保持 0 度的一个矩形薄片 BAC 中的热传导问题了。

假定这个薄片 BAC 的所有点的初始温度均为 0,但是边 A 的每一点的温度由某种外因保持,其固定值是从边 A 的端点 O 到点 m 的距离的函数 $f(x)$,边 A 全长 r;设 v 是其坐标为 x 和 y 的点 m 的恒定温度,我们需要确定作为 x 和 y 的函数 v。值

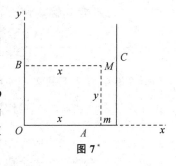

图 7*

---

* 此图在英译本中没有,但在法文《文集》本中是有的,我们因而在此添上。——汉译者

$v = a\mathrm{e}^{-my}\sin mx$ 满足方程 $\dfrac{\mathrm{d}^2 v}{\mathrm{d}x^2} + \dfrac{\mathrm{d}^2 v}{\mathrm{d}y^2} = 0$；$a$ 和 m 是任意两个量。如果我们取 $m = i\,\dfrac{\pi}{r}$；i 是一个整数，那么，当 $x = r$，y 可以取任一值时，值 $a\mathrm{e}^{-i\pi\frac{y}{r}}\sin\dfrac{i\pi x}{r}$ 就变成 0。因此，作为 v 的一个更一般的值，我们假定 $v = a_1\mathrm{e}^{-\pi\frac{y}{r}}\sin\dfrac{\pi x}{r} + a_2\mathrm{e}^{-2\pi\frac{y}{r}}\sin\dfrac{2\pi x}{r} + a_3\mathrm{e}^{-3\pi\frac{y}{r}}\sin\dfrac{3\pi x}{r} + \cdots$。

如果假定 y 等于 0，那么由假设，v 的值就等于已知函数 $f(x)$，这样我们有 $f(x) = a_1\sin\dfrac{\pi x}{r} + a_2\sin\dfrac{2\pi x}{r} + a_3\sin\dfrac{3\pi x}{r} + \cdots$。

系数 $a_1, a_2, a_3\cdots$ 可以通过方程（M）来确定，并且，一旦把它们代入 v 值中，我们就有

$$\frac{1}{2}rv = \mathrm{e}^{-\pi\frac{y}{r}}\sin\frac{\pi x}{r}\int_0^r f(x)\sin\frac{\pi x}{r}\,\mathrm{d}x + \mathrm{e}^{-2\pi\frac{y}{r}}\sin\frac{2\pi x}{r}\int_0^r f(x)\sin\frac{2\pi x}{r}\,\mathrm{d}x$$

$$+ \mathrm{e}^{-3\pi\frac{y}{r}}\sin\frac{3\pi x}{r}\int_0^r f(x)\sin\frac{3\pi x}{r}\,\mathrm{d}x + \cdots。$$

237　当在上面的方程中假定 $r = \pi$ 时，我们得到一个形式更简单的解，即

$$\frac{1}{2}\pi v = \mathrm{e}^{-y}\sin x\int_0^\pi f(x)\sin x\,\mathrm{d}x + \mathrm{e}^{-2y}\sin 2x\int_0^\pi f(x)\sin 2x\,\mathrm{d}x$$

$$+ \mathrm{e}^{-3y}\sin 3x\int_0^\pi f(x)\sin 3x\,\mathrm{d}x + \cdots, \tag{a}$$

或者是 $\dfrac{1}{2}\pi v = \int_0^\pi f(\alpha)\,\mathrm{d}\alpha\,(\mathrm{e}^{-y}\sin x\,\sin\alpha + \mathrm{e}^{-2y}\sin 2x\,\sin 2\alpha + \mathrm{e}^{-3y}\sin 3x\,\sin 3\alpha + \cdots)$，$\alpha$ 是一个新变量，它在积分后消失。

如果这个级数的和被确定，并且如果我们把它代到上一个方程中去，我们就有一个有限形式的 v 值。这个级数的两倍等于 $\mathrm{e}^{-y}[\cos(x-\alpha) - \cos(x+\alpha)] + \mathrm{e}^{-2y}[\cos 2(x-\alpha) - \cos 2(x+\alpha)] + \mathrm{e}^{-3y}[\cos 3(x-\alpha) - \cos 3(x+\alpha)] + \cdots$；用 $F(y, p)$ 表示无穷级数 $\mathrm{e}^{-y}\cos p + \mathrm{e}^{-2y}\cos 2p + \mathrm{e}^{-3y}\cos 3p + \cdots$ 的和，我们得到 $\pi v = \int_0^\pi f(\alpha)\,\mathrm{d}\alpha[F(y, x-\alpha) - F(y, x+\alpha)]$。我们也有 $2F(y, p) =$

$$\left\{ \begin{array}{l} \mathrm{e}^{-(y+p\sqrt{-1})} + \mathrm{e}^{-2(y+p\sqrt{-1})} + \mathrm{e}^{-3(y+p\sqrt{-1})} + \cdots \\ + \mathrm{e}^{-(y-p\sqrt{-1})} + \mathrm{e}^{-2(y-p\sqrt{-1})} + \mathrm{e}^{-3(y-p\sqrt{-1})} + \cdots \end{array} \right. = \frac{\mathrm{e}^{-(y+p\sqrt{-1})}}{1 - \mathrm{e}^{-(y+p\sqrt{-1})}} + \frac{\mathrm{e}^{-(y-p\sqrt{-1})}}{1 - \mathrm{e}^{-(y-p\sqrt{-1})}}，或者是$$

$F(y, p) = \dfrac{\cos p - \mathrm{e}^{-y}}{\mathrm{e}^y - 2\cos p + \mathrm{e}^{-y}}$，因此

$$\pi v = \int_0^\pi f(\alpha)\,\mathrm{d}\alpha\left[\frac{\cos(x-\alpha) - \mathrm{e}^{-y}}{\mathrm{e}^y - 2\cos(x-\alpha) + \mathrm{e}^{-y}} - \frac{\cos(x+\alpha) - \mathrm{e}^{-y}}{\mathrm{e}^y - 2\cos(x+\alpha) + \mathrm{e}^{-y}}\right],$$

或者是

$$\pi v = \int_0^\pi f(\alpha)\,\mathrm{d}\alpha\left\{\frac{2(\mathrm{e}^y - \mathrm{e}^{-y})\sin x\,\sin\alpha}{[\mathrm{e}^y - 2\cos(x-\alpha) + \mathrm{e}^{-y}]\,[\mathrm{e}^y - 2\cos(x+\alpha) + \mathrm{e}^{-y}]}\right\},$$

或者，当把系数分解成两个分数时 $\pi v = \dfrac{\mathrm{e}^y - \mathrm{e}^{-y}}{2}\int_0^\pi f(\alpha)\,\mathrm{d}\alpha\left[\dfrac{1}{\mathrm{e}^y - 2\cos(x-\alpha) + \mathrm{e}^{-y}} - \right.$ $\left. \dfrac{1}{\mathrm{e}^y - 2\cos(x+\alpha) + \mathrm{e}^{-y}}\right]$。

在有限形式下的实际项中，这个方程包含方程 $\dfrac{\mathrm{d}^2 v}{\mathrm{d}x^3} + \dfrac{\mathrm{d}^2 v}{\mathrm{d}y^2} = 0$ 的积分，该积分适用于在端点受单一热源的恒定作用的矩形固体中的均匀热运动问题。

不难确定这个积分与有两个任意函数的通积分的联系；这些函数正是由于问题的性质而成为确定的，并且，当在 $\alpha = 0$ 到 $\alpha = \pi$ 的界限内考虑问题时，除函数 $F(\alpha)$ 外，没有任何东西是任意的。在一个适合于数值应用的简单形式下，方程（a）表示简化成一个收敛级数的同一 v 值。

如果我们希望确定这个固体在它已经达到其永恒状态时所包含的热量，那么我们就从 $x=0$ 到 $x=\pi$，$y=0$ 到 $y=\infty$ 取积分 $\int \mathrm{d}x \int \mathrm{d}y\, v$；其结果与所要求的量成正比。一般来说，矩形薄片中均匀热运动的性质不可能不由这个解所表示。

接下来，我们将从另一种观点考查这类问题，并确定不同物体中变化的热运动。

格勒诺布尔景

▲ 布瓦利（Louis-léopold Boily）所画两幅著名的傅立叶肖像中的一幅。布瓦利是法国大革命法兰西帝国时期的画家，一生画了5 000件肖像画。

▲ 傅立叶青年时期的一幅素描肖像。作者是傅立叶在欧塞尔时的朋友克洛德·戈特罗（Claude Gautherot），一位强烈的雅各宾派成员。戈特罗是傅立叶在大革命末期被捕入狱后，在大恐怖达到顶点时，欧塞尔市派出的赴巴黎向国家公共安全委员会请求释放他的三人代表团成员之一。这幅素描现藏于格勒诺布尔市图书馆。

▲ 远征埃及时期的傅立叶。迪特尔特雷（Dutertre）约作于1800年的版画，此画现藏于凡尔赛宫。

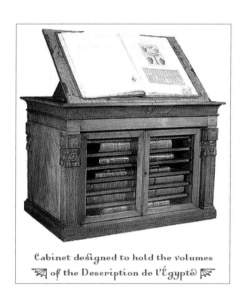

Cabinet designed to hold the volumes of the Description de l'Égypte

▲ 书架上展示的为《埃及情况》（*Description of Egypt*，1808—1825）。当傅立叶远征埃及时曾被这一国家的古文明所震撼。埃及研究院秘书的任职又使他更深入全面地了解到埃及的国政沿革及其文化发展。回国后他负责《埃及情况》的出版工作，他在该书绪言中介绍埃及自古至法军远征时的历史，并进行全面评述，因此傅立叶也被人称为埃及学学者。

《拿破仑一世及皇后的加冕典礼》

　　这幅画是奉拿破仑的命令而作，描绘的是1804年12月2日拿破仑在巴黎圣母院举行的加冕仪式。

　　画面中心形象是拿破仑从教皇手中接过的王冠，赐给皇后约瑟芬。罗马教皇被请来参加仪式，想借教皇在宗教上的号召力来扩大自己的影响和肯定称帝的合法权，不过只让他坐在祭坛前作为后盾而已。受加冕的皇

后长长的皇袍由宫女罗席福柯拉夫人和瓦勒特夫人牵着，中间平台上坐着皇后的母亲，围绕中心周围站立着主教、王公贵族、将军、各国大使以及前来祝贺的外国国王、王后等，画中有近百人的肖像，据说很多是请真人来到画室画的。这幅画构图宏大，气势磅礴，构思巧妙，以肖像写实手法创作而成。

◀ 身着行政长官制服的傅立叶肖像。该肖像画现藏于圣·热尔曼博物馆。

▼ 伊泽尔省首府格勒诺布尔。在格勒诺布尔市，作为伊泽尔最高行政长官，傅立叶在任期间完成了在一百多年时间里历届政府多次努力都没有完成的对里昂和格勒诺布尔之间的勃格旺地区绵延约两千万英亩的大片沼泽地实施的排水工程。这是傅立叶在法国青史留名的另一个贡献。

▶ 浅浮雕展现的是傅立叶视察勃格旺沼泽地时的情景。大树前手指远方者即为傅立叶。

欧塞尔市政府大厅墙壁上的两个浅浮雕的照片。这两个浅浮雕原本装饰在该市为纪念而制作的傅立叶半身铜像的底座上，铜像坐落在欧塞尔植物园中。"第二次世界大战"期间，铜像被纳粹熔化做枪炮。当时的市长让·莫罗（M. Jean Moreau）设法偷出并保存了这两个浅浮雕。

▲ 浅浮雕展现的是傅立叶在开罗宣读克莱贝尔（Jean-Baptiste Kléber）将军悼词时的情景。在拿破仑离开埃及回国后，克莱贝尔是埃及远征军统帅的继任者。1800年6月，克莱贝尔遭暗杀身亡。位于浮雕中心位置的即为傅立叶。

◀ 欧塞尔伯爵宫，墙壁上镶嵌欧塞尔各个时期的名人像，下排的第二个为傅立叶的雕像。

▶ 伯爵宫墙壁上的傅立叶雕像

▲ 约瑟夫•傅立叶大学校园景。大学的创建可以上溯至1339年，当时设有医科、七种自由艺术及法律等学科。1811年由傅立叶建立了理学院；1841年设立了医科及制药学预科学校；20世纪50年代建立了许多大型研究机构；1962年建立了医科及制药学学院；1971年组建格勒诺布尔理科及医科第一大学，1987年更名为约瑟夫•傅立叶大学。

▲ 为了纪念傅立叶，法国巴黎有条街道以"傅立叶"命名。图为该街道的指示牌。

▲ 贝尔拉雪兹公墓的傅立叶墓

▶ 傅立叶是古斯塔夫·埃菲尔刻于埃菲尔铁塔上的72个学者名字之一。

▲ 法国科幻作家儒勒·凡尔纳在他的《奇异的旅行》作品集中几次提及傅立叶的热的实验和理论。

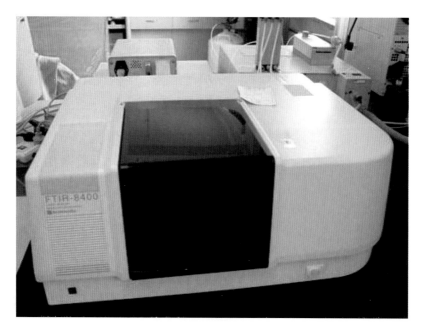

▲ 傅立叶变换红外光谱仪。傅立叶的数学成就广泛应用于光学领域，因此，有几种光学仪器都是以"傅立叶"来命名的。

第 四 章

环中线性的和变化的热运动

• *Chapter* Ⅳ. *Of the Linear and Varied Movement of Heat in a Ring* •

三角级数现在被称为傅立叶级数,表明数学家们对傅立叶贡献的肯定和赞赏。它常作为正交级数的范例出现在数学分析中,并给微分方程、积分方程和解析函数等数学理论提供了统一的数学联系。

第一节　问题的通解

238　表示环中的热运动的方程已经在第 105 目中叙述过；它是

$$\frac{\mathrm{d}v}{\mathrm{d}t}=\frac{K}{CD}\frac{\mathrm{d}^2v}{\mathrm{d}x^2}-\frac{hl}{CDS}v\,。\tag{a}$$

现在的问题是要对这个方程积分：我们可以把它简写成 $\dfrac{\mathrm{d}v}{\mathrm{d}t}=k\dfrac{\mathrm{d}^2v}{\mathrm{d}x^2}-hv$，其中 k 表示 $\dfrac{K}{CD}$，h 表示 $\dfrac{hl}{CDS}$，x 表示包含在环的一点 m 和原点 O 之间的弧长，v 是在一给定时间 t 之后在点 m 所观察到的温度。首先我们假定 $v=\mathrm{e}^{-ht}u$，u 是一个新的未知数，由此我们推出 $\dfrac{\mathrm{d}u}{\mathrm{d}t}=k\dfrac{\mathrm{d}^2u}{\mathrm{d}x^2}$；由于这个方程可以通过在前一个方程中令 $h=0$ 而导出，所以它属于表面辐射为 0 的情况：我们由此得出结论，由于介质的作用，环的不同点会逐渐冷却，而这个条件不会以任一方式干扰热分布的规律。

事实上，只要对方程 $\dfrac{\mathrm{d}u}{\mathrm{d}t}=k\dfrac{\mathrm{d}^2u}{\mathrm{d}x^2}$ 积分，我们就可以得到在同一时刻对应于这个环的不同点的 u 值，如果热在其中传导而在表面无任何损失，那么我们就能确定固体所处的状态；若有损失，为了确定固体在同一时刻所处的状态，我们只需用一个分数 e^{-ht} 乘不同点在同一时刻所取的所有 u 值就够了。因此，表面所受到的冷却并不改变热分布的规律；唯一的结果是每一点的温度都比它在没有这一条件时要小，由于这个原因，温度随分数 e^{-ht} 的逐次幂而降低。

239　由于该问题简化成了方程 $\dfrac{\mathrm{d}u}{\mathrm{d}t}=k\dfrac{\mathrm{d}^2u}{\mathrm{d}x^2}$ 的积分，所以，我们首先选择可以赋予变量 u 的最简单的特殊值；然后由这些特殊值组成一般的值，我们要证明这个一般值和这个积分一样广泛，它包含一个 x 的任意函数，更准确地说，当根据问题所需要的形式安排后，它就是这个积分本身，因此，不可能有任何不同的解。

首先可以注意到，如果对 u 给定特殊值 $a\mathrm{e}^{mt}\sin nx$，m 和 n 服从条件 $m=-kn^2$，那么这个方程成立。因此，可以把函数 $\mathrm{e}^{-kn^2t}\sin nx$ 看作是 u 的一个特殊值。

为了使这个值能适合于这个问题，当 r 表示环的平均半径，距离 x 以量 $2\pi r$ 增加时，它应当不变。因此，$2\pi nr$ 应当是圆周 2π 的 i 倍；这给出 $n=\dfrac{i}{r}$。

我们可以取 i 为任一整数；我们假定它总是正的，因为，若它是负的，我们则只需在值 $a\mathrm{e}^{-kn^2t}\sin nx$ 中改变系数 a 的符号就够了。这个特殊值 $a\mathrm{e}^{-k\frac{i^2t}{r^2}}\sin\dfrac{ix}{r}$ 只有在表示这个固体的初始状态时，才满足所提出的问题。现在，当取 $t=0$ 时，我们得到 $u=a\sin\dfrac{ix}{r}$；这样，假定 u 的初始值实际上由 $a\sin\dfrac{x}{r}$ 来表示；也就是说，假定不同点的初始温度与经过那些点的半径和经过原点的半径之间的角的正弦成正比，那么，环内部的热运动就严格由方程 $u=$

$ae^{-\frac{kt}{r^2}}\sin\dfrac{x}{r}$ 来表示，如果我们考虑表面的热耗，那么我们得到 $v=ae^{-(h+\frac{k}{r^2})t}\sin\dfrac{x}{r}$。所讨论的这种情况是我们所能设想的所有情况中最简单的情况，在这种情况下，变化的温度保持它们的初始比，并且任一点的温度都随对每一点都相同的一个分数的逐次幂而降低。

如果我们假定初始温度与弧 $\dfrac{x}{r}$ 的两倍的正弦成正比，那么我们可以观察到同样的性质；一般地，当已知温度由 $a\sin\dfrac{ix}{r}$ 表示，i 是任一整数时，亦如此。

只要把量 $ae^{-kn^2t}\cos nx$ 取作 u 的特殊值，我们也能得到同样的结果：在这里，我们也有 $2n\pi r=2i\pi$，$n=\dfrac{i}{r}$；因此，如果初始温度由 $\cos\dfrac{ix}{r}$ 来表示，那么方程 $v=ae^{-k\frac{i^2t}{r^2}}\cos\dfrac{ix}{r}$ 就表示环内的热运动。

在已知温度与弧 $\dfrac{x}{r}$ 的倍数的正弦或余弦成正比的所有这些情况中，在这些温度之间所建立的比例在冷却的无穷时间中一直存在。如果初始温度由函数 $a\sin\dfrac{ix}{r}+b\cos\dfrac{ix}{r}$ 表示，i 是任一整数，a 和 b 是任意两个系数，则情况相同。

240   现在让我们转到初始温度没有我们刚才所假定的这种关系，而是由任一函数 $f(x)$ 所表示的一般情况上来。让我们对这个函数给定形式 $\phi\left(\dfrac{x}{r}\right)$，因而我们有 $f(x)=\phi\left(\dfrac{x}{r}\right)$，并且，让我们设想函数 $\phi\left(\dfrac{x}{r}\right)$ 被分解成受恰当系数作用的多重弧的正弦或者是余弦级数。我们写下方程

$$\phi\left(\frac{x}{r}\right)=\begin{cases} a_0\sin\left(0\,\frac{x}{r}\right)+a_1\sin\left(1\,\frac{x}{r}\right)+a_2\sin\left(2\,\frac{x}{r}\right)+\cdots \\ +b_0\cos\left(0\,\frac{x}{r}\right)+b_1\cos\left(1\,\frac{x}{r}\right)+b_2\cos\left(2\,\frac{x}{r}\right)+\cdots \end{cases} \qquad (\varepsilon)$$

可把数 a_0，a_1，a_2，$\cdots$，b_0，b_1，b_2，$\cdots$ 看作是已知的，且事先已计算出。显然，这时 u 的值将由方程

$$u=b_0+\begin{array}{c} a_1\sin\dfrac{x}{r} \\ b_1\cos\dfrac{x}{r} \end{array}\Bigg|\,\mathrm{e}^{-k\frac{t}{r^2}}+\begin{array}{c} a_2\sin2\dfrac{x}{r} \\ b_2\cos2\dfrac{x}{r} \end{array}\Bigg|\,\mathrm{e}^{-k\frac{2^2t}{r^2}}+\cdots$$

来表示。

事实上，

第一，这个 u 值满足方程 $\dfrac{\mathrm{d}u}{\mathrm{d}t}=k\dfrac{\mathrm{d}^2u}{\mathrm{d}x^2}$，因为它是几个特殊值的和；

第二，当我们用环的圆周的任一倍数使距离 x 增加时它不发生变化；

第三，它满足初始状态，因为只要取 $t=0$，我们就得到方程 (ε)。

因此，这个问题的所有条件都得到满足，剩下的只是用 e^{-ht} 来乘这个 u 值。

241   随着时间的增加，组成 u 值的每一项都变得愈来愈小；因此温度系统不断趋于正常和稳定的状态，在这种状态下，温度 u 与常数 b_0 的差由 $\left(a_1\sin\dfrac{x}{r}+b_1\cos\dfrac{x}{r}\right)\mathrm{e}^{-\frac{kt}{r^2}}$ *

---

* 式中的 a_1 和 b_1，在英译本中，是 a 和 b，此处是按法文《文集》本改定的。 —— 汉译者

来表示。因此,我们在前面所考虑过的,由此而构成一般值的这些特殊值,从这个问题本身导出它们自身的起源。它们每一个都表示一旦形成就能自我存在的一种基本状态;这些值与热的物理性质有一种自然而必然的联系。

为了确定系数 $a_0, a_1, a_2, \cdots, b_0, b_1, b_2, \cdots$,我们应当运用第 234 目的方程(Ⅱ),我们在前一章的最后一节已经证明了这个方程。

设这个方程中由 X 所表示的整个横坐标是 $2\pi r$,设 x 是可变横坐标,$f(x)$ 表示环的初始状态,则积分应当从 $x=0$ 取到 $x=2\pi r$;这样我们有

$$\pi r f(x) = \frac{1}{2} \int f(x) dx + \cos\left(\frac{x}{r}\right) \int \cos\left(\frac{x}{r}\right) f(x) dx$$
$$+ \cos\left(2\frac{x}{r}\right) \int \cos\left(2\frac{x}{r}\right) f(x) dx + \cdots + \sin\left(\frac{x}{r}\right) \int \sin\left(\frac{x}{r}\right) f(x) dx$$
$$+ \sin\left(2\frac{x}{r}\right) \int \sin\left(2\frac{x}{r}\right) f(x) dx + \cdots 。$$

如此,在已知 $a_0, a_1, a_2, \cdots; b_0, b_1, b_2, \cdots$ 的值时,如果把它们代入方程,则我们有包含这个问题全解的下述方程:

$$\pi r v = e^{-ht} \left[\frac{1}{2} \int f(x) dx \right.$$
$$+ \left| \begin{array}{c} \sin\dfrac{x}{r} \int \left(\sin\dfrac{x}{r} f(x) dx \right) \\ \cos\dfrac{x}{r} \int \left(\cos\dfrac{x}{r} f(x) dx \right) \end{array} \right| e^{-\frac{kt}{r^2}}$$
$$\left. + \left| \begin{array}{c} \sin 2\dfrac{x}{r} \int \left(\sin\dfrac{2x}{r} f(x) dx \right) \\ \cos 2\dfrac{x}{r} \int \left(\cos\dfrac{2x}{r} f(x) dx \right) \end{array} \right| e^{-\frac{2^2 kt}{r^2}} + \cdots \right] 。 \qquad (E)$$

所有的积分都应当从 $x=0$ 取到 $x=2\pi r$。

用以形成 v 值的第一项 $\frac{1}{2\pi r} \int f(x) dx$ 显然是平均初始温度,即,如果所有初始温度处处都一样分布,那么每一点都有这种温度。

242 无论给定的函数 $f(x)$ 的形式如何,前面的方程(E)都可以应用。我们考虑两种特殊情况,即:第一,当环因热源的作用已经上升到它的永恒温度时突然撤掉热源所发生的情况;第二,当半环处处等加热后再突然与初始温度处处为 0 的另外半个环联结起来时所发生的情况。

我们在前面已经看到,环的永恒温度由方程 $v = a\alpha^x + b\alpha^{-x}$ 表示;量 α 的值是 $e^{-\sqrt{\frac{hl}{KS}}}$,此处 l 是生成截面的周长,S 是这个截面的面积。*

如果假定有一个热源并且热源唯一,那么在与热源所占据的那一点相对的点上,方程 $\frac{dv}{dx} = 0$ 必然成立。因此这一点满足条件 $a\alpha^x - b\alpha^{-x} = 0$。为使计算方便,让我们把分数 $\frac{hl}{KS}$ 看作是等于一个单位的,并且让我们取环半径为三角函数表的半径,这样我们就有 $v = ae^x + be^{-x}$;因此,环的初始温度由方程 $v = be^{-\pi}(e^{-\pi+x} + e^{\pi-x})$ 来表示。

---

* 在法文《文集》本中,环的永恒温度的方程是 $v = a\alpha^{-x} + b\alpha^{-x}$,应是《文集》本有误。1807 年的研究报告则与英译本相同。——汉译者

剩下的只是应用一般方程（E），用 M 表示平均初始温度（第 241 目），我们有 $v = 2\mathrm{e}^{-ht}M\Big(\dfrac{1}{2} + \dfrac{\cos x}{1^2+1}\mathrm{e}^{-kt} + \dfrac{\cos 2x}{2^2+1}\mathrm{e}^{-2^2kt} + \dfrac{\cos 3x}{3^2+1}\mathrm{e}^{-3^2kt} + \cdots\Big)$。 *

这个方程表示一个固体环在某一点加热并且升至驻温后，撤除热源，让它在空气中冷却时的变化状态。

243 为了给出一般方程（E）的第二种应用，我们假定初始热是这样分布的：它使包含在 $x=0$ 到 $x=\pi$ 之间的半环处处温度都等于 1，另一半的温度为 0。所要求的是确定经过时间 t 之后的环的状态。

在这种情况下，表示初始状态的函数 $f(x)$ 是这样的：只要变量包含在 0 到 π 之间，它的值就是 1。由此得到，我们应当假定 $f(x)=1$，并且只在 $x=0$ 到 $x=\pi$ 之间取积分，由假定，这个积分的另一部分为 0。我们首先得到下面的方程，这个方程给出所提出的函数的展开式，从 $x=0$ 到 $x=\pi$，它的值是 1，从 $x=\pi$ 到 $x=2\pi$，它的值是 0：$f(x)=\dfrac{1}{2} + \dfrac{2}{\pi}\Big(\sin x + \dfrac{1}{3}\sin 3x + \dfrac{1}{5}\sin 5x + \dfrac{1}{7}\sin 7x + \cdots\Big)$。

现在如果我们在这个一般方程中用我们刚才所得到的值代替常系数，那么我们有方程 $\dfrac{1}{2}\pi v = \mathrm{e}^{-ht}\Big(\dfrac{1}{4}\pi + \sin x\ \mathrm{e}^{-kt} + \dfrac{1}{3}\sin 3x\ \mathrm{e}^{-3^2kt} + \dfrac{1}{5}\sin 5x\ \mathrm{e}^{-5^2kt} + \cdots\Big)$，它表示环的每一点的温度变化所服从的规律，并且指明它在任一给定时间之后的状态：我们只限于前面两个应用，并只对由方程（E）所表示的通解增加某些观察结果。

244 第一，如果假定 k 是无穷的，那么环的状态就表示成 $\pi r v = \mathrm{e}^{-ht}\dfrac{1}{2}\int f(x)\mathrm{d}x$，或者，当用 M 表示平均初始温度时（第 241 目），$v = \mathrm{e}^{-ht}M$。每一点的温度突然变得等于平均温度，且所有不同点都总是保持相等的温度，这是我们承认无穷传导率（infinite conductibility）的假定的一个必然结果。

第二，如果环半径是无穷小的，我们将有同样的结果。

第三，为了得到在时间 t 之后的环的平均温度，我们应当从 $x=0$ 到 $x=2\pi r$ 取积分 $\int f(x)\mathrm{d}x$，并且除以 $2\pi r$。在这些界限内对 u 值的不同部分积分，然后假定 $x=2\pi r$，我们会发现除第一项外，这些积分的总值为 0；因此，在时间 t 之后，平均温度值是量 $\mathrm{e}^{-ht}M$。所以，环的平均温度以同样的方式下降，仿佛它的热导率是无穷的一样；在这个固体中由热传导所引起的变化对这一温度没有影响。

在我们刚才所考虑的三种情况中，温度与分数 e^{-h} 的幂成正比地降低，或者同样地，与一条对数曲线的纵坐标成正比地降低，横坐标等于所历经的时间。这个规律人们早已知道，但必须注意，除非物体体积很小，否则它一般不成立。前面的分析告诉我们，如果环的直径不是很小的，那么一个确定点的冷却在开始时就不服从那条规律；平均温度则不同，它总是与一条对数曲线的纵坐标成正比地降低。此处应当记住，我们假定环的生成截面的面积非常小，以至于同一截面的不同点在温度上没有明显的差别。

第四，如果我们要确定在一给定时间内经过环的一个已知部分的表面所逃逸的热量，那么我们应当应用积分 $hl\int\mathrm{d}t\int v\mathrm{d}x$，应当在相对于这一时间的区间内取积分。例如，如果我们取 x 的区间为 0 到 $2\pi r$，t 的区间为 0 到 ∞；即，如果我们希望确定在冷却的

---

* 在英译本中，此式右边括号内每一项中带 e 的因式，其指数均为正，但法文《文集》本和 1807 年的研究报告则为负。故改之。——汉译者

全过程中从整个表面所逃逸的全部热量，那么我们应当在积分之后得到等于全部初始热量的一个结果，或是 $2\pi rMCDS$，M 是平均初始温度。

第五，如果我们希望确定在一给定时间内经过环的一个确定截面流过多少热量，那么我们应当运用积分 $-KS\int \mathrm{d}t\,\dfrac{\mathrm{d}v}{\mathrm{d}x}$，用 $\dfrac{\mathrm{d}v}{\mathrm{d}x}$ 表示在所讨论的那一点上所取的那个函数的值。

245　热在这个环中势必随我们应当注意到的一条规律分布。历经时间增加得愈多，在方程（E）中构成 v 值的那些项相对于它们前面的项就愈小。因此，存在某个 t 值，对于这个值，热运动开始明显地由方程 $u=b_0+\left(a_1\sin\dfrac{x}{r}+b_1\cos\dfrac{x}{r}\right)\mathrm{e}^{-\frac{kt}{r^2}}$ 来表示。

在冷却的无穷时间内，同一关系仍然存在，在这个状态下，如果我们选择环上位于同一直径两端的两个点，用 x_1 和 x_2 表示它们各自与原点的距离，用 v_1 和 v_2 表示它们在时间 t 时的相应温度；那么我们有 $v_1=\left[b_0+\left(a_1\sin\dfrac{x_1}{r}+b_1\cos\dfrac{x_1}{r}\right)\mathrm{e}^{-\frac{kt}{r^2}}\right]\mathrm{e}^{-ht}$，$v_2=\Big[b_0+\left(a_1\sin\dfrac{x_2}{r}+b_1\cos\dfrac{x_2}{r}\right)\mathrm{e}^{-\frac{kt}{r^2}}\Big]\mathrm{e}^{-ht}$。

两段弧 $\dfrac{x_1}{r}$ 和 $\dfrac{x_2}{r}$ 的正弦只是符号不同；量 $\cos\dfrac{x_1}{r}$ 和 $\cos\dfrac{x_2}{r}$ 同样如此；这样，$\dfrac{v_1+v_2}{2}=b_0\mathrm{e}^{-ht}$，因此，相对的两点的温度的半和（half-sum）给出一个量 $b_0\mathrm{e}^{-ht}$，如果我们选择位于另一个直径两端的两点，则这个量仍然如此。正如我们在上面已经看到的，量 $b_0\mathrm{e}^{-ht}$ 是时间 t 后的平均温度值。因此，任意两个相对点的温度的半和都不断随环的平均温度而降低，并在冷却持续一段时间后表示它的值而无明显误差。让我们更详细地考查由方程 $v=\left[b_0+\left(a_1\sin\dfrac{x}{r}+b_1\cos\dfrac{x}{r}\right)\mathrm{e}^{-\frac{kt}{r^2}}\right]\mathrm{e}^{-ht}$ 所表示的终极状态所存在的情况。

如果我们首先考查环上使我们有条件 $a_1\sin\dfrac{x}{r}+b_1\cos\dfrac{x}{r}=0$，或者是 $\dfrac{x}{r}=\arctan\left(-\dfrac{b_1}{a_1}\right)$ 的点，那么我们会看到，这一点在每一时刻的温度都是环的平均温度；在直径上相对的点亦如此；因为后一个点的横坐标也满足上面的方程 $\dfrac{x}{r}=\arctan\left(-\dfrac{b_1}{a_1}\right)$。

让我们用 X 表示这两点的第一个所处的距离，我们有 $b_1=-a_1\dfrac{\sin\dfrac{X}{r}}{\cos\dfrac{X}{r}}$；代入 b_1 的这个值，我们有 $v=\left[b_0+\dfrac{a_1}{\cos\dfrac{X}{r}}\sin\left(\dfrac{x}{r}-\dfrac{X}{r}\right)\mathrm{e}^{-\frac{kt}{r^2}}\right]\mathrm{e}^{-ht}$。

如果我们现在把对应于横坐标 X 的点作为横轴的原点，用 u 表示新的横坐标 $x-X$，那么我们有 $v=\mathrm{e}^{-ht}\left(b_0+b\sin\dfrac{u}{r}\mathrm{e}^{-\frac{kt}{r^2}}\right)$。

在横坐标 u 为 0 的原点，以及在相对的点上，温度 v 总等于平均温度；这两个点把环圆周分成状态相似符号相反的两个部分；其中一部分的每一点都有超过平均温度的温度，且那个超出量与离原点距离的正弦成正比。另一部分的每一点都有比平均温度低的温度，并且这个亏损量与相对点的超出量相等。热的这种对称分布在冷却的整个期间都存在，在受热的一半的两端，沿冷的一半的方向形成两股热流，它们的作用是不断使环的每一半都趋于平均温度。

246　现在我们可以注意到，在给出 v 值的一般方程中，每一项都有

$$\left(a_i \sin i\,\frac{x}{r} + b_i \cos i\,\frac{x}{r}\right) \mathrm{e}^{-i^2 \frac{kt}{r^2}} \mathrm{e}^{-ht\,*}$$

的形式。因此,相对于每一项,我们都能导出与前面类似的结论。事实上,用 X 表示使系数 $a_i \sin i\,\dfrac{x}{r} + b_i \cos i\,\dfrac{x}{r}$ 等于 0 的距离,我们有方程 $b_i = -a_i \tan i\,\dfrac{X}{r}$,作为这个系数的值,这个代换给出 $a \sin i\left(\dfrac{x-X}{r}\right)$,$a$ 是一个常数。由此得到,当取其横坐标是 X 的点为坐标系原点,用 u 表示新的横坐标 $x-X$ 时,作为 v 值的这一部分的替换式,我们有函数 $a \mathrm{e}^{-ht} \sin i\,\dfrac{u}{r} \mathrm{e}^{-i^2 \frac{kt}{r^2}}$。

如果 v 值的这个特殊部分是单独存在的,结果使所有其他部分的系数都为 0,那么环的状态就由函数 $a \mathrm{e}^{-ht} \mathrm{e}^{-i^2 \frac{kt}{r^2}} \sin\left(i\,\dfrac{u}{r}\right)$ 来表示,并且每一点的温度就与这一点与原点距离的 i 倍的正弦成正比。这个状态与我们曾描述过的状态类似:它与它的不同之处在于,总是具有与环的平均温度相等的相同温度的点的数目不只是 2,而是一般等于 $2i$。每一个这样的点和结点(node)都把环的两个毗邻的部分分开,这两部分处于相似的状态中,只是符号相反。因此,我们发现圆周被分成几个相等的部分,它们的状态交替地为正和负。热流量可能在这些结点上是最大的,并且指向状态为负的部分,在与两个相邻结点等距的那些点上,它为 0。在这些温度之间所存在的比率在冷却的整个阶段一直保持,这些温度一起以与分数 $\mathrm{e}^{-h} \mathrm{e}^{-i^2 \frac{k}{r^2}}$ 成正比的速度迅速地变化。

如果我们逐次对 i 给定值 $0,1,2,3,\cdots$,那么我们就可以确定热在一个固体环中传导时所能呈现的所有正常状态和基本状态。当某个这样的简单形式一旦形成时,它就自我保持,并且在这些温度之间所存在的这些比是不变的;但是,无论这些初始比如何,并且无论环以何种方式受热,这个热运动都可以分解成与我们刚才所描述的运动相似的几个简单运动,这些简单运动都一起完成而相互之间无任何干扰。在这些状态的每一个中,温度都与到一个固定点的距离的某个倍数的正弦成正比。在同一时刻对一个单点所取的所有这些部分温度的和,就是那一点的实际温度。于是构成这个和的某些部分的温降要比其他部分快得多。由此得到,与 i 的不同值对应的,以及其叠加确定总的热运动的环的这些基本状态,在某种意义上一个接一个地消失。它们很快就对温度值不产生任何明显的影响,在它们之中只剩下第一个,其中 i 是最小的。如此,我们就形成了关于热据以在环中分布,且据以在其表面耗散的规律的精确思想。环的这种状态变得愈来愈对称,它很快变得与它所具有的一个自然倾向所趋于的状态混淆不清,这个状态在于不同的点的温度逐渐变得与计量到原点距离的弧的同一倍数的正弦成正比。初始分布在这些结果中不发生任何变化。

第二节 分离物体之间的热传导

247 我们现在不得不注意前面的分析与应当用来确定分离物体间的热传导规律的分析的一致性;因此,我们将得到环的热运动问题的第二个解。这两个结果的比较将指

---

* 在英译本中,此式没有 e^{-ht} 这个因子,但法文《文集》本中有。虽然这里要讨论的内容是此式括号内的内容,与这些因子无关,但考虑到这里所说的"每一项"的完整性,我们还是加上这个因子。 —— 汉译者

明在对连续物体的热传导方程积分时我们所遵循的方法的真正基础。首先,我们将考查两个相同物体之间的热传导这种极其简单的情况。

假定体积相等、物质相同的两个立方体 m 和 n 受热不等;设它们各自的温度是 a 和 b,并设它们具有无穷热导率。如果我们把这两个物体放得相互挨着,那么每一个的温度就会突然变得与平均温度 $\frac{1}{2}(a+b)$ 相等。假定这两块物体被一个非常小的区间分开,我们从第一块物质上分出一个无穷薄的薄层,使得这个薄层与第二块物质连起来,并在接触之后又立即回到第一块物质上。因此,当在同一无穷小区间上连续地交替移动时,这个交换薄层就把较热物体的热传到不怎么热的物体上去;问题是要确定若它们所包含的热在其表面无任何损失时,在一给定时间之后,每个物体的热将是怎样的。我们并不假定连续固体中的热传导以某种类似于我们刚才所描述的方式完成:我们只希望用分析来确定这样一种假定的结果。

由于这两块物质都具有无穷热导率,所以包含在一个无穷薄的薄层中的热量就会骤然增加到与之接触的那块物质的热量中去;并且产生一种公共温度,这一温度等于热量的和除以物质的和的商。设 ω 是从较热物体上分离出来的无穷薄的薄层的物质,它的温度是 a;设 α 和 β 是与时间 t 对应的变化温度,它的初始值是 a 和 b。在薄层 ω 从物体 m 上分出来,m 变成 $m-\omega$ 时,ω 有和这块物质一样的温度 α,当它一接触受温度 β 作用的第二块物体时,它就与这块物体一起同时呈现出等于 $\frac{m\beta+\alpha\omega}{m+\omega}$ 的温度。薄层 ω 保持后一温度又回到其物质为 $m-\omega$,温度为 α 的第一块物体上。这样我们得到第二次接触之后的温度 $\dfrac{\alpha(m-\omega)+\dfrac{(m\beta+\alpha\omega)}{m+\omega}\omega}{m}$ 或者是 $\dfrac{\alpha m+\beta\omega}{m+\omega}$。

在时间间隔 dt 之后,变化温度 α 和 β 变成 $\alpha-(\alpha-\beta)\dfrac{\omega}{m}$ 和 $\beta+(\alpha-\beta)\dfrac{\omega}{m}$;这两个值通过去掉 ω 的高次幂而得到。因此我们有 $d\alpha=-(\alpha-\beta)\dfrac{\omega}{m}$ 和 $d\beta=(\alpha-\beta)\dfrac{\omega}{m}$;具有初始温度 β 的物体在某一时刻内得到等于 $m\,d\beta$ 或者是 $(\alpha-\beta)\omega$ 的热量,它同时也是第一个物体所失去的热量。由此我们看到,在所有其他条件相同时,在一时刻内从受热多的物体传到受热少的物体中去的热量与这两个物体的实际温差成正比。在时间被分成几个相等的区间后,无穷小量 ω 可以用 $k\,dt$ 来代替,k 是物质的单位的数目,它的总和所包含的 ω 的倍数与一个单位的时间所包含的 dt 的倍数一样多,因此我们有 $\dfrac{k}{\omega}=\dfrac{1}{dt}$。由此我们得到方程 $d\alpha=-(\alpha-\beta)\dfrac{k}{m}dt$ 和 $d\beta=(\alpha-\beta)\dfrac{k}{m}dt$。

248　可以说,ω 的作用,在于从这两个物体的一个中吸热,然后把这些热带给另一个物体,所以,如果我们对 ω 的体积赋予更大的值,那么,这种传导将更快;为了表示这个条件,我们有必要以同样的比率增加进入这两个方程的量 k。我们也可以保持 ω 的值不变而假定这个薄层在给定时间内完成更多次数的移动,这亦由更大的 k 值来表明。因此,这个系数在某种意义上表示传导速度,或者是表示热从一个物体传到另一物体的能力,即它们的相互热导率。

249　把前面两个方程相加,我们有 $d\alpha+d\beta=0$,如果我们用一个方程减去另一个方程,则我们有 $d\alpha-d\beta+2(\alpha-\beta)\dfrac{k}{m}dt=0$,令 $\alpha-\beta=y$,$dy+2\dfrac{k}{m}y\,dt=0$。取积分,并以初始值为 $a-b$ 这个条件来确定常数,则我们有 $y=(a-b)\mathrm{e}^{-\frac{2kt}{m}}$。温差 y 随一条对数曲线,

或者是随分数 $e^{-\frac{2k}{m}}$ 的逐次幂而减少。作为 α 和 β 的值,我们有

$$\alpha = \frac{1}{2}(a+b) + \frac{1}{2}(a-b)e^{-\frac{2kt}{m}}, \beta = \frac{1}{2}(a+b) - \frac{1}{2}(a-b)e^{-\frac{2kt}{m}}。$$

250　在前面的情况下,我们假定使传导得以完成的无穷小物质 ω 总是单位物质的同一部分,或者同样地,我们假定计量相互热导率的系数 k 是一个常量。为使所讨论的研究更一般化,我们应当把常数 k 看作是两实际温度 α 和 β 的函数,这样我们就有两个方程 $d\alpha = -(\alpha-\beta)\frac{k}{m}dt$ 和 $d\beta = (\alpha-\beta)\frac{k}{m}dt$,在这两个方程中,$k$ 等于 α 和 β 的一个函数,我们用 $\phi(\alpha,\beta)$ 来表示它。当 α 和 β 极接近于它们的终极温度时,容易确定变化温度 α 和 β 所遵循的规律。设 y 是等于 α 和终极值 $\frac{1}{2}(a+b)$ 或者是 c 之差的一个新未知数。设 z 是等于差 $c-\beta$ 的第二个未知数。我们用它们的值 $c-y$ 和 $c-z$ 代替 α 和 β;由于问题是求 y 和 z 的值,所以当我们假定它们很小时,在这个代换结果中我们只需保留 y 和 z 的一次幂就行了。因此我们得到两个方程

$$-dy = -(z-y)\frac{1}{m}\phi(c-y, c-z)dt \text{ 和 } -dz = \frac{1}{m}(z-y)\phi(c-y, c-z)dt。$$

展开在符号 ϕ 下的那些量、并略去 y 和 z 的高次幂,我们得出

$$dy = (z-y)\frac{1}{m}\phi(c,c)dt, dz = -(z-y)\frac{1}{m}\phi(c,c)dt。 {}^{*}$$

由于量 ϕ 是常数,我们得到,前面这两个方程对差 $z-y$ 给出与我们在上面对 $\alpha-\beta$ 的值所得到的一个类似的结果。

我们由此得出结论,如果在开始时被假定为常数的系数 k 由变化温度的任一函数表示,那么这些温度在无穷时间内所经历的最后变化仍然服从同样的规律,就像这种相互热导率是常数一样。这个问题实际上是要确定在实际温度不同的无数相同物体中的热传导的规律。

251　假定每个等于 m 的 n 个棱柱形物体被安排在同一直线上,并且受不同温度 a, $b, c, d, \cdots$ 的作用;假定除最后一个物体外,从这不同物体的每一个上都分出一个无穷薄的薄层,它们每一个的质量为 ω,同时这些薄层依次从第一个物体向第二个物体,从第二个物体向第三个物体,从第三个物体向第四个物体等转移,接触之后,这些薄层又立即回到它们原来由之分出的物体上;在这双重运动所发生的次数和所存在的无穷小时刻 dt 的次数一样多时,我们要求温度变化所服从的规律。

设 $\alpha, \beta, \gamma, \delta, \cdots, \omega$ 是对应于同一时间 t,继初始值 $a, b, c, d, \cdots$ 之后的变化值。当这些薄层 ω 从前 $n-1$ 个物体上分出并且与相邻物体接触时,不难看到温度变为 $\frac{\alpha(m-\omega)}{m-\omega}$,

$\frac{\beta(m-\omega)+\alpha\omega}{m}$, $\frac{\gamma(m-\omega)+\beta\omega}{m}$, $\frac{\delta(m-\omega)+\gamma\omega}{m}$, $\cdots$, $\frac{m\omega+\psi\omega}{m+\omega}\frac{\omega}{m}$;或 α, $\beta+(\alpha-\beta)\frac{\omega}{m}$, $\gamma+(\beta-\gamma)\frac{\omega}{m}$, $\delta+(\gamma-\delta)\frac{\omega}{m}$, $\cdots$, $\omega+(\psi-\omega)\frac{\omega}{m}$。

当这些薄层 ω 回到它们原来的位置时,我们根据同一规则得到新的温度,这些温度在于用热量的和除以这些物质的和,并且,在时刻 dt 之后,作为 $\alpha, \beta, \gamma, \delta, \cdots$ 的值,我们有

$\alpha-(\alpha-\beta)\frac{\omega}{m}$, $\beta+(\alpha-\beta-\overline{\beta-\gamma})\frac{\omega}{m}$, $\gamma+(\beta-\gamma-\overline{\gamma-\delta})\frac{\omega}{m}$, $\cdots$, $\omega+(\psi-\omega)\frac{\omega}{m}$。

---

* 在英译本中,这两式中的因子 $\phi(c,c)$ 是 ϕ,这里是根据法文《文集》本改正的。另外,英译本在这里错了两个标点符号,但使叙述的意思大为改变,有兴趣的读者应参考法文《文集》。 —— 汉译者

$\dfrac{\omega}{m}$ 的系数是序列 $\alpha,\beta,\gamma,\cdots\psi,\omega$ 中所取的两个相邻差的差。对于 $\dfrac{\omega}{m}$ 的第一个和最后一个系数，我们也可以把它们看作是二阶差。这只需假定项 α 的前面有一个等于 α 的项，项 ω 的后面有一个等于 ω 的项就够了。因此，和前面一样，一旦用 $k\,\mathrm{d}t$ 代替 ω，我们就有下述方程：

$$\mathrm{d}\alpha=\frac{k}{m}\mathrm{d}t\,[(\beta-\alpha)-(\alpha-\alpha)]\ ,$$

$$\mathrm{d}\beta=\frac{k}{m}\mathrm{d}t\,[(\gamma-\beta)-(\beta-\alpha)]\ ,$$

$$\mathrm{d}\gamma=\frac{k}{m}\mathrm{d}t\,[(\delta-\gamma)-(\gamma-\beta)]\ ,$$

$$\cdots\cdots\cdots\cdots\cdots\cdots$$

$$\mathrm{d}\omega=\frac{k}{m}\mathrm{d}t\,[(\omega-\omega)-(\omega-\psi)]\ 。$$

252　为了对这些方程积分，根据已知的方法，我们假定 $\alpha=a_1\mathrm{e}^{ht}$，$\beta=a_2\mathrm{e}^{ht}$，$\gamma=a_3\mathrm{e}^{ht}$，$\cdots$，$\omega=a_n\mathrm{e}^{ht}$；$h,a_1,a_2,a_3,\cdots$ 是必须确定的常数。作代换后，我们有下述方程：

$$a_1h=\frac{k}{m}(a_2-a_1),$$

$$a_2h=\frac{k}{m}[(a_3-a_2)-(a_2-a_1)],$$

$$a_3h=\frac{k}{m}[(a_4-a_3)-(a_3-a_2)],$$

$$a_nh=\frac{k}{m}[(a_{n+1}-a_n)-(a_n-a_{n-1})]。$$

如果我们把 a_1 看作是已知量，那么我们得到用 a_1 和 h 所表示的 a_2，然后是用 a_2 和 h 表示的 a_3，所有其他未知量 $a_4,a_5,\cdots$ 亦如此。第一个和最后一个方程可以写成下面的形式 $a_1h=\dfrac{k}{m}[(a_2-a_1)-(a_1-a_0)]$，和 $a_nh=\dfrac{k}{m}[(a_{n+1}-a_n)-(a_n-a_{n-1})]$。

保持两个条件 $a_0=a_1$ 和 $a_n=a_{n+1}$ 不变，则 a_2 的值包含 h 的一次幂，a_3 的值包含 h 的二次幂，如此直到 a_{n+1}，它包含 h 的 n 次幂，如此，当 a_{n+1} 变得等于 a_n 时，为确定 h，我们有一个 n 次方程，a_1 仍然待定。

由此得出，我们将得到 n 个 h 值，并且，根据线性方程的性质，α 的一般值由 n 个项组成，量 $\alpha,\beta,\gamma,\cdots$ 由如

$$\alpha=a_1\mathrm{e}^{ht}+a_1{}'\mathrm{e}^{h't}+a_1{}''\mathrm{e}^{h''t}+\cdots$$

$$\beta=a_2\mathrm{e}^{ht}+a_2{}'\mathrm{e}^{h't}+a_2{}''\mathrm{e}^{h''t}+\cdots$$

$$\gamma=a_3\mathrm{e}^{ht}+a_3{}'\mathrm{e}^{h't}+a_3{}''\mathrm{e}^{h''t}+\cdots$$

$$\cdots\cdots\cdots\cdots\cdots\cdots\cdots$$

$$\omega=a_n\mathrm{e}^{ht}+a_n{}'\mathrm{e}^{h't}+a_n{}''\mathrm{e}^{h''t}+\cdots$$

这样的一些方程来确定。

$h,h',h'',\cdots$ 的值有 n 个，并且等于 h 的 n 次代数方程的 n 个根，正如我们将要看到的，它的所有根都是实根。

第一个方程的系数 $a_1,a_1{}',a_1{}'',a_1{}''',\cdots$ 是任意的；至于下面各行的系数，它们由类似于前面那些方程的 n 个方程组来确定，现在的问题是要建立这些方程。

253　用字母 q 代替 $\dfrac{hm}{k}$，我们有下述方程

$$a_0=a_0,$$

$$a_1 = a_1,$$
$$a_2 = a_1(q+2) - a_0,$$
$$a_3 = a_2(q+2) - a_1,$$
$$\cdots\cdots\cdots\cdots\cdots\cdots$$
$$a_{n+1} = a_n(q+2) - a_{n-1}。$$

我们看到,这些量属于一个循环级数,这个递推级数的关系系数(scale of relation)由两个项$(q+2)$和-1组成。因此,适当确定量A,B和u,则我们可以用方程$a_m = A\sin mu + B\sin(m-1)u$表示通项$a_m$。我们首先由假定$m=0$,然后假定$m$等于$1$,来求$A$和$B$,这个假定给出$a_0 = a_1 - B\sin u$,$a_1 = A\sin u$,因此,$a_m = \dfrac{a_1}{\sin u}\sin mu - \dfrac{a_0}{\sin u}\sin(m-1)u$。

然后在一般方程$a_m = a_{m-1}(q+2) - a_{m-2}$中代入$a_m$,$a_{m-1}$,$a_{m-2}$,$\cdots$的值,则我们得到$\sin mu = (q+2)\sin(m-1)u - \sin(m-2)u$,比较这个方程和下面的方程$\sin mu = 2\cos u\sin(m-1)u - \sin(m-2)u$,[*]它表示以算术级数增加的弧的正弦的一个已知性质,则我们得到$q+2 = 2\cos u$,或$q = -2\text{versin}u$;[**]剩下的只是确定弧u的值。

由于a_m的值是$\dfrac{a_1}{\sin u}[\sin mu - \sin(m-1)u]$,所以,为满足条件$a_{n+1} = a_n$,我们肯定有方程$\sin(n+1)u - \sin nu = \sin nu - \sin(n-1)u$,因此我们推出$\sin nu = 0$,或$u = i\dfrac{\pi}{n}$,$\pi$是半圆周,$i$是任一整数,如$0,1,2,3,4,\cdots(n-1)$;由此我们得出$q$或$\dfrac{hm}{k}$的$n$个值。因此,给出$h$,$h'$,$h''$,$h'''$,$\cdots$的值的含$h$的方程的所有根都是负实数根,它们由方程

$$h = -2\frac{k}{m}\text{versin}\left(0\,\frac{\pi}{n}\right),$$
$$h' = -2\frac{k}{m}\text{versin}\left(1\,\frac{\pi}{n}\right),$$
$$h'' = -2\frac{k}{m}\text{versin}\left(2\,\frac{\pi}{n}\right),$$
$$\cdots\cdots\cdots\cdots\cdots\cdots\cdots\cdots$$
$$h^{(n-1)} = -2\frac{k}{m}\text{versin}\left[(n-1)\,\frac{\pi}{n}\right]$$

所提供。

这样,假定我们已经把半圆周π分成n等分,为形成u,我们取i个这样的部分,i小于n,取a_1为任一量,并使

$$\alpha = a_1\frac{\sin u - \sin 0u}{\sin u}e^{-\frac{2kt}{m}\text{versin}u},$$
$$\beta = a_1\frac{\sin 2u - \sin 1u}{\sin u}e^{-\frac{2kt}{m}\text{versin}u},$$

---

[*] 在上面一个方程以及这一个方程中,法文《文集》本与英译本有点不同,英译本中的m,在法文本中是m',它表示$m-\dfrac{1}{2}$。我们把法文《文集》本中的相关叙述转译如下:

$\cdots\cdots$则我们得到$\sin m'u = (q+2)\sin(m'-1)u - \sin(m'-2)u$,$m'$表示$m-\dfrac{1}{2}$。

比较这个方程和下面的方程:$\sin m'u = 2\cos u\sin(m'-1)u - \sin(m'-2)u$,该方程表示一个已知的性质,我们因而得到$q+2 = 2\cos u$ 或者 $q = -2\text{versin}u$;剩下的只是确定弧u的值。——汉译者

[**] versin,正矢,即 $\text{versin}\theta = 1 - \cos\theta$。傅立叶经常用"$sinu\,vers$"或者是"$sinv$"来表示正矢。——汉译者

$$\gamma = a_1 \frac{\sin 3u - \sin 2u}{\sin u} e^{-\frac{2kt}{m}\mathrm{versin}u},$$

$$\cdots\cdots\cdots\cdots\cdots\cdots\cdots\cdots\cdots\cdots\cdots\cdots$$

$$\omega = a_1 \frac{\sin nu - \sin(n-1)u}{\sin u} e^{-\frac{2kt}{m}\mathrm{versin}u},$$

则我们满足这些微分方程。

由于存在我们可能为 u 所取的 n 个不同的弧，即 $0 \frac{\pi}{n}$，$1 \frac{\pi}{n}$，$2 \frac{\pi}{n}$，$2 \frac{\pi}{n}$，$\cdots$，$(n-1)\frac{\pi}{n}$，所以 $\alpha,\beta,\gamma,\cdots$ 也有 n 组特殊值，这些变量的一般值是这些特殊值的和。

254　我们首先看到，如果弧 u 为 0，则在 $\alpha,\beta,\gamma,\cdots$ 的值中乘以 a 的那些量就都变得等于 1，因为当弧 u 变为 0 时，$\frac{\sin u - \sin 0u}{\sin u}$ 取值为 1；在下面的方程中所能看到的那些量亦如此。由此我们得出，常数项应当进入 $\alpha,\beta,\gamma,\cdots,\omega$ 的一般值。

此外，把对应于 $\alpha,\beta,\gamma,\cdots$ 的所有特殊值相加，则我们有 $\alpha + \beta + \gamma + \cdots = a_1 \frac{\sin nu}{\sin u} e^{-\frac{2kt}{m}\mathrm{versin}u}$；这是只要弧 u 不为 0，则右边就化为 0 的方程。但是在 u 为 0 的情况下，我们会看到 n 是 $\frac{\sin nu}{\sin u}$ 的值。这样我们一般有 $\alpha + \beta + \gamma + \cdots = na_1$；现在，由于这些变量的值是 $a,b,c,\cdots$，所以我们必然有 $na_1 = a + b + c + \cdots$；由此得到，应当进入 $\alpha,\beta,\gamma,\cdots,\omega$ 的每个一般值的常数项是 $\frac{1}{n}(a + b + c + \cdots)$，即是所有初始温度的均值。

至于 $\alpha,\beta,\gamma,\cdots,\omega$ 的一般值，它们由下述方程表示：

$$\alpha = \frac{1}{n}(a + b + c + \cdots) + a_1 \frac{\sin u - \sin 0u}{\sin u} e^{-\frac{2kt}{m}\mathrm{versin}u}$$
$$+ b_1 \frac{\sin u' - \sin 0u'}{\sin u'} e^{-\frac{2kt}{m}\mathrm{versin}u'}$$
$$+ c_1 \frac{\sin u'' - \sin 0u''}{\sin u''} e^{-\frac{2kt}{m}\mathrm{versin}u''}$$
$$+ \cdots,$$

$$\beta = \frac{1}{n}(a + b + c + \cdots) + a_1 \frac{\sin 2u - \sin u}{\sin u} e^{-\frac{2kt}{m}\mathrm{versin}u}$$
$$+ b_1 \frac{\sin 2u' - \sin u'}{\sin u'} e^{-\frac{2kt}{m}\mathrm{versin}u'}$$
$$+ c_1 \frac{\sin 2u'' - \sin u''}{\sin u''} e^{-\frac{2kt}{m}\mathrm{versin}u''}$$
$$+ \cdots,$$

$$\gamma = \frac{1}{n}(a + b + c + \cdots) + a_1 \frac{\sin 3u - \sin 2u}{\sin u} e^{-\frac{2kt}{m}\mathrm{versin}u}$$
$$+ b_1 \frac{\sin 3u' - \sin 2u'}{\sin u'} e^{-\frac{2kt}{m}\mathrm{versin}u'}$$
$$+ c_1 \frac{\sin 3u'' - \sin 2u''}{\sin u''} e^{-\frac{2kt}{m}\mathrm{versin}u''}$$
$$+ \cdots,$$

$$\omega = \frac{1}{n}(a + b + c + \cdots) + a_1 \frac{\sin nu - \sin(n-1)u}{\sin u} e^{-\frac{2kt}{m}\mathrm{versin}u}$$
$$+ b_1 \frac{\sin nu' - \sin(n-1)u'}{\sin u'} e^{-\frac{2kt}{m}\mathrm{versin}u'}$$

$$+ c_1 \frac{\sin nu'' - \sin(n-1)u''}{\sin u''} e^{\frac{2kt}{m}\text{versin}u''}$$

$$+ \cdots \text{。}$$

此处 u，u'，u''，$\cdots$ 表示 $\frac{\pi}{n}$ 的不同倍数。*

255 为了确定常数 $a,b,c,d,\cdots$，我们应当考虑系统的初始状态。事实上，当时间为 0 时，$\alpha,\beta,\gamma,\cdots$ 的值应当等于 $a,b,c,\cdots$；这样，为了确定这 n 个常数，我们有 n 个类似的方程。量 $\sin nu - \sin 0u$，$\sin 2u - \sin u$，$\sin 3u - \sin 2u$，$\cdots$，$\sin nu - \sin(n-1)u$，可以 $\Delta \sin 0u$，$\Delta \sin u$，$\Delta \sin 2u$，$\Delta \sin 3u$，$\cdots$，$\Delta \sin(n-1)u$ 这样的方式标明；如果初始均温用 C 表示，那么适合于确定这些常数的方程是

$$a = C + a_1 \qquad\qquad + b_1 \qquad\qquad + c_1 \qquad\qquad + \cdots,$$

$$b = C + a_1 \frac{\Delta \sin u}{\sin u} + b_1 \frac{\Delta \sin u'}{\sin u'} + c_1 \frac{\Delta \sin u''}{\sin u''} + \cdots,$$

$$c = C + a_1 \frac{\Delta \sin 2u}{\sin u} + b_1 \frac{\Delta \sin 2u'}{\sin u'} + c_1 \frac{\Delta \sin 2u''}{\sin u''} + \cdots,$$

$$d = C + a_1 \frac{\Delta \sin 3u}{\sin u} + b_1 \frac{\Delta \sin 3u'}{\sin u'} + c_1 \frac{\Delta \sin 3u''}{\sin u''} + \cdots,$$

由于量 a_1,b_1,c_1,d_1 和 C 由这些方程来确定，所以我们完全知道变量 $\alpha,\beta,\gamma,\delta,\cdots$，$\omega$ 的值。

一般地，我们可以在这些方程中实施未知数的消元，并确定量 $a,b,c,d,\cdots$ 的值，即使方程的数目无穷也亦可如此；在下面几目中，我们将应用这个消元过程。

256 一旦考查给出变量 α，β，γ，$\cdots$，ω 的一般值的这些方程，我们就会看到，随着时间的增加，每个变量的值的逐项极不相等地变小；因为，由于 $u,u',u'',u''',\cdots$ 的值是 $1\frac{\pi}{n}$，$2\frac{\pi}{n}$，$3\frac{\pi}{n}$，$4\frac{\pi}{n}$，$\cdots$，所以指数 $\text{versin}u$，$\text{versin}u'$，$\text{versin}u''$，$\text{versin}u'''$，$\cdots$ 变得愈来愈大。如果我们假定时间 t 是无穷的，那么只有每个值的第一项存在，这些物体的每一个的温度就变得等于平均温度 $\frac{1}{n}(a+b+c+\cdots)$。由于时间 t 连续增加，所以某个变量的值的每一项就与一个分数的逐次幂成正比地减少，对于第二项，这个分数是 $e^{-\frac{2k}{m}\text{versin}u}$，对于第三项，是 $e^{-\frac{2k}{m}\text{versin}u'}$，以此类推。由于这些分数中最大的一个是对应于最小 u 值的分数，所以我们得到，为了确定温度的终极变化所服从的规律，我们只需考虑前两项就够了；因为随着时间的增加，所有其他项都变得无比地小。因此，温度 $\alpha,\beta,\gamma,\cdots$ 的终极变化由下述方程表示：

$$\alpha = \frac{1}{n}(a+b+c+\cdots) + a_1 \frac{\sin u - \sin 0u}{\sin u} e^{-\frac{2kt}{m}\text{versin}u},$$

$$\beta = \frac{1}{n}(a+b+c+\cdots) + a_1 \frac{\sin 2u - \sin u}{\sin u} e^{-\frac{2kt}{m}\text{versin}u},$$

$$\gamma = \frac{1}{n}(a+b+c+\cdots) + a_1 \frac{\sin 3u - \sin 2u}{\sin u} e^{-\frac{2kt}{m}\text{versin}u}\text{。}$$

$$\cdots\cdots\cdots\cdots\cdots$$

257 如果我们把半圆周分成 n 等分，并且，在画出这些正弦后，取两个相邻正弦的差，那么，这 n 个差就与 $e^{-\frac{2kt}{m}\text{versin}u}$ 的系数成正比，或者，与 α，β，γ，$\cdots$，ω 的值的第二项成

---

* 英文本中没有这句话，但法文《文集》本中有。——汉译者

正比。由于这个原因，后面这些 α，β，γ，$\cdots$，ω 的值就使得终极温度和平均初始温度 $\frac{1}{n}(a+b+c+\cdots)$ 的差总与相邻正弦的差成正比。这些物体开始无论以什么样的方式加热，热分布最后都根据一条不变的规律而完成。如果我们在它们与平均温度相差无几时测量过最后阶段的温度，那么我们就会看到，任一物体的温度和均温之差都随同一分数的逐次幂而不断减少；比较它们自己之间的不同物体在同一时刻所取的温度，我们也会看到，当半圆周被分成 n 等分时，实际温度和平均温度之差与相邻正弦的差成正比。

258　如果我们假定相互传热的这些物体数目无穷，那么，对于弧 u，我们得到一个无穷小的值；因此，在这个圆上所取的相邻正弦的差与相应弧的余弦成正比，因为当弧 u 无穷小时，$\frac{\sin mu - \sin(m-1)u}{\sin u}$ 等于 $\cos mu$。在这种情况下，在同一时刻所取的温度不同于它们都必须趋于的均温的那些温度的量，与对应于被分成无穷多等分的圆周上不同点的余弦成正比。如果把这些导热物体相互等距地放在半圆周 π 的周长上，那么任一物体所位于其端点的弧的余弦，就是那个物体的温度之所以仍不同于均温的那个量的大小。因此，处在所有物体中间的那个物体是最快达到均温的物体。处在中间的某一边的物体都有一过高的温度，随着它们离中间位置愈远，它们超出均温也愈多；处在另一边的物体的温度都低于均温，它们与均温的差和相反的一边与均温的差一样大，只是意义相反。最后，这些差不管是正还是负，它们都同时与同一分数的逐次幂成正比地减少；因此，它们在同一时刻仍然由同一半圆周的余弦值来表示。除个别情况外，一般地，这就是终极温度所服从的规律。系统的初始状态不改变这些结果。我们现在开始处理和前面的问题属于同一类型的第三个问题，这个问题的解将给我们提供许多有用的注记。

259　假定 n 个相等的棱柱形物体等距地放在一个圆的圆周上。具有理想热导率的所有这些物体都有已知的实际温度，这些温度都彼此不同；它们都不可能让它们所含的任一部分的热从其表面逃逸；从第一个物体上分出一个无穷薄的薄层，把它连接到第二个物体上，第二个物体在第一个物体的右边，同时，从第二个物体上分出同样一个薄层，它从左向右移动，并连接到第三个物体上，其他所有物体亦如此，在同一时刻从它们之上分出一个无穷薄的薄层，并连接到下一个物体上。最后，同样这些薄层后来又立即返回，连接到它们由之分出的那些物体上。

我们假定热通过这种往复运动在这些物体之间传导，这种运动在间隔相等的每一时刻内完成二次；问题是要求出这些温度根据什么规律而变化；即，当这些温度的初始值被给定时，就需要确定在任一给定时间之后每个物体的新的温度。

我们用 a_1，a_2，a_3，$\cdots a_i$，$\cdots$，a_n 表示其值任意的初始温度，用 α_1，α_2，α_3，$\cdots \alpha_i$，$\cdots$，α_n 表示历经时间 t 之后的同一温度值。量 α 的每一个显然都是时间 t 和所有初始值 a_1，a_2，a_3，$\cdots$，a_n 的一个函数；需要确定函数 α。

260　我们用 ω 表示从一个物体移到另一个物体上的这个无穷薄的薄层的物体。我们可以注意到，首先，当这些薄层已经从它们原来为一体的那些物体上分出来，与位于右边的那些物体分别接触时，包含在不同物体中的热量就变成 $(m-\omega)\alpha_1+\omega\alpha_n$，$(m-\omega)\alpha_2+\omega\alpha_1$，$(m-\omega)\alpha_3+\omega\alpha_2$，$\cdots$，$(m-\omega)\alpha_n+\omega\alpha_{n-1}$；用物体 m 除这些热量的每一个，则对于新的温度值，我们有 $\alpha_1+\frac{\omega}{m}(\alpha_n-\alpha_1)$，$\alpha_2+\frac{\omega}{m}(\alpha_1-\alpha_2)$，$\alpha_3+\frac{\omega}{m}(\alpha_2-\alpha_3)$，$\cdots$，$\alpha_i+\frac{\omega}{m}(\alpha_{i-1}-\alpha_i)$，$\cdots$，$\alpha_n+\frac{\omega}{m}(\alpha_{n-1}-\alpha_n)$；即为了求出在第一次接触后温度的新的状态，我们应当把薄层已由之分出的物体的温度超过它已连接其上的物体的温度的超出量加到它以前所有的温度值上去。由这同一规则，我们得到第二次接触后的温度是

$$\alpha_1+\frac{\omega}{m}(\alpha_n-\alpha_1)+\frac{\omega}{m}(\alpha_2-\alpha_1),$$

$$\alpha_2 + \frac{\omega}{m}(\alpha_1 - \alpha_2) + \frac{\omega}{m}(\alpha_3 - \alpha_2),$$

$$\cdots\cdots\cdots\cdots\cdots\cdots\cdots\cdots$$

$$\alpha_i + \frac{\omega}{m}(\alpha_{i-1} - \alpha_i) + \frac{\omega}{m}(\alpha_{i+1} - \alpha_i),$$

$$\cdots\cdots\cdots\cdots\cdots\cdots\cdots\cdots$$

$$\alpha_n + \frac{\omega}{m}(\alpha_{n-1} - \alpha_n) + \frac{\omega}{m}(\alpha_1 - \alpha_n)_{\circ}$$

由于时间被分成一些相等的时刻,所以用 dt 表示这种时刻的间隔,并假定 ω 包含在 k 个单位物体中,k 与包含在时间单位中的 dt 的倍数相同,这样我们有 $\omega = k\,dt$。把 $d\alpha_1$,$d\alpha_2$,$d\alpha_3$,$\cdots$,$d\alpha_i$,$\cdots$,$d\alpha_n$ 叫做温度 α_1,α_2,$\cdots$,α_i,$\cdots$,α_n 在时刻 dt 内所得到的无穷小增量,则我们有下述微分方程:

$$d\alpha_1 = \frac{k}{m}dt(\alpha_n - 2\alpha_1 + \alpha_2),$$

$$d\alpha_2 = \frac{k}{m}dt(\alpha_1 - 2\alpha_2 + \alpha_3),$$

$$\cdots\cdots\cdots\cdots\cdots\cdots\cdots\cdots$$

$$d\alpha_i = \frac{k}{m}dt(\alpha_{i-1} - 2\alpha_i + \alpha_{i+1}),$$

$$\cdots\cdots\cdots\cdots\cdots\cdots\cdots\cdots$$

$$d\alpha_{n-1} = \frac{k}{m}dt(\alpha_{n-2} - 2\alpha_{n-1} + \alpha_n),$$

$$d\alpha_n = \frac{k}{m}dt(\alpha_{n-1} - 2\alpha_n + \alpha_1)_{\circ}$$

261 为了解这些方程,首先,根据已知的方法,我们假定 $\alpha_1 = b_1 e^{ht}$,$\alpha_2 = b_2 e^{ht}$,$\cdots$,$\alpha_i = b_i e^{ht}$,$\alpha_n = b_n e^{ht}$。

量 b_1,b_2,b_3,$\cdots$,b_n 是待定常数,指数 h 也是待定常数。容易看出,如果 α_1,α_2,$\cdots$,α_n 的值服从下面的条件:

$$b_1 h = \frac{k}{m}(b_n - 2b_1 + b_2),$$

$$b_2 h = \frac{k}{m}(b_1 - 2b_2 + b_3),$$

$$\cdots\cdots\cdots\cdots\cdots\cdots\cdots$$

$$b_i h = \frac{k}{m}(b_{i-1} - 2b_i + b_{i+1}),$$

$$\cdots\cdots\cdots\cdots\cdots\cdots\cdots$$

$$b_{n-1} h = \frac{k}{m}(b_{n-2} - 2b_{n-1} + b_n),$$

$$b_n h = \frac{k}{m}(b_{n-1} - 2b_n + b_1),$$

那么它们满足这些方程。

令 $q = \dfrac{hm}{k}$,从最后一个方程开始,我们有

$$b_1 = b_n(q+2) - b_{n-1},$$

$$b_2 = b_1(q+2) - b_n,$$

$$b_3 = b_2(q+2) - b_1,$$

$$\cdots\cdots\cdots\cdots\cdots\cdots$$

$$b_i = b_{i-1}(q+2) - b_{i-2},$$

$$\cdots\cdots\cdots\cdots\cdots$$
$$b_n = b_{n-1}(q+2) - b_{n-2}.$$

由此得到,不用 b_1,b_2,b_3,$\cdots b_i$,$\cdots$,b_n,我们可以取把整个圆周 2π 分成 n 等分而得到的 n 个连续的正弦。事实上,用 u 表示弧 $2\dfrac{\pi}{n}$,则如所说的,其数目为 n 的量 $\sin0u$,$\sin1u$,$\sin2u$,$\sin3u$,$\cdots$,$\sin(n-1)u$ 属于一个递推级数,该级数的关系系数有两项,$2\cos u$ 和 -1;因此,我们总有条件 $\sin iu = 2\cos u\sin(i-1)u - \sin(i-2)u$。

这样,不用 b_1,b_2,b_3,$\cdots$,b_n,而取量 $\sin0u$,$\sin1u$,$\sin2u$,$\cdots$,$\sin(n-2)u$。则我们有 $q+2=2\cos u$,$q=-2\mathrm{versin}\,u$,或者 $q = -2\mathrm{versin}\dfrac{2\pi}{n}$。

我们已经在前面用 q 代替 $\dfrac{hm}{k}$,因此 h 的值是 $-\dfrac{2k}{m}\mathrm{versin}\dfrac{2\pi}{n}$;当在方程中代入 b_i 和 h 的这些值时,我们有

$$\alpha_1 = \sin0u\ \mathrm{e}^{-\frac{2kt}{m}\mathrm{versin}\frac{2\pi}{n}},$$
$$\alpha_2 = \sin1u\ \mathrm{e}^{-\frac{2kt}{m}\mathrm{versin}\frac{2\pi}{n}},$$
$$\alpha_3 = \sin2u\ \mathrm{e}^{-\frac{2kt}{m}\mathrm{versin}\frac{2\pi}{n}},$$
$$\cdots\cdots\cdots\cdots\cdots$$
$$\alpha_n = \sin(n-1)u\ \mathrm{e}^{-\frac{2kt}{m}\mathrm{versin}\frac{2\pi}{n}}。$$

262　上面这些方程只对所提出的问题提供一个非常特殊的解;因为,如果我们假定 $t=0$,那么作为 α_1,α_2,α_3,$\cdots$,α_n 的初始值,我们有量 $\sin0u$,$\sin1u$,$\sin2u$,$\cdots$,$\sin(n-1)u$,一般地,这些量不同于已知值 α_1,α_2,α_3,$\cdots\alpha_n$:但是上面的解值得注意,因为正如我们即将看到的,它表示属于所有可能情况的事件,并表示温度的终极变化。我们由这个解看到,如果初始温度 α_1,α_2,α_3,$\cdots$,α_n 与正弦 $\sin0\dfrac{2\pi}{n}$,$\sin1\dfrac{2\pi}{n}$,$\sin2\dfrac{2\pi}{n}$,$\cdots$,$\sin(n-1)\dfrac{2\pi}{n}$ 成正比,那么它们将仍然保持与同样这些正弦成正比,我们会有方程

$$\left.\begin{aligned}\alpha_1 &= a_1\mathrm{e}^{ht},\\ \alpha_2 &= a_2\mathrm{e}^{ht},\\ \alpha_3 &= a_3\mathrm{e}^{ht},\\ &\cdots\cdots\\ \alpha_n &= a_n\mathrm{e}^{ht},\end{aligned}\right\} \quad 此处 \quad h = -\dfrac{2k}{m}\mathrm{versin}\dfrac{2\pi}{n}。*$$

由此,如果等距地位于圆周上的这些物体有与落到过第一点的直径上的垂线成正比的初始温度,那么这些温度将随时间变化,但总保持与那些垂线成正比,并且这些温度将随其比为分数 $\mathrm{e}^{-\frac{2k}{m}\mathrm{versin}\frac{2\pi}{n}}$ 的一个几何级数的项同时降低。

263　为了建立通解,我们首先可以注意到,不用 b_1,b_2,b_3,$\cdots$,b_n,我们可以取与被分成 n 等分的圆周的分点相对应的 n 个余弦。量 $\cos0u$,$\cos1u$,$\cos2u$,$\cdots$,$\cos(n-1)u$ 中的 u 表示弧 $\dfrac{2\pi}{n}$,这些量也组成一个递推级数,该级数的关系系数由两个项 $2\cos u$ 和 -1 组成,由此,我们可以通过下述方程来满足微分方程:

---

* 英文版中,左边一列等式中的 e 的指数是负的,即 e^{-ht},但右边等式是 $h=\dfrac{2k}{m}\mathrm{versin}\dfrac{2\pi}{n}$,即等式右边是正的。这样处理虽然不错,但与下面的叙述相抵。现依法文《文集》本改正。——汉译者

$$\alpha_1 = \cos 0u \, e^{-\frac{2kt}{m}\text{versin}u},$$

$$\alpha_2 = \cos 1u \, e^{-\frac{2kt}{m}\text{versin}u},$$

$$\alpha_3 = \cos 2u \, e^{-\frac{2kt}{m}\text{versin}u},$$

$$\cdots\cdots\cdots\cdots\cdots$$

$$\alpha_n = \cos(n-1)u \, e^{-\frac{2kt}{m}\text{versin}u}。$$

和前面两个解无关,我们可以为 b_1,b_2,b_3,$\cdots$,b_n 的值选择量 $\sin 0 \cdot 2u$,$\sin 1 \cdot 2u$,$\sin 2 \cdot 2u$,$\sin 3 \cdot 2u$,$\cdots$,$\sin(n-1)2u$;或者选择 $\cos 0 \cdot 2u$,$\cos 1 \cdot 2u$,$\cos 2 \cdot 2u$,$\cos 3 \cdot 2u$,$\cdots$,$\cos(n-1)2u$。

事实上,每个这样的级数都是递推的,并且由 n 个项所组成;关系系数有两项,$2\cos 2u$ 和 -1;如果我们延续这个级数 n 个项,那么我们会得到分别等于前 n 项的另外 n 个项。

一般地,如果我们用 u_1,u_2,u_3,$\cdots$,u_n 表示弧 $0\frac{2\pi}{n}$,$1\frac{2\pi}{n}$,$2\frac{2\pi}{n}$,$\cdots$,$(n-1)\frac{2\pi}{n}$,$\cdots$,那么我们可以为 b_1,b_2,b_3,$\cdots$,b_n 的值取 n 个量 $\sin 0u_i$,$\sin 1u_i$,$\sin 2u_i$,$\sin 3u_i$,$\cdots$,$\sin(n-1)u_i$;或者是 $\cos 0u_i$,$\cos 1u_i$,$\cos 2u_i$,$\cos 3u_i$,$\cdots$,$\cos(n-1)u_i$。与这每个级数所对应的 h 值可以由方程 $h = -\frac{2k}{m}\text{versin}u_i$ 给出。

我们可以对 i 给出从 $i=1$ 到 $i=n$ 的 n 个不同的值。

把 b_1,b_2,b_3,$\cdots$,b_n 的这些值代到第 261 目的方程中去,则我们有由下述结果所满足的第 260 目中的微分方程:

$$\alpha_1 = \sin 0u_i e^{-\frac{2kt}{m}\text{versin}u_i}, \quad \text{或} \quad \alpha_1 = \cos 0u_i e^{-\frac{2kt}{m}\text{versin}u_i},$$

$$\alpha_2 = \sin 1u_i e^{-\frac{2kt}{m}\text{versin}u_i}, \qquad \alpha_2 = \cos 1u_i e^{-\frac{2kt}{m}\text{versin}u_i},$$

$$\alpha_3 = \sin 2u_i e^{-\frac{2kt}{m}\text{versin}u_i}, \qquad \alpha_3 = \cos 2u_i e^{-\frac{2kt}{m}\text{versin}u_i},$$

$$\cdots\cdots\cdots\cdots\cdots\cdots \qquad \cdots\cdots\cdots\cdots\cdots\cdots$$

$$\alpha_n = \sin(n-1)u_i e^{-\frac{2kt}{m}\text{versin}u_i}, \quad \alpha_n = \cos(n-1)u_i e^{-\frac{2kt}{m}\text{versin}u_i},$$

264 变量 α_1,α_2,α_3,$\cdots$,α_n 来自为这些变量所找到的几个特殊值的和,通过构造这每个变量 α_1,α_2,α_3,α_n 的值,我们同样可以满足第 260 目的那些方程;进入某个变量的一般值的每一项也可以乘以任一常系数。由此得到,若用 A_1,B_1,A_2,B_2,A_3,B_3,$\cdots$,A_n,B_n 表示任一组系数,那么为了表示某个变量,例如 α_{m+1} 的一般值,我们可以取方程

$$\alpha_{m+1} = (A_1 \sin m \, u_1 + B_1 \cos m \, u_1) e^{-\frac{2kt}{m}\text{versin}u_1}$$

$$+ (A_2 \sin m \, u_2 + B_2 \cos m \, u_2) e^{-\frac{2kt}{m}\text{versin}u_2}$$

$$+ \cdots\cdots\cdots\cdots\cdots$$

$$+ (A_n \sin m u_n + B_n \cos m u_n) e^{-\frac{2kt}{m}\text{versin}u_n}。$$

进入这个方程的量 A_1,A_2,A_3,$\cdots$,A_n,B_1,B_2,B_3,$\cdots$,B_n 是任意的,弧 u_1,u_2,u_3,$\cdots$,u_n 由方程 $u_1 = 0\frac{2\pi}{n}$,$u_2 = 1\frac{2\pi}{n}$,$u_3 = 2\frac{2\pi}{n}$,$\cdots$,$u_n = (n-1)\frac{2\pi}{n}$ 给出。

这样,变量 α_1,α_2,α_3,$\cdots$,α_n 的一般值由下述方程表示:

$$\alpha_1 = (A_1 \sin 0u_1 + B_1 \cos 0u_1) e^{-\frac{2kt}{m}\text{versin}u_1}$$

$$+ (A_2 \sin 0u_2 + B_2 \cos 0u_2) e^{-\frac{2kt}{m}\text{versin}u_2}$$

$$+ (A_3 \sin 0u_3 + B_3 \cos 0u_3) e^{-\frac{2kt}{m}\text{versin}u_3}$$

$$+ \cdots\cdots\cdots\cdots ;$$

$$\alpha_2 = (A_1 \sin 1 u_1 + B_1 \cos 1 u_1) e^{-\frac{2kt}{m} \text{versin} u_1}$$

$$+ (A_2 \sin 1 u_2 + B_2 \cos 1 u_2) e^{-\frac{2kt}{m} \text{versin} u_2}$$

$$+ (A_3 \sin 1 u_3 + B_3 \cos 1 u_3) e^{-\frac{2kt}{m} \text{versin} u_3}$$

$$+ \cdots\cdots\cdots\cdots ;$$

$$\alpha_3 = (A_1 \sin 2 u_1 + B_1 \cos 2 u_1) e^{-\frac{2kt}{m} \text{versin} u_1}$$

$$+ (A_2 \sin 2 u_2 + B_2 \cos 2 u_2) e^{-\frac{2kt}{m} \text{versin} u_2}$$

$$+ (A_3 \sin 2 u_3 + B_3 \cos 2 u_3) e^{-\frac{2kt}{m} \text{versin} u_3}$$

$$+ \cdots\cdots\cdots\cdots ;$$

$$\alpha_n = [A_1 \sin(n-1) u_1 + B_1 \cos(n-1) u_1] e^{-\frac{2kt}{m} \text{versin} u_1}$$

$$+ [A_2 \sin(n-1) u_2 + B_2 \cos(n-1) u_2] e^{-\frac{2kt}{m} \text{versin} u_2}$$

$$+ [A_3 \sin(n-1) u_3 + B_3 \cos(n-1) u_3] e^{-\frac{2kt}{m} \text{versin} u_3}$$

$$+ \cdots\cdots\cdots\cdots ;$$

265　如果我们假定时间为 0,那么值 α_1,α_2,α_3,$\cdots$,α_n 肯定变得和初始值 a_1,a_2,a_3,$\cdots$,a_n 相同。我们由此得到 n 个方程,它们用来确定系数 A_1,B_1,A_2,B_2,A_3,B_3,$\cdots$。容易看出,未知数的个数总等于方程的个数。事实上,进入这些变量某一个的值的项数依不同的量 versin$u$, versinu_2, versinu_3,$\cdots$的个数而定,一旦把圆周长 2π 分成 n 等分,我们就能得到这些不同的量。现在,如果我们只计算那些不同的量,那么,量 versin$\frac{2\pi}{n}$, versin$1 \frac{2\pi}{n}$, versin$2 \frac{2\pi}{n}$,$\cdots$的个数就比 n 小得多。若数 n 是奇数,就用 $2i+1$ 来表示,若 n 是偶数,就用 $2i$ 来表示。$i+1$ 总表示不同正矢的个数。另一方面,当在量 versin$0 \frac{2\pi}{n}$, versin$1 \frac{2\pi}{n}$, versin$2 \frac{2\pi}{n}$,$\cdots$的级数中,我们得出一个正矢 versin$\lambda \frac{2\pi}{n}$ 等于前面某个正矢 versin$\lambda' \frac{2\pi}{n}$ 时,包含这个正矢的方程的两项就只构成一项;有同一正矢的两个不同的弧 u_λ 和 $u_{\lambda'}$ 也有同一个余弦,并且正弦只在符号上不同。容易看到,有同一正矢的弧 u_λ 和 $u_{\lambda'}$ 是这样的:u_λ 的任一倍数的余弦等于 $u_{\lambda'}$ 的同一倍数的余弦,并且,u_λ 的任一倍数的正弦与 $u_{\lambda'}$ 同一倍数的正弦只在符号上不同。由此得到,当我们把每个方程的两个对应项合成一项时,进入这些方程的两个未知数 A_λ 和 $A_{\lambda'}$ 就由单个未知数,即 $A_\lambda - A_{\lambda'}$,来代替。至于两个未知数 B_λ 和 $B_{\lambda'}$,它们也由单个未知数,即 $B_\lambda + B_{\lambda'}$,来代替:由此得到,在所有情况下,未知数的个数都等于方程的个数;因为项数总是 $i+1$。我们应当加上,由于未知数 A 乘以一个零弧的正弦,所以它自行从第一项中消掉。此处,当数 n 是偶数时,则在每个方程的最后可以看到一个某未知数在其中自行消失的项,因为该项乘以一个零正弦;因此,当数 n 为偶数时,进入这些方程的未知数的个数等于 $2(i+1)-2$;因此,在所有情况下未知数的个数都与方程的个数相同。

266　为了表示温度 α_1,α_2,α_3,$\cdots$,α_n 的一般值,前面的分析给我们提供这样一些方程:

$$\alpha_1 = \left(A_1 \sin 0 \cdot 0 \frac{2\pi}{n} + B_1 \cos 0 \cdot 0 \frac{2\pi}{n} \right) e^{-\frac{2kt}{m} \text{versin} 0 \frac{2\pi}{n}}$$

$$+\left(A_2\sin0\cdot1\frac{2\pi}{n}+B_2\cos0\cdot1\frac{2\pi}{n}\right)\mathrm{e}^{-\frac{2kt}{m}\mathrm{versin}1\frac{2\pi}{n}}$$

$$+\left(A_3\sin0\cdot2\frac{2\pi}{n}+B_3\cos0\cdot2\frac{2\pi}{n}\right)\mathrm{e}^{-\frac{2kt}{m}\mathrm{versin}2\frac{2\pi}{n}}$$

$$+\cdots,$$

$$\alpha_2=\left(A_1\sin1\cdot0\frac{2\pi}{n}+B_1\cos1\cdot0\frac{2\pi}{n}\right)\mathrm{e}^{-\frac{2kt}{m}\mathrm{versin}0\frac{2\pi}{n}}$$

$$+\left(A_2\sin1\cdot1\frac{2\pi}{n}+B_2\cos1\cdot1\frac{2\pi}{n}\right)\mathrm{e}^{-\frac{2kt}{m}\mathrm{versin}1\frac{2\pi}{n}}$$

$$+\left(A_3\sin1\cdot2\frac{2\pi}{n}+B_3\cos1\cdot2\frac{2\pi}{n}\right)\mathrm{e}^{-\frac{2kt}{m}\mathrm{versin}2\frac{2\pi}{n}}$$

$$+\cdots,$$

$$\alpha_3=\left(A_1\sin2\cdot0\frac{2\pi}{n}+B_1\cos2\cdot0\frac{2\pi}{n}\right)\mathrm{e}^{-\frac{2kt}{m}\mathrm{versin}0\frac{2\pi}{n}}$$

$$+\left(A_2\sin2\cdot1\frac{2\pi}{n}+B_2\cos2\cdot1\frac{2\pi}{n}\right)\mathrm{e}^{-\frac{2kt}{m}\mathrm{versin}1\frac{2\pi}{n}}$$

$$+\left(A_3\sin2\cdot2\frac{2\pi}{n}+B_3\cos2\cdot2\frac{2\pi}{n}\right)\mathrm{e}^{-\frac{2kt}{m}\mathrm{versin}2\frac{2\pi}{n}}$$

$$+\cdots,$$

$$\alpha_n=\left[A_1\sin(n-1)0\frac{2\pi}{n}+B_1\cos(n-1)0\frac{2\pi}{n}\right]\mathrm{e}^{-\frac{2kt}{m}\mathrm{versin}0\frac{2\pi}{n}}$$

$$+\left[A_2\sin(n-1)1\frac{2\pi}{n}+B_2\cos(n-1)1\frac{2\pi}{n}\right]\mathrm{e}^{-\frac{2kt}{m}\mathrm{versin}1\frac{2\pi}{n}}$$

$$+\left[A_3\sin(n-1)2\frac{2\pi}{n}+B_3\cos(n-1)2\frac{2\pi}{n}\right]\mathrm{e}^{-\frac{2kt}{m}\mathrm{versin}2\frac{2\pi}{n}}$$

$$+\cdots,\qquad(\mu)$$

为了建立这些方程,我们应当在每个方程中依次延续包含 $\mathrm{versin}0\dfrac{2\pi}{n}$,$\mathrm{versin}1\dfrac{2\pi}{n}$,$\mathrm{versin}2\dfrac{2\pi}{n}$,$\cdots$ 的项,直到我们包括了每个不同的正矢为止;并且,从出现一个正矢等于前面一个正矢的那个项开始,我们应当略去所有后面的项。

这些方程的个数是 n。如果 n 是一个等于 $2i$ 的偶数,则每个方程的项数就是 $i+1$;如果方程个数 n 是由 $2i+1$ 所表示的一个奇数,则项数仍然等于 $i+1$。最后,在进入这些方程的量 A_1,B_1,A_2,B_2,$\cdots$ 之间,存在一些应当略去的量,因为它们在乘以零正弦后自行消掉。

267　为了确定进入前面这些方程的量 A_1,B_1,A_2,B_2,A_3,B_3,$\cdots$,我们应当考虑已知的初始状态:假定 $t=0$,并且不用 α_1,α_2,α_3,$\cdots$,而用给定的量 α_1,α_2,α_3,$\cdots$,它们是温度的初始值。这样,为了确定 A_1,B_1,A_2,B_2,A_3,B_3,$\cdots$,我们有下述方程:

$$a_1=A_1\sin0\cdot0\frac{2\pi}{n}+A_2\sin0\cdot1\frac{2\pi}{n}+A_3\sin0\cdot2\frac{2\pi}{n}+\cdots$$

$$+B_1\cos0\cdot0\frac{2\pi}{n}+B_2\cos0\cdot1\frac{2\pi}{n}+B_3\cos0\cdot2\frac{2\pi}{n}+\cdots$$

$$a_2=A_1\sin1\cdot0\frac{2\pi}{n}+A_2\sin1\cdot1\frac{2\pi}{n}+A_3\sin1\cdot2\frac{2\pi}{n}+\cdots$$

$$+B_1\cos1\cdot0\frac{2\pi}{n}+B_2\cos1\cdot1\frac{2\pi}{n}+B_3\cos1\cdot2\frac{2\pi}{n}+\cdots$$

$$a_3=A_1\sin2\cdot0\frac{2\pi}{n}+A_2\sin2\cdot1\frac{2\pi}{n}+A_3\sin2\cdot2\frac{2\pi}{n}+\cdots$$

$$+B_1\cos2\cdot0\frac{2\pi}{n}+B_2\cos2\cdot1\frac{2\pi}{n}+B_3\cos2\cdot2\frac{2\pi}{n}+\cdots$$

$$a_n = A_1 \sin(n-1)0\frac{2\pi}{n} + A_2 \sin(n-1)1\frac{2\pi}{n}$$

$$+ A_3 \sin(n-1)2\frac{2\pi}{n} + \cdots$$

$$+ B_1 \cos(n-1)0\frac{2\pi}{n} + B_2 \cos(n-1)1\frac{2\pi}{n}$$

$$+ B_3 \cos(n-1)2\frac{2\pi}{n} + \cdots 。 \tag{m}$$

268　在个数为 n 的这些方程中,未知量是 $A_1,B_1,A_2,B_2,A_3,B_3,\cdots$,所需要的是进行消元并求出这些未知数的值。首先我们可以注意到,同一个未知数在每一个方程中有不同的乘数,这些乘数序列组成一个递推级数。事实上,这个序列是以算术级数增加的弧的正弦序列,或者是同样这些弧的余弦序列;它可以表示为 $\sin 0u, \sin 1u, \sin 2u$, $\sin 3u, \cdots, \sin(n-1)u$,或者是 $\cos 0u, \cos 1u, \cos 2u, \cos 3u, \cdots, \cos(n-1)u$。

如果所讨论的未知数是 A_{i+1} 或者是 B_{i+1},则弧 u 就等于 $i\left(\frac{2\pi}{n}\right)$。如此,为了用前面的那些方程确定未知数 A_{i+1},我们应当把这一个一个的方程和这一系列乘数 $\sin 0u$, $\sin 1u, \sin 2u, \sin 3u, \cdots, \sin(n-1)u$ 合并,用这个序列的相应项乘每一个方程。如果我们取如此乘过的方程的和,那么除需要确定的未知数外,我们就消去了所有其他的未知数。如果我们要求 B_{i+1} 的值,则情况亦如此。我们应当用那个方程中 B_{i+1} 的乘数乘每个方程,然后取所有这些方程的和,需要证明的是,通过这样的运算,除唯一的一个未知数外,我们事实上消去了其他所有的未知数。为此,只需标明下面三点就够了:第一,如果我们逐项乘下面两个序列 $\sin 0u, \sin 1u, \sin 2u, \sin 3u, \cdots, \sin(n-1)u, \sin 0v, \sin 1v$, $\sin 2v, \sin 3v, \cdots, \sin(n-1)v$,那么,除了当弧 u 和 v 相同这种情况之外,换句话说,除了当每个这样的弧被认为是等于 $\frac{2\pi}{n}$ 的部分圆周长的倍数这种情况之外,乘积的和 $\sin 0u$ $\sin 0v + \sin 1u \sin 1v + \sin 2u \sin 2v + \cdots$ 就等于 0;第二,如果我们逐项乘两个序列 $\cos 0u$, $\cos 1u, \cos 2u, \cdots, \cos(n-1)u, \cos 0v, \cos 1v, \cos 2v, \cdots, \cos(n-1)v$,那么除 u 等于 v 的情况外,乘积的和就等于 0;第三,如果我们逐项乘两个序列 $\sin 0u, \sin 1u, \sin 2u$, $\sin 3u, \cdots, \sin(n-1)u, \cos 0v, \cos 1v, \cos 2v, \cos 3v, \cdots, \cos(n-1)v$,那么乘积的和就总等于 0。

269　让我们用 q 表示弧 $\frac{2\pi}{n}$,用 μq 表示弧 u,用 νq 表示弧 v;μ 和 ν 是小于 n 的正整数。对应于前两个序列的两项的积用 $\sin j\mu q \sin j\nu q$,或 $\frac{1}{2}\cos j(\mu-\nu)q - \frac{1}{2}\cos j(\mu+\nu)q$ 来表示,字母 j 表示序列 $0,1,2,3,\cdots,(n-1)$ 的任一项;现在不难证明,如果我们对 j 给定其从 0 到 $(n-1)$ 的 n 个连续值,那么和 $\frac{1}{2}\cos 0(\mu-\nu)q + \frac{1}{2}\cos 1(\mu-\nu)q + \frac{1}{2}\cos 2(\mu-\nu)q + \frac{1}{2}\cos 3(\mu-\nu)q + \cdots \frac{1}{2}\cos(n-1)(\mu-\nu)q$ 就取 0 值,级数 $\frac{1}{2}\cos 0(\mu+\nu)q + \frac{1}{2}\cos 1(\mu+\nu)q + \frac{1}{2}\cos 2(\mu+\nu)q + \frac{1}{2}\cos 3(\mu+\nu)q + \cdots + \frac{1}{2}\cos(n-1)(\mu+\nu) + q$ 亦如此。

事实上,用 α 表示弧 $(\mu-\nu)q$,这个弧必然是 $\frac{2\pi}{n}$ 的一个倍数,则我们有循环级数 $\cos 0\alpha, \cos 1\alpha, \cos 2\alpha, \cdots, \cos(n-1)\alpha$,它的和为 0。

为了表明这一点,我们用 s 表示这个和,由于关系系数的两个项是 $2\cos\alpha$ 和 -1,所以我们用 $-2\cos\alpha$ 和 1 依次乘方程 $s = \cos 0\alpha + \cos 1\alpha + \cos 2\alpha + \cos 3\alpha + \cdots + \cos(n-1)\alpha$ 的两边;这样,把这三个方程相加,我们就会看到,按照递推级数,中项被消掉。

如果现在我们注意到，由于 $n\alpha$ 是整个圆周的一个倍数，所以量 $\cos(n-1)\alpha$，$\cos(n-2)\alpha$，$\cos(n-3)\alpha$，…分别和那些由 $\cos(-\alpha)$，$\cos(-2\alpha)$，$\cos(-3\alpha)$，…所表示的量相同，那么我们得到 $2s-2s\cos\alpha=0$；因此一般地，所求的这个和应当是 0。

用同样的方法我们得到，属于 $\frac{1}{2}\cos j(\mu+\nu)q$ 的展开式的项的和为 0。应当除开由 α 所表示的弧为 0 的情况；这时，我们有 $1-\cos\alpha=0$；即，弧 u 和 v 是相同的。在这种情况下，项 $\frac{1}{2}\cos j(\mu+\nu)$ 仍然给出一个其和为 0 的展开式；但是量 $\frac{1}{2}\cos j(\mu-\nu)q$ 提供一些相同的项，它们每一个都取值 $\frac{1}{2}n$。

同样地，我们可以得到后两个序列逐项积的和的值或者是 $\sum(\cos j\mu q \cos j\nu q)$ 的值；事实上，我们可以用量 $\frac{1}{2}\cos j(\mu-\nu)q+\frac{1}{2}\cos j(\mu+\nu)q$ 代替 $\cos j\mu q \cos j\nu q$，这样，和在前面的情况一样，我们得到 $\sum\frac{1}{2}\cos j(\mu+\nu)q$ 为 0，并且，除 $\mu=\nu$ 的情况外，$\sum\frac{1}{2}\cos j(\mu-\nu)q$ 为 0。由此得到，当弧 u 和 v 不同时，后两个序列逐项积的和或者是 $\sum\cos j\mu q \cos j\nu q$ 总等于 0，当 $u=v$ 时，它等于 $\frac{1}{2}n$。所要注意的只是当我们取 0 作为表示前两个序列逐项积的和 $\sum\sin j\mu q \sin j\nu q$ 的值时，弧 μq 和 νq 均为 0 的情况[*]。

当 μq 和 νq 都为 0 时所取的和 $\sum\cos j\mu q \cos j\nu q$ 的情况不同；后两个序列逐项积的和显然等于 n。

至于两个序列 $\sin 0u$，$\sin 1u$，$\sin 2u$，$\sin 3u$，…，$\sin(n-1)u$，$\cos 0u$，$\cos 1u$，$\cos 2u$，$\cos 3u$，…，$\cos(n-1)u$ 的逐项积的和，正如可以由前述分析容易断定一样，它在所有情况下都为 0。

270 这些序列的比较提供下面的结果。如果我们把圆周 2π 分成 n 等分，使弧 u 由这些等分的一个整数 μ 所组成，并标明弧 u，$2u$，$3u$，…，$(n-1)u$ 的端点，那么从三角函数量的已知性质得到，量 $\sin 0u$，$\sin 1u$，$\sin 2u$，$\sin 3u$，…，$\sin(n-1)u$，当然，或者是量 $\cos 0u$，$\cos 1u$，$\cos 2u$，$\cos 3u$，…，$\cos(n-1)u$ 形成由 n 个项所组成的一个递推周期级数（a recurring periodic series）：如果我们把与弧 u 或者是 $u\frac{2\pi}{n}$ 对应的两个序列中的一个和与另一个弧 v 或者是 $v\frac{2\pi}{n}$ 所对应的序列作比较，并且把这两个相比较的序列逐项

---

[*] 　法文《文集》本的编者 M. 加斯东·达布在此给出了一个脚注来说明这个和为什么等于 0。脚注如下：等式 $\cos i\alpha-2\cos\alpha\cos(i-1)\alpha+\cos(i-2)\alpha=0$，可用于所有的 i 值，我们一般有

$$\sum_{0}^{n-1}\left[\cos i\alpha-2\cos\alpha\cos(i-1)\alpha+\cos(i-2)\alpha\right]=0$$

或者

$$\sum_{0}^{n-1}\cos i\alpha-2\cos\alpha\sum_{0}^{n-1}\cos(i-1)\alpha+\sum_{0}^{n-1}\cos(i-2)\alpha=0 \tag{a}$$

在傅立叶的这部著作中，$n\alpha$ 是 2π 的倍数，因此我们有 $\sum_{0}^{n-1}\cos i\alpha-\sum_{0}^{n-1}\cos(i-1)\alpha=\cos(n-1)\alpha-\cos(-\alpha)=0$，$\sum_{0}^{n-1}\cos(i-1)\alpha-\sum_{0}^{n-1}\cos(i-2)\alpha=\cos(n-2)\alpha-\cos(-2\alpha)=0$。方程（a）中的三个和完全相等，用和 s 来代替它们的值，我们正好得到 $2s(1-\cos\alpha)=0$。——汉译者

相乘，那么当弧 u 和 v 不同时，这些积的和为 0。如果弧 u 和 v 相等，那么当我们合并正弦的两个序列，或者当我们合并余弦的两个序列时，这些积的和就等于 $\dfrac{1}{2}n$；但是如果我们把一个正弦序列和一个余弦序列合并，则积为 0。如果我们假定弧 u 和 v 等于 0，那么显然，只要这两个序列中的一个由正弦组成，或者两者都由正弦组成，那么逐项积的和就为 0，但是，如果所合并的序列都由余弦组成，则这些积的和等于 n。一般地，逐项积的和或者是等于 0，或者是等于 $\dfrac{1}{2}n$，或者是等于 n；此外，已知的公式将直接导致同样的结果。在这里，它们是作为三角学基本定理的明显结论而被推导出来的。

271　我们通过这些注记不难完成前述方程的未知数消元。未知数 A_1 因有 0 系数而自行消去；为了求出 B_1，我们应当用那个方程中的系数乘每一个方程的两边，把所有这样乘过的方程相加，我们得到 $a_1+a_2+a_3+\cdots+a_n=B_1$。

为了确定 A_2，我们应当用那个方程中 A_2 的系数乘每个方程的两边，用 q 表示弧 $\dfrac{2\pi}{n}$，在把这些方程加起来后，我们有，$a_1\sin 0q+a_2\sin 1q+a_3\sin 2q+\cdots+a_n\sin(n-1)q=\dfrac{1}{2}nA_2$。

同样，为了确定 B_2，我们有 $a_1\cos 0q+a_2\cos 1q+a_3\cos 2q+\cdots+a_n\cos(n-1)q=\dfrac{1}{2}nB_2$。

一般地，通过用相应方程中未知数的系数乘每个方程的两边，我们可以求出每一个未知数。因此我们得到下述结果：

$$nB_1=a_1+a_2+a_3+\cdots$$
$$=\sum a_i,$$
$$\frac{n}{2}A_2=a_1\sin 0\,\frac{2\pi}{n}+a_2\sin 1\,\frac{2\pi}{n}+a_3\sin 2\,\frac{2\pi}{n}+\cdots$$
$$=\sum a_i\sin(i-1)1\,\frac{2\pi}{n},$$
$$\frac{n}{2}B_2=a_1\cos 0\,\frac{2\pi}{n}+a_2\cos 1\,\frac{2\pi}{n}+a_3\cos 2\,\frac{2\pi}{n}+\cdots$$
$$=\sum a_i\cos(i-1)1\,\frac{2\pi}{n},$$
$$\frac{n}{2}A_3=a_1\sin 0\cdot 2\,\frac{2\pi}{n}+a_2\sin 1\cdot 2\,\frac{2\pi}{n}+a_3\sin 2\cdot 2\,\frac{2\pi}{n}+\cdots$$
$$=\sum a_i\sin(i-1)2\,\frac{2\pi}{n},$$
$$\frac{n}{2}B_3=a_1\cos 0\cdot 2\,\frac{2\pi}{n}+a_2\cos 1\cdot 2\,\frac{2\pi}{n}+a_3\cos 2\cdot 2\,\frac{2\pi}{n}+\cdots$$
$$=\sum a_i\cos(i-1)2\,\frac{2\pi}{n},$$
$$\frac{n}{2}A_4=a_1\sin 0\cdot 3\,\frac{2\pi}{n}+a_2\sin 1\cdot 3\,\frac{2\pi}{n}+a_3\sin 2\cdot 3\,\frac{2\pi}{n}+\cdots$$
$$=\sum a_i\sin(i-1)3\,\frac{2\pi}{n},$$
$$\frac{n}{2}B_4=a_1\cos 0\cdot 3\,\frac{2\pi}{n}+a_2\cos 1\cdot 3\,\frac{2\pi}{n}+a_3\cos 2\cdot 3\,\frac{2\pi}{n}+\cdots$$
$$=\sum a_i\cos(i-1)3\,\frac{2\pi}{n},$$
$$\cdots\cdots\cdots\cdots\cdots\cdots\cdots\cdots\cdots\cdots\cdots\cdots \qquad (M)$$

为了得到由符号 $\sum$ 所指明的展开式，我们必须对 i 给出它的 n 个连续值 $1,2,3$，$4,\cdots$，并且取和，在这种情况下，我们一般有

$$\frac{n}{2}A_j = \sum a_i \sin(i-1)(j-1)\frac{2\pi}{n} \text{ 和 } \frac{n}{2}B_j = \sum a_i \cos(i-1)(j-1)\frac{2\pi}{n}。$$

如果我们对整数 j 给出它所能取的所有连续值 $1,2,3,4,\cdots$，那么这两个式子给出我们的方程，如果我们通过对 i 给出它的 n 个值 $1,2,3,4,\cdots n$ 来展开符号 $\sum$ 下的项，那么我们就得到 A_1，B_1，A_2，B_2，A_3，B_3，$\cdots$ 的值，第 267 目的方程(m)就完全解出来了。

272　现在我们把系数 A_1，B_1，A_2，B_2，A_3，B_3，$\cdots$ 的已知值代入第 266 目的方程(μ)中，并得到下述值：

$$\alpha_1 = N_0 + N_1 \varepsilon^{t\,\mathrm{versin}q_1} + N_2 \varepsilon^{t\,\mathrm{versin}q_2} + \cdots,$$

$$\alpha_2 = N_0 + (M_1\sin q_1 + N_1\cos q_1)\varepsilon^{t\,\mathrm{versin}q_1}$$
$$+ (M_2\sin q_2 + N_2\cos q_2)\varepsilon^{t\,\mathrm{versin}q_2} + \cdots,$$

$$\alpha_3 = N_0 + (M_1\sin 2q_1 + N_1\cos 2q_1)\varepsilon^{t\,\mathrm{versin}q_1}$$
$$+ (M_2\sin 2q_2 + N_2\cos 2q_2)\varepsilon^{t\,\mathrm{versin}q_2} + \cdots,$$

$$\cdots\cdots\cdots\cdots\cdots\cdots\cdots\cdots\cdots$$

$$\alpha_j = N_0 + \left[M_1\sin(j-1)q_1 + N_1\cos(j-1)q_1\right]\varepsilon^{t\,\mathrm{versin}q_1}$$
$$+ \left[M_2\sin(j-1)q_2 + N_2\cos(j-1)q_2\right]\varepsilon^{t\,\mathrm{versin}q_2} + \cdots,$$

$$\cdots\cdots\cdots\cdots\cdots\cdots\cdots\cdots\cdots$$

$$\alpha_n = N_0 + \left[M_1\sin(n-1)q_1 + N_1\cos(n-1)q_1\right]\varepsilon^{t\,\mathrm{versin}q_1}$$
$$+ \left[M_2\sin(n-1)q_2 + N_2\cos(n-1)q_2\right]\varepsilon^{t\,\mathrm{versin}q_2} + \cdots。$$

在这些方程中，

$$\varepsilon = \mathrm{e}^{-\frac{2k}{m}}, \quad q_1 = 1\frac{2\pi}{n}, \quad q_2 = 2\frac{2\pi}{n}, \quad q_3 = 3\frac{2\pi}{n}, \quad \cdots;$$

$$N_0 = \frac{1}{n}\sum a_i,$$

$$N_1 = \frac{2}{n}\sum a_i\cos(i-1)q_1, \qquad M_1 = \frac{2}{n}\sum a_i\sin(i-1)q_1,$$

$$N_2 = \frac{2}{n}\sum a_i\cos(i-1)q_2, \qquad M_2 = \frac{2}{n}\sum a_i\sin(i-1)q_2,$$

$$N_3 = \frac{2}{n}\sum a_i\cos(i-1)q_3, \qquad M_3 = \frac{2}{n}\sum a_i\sin(i-1)q_3,$$

$$\cdots\cdots\cdots\cdots\cdots\cdots; \qquad\qquad \cdots\cdots\cdots\cdots\cdots\cdots。$$

273　我们刚才所确定的方程包含了所提出的问题的全解，它由一般方程

$$\alpha_j = \frac{1}{n}\sum a_i + \left[\frac{2}{n}\sin(j-1)\frac{2\pi}{n}\sum a_i\sin(i-1)\frac{2\pi}{n}\right.$$
$$\left. + \frac{2}{n}\cos(j-1)\frac{2\pi}{n}\sum a_i\cos(i-1)\frac{2\pi}{n}\right]\mathrm{e}^{-\frac{2kt}{m}\mathrm{versin}1\frac{2\pi}{n}}$$
$$+ \left[\frac{2}{n}\sin(j-1)2\frac{2\pi}{n}\sum a_i\sin(i-1)2\frac{2\pi}{n}\right.$$
$$\left. + \frac{2}{n}\cos(j-1)2\frac{2\pi}{n}\sum a_i\cos(i-1)2\frac{2\pi}{n}\right]\mathrm{e}^{-\frac{2kt}{m}\mathrm{versin}2\frac{2\pi}{n}}$$
$$+ \cdots\cdots\cdots\cdots\cdots\cdots, \tag{ε}$$

来表示。进入这个方程的，只有已知量，即 a_1，a_2，a_3，$\cdots$，a_n，它们是初始温度，k 是热导

率的大小，m 是物质的值，n 是受热物体的个数，t 是历经时间。

由前面的分析得到，如果数目为 n 的几个相等的物体被安排在一个圆上，在得到任一初始温度后开始以我们曾假定的方式相互传热；用 m 表示每个物体的物质，t 表示时间，k 表示某个常系数，那么，每个物体的变化温度肯定是量 t，m，k，和所有初始温度的一个函数，它由一般方程（ε）给出。我们首先用指示我们希望确定其温度的物体的位置的数字来代替 j，即，1 表示第一个物体，2 表示第二个物体，…；然后，对于进入符号 $\sum$ 下的字母 i，我们给出它的 n 个连续值 $1,2,3,\cdots,n$，并取所有这些项的和。至于进入这个方程的项数，肯定和属于逐个弧 $0\frac{2\pi}{n}$，$1\frac{2\pi}{n}$，$2\frac{2\pi}{n}$，$3\frac{2\pi}{n}$，…的不同正矢的个数一样多，也就是说，无论数 n 因其为奇数或者是偶数而等于（$2\lambda+1$）或者是 2λ，进入这个方程的项数都总是 $\lambda+1$。

274 为了给出应用这个公式的一个例子，让我们假定第一个物体是首先唯一被加热的物体，因此初始温度 a_1，a_2，a_3，…，a_n 除第一个外都是 0。显然，包含在第一个物体中的热量逐渐分布到所有其他物体之中，因此这个热传导规律由方程

$$\alpha_j = \frac{1}{n}a_1 + \frac{2}{n}a_1\cos(j-1)\frac{2\pi}{n}e^{-\frac{2kt}{m}\text{versin}1\frac{2\pi}{n}}$$
$$+ \frac{2}{n}a_1\cos(j-1)2\frac{2\pi}{n}e^{-\frac{2kt}{m}\text{versin}2\frac{2\pi}{n}}$$
$$+ \frac{2}{n}a_1\cos(j-1)3\frac{2\pi}{n}e^{-\frac{2kt}{m}\text{versin}3\frac{2\pi}{n}} + \cdots$$

来表示。

如果只有第二个物体被加热，温度 a_1，a_2，a_3，a_4，…，a_n 为 0，那么我们有

$$\alpha_j = \frac{1}{n}a_2 + \frac{2}{n}a_2\left[\sin(j-1)\frac{2\pi}{n}\sin\frac{2\pi}{n}\right.$$
$$\left. + \cos(j-1)\frac{2\pi}{n}\cos\frac{2\pi}{n}\right]e^{-\frac{2kt}{m}\text{versin}1\frac{2\pi}{n}}$$
$$+ \frac{2}{n}a_2\left[\sin(j-1)2\frac{2\pi}{n}\sin2\frac{2\pi}{n}\right.$$
$$\left. + \cos(j-1)2\frac{2\pi}{n}\cos2\frac{2\pi}{n}\right]e^{-\frac{2kt}{m}\text{versin}2\frac{2\pi}{n}}$$
$$+ \cdots\cdots\cdots\cdots\cdots\cdots\cdots\cdots\cdots\cdots$$

如果除 a_1 和 a_2 之外，所有初始温度都假定为 0，那么对于 a_j 的值，我们得到在前面两个假定的每个中所得到的那些值的和。一般地，从第 273 目中的一般方程（ε）不难得到，为了求热的初始量在这些物体中据以分布的规律，我们可以分别考虑初始温度除一个物体的之外都为 0 的那些情况。在把除一个物体之外的所有其他物体看作受 0 度温度作用时，我们可以假定包含在这个物体中的热量只由自身向其他所有物体传导；关于每个个别物体所得到的初始热，在作出这个假定后，通过把同一物体在前面每个假定下应得到的所有温度相加，我们就可以确定在一给定时间之后，任一个这样的物体的温度。

275 如果在给出 α_j 的值的一般方程（ε）中，我们假定时间无穷，那么我们得到 $\alpha_j = \frac{1}{n}\sum a_i$，因此每一个这样的物体都达到平均温度，这个结果是显然的。

随着时间值的增加，第一项 $\frac{1}{n}\sum a_j$ 相对于后面各项或相对于它们的和就变得愈来愈大。第二项相对于其后各项的情况亦如此；当时间变得相当大时，α_j 的值就由方程

$$\alpha_j = \frac{1}{n}\sum a_i + \frac{2}{n}\left[\sin(j-1)\frac{2\pi}{n}\sum a_i\sin(i-1)\frac{2\pi}{n} + \cos(j-1)\frac{2\pi}{n}\sum a_i\cos(i-1)\frac{2\pi}{n}\right]e^{-\frac{2kt}{m}\text{versin}\frac{2\pi}{n}}$$

来表示而无明显的误差。

用 a 和 b 表示 $\sin(j-1)\dfrac{2\pi}{n}$ 和 $\cos(j-1)\dfrac{2\pi}{n}$ 的系数，用 ω 表示分数 $e^{-\frac{2kt}{m}\operatorname{versin}\frac{2\pi}{n}}$，我们有

$$\alpha_j = \frac{1}{n}\sum a_i + \left\{a\,\sin(j-1)\frac{2\pi}{n} + b\,\cos(j-1)\frac{2\pi}{n}\right\}\omega^t.$$ 量 a 和 b 是常数，即与时间和字母 j 无关，字母 j 指示其变化温度为 α_j 的物体的顺序。这两个量对所有物体都相同。因此，对于每一个物体，变化温度 α_j 和终极温度 $\dfrac{1}{n}\sum a_i$ 的差与分数 ω 的逐次幂成正比地减少。那个最终极限和同一物体的变化温度之差总是随一个分数的逐次幂减少而结束。无论这个物体的温度变化被看作是怎样的，这个分数总是相同的；用 u_j 来表示弧 $(j-1)\dfrac{2\pi}{n}$，则我们可使 ω^t 的系数或者是 $(a\sin u_j + b\cos u_j)$ 处于 $A\sin(u_j+B)$ 的形式之下，同时 A 和 B 按 $a=A\cos B$，$b=A\sin B$ 这样的方式来取。如果我们要确定相对于温度为 α_{j+1}，α_{j+2}，α_{j+3}，$\cdots$ 的逐个物体的 ω^t 的系数，我们就必须把 $\dfrac{2\pi}{n}$ 或者是 $2\dfrac{2\pi}{n}$ 等加到 u_j 上去；因此我们有方程

$$\alpha_j \quad -\frac{1}{n}\sum a_i = A\,\sin(B+u_j)\omega^t + \cdots$$

$$\alpha_{j+1} -\frac{1}{n}\sum a_i = A\,\sin\left(B+u_j+1\frac{2\pi}{n}\right)\omega^t + \cdots$$

$$\alpha_{j+2} -\frac{1}{n}\sum a_i = A\,\sin\left(B+u_j+2\frac{2\pi}{n}\right)\omega^t + \cdots$$

$$\alpha_{j+3} -\frac{1}{n}\sum a_i = A\,\sin\left(B+u_j+3\frac{2\pi}{n}\right)\omega^t + \cdots$$

276 我们由这些方程看到，在每个方程右边只保留第一项时，这些实际温度与终极温度的差就由前面那些方程来表示。这样，这些差随下述规律而变化：如果我们只考虑一个物体，那么当时间以等分增加时，所讨论的变差，即这个物体的实际温度超过终极和共同温度的超出量，就随一个分数的逐次幂而减少；如果我们在同一时刻比较所有这些物体的温度，那么所讨论的差就与被分成若干等分的圆周的逐个正弦成正比地变化。尽管每个物体在同一时刻所产生的温度由其圆周被等分的圆的纵坐标来表示，但是，同一物体在不同的逐个相等时刻所产生的温度却由其轴被等分的一条对数曲线的纵坐标来表示。正如我们在前面所注意到的，不难看出，如果初始温度确乎如此，即这些温度和平均温度或者是终极温度的差与多重弧的逐次正弦成正比，那么这些差就都同时减少，并且仍保持与同一正弦成正比。这个规律，它同时也控制初始温度，不会为这些物体的相互作用所干扰，并一直保持到它们都达到一共同温度为止。对于每一个物体，这个差将随同一个分数的逐次幂而减少。相同物体序列间的热传导所服从的最简规律就是如此。这个规律一旦在初始温度之间建立起来，它就自我保持，当它不控制初始温度，即当这些温度与平均温度的差不与多重弧的逐次正弦成正比时，所说的这个规律就总是趋于形成，并且，这个变化的温度系统很快就以与由一个圆的纵坐标和一条对数曲线的纵坐标所确定的温度明显重合而结束。

由于在一个物体的温度超过平均温度的超出量之间，后来的差与该物体所处的端点的弧的正弦成正比，由此得到，如果我们考虑位于同一直径两端的两个物体，那么，第一个物体的温度超过平均温度和不变温度的量就和这一不变温度超过第二个物体的温度的量一样大。由此，如果我们在每一时刻取其位置相反的两个物体的温度和，那么我们得到一个不变的和，这个和对于处在同一直径两端的任意两个物体有相同的值。

277 表示分离物体的变化温度的公式不难应用到连续物体的热传导上去。为了给出一个引人注目的例子，我们将通过已建立的一般方程来确定环中的热运动。

假定物体的数目 n 不断增加，同时每个物体的长度以同一比例减少，于是这个系统的长度有一个等于 2π 的不变值。因此，如果物体的数目 n 依次是 $2,4,6,8$，直到无穷，那

么这每个物体将是 $\pi, \dfrac{\pi}{2}, \dfrac{\pi}{4}, \dfrac{\pi}{8}, \cdots$。还应当假定，热的传导能力以同一比例随质量数 m 而增加；因此，在只有两个质量时 k 所表示的量，在有 4 个时，就翻成两倍，在有 8 个时，就翻成 4 倍，等等。用 g 表示这个量，则我们看到，数 k 必须依次由 $g, 2g, 4g$ 等来代替。如果我们现在转到一种连续物体的假定上来，那么我们就应当用每一个无穷小物质的值，基元 $\mathrm{d}x$，来代替 m；应当用 $\dfrac{2\pi}{\mathrm{d}x}$，来取代物体的数目；不用 k，而改用 $g\,\dfrac{n}{2}$ 或者是 $\dfrac{\pi g}{\mathrm{d}x}$。

至于初始温度 $a_1, a_2, a_3, \cdots, a_n$，它们取决于弧 x 的值，当把这些温度看作是这同一变量的相继状态时，一般的值 a_i 就表示 x 的一个任意函数。这样，指标 i 就肯定由 $\dfrac{x}{\mathrm{d}x}$ 来代替。关于量 $\alpha_1, \alpha_2, \alpha_3, \cdots$，它们是由两个量 x 和 t 所决定的可变温度。用 v 表示这个变量，我们有 $v = \phi(x, t)$。指标 j 标明这些物体当中的一个所占据的位置，应当由 $\dfrac{x}{\mathrm{d}x}$ 来代替。因此，为了把以前的分析应用于以环的形式组成一个连续物体的无数薄层的情况，我们应当用量 $\dfrac{2\pi}{\mathrm{d}x}, \mathrm{d}x, \dfrac{\pi g}{\mathrm{d}x}, f(x), \dfrac{x}{\mathrm{d}x}, \phi(x, t), \dfrac{x}{\mathrm{d}x}$ 等来代替它们所对应的 $n, m,$ k, a_i, i, a_j, j 等。让我们在第 273 目的方程 (ε) 中作这些代换，用 $\dfrac{1}{2}\mathrm{d}x^2$ 代替 $\mathrm{versin}\,\mathrm{d}x$，用 i 和 j 代替 $i-1$ 和 $j-1$。第一项 $\dfrac{1}{n}\sum a_i$ 变成从 $x=0$ 取到 $x=2\pi$ 的积分 $\dfrac{1}{2\pi}\int f(x)\mathrm{d}x$ 的值；量 $\sin(j-1)\dfrac{2\pi}{n}$ 变成 $\sin j\,\mathrm{d}x$ 或者是 $\sin x$；$\cos(j-1)\dfrac{2\pi}{n}$ 的值是 $\cos x$，$\dfrac{2}{n}\sum a_i \sin(i-1)\dfrac{2\pi}{n}$ 的值是 $\dfrac{1}{n}\int f(x)\sin x\,\mathrm{d}x$，该积分从 $x=0$ 取到 $x=2\pi$，$\dfrac{2}{n}\sum a_i \cos(i-1)\dfrac{2\pi}{n}$ 的值是 $\dfrac{1}{\pi}\int f(x)\cos x\,\mathrm{d}x$，该积分同样从 $x=0$ 取到 $x=2\pi$。因此我们得到方程

$$
\begin{aligned}
\phi(x, t) = v =\ & \frac{1}{2\pi}\int f(x)\mathrm{d}x \\
& + \frac{1}{\pi}\left(\sin x \int_0^{2\pi} f(x)\sin x\,\mathrm{d}x + \cos x \int_0^{2\pi} f(x)\cos x\,\mathrm{d}x\right)\mathrm{e}^{-g\pi t} \\
& + \frac{1}{\pi}\left(\sin 2x \int_0^{2\pi} f(x)\sin 2x\,\mathrm{d}x + \cos 2x \int_0^{2\pi} f(x)\cos 2x\,\mathrm{d}x\right)\mathrm{e}^{-2^2 g\pi t} \\
& + \cdots\cdots\cdots\cdots\cdots\cdots\cdots,
\end{aligned}
\tag{E}^*
$$

用 k 表示量 $g\pi$，我们有

$$
\begin{aligned}
\pi v =\ & \frac{1}{2}\int f(x)\mathrm{d}x \\
& + \left(\sin x \int_0^{2\pi} f(x)\sin x\,\mathrm{d}x + \cos x \int_0^{2\pi} f(x)\cos x\,\mathrm{d}x\right)\mathrm{e}^{-kt} \\
& + \left(\sin 2x \int_0^{2\pi} f(x)\sin 2x\,\mathrm{d}x + \cos 2x \int_0^{2\pi} f(x)\cos 2x\,\mathrm{d}x\right)\mathrm{e}^{-2^2 kt} \\
& + \cdots\cdots\cdots\cdots\cdots\cdots\cdots。
\end{aligned}
$$

278　这个解与上一节第 241 目所给出的解相同；这引出几点注记。

第一，为了得到表示环的热运动的一般方程，无须求助于偏微分方程的分析。这个问题可作为物体的数目有限的问题来解决，然后再假定该数目无穷。这种方法本身具有清晰性，并引导我们最初的研究。通过一个自然而然地被指明的过程，以后就容易转到更简洁的方法上来。我们看到，满足偏微分方程并组成一般值的那些特殊值的挑选，由

---

* 在英译本中，方程 (E) 以及本章后面几目中的积分号都是不定积分号。此处依法文《文集》本修改。——汉译者

其系数为常数的线性微分方程的已知规则导出。此外,正如我们在上面所看到的,这个挑选建立在这个问题的物理条件之上。

第二,为了从分离物体的情况过渡到连续物体的情况,我们假定系数 k 与物体数 n 成正比地增加。数 k 的这种连续变化,是根据我们以前所证明的,即同一棱柱的两个薄层之间所流过的热量与 $\dfrac{\mathrm{d}v}{\mathrm{d}x}$ 的值成正比而得来的,x 表示与这个截面对应的横坐标,v 表示温度。的确,如果我们假定系数 k 不是与物体数目成正比地增加,而是对那个系数保持一个常数值,那么,一旦取 n 为无穷,我们就得到与在连续物体中所看到的相反的结果。热扩散将无限地慢,无论物体以何种方式加热,在一个有限的时间内,某一点的温度都不会发生明显的变化,这与事实矛盾。每当我们要考虑无穷多个分离的导热物体,并希望过渡到连续物体的情况上去时,我们就必须对计量传导速度的系数 k 赋予与组成给定物体的无穷小物体的数目成正比的一个值。

第三,如果在我们为表示 v 或者是 $\phi(x,t)$ 的值而得出的上一个方程中假定 $t=0$,那么这个方程就必然表示初始状态,由此可见,我们有在前面第 233 目中所得到的方程(p),即

$$\pi f(x) = \frac{1}{2}\int_0^{2\pi} f(x)\mathrm{d}x + \sin x \int_0^{2\pi} f(x)\sin x\ \mathrm{d}x + \sin 2x\ f(x)\ \sin 2x\ \mathrm{d}x + \cdots +$$
$$\cos x \int_0^{2\pi} f(x)\cos x\ \mathrm{d}x + \cos 2x \int_0^{2\pi} f(x)\ \cos 2x\ \mathrm{d}x + \cdots$$

因此,在所给定的区间之间以多重弧的正弦级数或者是余弦级数给出一个任意函数的展开式的定理,由分析的基本规则导出。在这里,我们得到通过方程

$$\phi(x) = a \begin{array}{l} + a_1\sin x + a_2\sin 2x + a_3\sin 3x + \cdots \\ + b_1\cos x + b_2\cos 2x + b_3\cos 3x + \cdots \end{array}$$

的逐次积分而使所有系数除一个之外全部都消掉所应用的这个过程的起点。这些积分与第 267 和 271 目方程(M)中的不同未知数的消元相对应,并且,通过这两种方法的比较我们清楚地看到,第 279 目的方程(B)对 0 到 2π 之间的所有 x 值都成立,而把它应用到超出这个界限的 x 的值则不成立。

279 函数 $\phi(x,t)$,它满足这个问题的这些条件,并且其值由第 277 目的方程(E)来确定,可以表示如下:

$$2\pi\phi(x,t) = \int \mathrm{d}\alpha\ f(\alpha)$$
$$+ \left[2\sin x \int \mathrm{d}\alpha\ f(\alpha)\ \sin\alpha + 2\cos x \int \mathrm{d}\alpha\ f(\alpha)\ \cos\alpha \right] \mathrm{e}^{-kt}$$
$$+ \left[2\sin 2x \int \mathrm{d}\alpha\ f(\alpha)\ \sin 2\alpha + 2\cos 2x \int \mathrm{d}\alpha\ f(\alpha)\ \cos 2\alpha \right] \mathrm{e}^{-2^2kt}$$
$$+ \left[2\sin 3x \int \mathrm{d}\alpha\ f(\alpha)\ \sin 3\alpha + 2\cos 3x \int \mathrm{d}\alpha\ f(\alpha)\ \cos 3\alpha \right] \mathrm{e}^{-3^2kt}$$
$$+ \cdots\cdots\cdots\cdots\cdots\cdots\cdots\cdots$$

或者是

$$2\pi\phi(x,t) = \int_0^{2\pi} \mathrm{d}\alpha\ f(\alpha) \left[1 + (2\sin x\ \sin\alpha + 2\cos x\ \cos\alpha)\ \mathrm{e}^{-kt} \right.$$
$$+ (2\sin 2x\ \sin 2\alpha + 2\cos 2x\ \cos 2\alpha)\ \mathrm{e}^{-2^2kt}$$
$$+ (2\sin 3x\ \sin 3\alpha + 2\cos 3x\ \cos 3\alpha)\ \mathrm{e}^{-3^2kt} + \cdots \Big]$$
$$= \int_0^{2\pi} \mathrm{d}\alpha\ f(\alpha) \left[1 + 2\sum \cos i(\alpha-x)\mathrm{e}^{-i^2kt} \right]$$

符号 $\sum$ 影响数 i,并指明这个和应当从 $i=1$ 取到 $i=\infty$。我们也可以把第一项包括到符号 $\sum$ 之下,这样我们有 $2\pi\phi(x,t) = \int \mathrm{d}\alpha f(\alpha) \sum_{-\infty}^{+\infty} \cos i(\alpha-x)\mathrm{e}^{-i^2kt}$。这时我们

必须对 i 给定从 $-\infty$ 到 $+\infty$ 的所有整数值；这由写在符号 $\sum$ 之后的 $-\infty$ 和 $+\infty$ 所指明，i 的这些值中有一个是 0。这就是这个解的最简洁的表达式。为了展开该方程的右边，我们假定 $i=0$，然后假定 $i=1,2,3,\cdots$，并且，除对应于 $i=0$ 的第一项外，使每个结果都翻一倍，当 t 为 0 时，函数 $\phi(x,t)$ 必然表示温度等于 $f(x)$ 的初始状态，因此我们有恒等方程

$$f(x)=\frac{1}{2\pi}\int_0^{2\pi}\mathrm{d}\alpha\, f(\alpha)\sum_{-\infty}^{+\infty}\cos i(\alpha-x)。 \qquad (B)$$

我们已经把应当在其中取积分和的上下限符号加到符号 $\int$ 和 $\sum$ 上去。无论函数 $f(x)$ 在从 $x=0$ 到 $x=2\pi$ 的区间内有怎样的形式，这个定理都普遍成立；用给出第 235 目中 $F(x)$ 的展开式的方程所表示的情况同样如此；我们在后面会看到，我们可以不用前面的考虑而直接证明方程（B）成立。

280　不难看出，这个问题不可能有与第 277 目的方程（E）所给出的不同的解。事实上，函数 $\phi(x,t)$ 完全满足问题的条件，根据微分方程 $\dfrac{\mathrm{d}v}{\mathrm{d}t}=k\dfrac{\mathrm{d}^2v}{\mathrm{d}x^2}$ 的性质，其他方程不可能有同一性质。为了使我们自己确信这一点，我们应当认为当固体的第一个状态由一个给定的方程 $v_1=f(x)$ 来表示时，流数（fluxion）$\dfrac{\mathrm{d}v_1}{\mathrm{d}t}$ 是已知的，因为它等于 $k\dfrac{\mathrm{d}^2 f(x)}{\mathrm{d}x^2}$。因此，用 v_2 或者是 $v_1+k\dfrac{\mathrm{d}v_1}{\mathrm{d}t}\mathrm{d}t$ 表示第二个时刻开始时的温度，我们就可以从初始状态和从这个微分方程推出 v_2 的值。同样我们可以确定在每一时刻开始时固体任一点的温度值 $v_3,v_4,\cdots,v_n$。现在函数 $\phi(x,t)$ 满足初始状态，因为我们有 $\phi(x,0)=f(x)$。此外，它也满足这个微分方程；因此，如果它被微分，那么和从微分方程（a）的逐次应用所得出的结果一样，它对 $\dfrac{\mathrm{d}v_1}{\mathrm{d}t},\dfrac{\mathrm{d}v_2}{\mathrm{d}t},\dfrac{\mathrm{d}v_3}{\mathrm{d}t},\cdots$ 给出同样的值。这样，如果在函数 $\phi(x,t)$ 中我们对 t 依次给出值 $0,\omega,2\omega,3\omega,\cdots,i\omega$ 来表示时间元，那么，我们会得到同样的值 $v_1,v_2,v_3,v_4,\cdots$，正如我们可以通过方程 $\dfrac{\mathrm{d}v}{\mathrm{d}t}=k\dfrac{\mathrm{d}^2v}{\mathrm{d}x^2}$ 的连续应用而从初始状态所能得出的结果一样。因此，满足微分方程和初始状态的每一个函数 $\psi(x,t)$ 必然与函数 $\phi(x,t)$ 重合：因为当我们在它们之中假定 t 依次等于 $0,\omega,2\omega,3\omega,\cdots,i\omega$ 时，每一个这样的函数都给出同一个 x 的函数。

我们由此看到，这个问题只可能有一个解，如果我们以任一种方式发现一个满足微分方程和初始状态的函数 $\psi(x,t)$，那么我们可以断定它和由方程（E）所给出的前一个函数相同。

281　同一注记可应用于其对象是变化的热运动的所有研究；它显然正好从一般方程的形式得出。

由于这同一原因，方程 $\dfrac{\mathrm{d}v}{\mathrm{d}t}=k\dfrac{\mathrm{d}^2v}{\mathrm{d}x^2}$ 的积分可能只包含一个 x 的任意函数。事实上，当我们对时间 t 的某个值给定 x 的函数 v 的一个值时，显然，我们就确定了 v 对应于任一时间的所有其他值。因此，我们可以任意选择对应于某个状态的 x 的函数，这样就确定了两个变量 x 和 t 的一般函数。方程 $\dfrac{\mathrm{d}^2v}{\mathrm{d}x^2}+\dfrac{\mathrm{d}^2v}{\mathrm{d}y^2}=0$ 的情况则不同，这种情况在前一章中应用过；它属于不变的热运动。它的积分包含 x 和 t 的两个任意函数；但是，只要把终极状态和永恒状态看作是由它前面的状态，因而是由给定的初始状态所产生的，我们就可以把这个研究转化为可变运动的研究。

我们所给出的积分 $\dfrac{1}{2\pi}\int_0^{2\pi}\mathrm{d}\alpha f(\alpha)\sum \mathrm{e}^{-i^2kt}\cos i(\alpha-x)$ 包含一个任意函数 $f(x)$，并

且和通积分有相同的范围,通积分也只包含 x 的一个任意函数,更准确地说,它就是以适合于这个问题的形式而被给出的这个积分本身。事实上,由于方程 $v_1 = f(x)$ 表示初始状态,$v = \phi(x, t)$ 表示继它之后的变化状态,所以我们正好从受热物体的形式看到,当用 $x \pm i2\pi$ 代替 x,i 是任一整数时,v 的值不发生变化。函数 $\frac{1}{2\pi}\int_0^{2\pi} \mathrm{d}\alpha f(\alpha) \sum e^{-i^2 kt} \cos i(\alpha - x)$ 满足这个条件;当我们假定 $t = 0$ 时,它也表示初始状态,因为这时我们有 $f(x) = \frac{1}{2\pi}\int_0^{2\pi} \mathrm{d}\alpha f(\alpha) \sum \cos i(\alpha - x)$,一个在上面第235和279目已经证明且不难验证的方程。

最后,这同一函数满足微分方程 $\frac{\mathrm{d}v}{\mathrm{d}t} = k\frac{\mathrm{d}^2 v}{\mathrm{d}x^2}$。无论 t 值如何,温度 v 都正好由一个收敛级数来给定,不同的项表示其组合形成总体运动的那些部分运动。随着时间的增加,高阶部分状态迅速变化,但是它们的影响变得微不足道;因此,应当对指数 i 所给定的那些值的数目不断减少。在一定时间之后,温度系统就明显地由一旦对 i 给定值 $0, \pm 1$ 和 ± 2 就能得到的那些项来表示,或者是只由对 i 给定 0 和 ± 1 所得到的项,或者是最后,只由这些项的第一项,即 $\frac{1}{2\pi}\int \mathrm{d}\alpha f(\alpha)$ 来表示;因此,在这个解的形式和服从于分析的物理现象的进程之间存在着明显的联系。

282 为了得到解,我们首先考虑满足微分方程的函数 v 的简单值:这样,我们形成与初始状态一致,因而具有属于这个问题所有普遍性的一个值。我们可以采用一个不同的过程,并从这个积分的另一表达式导出同样的解;一旦这个解已知,这些结果就容易变换,如果我们假定环的平均截面的直径无限增加,那么,正如我们在后面将要看到的,函数 $\phi(x, t)$ 就得到一个不同的形式,并且与在定积分符号下只含单个任意函数的积分相同。这后一个积分也可以应用到这个实际问题上去,但是,如果我们只限于这种应用,那么我们就只有关于这类现象的很不完善的知识;因为这些温度值不由收敛级数来表示,当时间增加时,我们不能区分彼此相继的状态。因此应当把这个问题所假定的周期形式归之于表示初始状态的函数;但是一旦以这种方式改变那个积分,我们就得到 $\phi(x, t) = \frac{1}{2\pi}\int_0^{2\pi} \mathrm{d}\alpha f(\alpha) \sum e^{-i^2 kt} \cos i(\alpha - x)$ 而不会有别的结果。

正如在本书之前的研究报告中所证明的,我们从最后这个方程不难过渡到所讨论的积分上来。要从这个积分本身得到这个方程不会更难。这些变换使这些分析结果的一致性更加显然;但是它们并没有对这个理论增加任何东西,并没有构成任何不同的分析。在下面几章的一章中,我们将考查可由方程 $\frac{\mathrm{d}v}{\mathrm{d}t} = k\frac{\mathrm{d}^2 v}{\mathrm{d}x^2}$ 的积分所假定的不同形式,它们不得不具有的相互联系,以及它们应当在其中被应用的情况。

为了建立表示环的热运动的积分,我们有必要把一个任意函数分解成一个多重弧的正弦和余弦级数;对符号 sin 和 cos 下的变量起作用的数是自然数 $1,2,3,4,\cdots$。在下面的问题中,任意函数再次被化成一个正弦级数;但是,在符号 sin 下的这个变量的系数不再是数 $1,2,3,4,\cdots$:这些系数满足一个定义方程,该方程的根都是不可通约的,并且数目无穷。

第四章第1节注。佛罗伦萨的吉列尔莫·利布里(Guglielmo Libri)是在杜隆和珀蒂建立的冷却定律的假定上研究热运动问题的第一个人。见他的"关于热理论的论文"(*Mémoire sur la théorie de la chaleur*),《克雷尔学报》,第7卷,第116—113页,柏林,1831年。(1825年在法兰西科学院宣读)。利布里先生使解依赖于一组偏微分方程,就像它们是线性方程那样处理这些方程。凯兰(Kelland)先生以不同的方法讨论了这些方程,见他的《热的理论》(*Theory of Heat*),第69—75页,剑桥,1837年。所得到的主要结果是环的任一直径的两个相对的端点的平均温度在同一时刻相同。——A.F.

第 五 章

实心球中的热传导

• Chapter Ⅴ. Of the Propagation of Heat in a Solid Sphere •

傅立叶主要是一位数学家，而不是物理学家。他主要以数学方法研究热现象，并由此创造出一套数学理论。这并不否认他有深刻的物理思想，也不否认他曾作为一位物理学家工作过。然而，从当时的科学背景和他的研究的理论目的和贡献看，他仍然主要是以他的数学创造而对数学和物理学发生影响，而不是相反。

第一节　通　解

283　球中的热传导问题在第二章第 2 节第 117 目中已经阐述过了；它在于对方程 $\dfrac{\mathrm{d}v}{\mathrm{d}t}=k\left(\dfrac{\mathrm{d}^2 v}{\mathrm{d}x^2}+\dfrac{2}{x}\dfrac{\mathrm{d}v}{\mathrm{d}x}\right)$ 进行积分，因此，当 $x=X$ 时，这个积分可满足条件 $\dfrac{\mathrm{d}v}{\mathrm{d}x}+hv=0$，$k$ 表示比 $\dfrac{K}{CD}$，h 表示两个热导率的比 $\dfrac{h}{K}$；v 是在历经时间 t 之后在半径为 x 的一个球形薄层中所观察到的温度；X 是球的半径；v 是 x 和 t 的一个函数，当我们假定 $t=0$ 时，该函数等于 $F(x)$。函数 $F(x)$ 被给定，并表示固体的初始状态和任意状态。

如果我们令 $y=vx$，y 是一个新的未知数，那么在这个代换之后，我们有 $\dfrac{\mathrm{d}y}{\mathrm{d}t}=k\dfrac{\mathrm{d}^2 y}{\mathrm{d}x^2}$；因此我们应当对最后这个方程进行积分，然后取 $v=\dfrac{y}{x}$。首先，我们将考查可以赋予 y 的最简单的值是什么值，然后形成将同时满足这个微分方程、满足与表面有关的条件，以及满足初始状态的一般的值。不难看到，当这三个条件被满足时，解就是完全的，并且不再有其他的解。

284　设 $y=\mathrm{e}^{mt}u$，u 是 x 的一个函数，我们有 $mu=k\dfrac{\mathrm{d}^2 u}{\mathrm{d}x^2}$。首先我们注意到，当 t 的值变成无穷的时，v 的值在所有点上就都应当为 0，因为物体被完全冷却。因此 m 只可能取负值。现在 k 有一个正数值，因此我们得出结论，v 的值是一个圆函数（circular function），这从方程 $mu=k\dfrac{\mathrm{d}^2 u}{\mathrm{d}x^2}$ 的已知性质中得出。设 $u=A\cos nx+B\sin nx$；我们有条件 $m=-kn^2$，因此我们可以用方程 $v=\dfrac{\mathrm{e}^{-kn^2 t}}{x}(A\cos nx+B\sin nx)$ 来表示 v 的一个特殊值，这里 n 是任一正数，A 和 B 是常数。首先我们可以注意到，常数 A 应当为 0；因为当我们使 $x=0$ 时，表示中心温度的 v 值不可能是无穷的；因此项 $A\cos nx$ 应当略去。

此外，数 n 不可能任意取值。事实上，如果在定义方程 $\dfrac{\mathrm{d}v}{\mathrm{d}x}+hv=0$ 中我们代入 v 的值，那么我们得到 $nx\cos nx+(hx-1)\sin nx=0$。

由于这个方程应当在表面成立，所以我们在这个方程中假定 x 等于球半径 X，它给出 $\dfrac{nX}{\tan nX}=1-hX$。

设 λ 是数 $1-hX$，$nX=\varepsilon$，我们有 $\dfrac{\varepsilon}{\tan\varepsilon}=\lambda$。因此我们应当找到一个弧 ε，它除以它的正切给出一个已知商 λ，然后取 $n=\dfrac{\varepsilon}{X}$。显然，这样的弧有无穷多个，它们与它们的正切有一个给定的比，因此这个条件方程 $\dfrac{nX}{\tan nX}=1-hX$ 有无穷多个实根。

◀ 欧塞尔的驳船广场。

285 作图很适合于揭示这个方程的性质。设 $u=\tan\varepsilon$（图 12）是一条曲线方程，弧 ε 是这条曲线的横坐标，u 是纵坐标；设 $u=\dfrac{\varepsilon}{\lambda}$ 是一条直线方程，它的坐标也由 ε 和 u 来表示。如果我们从这两个方程中消去 u，我们就有所提出的方程 $\dfrac{\varepsilon}{\lambda}=\tan\varepsilon$。因此未知数 ε 是这条曲线和这条直线的交点的横坐标。这条曲线由无穷多个弧所组成；对应于横坐标 $\dfrac{1}{2}\pi$，$\dfrac{3}{2}\pi$，$\dfrac{5}{2}\pi$，$\dfrac{7}{2}\pi$，… 的所有纵坐标都是无穷大的，对应于点 0，π，2π，3π，… 的所有纵坐标则都为 0。为了画出其方程为 $u=\dfrac{\varepsilon}{\lambda}=\dfrac{\varepsilon}{1-hX}$ 的直线，我们作正方形 $o1\omega1$，并量出从 ω 到 h 的量 hX，联结点 h 和原点 o。其方程是 $u=\tan\varepsilon$ 的曲线 non 作为在原点的正切有一条把直线分成两等分的线段，因为这个弧与正切的极限比是 1。我们由此得出结论，如果 λ 或 $1-hX$ 是一个小于 1 的量，那么直线 mom 在曲线 non 的上方经过原点，并且这条直线与第一个分支有一个交点。同样清楚的是这同一直线截更远的分支 $n\pi n$，$n2\pi n$，…。因此方程 $\dfrac{\varepsilon}{\tan\varepsilon}=\lambda$ 有无数实根。第一个根在 0 到 $\dfrac{\pi}{2}$ 内，第二个根在 π 到 $\dfrac{3}{2}\pi$ 内，第三个在 2π 到 $\dfrac{5\pi}{2}$ 内，…。当这些根的序号很大时，它们就很接近于它们的上极限。

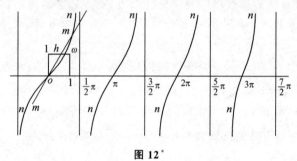

图 12 *

286 如果我们要计算其中一个根，例如第一根的值，那么我们可以应用下述规则：写出两个方程 $\varepsilon=\arctan u$ 和 $u=\dfrac{\varepsilon}{\lambda}$，$\arctan u$ 表示其正切为 u 的弧的长度，然后对 u 取任一数，由第一个方程推出 ε 的值；把这个值代到第二个方程中去，并推出另一个 u 值；把 u 的第二个值代到第一个方程中去；因此我们得到一个 ε 的值，这个值通过第二个方程给出 u 的第三个值。在第一个方程中代入这个值，我们有一个新的 ε 值。因此连续用第二个方程确定 u，用第一个方程确定 ε。这个运算给出愈来愈接近于未知数 ε 的值。根据下面的作图，这是显然的。

事实上，如果点 u 对应于（见图 13）赋予纵坐标 u 的任意值，并且如果我们在第一个方程 $\varepsilon=\arctan u$ 中代入这个值，那么点 ε 就对应于我们由这个方程所计算出的横坐标。如果在第二个方程 $u=\dfrac{\varepsilon}{\lambda}$ 中代入这个横坐标 ε，我们将得到一个对应于点 u' 的纵坐标 u'。把 u' 代入第一个方程，我们得到对应于点 ε' 的横坐标 ε'；然后，把这个横坐标代入第二个方程，它给出一个纵坐标 u''，当把这个纵坐标代入第一个方程时，它给出第三个横坐标 ε''，依次类推，以至无穷。也就是说，为了表示前面这两个方程连续交替的运用，我们必须从点 u 向曲

---

* 在英译本中，图 12 中正方形各角上的字母为 $o\ i\ \omega\ i$，这里的字母是根据法文《文集》本给出的。——汉译者

线作一条水平线,且从交点 ε 向直线作一条垂线,从交点 u′向曲线作一条水平线,从交点 ε′
向直线作一条垂线。依次类推,以至无穷,由远而近愈来愈趋于所要找的点。

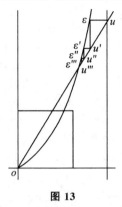 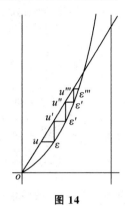

图 13　　　　　　　　　　　　　图 14

287　上面的图 13 表示任意为 u 所选择的纵坐标大于对应于交点纵坐标的情况。
另一方面,如果我们为 u 的初始值选择一个较小的量,并且以同样的方式应用两个方程
$\varepsilon=\arctan u$, $u=\dfrac{\varepsilon}{\lambda}$,那么我们也会得到逐渐接近于未知值的那些值。图 14 表明,在这
种情况下,我们通过与那些水平线段和垂线段的端点相接的点 u, ε, u', ε', u'', ε'',⋯而
不断向交点上升。从一个过于小的 u 值开始,我们得到小于并且收敛于未知值的量 ε,
ε', ε'', ε''',⋯,从一个过于大的 u 值开始,我们也得到一些收敛于未知值的量,但每一个
都比它大。因此我们确定了把要找的量总是包含在内的逐步接近的界限。其中任一次
逼近都由公式 $\varepsilon=\cdots\arctan\left\{\dfrac{1}{\lambda}\arctan\left[\dfrac{1}{\lambda}\arctan\left(\dfrac{1}{\lambda}\arctan\dfrac{1}{\lambda}\right)\right]\right\}$ 来表示。当所指明的几
个运算完成后,这一系列的结果就相差得愈来愈小,我们就得到 ε 的一个近似值。

288　对两个方程 $\varepsilon=\arctan u$ 和 $u=\dfrac{\varepsilon}{\lambda}$ 给出 $u=\tan\varepsilon$ 和 $\varepsilon=\lambda u$ 的形式,我们则可以尝试
以不同的顺序应用这两个方程。这时我们应当取 ε 的一个任意值,把它代入第一个方程,我
们得到一个 u 值,这个值代入第二个方程后,它给出 ε 的第二个值;然后以同样的方式把这
个新的 ε 值应用到第一个方程中去。但是,由作出的图形可知,沿着这个运算过程,我们离
开交点愈来愈远,而不是像前面的情况那样逼近它。我们得到的逐个 ε 值不断减少,一直到
0,或者无限增大。我们将依次从 ε″到 u″,从 u″到 ε′,从 ε′到 u′,从 u′到 ε,直至无穷。

由于我们刚才已经阐明的这个规则可以应用到方程 $\dfrac{\varepsilon}{\tan\varepsilon}=1-hX$ 的每个根的计算
上去,而且这个方程有给定的范围,所以我们应当把所有这些根都看作是已知数。此外,
我们原本只需要确信这个方程有无数实根。我们已经解释了这个逼近过程,因为它以一
个著名的作图为基础,这个作图法可以有效地应用到几种情况中去,并且它立即会显示
出这些根的性质和范围;尽管如此,这个过程对所说的方程的实际应用可能是冗长乏味
的;在实践中采用某种其他逼近方法可能要容易些。

289　我们现在知道,为了满足问题的两个条件,我们可以对函数 v 给定一个特殊形
式,这个解由方程 $v=\dfrac{A e^{-kn^2 t}\sin nx}{x}$ 或者是 $v=a e^{-kn^2 t}\dfrac{\sin nx}{nx}$ 来表示。系数 a 是任一个数,
数 n 是 $\dfrac{nX}{\tan nX}=1-hX$ 中的那个 n。由此得到,如果不同薄层的初始温度与商 $\dfrac{\sin nx}{nx}$ 成正
比,那么它们都将在整个冷却阶段保持它们已经形成的比而一起降低;每一点的温度将

随一条对数曲线的纵坐标而降低,该曲线的横坐标表示历经时间。这样,假定弧 ε 被等分并取作横轴,则我们在每个界点建立一个等于正弦与该弧的比的纵坐标。这个纵坐标系统指示初始温度,这些初始温度应当在从中心到表面的不同薄层中分布已定,因为整个半径是被等分的。在这个结构下,表示半径 X 的弧 ε 不能任意选取;必须是这个弧与它的正切有一个给定的比。由于存在满足这个条件的无数个弧,因此我们可以形成无数个初始温度系统,这些系统在球中自我存在而温度的比在冷却期间不发生任何变化。

290 剩下的问题只是通过一定数量的部分状态或者是无数部分的状态来建立任一初始状态,每一个这样的部分状态都表示我们刚才所考虑过的一个温度系统,其中,纵坐标随距离 x 而变化,并与正弦和这个弧的商成正比。这样,球内部的一般热运动就分解成许多特殊运动,它们每一个都自由地完成,仿佛它们单独存在似的。

用 n_1,n_2,n_3,$\cdots$ 表示满足方程 $\dfrac{nX}{\tan nX}=1-hX$ 的量,假定它们从最小的一个开始按顺序排好,则我们建立一般方程 $vx=a_1 e^{-kn_1^2 t}\sin n_1 x+a_2 e^{-kn_2^2 t}\sin n_2 x+a_3 e^{-kn_3^2 t}\sin n_3 x+\cdots$。

如果使 $t=0$,那么,作为温度的初始状态的表达式,我们有 $vx=a_1\sin n_1 x+a_2\sin n_2 x+a_3\sin n_3 x+\cdots$

无论初始状态怎样,问题都在于确定系数 a_1,a_2,a_3,$\cdots$。这样,假定我们知道 v 从 $x=0$ 到 $x=X$ 的这些值,并且用 $F(x)$ 表示这组值,则我们有

$$F(x)=\frac{1}{x}(a_1\sin n_1 x+a_2\sin n_2 x+a_3\sin n_3 x+a_4\sin n_4 x+\cdots)^{[1]} \qquad (e)$$

291 为了确定系数 a_1,用 $x\ \sin nx\ \mathrm{d}x$ 乘方程两边,并从 $x=0$ 到 $x=X$ 积分。在这些区间之间所取的积分 $\int\sin mx\ \sin nx\ \mathrm{d}x$ 是 $\dfrac{1}{m^2-n^2}\left(-m\ \sin n\ X\ \cos m\ X+n\ \sin m\ X\ \cos n\ X\right)$。

如果 m 和 n 是从根 n_1,n_2,n_3,$\cdots$ 中所选出的数,它们满足方程 $\dfrac{nX}{\tan nX}=1-hX$,那么我们有 $\dfrac{mX}{\tan mX}=\dfrac{nX}{\tan nX}$ 或者是 $m\ \cos m\ X\ \sin nX-n\ \sin m\ X\ \cos nX=0$。

由此我们看到,这个积分的整个值是 0;不过存在唯一一种积分不为 0 的情况,此时 $m=n$。这时它变成 $\dfrac{0}{0}$;运用已知的规则,它简化成 $\dfrac{1}{2}X-\dfrac{1}{4n}\ \sin 2nX$。

由此得到,为了求出系数 a_1 的值,在方程 (e) 中,我们应当写 $2\int x\ \sin n_1 x\ F(x)\mathrm{d}x=a_1\left(X-\dfrac{1}{2n_1}\sin 2n_1 X\right)$,积分从 $x=0$ 取到 $x=X$。同样,我们有 $2\int x\ \sin n_2 x\ F(x)\mathrm{d}x=a_2\left(X-\dfrac{1}{2n_2}\sin 2n_2 X\right)$。

所有后面的系数都可以以同样的方法确定。不难看到,无论任意函数 $F(x)$ 怎样,定积分 $2\int x\ \sin nx\ F(x)\mathrm{d}x$ 总有一个确定的值。如果函数 $F(x)$ 由以任一方式画出的一条曲线的可变纵坐标来表示,那么函数 $xF(x)\sin nx$ 与不难根据第一条曲线所构造的第二条曲线的纵坐标相对应。由第二条曲线在横轴 $x=0$ 和 $x=X$ 之间所围成的面积来确定系数 a_i,i 是根 n 的序号指标。

任意函数 $F(x)$ 进入积分符号下的每个系数,并对 v 值给出问题所要求的所有普遍

---

[1] 关于这种形式的级数表示一个任意函数的可能性,汤姆森爵士给出了一种证明。《剑桥数学学报》,第 3 卷,第 25—27 页。——A.F.

性；因此我们得到下述方程

$$\frac{xv}{2} = \frac{\sin n_1 x \int x \sin n_1 x\, F(x)\,dx}{X - \frac{1}{2n_1}\sin 2n_1 X}\, e^{-kn_1^2 t} + \frac{\sin n_2 x \int x \sin n_2 x\, F(x)\,dx}{X - \frac{1}{2n_2}\sin 2n_2 X}\, e^{-kn_2^2 t} + \cdots 。$$

这就是对方程 $\dfrac{dv}{dt} = k\left(\dfrac{d^2 v}{dx^2} + \dfrac{2}{x}\dfrac{dv}{dx}\right)$ 的通积分所应当给出的形式，以使它能表示实心球中的热运动。事实上，这个问题的所有条件都被满足。

第一，满足偏微分方程；

第二，从表面所逃逸的热量同时与最后那些薄层的相互作用一致，并且与空气对表面的作用一致；也就是说，v 值的每一部分都满足的方程 $\dfrac{dv}{dx} + hx = 0$，在我们对 v 取所有这些部分的和时，也成立；

第三，这个给定的解与我们假定时间为 0 时的初始状态一致。

292　方程 $\dfrac{nX}{\tan nX} = 1 - hX$ 的根 n_1，n_2，n_3，…是极不相等的；因此我们得到，如果时间值相当大，那么 v 值的每一项相对于它前面的项就非常小。随着冷却时间的增加，v 值后面的那些部分就不再有任何明显的影响；并且，在开始组成一般运动，以使初始状态能由它们所表示的那些部分状态和基本状态，除一个以外，都消失。在终极状态中，不同薄层的温度，以和圆中的正弦与弧的比随弧的增加而减少的同一方式，从中心向表面而降低。这个规律自然地控制着实心球中的热分布。在它开始存在时，它在整个冷却期间都存在。无论表示初始状态的函数 $F(x)$ 如何，所说的这个规律都不断趋于形成，当冷却延续一段时间后，我们就可以假定它存在而不会有明显的误差。

293　我们把这个一般解应用到一个球在某种液体中浸泡很长时间，其所有点都得到相同温度的情况中去。在这种情况下，函数 $F(x)$ 为 1，系数的确定归结为从 $x = 0$ 到 $x = X$ 对 $x\ \sin nx\,dx$ 进行积分：该积分为 $\dfrac{\sin nX - nX\cos nX}{n^2}$。这样，每个系数的值因而表示为：$a = \dfrac{2}{n}\dfrac{\sin nX - nX\cos nX}{nX - \sin nX\cos nX}$；系数的顺序由根 n 的顺序所确定，给出 n 的这些值的方程是 $\dfrac{nX\cos nX}{\sin nX} = 1 - hX$。因此我们得到 $a = \dfrac{2}{n}\dfrac{hX}{nX\operatorname{cosec} nX - \cos nX}$。 ＊

现在不难建立由方程 $\dfrac{vx}{2Xh} = \dfrac{e^{-kn_1^2 t}\sin n_1 x}{n_1(n_1 X\operatorname{cosec} n_1 X - \cos n_1 X)} + \dfrac{e^{-kn_2^2 t}\sin n_2 x}{n_2(n_2 X\operatorname{cosec} n_2 X - \cos n_2 X)} + \cdots$ 所给出的一般值。

用 ε_1，ε_2，ε_3，…表示方程 $\dfrac{\varepsilon}{\tan\varepsilon} = 1 - hX$ 的根，并假定它们以最小的一个开始按顺序排列；用 ε_1，ε_2，ε_3，…来代替 $n_1 X$，$n_2 X$，$n_3 X$，…，用 k 和 h 的值 $\dfrac{K}{CD}$ 和 $\dfrac{h}{K}$ 来代替 k 和 h，这样，对于均匀受热的实心球在冷却期间的温度变化的表达式，我们有方程

$$v = \frac{2h}{K}X\left\{ \frac{\sin\dfrac{\varepsilon_1 x}{X}}{\dfrac{\varepsilon_1 x}{X}}\frac{e^{-\frac{K}{CD}\frac{\varepsilon_1^2}{X^2}t}}{\varepsilon_1\operatorname{cosec}\varepsilon_1 - \cos\varepsilon_1} + \frac{\sin\dfrac{\varepsilon_2 x}{X}}{\dfrac{\varepsilon_2 x}{X}}\frac{e^{-\frac{K}{CD}\frac{\varepsilon_2^2}{X^2}t}}{\varepsilon_2\operatorname{cosec}\varepsilon_2 - \cos\varepsilon_2} + \cdots \right\}。$$

注：黎曼很全面地讨论过球的问题，《偏微分方程》，§§ 61—69。——A. F.

———————

＊　式中的"cosec"是余割符号，即我们现在的"csc"。——汉译者

第二节　对这个解的各种注记

294　现在我们来解释从前面的解可以导出的某些结果。如果我们假定系数 h 有很小的值,它衡量热据以进入空气的能力,或者是,球半径 X 非常小,那么 ε 的最小值就变得很

小;因此,方程 $\dfrac{\varepsilon}{\tan\varepsilon}=1-\dfrac{h}{K}X$ 化为 $\dfrac{\varepsilon\left(1-\dfrac{1}{2}\varepsilon^2\right)}{\varepsilon-\dfrac{1}{2\cdot3}\varepsilon^3}=1-\dfrac{hX}{K}$,或者,略去 ε 的高次幂,$\varepsilon^2=\dfrac{3hX}{K}$。

另一方面,在同一假定下,量 $\dfrac{\varepsilon}{\sin\varepsilon}-\cos\varepsilon$ 变成 $\dfrac{2hX}{K}$。项 $\dfrac{\sin\dfrac{\varepsilon x}{X}}{\dfrac{\varepsilon x}{X}}$ 化为 1。只要在一般方程中作

这些代换,我们就有 $v=e^{-\frac{3h}{CDX}t}+\cdots$。我们可以注意到,与第一项相比,后面那些项减少得非常快,因为第二个根 n_2 比 0 大许多;因此,如果量 h 和 X 中的一个有很小的值,那么作为温

度变化的表达式,我们可以取方程 $v=e^{-\frac{3ht}{CDX}}$。所以,在整个冷却期间,组成这个固体的不同

球壳保持其共同温度不变。温度随一条对数曲线的纵坐标而降低,时间取作横坐标;在时

间 t 之后,初始温度 1 化为 $e^{-\frac{3ht}{CDX}}$。为了使初始温度能化成分数 $\dfrac{1}{m}$,t 的值就应当是 $\dfrac{X}{3h}CD$

$\log m$。因此,在相同物质不同直径的球中,当外热导率很小时,失去它们实际热量的一半或者是同一确定的部分所需要的时间,与它们的直径成正比。半径很小的实心球的情况亦如

此;在赋予内热导率 K 一个很大的值时,我们也会得到同样的结果。一般地,当量 $\dfrac{hX}{K}$ 很小

时这个论断成立。当正在冷却的物体由一种被不断搅拌、并且密封在不厚的球状器皿中的

某种液体组成时,我们可以把量 $\dfrac{h}{K}$ 看作是很小的。这个假定多少和理想热导率(perfect con-

ductibility)的假定相同;因此,温度随由方程 $v=e^{-\frac{3ht}{CDX}}$ 所表示的规律而降低。

295　我们由前面的注记看到,在已经冷却很长时间的实心球中,随着正弦与弧的商从等于 1 的原点到一段给定的弧 ε 的端点而减少,温度从中心到表面而降低,每个薄层的半径由那个弧的可变长度来表示。如果球的直径很小,或者如果它的内热导率比外热导率大许多,那么逐个薄层的温度就相差无几,因为表示球半径 X 的整个弧 ε 的长度很小。

这样,它的所有点都具有的温度 v 的变化由方程 $v=e^{-\frac{3ht}{CDX}}$ 所给出。因此,只要比较两个

小球各自在失去它们的实际热量的一半或者是任一相等部分时所耗的时间,我们就会发现,那些时间与直径成正比。

296　由方程 $v=e^{-\frac{3ht}{CDX}}$ 所表示的结果只属于形状相似、体积很小的物体。这早已为

物理学家所知,它自然而然地如实呈现出来。事实上,如果任一物体小到足以可以把它在不同点的温度看作是相等的,那么确定其冷却规律就是一件容易的事了。设 1 是所有点都共有的初始温度;显然,在时刻 dt 内流进假定保持 0 度的介质中去的热量是 $hSvdt$,S 表示物体的外表面。另一方面,如果 C 是使单位重量的温度从 0 度上升到 1 度时所需要的热量,那么,作为密度为 D 的物体体积 V 从 0 度上升到 1 度的热量表达式,我们有

CDV。所以,$\dfrac{hSvdt}{CDV}$ 是当这个物体失去等于 $hSvdt$ 的热量时,温度 v 所降低的量。因此,

我们应当有方程 $\mathrm{d}v=-\dfrac{hSv\mathrm{d}t}{CDV}$，或者是 $v=\mathrm{e}^{-\frac{hSt}{CDV}}$。如果物体的形状是半径为 X 的球形，那么我们有方程 $v=\mathrm{e}^{-\frac{3ht}{CDX}}$。

297　假定在所说的这个物体的冷却期间我们观察到对应于时间 t_1 和 t_2 的两温度 v_1 和 v_2，则我们有 $\dfrac{hS}{CDV}=\dfrac{\log v_1-\log v_2}{t_2-t_1}$。这样，我们就容易用实验来确定指数 $\dfrac{hS}{CDV}$。如果对不同的物体作同样的观察，如果我们事先知道它们的比热 C 和 C' 的比，那么我们就可以得到它们的外热导率 h 和 h' 的比。反过来，如果我们有理由把两个不同物体的外热导率 h 和 h' 的值看作是相等的，那么我们就可以确定它们比热的比。我们由此看到，通过观察相继密封在不厚的同一容器中的不同液体和其他物质的冷却时间，我们就可以精确地确定这些物质的比热。

此外，我们可以注意到，测量内热导率的系数 K 不进入方程 $v=\mathrm{e}^{-\frac{3ht}{CDX}}$。因此，体积小的物体的冷却时间不依赖于内热导率；关于后者的性质，这些时间的观察不可能告诉我们任何东西；但是我们可以通过测量不同厚度的容器中的冷却时间来确定它。

298　我们在上面对体积小的球的冷却所说的这些内容适合于空气中和液体中的温度计的热运动。对于这些仪器的使用，我们补充以下的注记。

假定一个水银温度计被浸在装满热水的容器中，这个容器在恒温空气中自由冷却。我们要求温度计的温度连续下降的规律。

如果液体的温度不变，并且温度计浸入其中，那么它的温度会发生变化，它迅速接近液体的温度。设 v 是温度计所指示的变化温度，即它超过空气温度的高度；设 u 是液体温度超过空气温度的高度；t 是对应于这两个值 v 和 u 的时间。由于在要历经的时刻 $\mathrm{d}t$ 开始时，温度计与液体的温差是 $v-u$，所以变量 v 趋于降低，并且在时刻 $\mathrm{d}t$ 内失去与 $v-u$ 成正比的一个量；因此我们有方程 $\mathrm{d}v=-h(v-u)\mathrm{d}t$。在同一时刻 $\mathrm{d}t$ 内，变量 u 趋于降低，它失去与 u 成正比的一个量，因此我们有方程 $\mathrm{d}u=-Hu\mathrm{d}t$。系数 H 表示液体在空气中的冷却速度，一个由实验不难发现的量，系数 h 表示温度计在这种液体中的冷却速度，后一个速度比 H 大得多。同样，我们可以在使温度计在保持恒温的液体中冷却时根据实验来求系数 h。这两个方程 $\mathrm{d}u=-Hu\mathrm{d}t$ 和 $\mathrm{d}v=-h(v-u)\mathrm{d}t$，或者是 $u=A\mathrm{e}^{-Ht}$ 和 $\dfrac{\mathrm{d}v}{\mathrm{d}t}=-hv+hA\mathrm{e}^{-Ht}$ 导出方程 $v-u=b\mathrm{e}^{-ht}+aH\mathrm{e}^{-Ht}$，$a$ 和 b 是任意常数。现在假定 $v-u$ 的初始值是 Δ，即温度计以 Δ 超过在浸泡开始时液体真实温度的高，u 的初始值是 E。我们可以确定 a 和 b，并且我们有 $v-u=\Delta\,\mathrm{e}^{-ht}+\dfrac{HE}{h-H}(\mathrm{e}^{-Ht}-\mathrm{e}^{-ht})$。量 $v-u$ 是温度计的误差，即在由温度计所指示的温度和液体在同一时刻的实际温度之间所发现的差。这个差是变化的，并且，上一个方程告诉我们它以什么规律而减少。我们由差 $v-u$ 的表达式看到，它含有 e^{-ht} 的这两个项减少得非常快，如果温度计浸在恒温液体中，那么这个速度可在温度计中看到。至于含有 e^{-Ht} 的项，它减少得很慢，并受到容器在空气中的冷却速度的影响。由此得到，在不太长的时间之后，温度计的误差由单个项 $\dfrac{HE}{h-H}\,\mathrm{e}^{-Ht}$ 或者是 $\dfrac{H}{h-H}u$ 来表示。

299　现在考虑什么实验告诉我们关于 H 和 h 的值。我们把一个先已受热的温度计浸在 $8.5°$（80 进制温标）的水中，它在 6 秒钟内在水中从 40 下降到 20。我们把这个实验仔细地重复了几次。由此我们得到 e^{-h} 的值是 0.000042[①]；如果时间以分来计算，也就是说，如果温度计的高度在一分钟的开始时是 E，那么在这一分钟结束时它将是

---

① 精确地说，是 0.00004206。——A.F.

$E(0.000042)$。因此我们得到 $h\log_{10}e = 4.3761271$。* 同时，让一个盛满加热到 $60°$ 的水的瓷容器在 $12°$ 的空气中冷却。在这种情况下可看到 e^{-H} 的值是 0.98514，因此，$H\log_{10}e$ 的值是 0.006502。我们由此看到分数 e^{-h} 的值多么小，并且看到，在一分钟之后，乘以 e^{-ht} 的每一项还不足它在这一分钟开始时的千分之五。因此我们不必在意 $v-u$ 值中的那些项。这个方程变成 $v-u = \dfrac{Hu}{h-H}$ 或者是 $v-u = \dfrac{Hu}{h} + \dfrac{H}{H-h}\dfrac{Hu}{h}$。从求 H 和 h 的这些值我们看到，后一个量 h 比 H 大 673 倍多，也就是说，温度计在空气中冷却要比容器在空气中冷却快 600 多倍。因此，项 $\dfrac{Hu}{h}$ 肯定比水的温度超过空气温度的高度的 600 分之一还小，项 $\dfrac{H}{h-H}\dfrac{Hu}{h}$ 同样比前一项的 600 分之一还小，而前一项已经够小的了。由此得到，我们可用来很精确地表示温度计误差的方程是 $v-u = \dfrac{Hu}{h}$。一般地，如果 h 相对于 H 是一个很大的量**，那么我们总有方程 $v-u = \dfrac{Hu}{h}$。

300　我们刚才所作的研究为温度计的比较提供了非常有用的结果。

由一个浸在正在冷却的一种液体中的温度计所示的温度总是稍大于这种液体的温度。温度计的这个超出量或误差随温度计的高而异。用容器在空气中的冷却速度 H 与温度计在液体中的冷却速度 h 的比乘温度计的实际高度 u，可以得到校正量。我们应当假定在温度计当初浸入液体时它所示出的是一较低的温度。这就是为什么在开始时温度计几乎总是接近于液体温度而此种状态又不持续下去的原因；在液体冷却的同时，温度计首先经过与液体相同的温度，然后它指示稍稍不同并且总是偏高的温度。

300*　我们由这些结果看到，如果我们把不同的温度计浸在盛满正慢慢冷却的液体的同一个容器中，那么它们肯定在同一时刻都很接近地指示同一温度。把 h，h'，h''，… 称为这些温度计在液体中的冷却速度，我们把 $\dfrac{Hu}{h}$，$\dfrac{Hu}{h'}$，$\dfrac{Hu}{h''}$ 作为它们各自的误差。如果两个温度计同样灵敏，即如果量 h 和 h' 相同，那么它们的温度同样不同于液体温度。系数 h，h'，h''，… 的值很大，因此温度计的误差是极其小、并且常常不易察觉的量。由此我们得到，如果精心制作一个温度计，并且可以把它看作是精确的，那么就不难制作其他几个精度相同的温度计。这只需把我们要校准的所有温度计放进盛满慢慢冷却的液体的容器中，同时把用来作为标准的温度计放进去就够了。我们只需一度一度地，或以更大的间隔来观察，我们应当标出在同一时刻在不同温度计中所看到的水银位置的点。这些点是所需要的刻度。我们曾把这个过程应用到我们的实验中所使用的温度计的构造上，结果这些仪器在相同环境中总是一致的。

温度计在冷却期间的比较不仅建立了它们之间理想的一致性，为它们全都提供相同的单一一模型；而且我们由此得到精确刻画主要温度计管的方法，由这种方法，所有其他温度计都应当能校准。由此可见，我们满足这种仪器的基本条件，这就是，在包含相同度数的刻度上，任意两个间隔包含相同的水银量。至于别的，我们在此处省略了不直接属于我们著作目的的几个细节。

301　在前面几目中，我们确定了由距球心 x 的一个内球形薄层在历经时间 t 之后所得到的温度 v。现在要做的是计算球的平均温度的值，或是计算在它所包含的全部热量在

---

　　*　在法文《文集》本中，M. 加斯东·达布以一个脚注对这个数据作了说明：h 的这个值是利用前一目中的已知公式得到的，在那里，使 $H=0$，我们有 $v-u=\Delta e^{-ht}$。——汉译者

　　**　在英文版中，此句为："如果 H 相对于 h 是一个很大的量"，即把 H 和 h 的位置弄反了，现依法文《文集》本校订过来。——汉译者

整个物体中都等分布时该物体所具有的值。由于半径为 x 的球的体积是 $\dfrac{4\pi x^3}{3}$，所以，包含

在温度为 v，半径为 x 的球壳中的热量是 $CDv\mathrm{d}\left(\dfrac{4\pi x^3}{3}\right)$。因此平均温度是 $\displaystyle\int\dfrac{v.\,\mathrm{d}\left(\dfrac{4\pi x^3}{3}\right)}{\dfrac{4\pi X^3}{3}}$ 或者

是 $\dfrac{3}{X^3}\displaystyle\int x^2 v\,\mathrm{d}x$，积分从 $x=0$ 取到 $x=X$。用 v 的值 $\dfrac{a_1}{x}\,\mathrm{e}^{-kn_1^2 t}\sin n_1 x+\dfrac{a_2}{x}\,\mathrm{e}^{-kn_2^2 t}\sin n_2 x+$

$\dfrac{a_3}{x}\,\mathrm{e}^{-kn_3^2 t}\sin n_3 x+\cdots$ 代替 v，我们有方程 $\dfrac{3}{X^3}\displaystyle\int x^2 v\,\mathrm{d}x=\dfrac{3}{X^3}\left(a_1\,\dfrac{\sin n_1 X-n_1 X\cos n_1 X}{n_1^2}\,\mathrm{e}^{-kn_1^2 t}+\right.$

$\left. a_2\,\dfrac{\sin n_2 X-n_2 X\cos n_2 X}{n_2^2}\,\mathrm{e}^{-kn_2^2 t}+\cdots\right)$。

我们在前面（第 293 目）曾得到 $a_i=\dfrac{2}{n_i}\dfrac{\sin n_i X-n_i X\cos n_i X}{n_i X-\dfrac{1}{2}\sin 2n_i X}$。因此，如果我们用 z 表

示平均温度，那么我们有 $\dfrac{z}{3\cdot 4}=\dfrac{(\sin\varepsilon_1-\varepsilon_1\cos\varepsilon_1)^2}{\varepsilon_1^3(2\varepsilon_1-\sin 2\varepsilon_1)}\,\mathrm{e}^{-\frac{K\varepsilon_1^2}{CDX^2}t}+\dfrac{(\sin\varepsilon_2-\varepsilon_2\cos\varepsilon_2)^2}{\varepsilon_2^3(2\varepsilon_2-\sin 2\varepsilon_2)}\,\mathrm{e}^{-\frac{K\varepsilon_2^2}{CDX^2}t}+\cdots$。

302　让我们考虑所有其他条件都保持相同而球半径的值 X 变得无穷大时的情况[①]。在采用第 285 目所描述的作图时我们会看到，由于量 $\dfrac{hX}{K}$ 变成无穷的，所以，过原点所作的切割这条曲线不同分支的直线与 x 轴重合。这样，对于 ε 的不同值，我们得到量 π，2π，3π，$\cdots$。

由于当时间增加时包含 $\mathrm{e}^{-\frac{K}{CD}\frac{\varepsilon_1^2}{X^2}t}$ 的 z 值的这个项比后面的项大很多，所以在一定时间之后，只用第一项来表示 z 的值不会有明显的误差。由于指数 $\dfrac{Kn_1^2}{CD}$ 等于 $\dfrac{K\pi^2}{CDX^2}$，所以我们看到，在大直径的球中，最后的冷却是非常慢的，并且，测量冷却速度的 e 的指数是直径平方的倒数。

303　我们根据前面几个注记可以对固体球在冷却期间所服从的变化形成一个精确的思想。当热通过表面而耗散时，温度的初始值依次变化。如果不同薄层的温度在开始时是相等的，或者如果它们从表面递减到球心，那么它们就不再保持它们最初的比，在所有情况下该系统都愈来愈趋于一个稳定状态，延续不久之后，就明显达到这个状态。在这个最后的状态中，温度从球心到表面逐步降低。如果我们用小于周长四分之一的某个弧表示球的整个半径，并且在等分这些弧之后，对每一点取正弦与该弧的商，那么，这组比就表示在厚度相等的薄层的温度之间所自然形成的比。从这些终极比出现的时间开始，它们就在整个冷却阶段自始至终存在。这时，每一温度都随一条对数曲线的纵坐标而降低，时间取作横轴。我们可以断定，这个规律通过观察几个连续值 z，z'，z''，z'''，$\cdots$ 而建立，这些连续值表示相对于时间 t，$t+\Theta$，$t+2\Theta$，$t+3\Theta$，$\cdots$ 的平均温度；这一系列值总是收敛于一个几何级数，当逐个商 $\dfrac{z}{z'}$，$\dfrac{z'}{z''}$，$\dfrac{z''}{z'''}$，$\cdots$ 不再变化时，我们得到，所说的这种联系就在这些温度之间建立起来。当球的直径很小时，一旦物体开始冷却，这些商就明显地变得相等。冷却时间，作为一个给定的区间，也就是说对于平均温度 z 被降为它本身的一个确定部分 $\dfrac{z}{m}$ 时所需要的时间，随球的直径的扩大而增加。

---

①　黎曼在《偏微分方程》(*Part. Diff. gleich.*) §69 中已表明，在球很大、最初均匀受热的情况下，表面温度最终随时间的平方根的倒数而变化。——A. F.

304 如果物质相同体积不同的两个球已经达到当温度降低时它们仍然保持其比的终极状态，并且，如果我们要比较这两个物体冷却同一度数的时间，即比较第一个的平均温度在变成 $\dfrac{z}{m}$ 时所用的时间 Θ 和第二个的温度 z' 变成 $\dfrac{z'}{m}$ 的时间 Θ'，那么我们应当考虑三种不同的情况。如果两个球的直径都很小，那么时间 Θ 和 Θ' 的比就和直径的比相同。如果两个球的直径都很大，那么时间 Θ 和 Θ' 的比就成为直径平方的比；如果这两个球的直径介于这两者之间，那么时间的比就比直径的比大，比直径平方的比小。

这个比的精确值已经被确定[①]。球中的热运动问题包含地球温度问题。为了在更大范围内研究这一课题，我们已辟专章来讨论它[②]。

305 对上面的方程 $\dfrac{\varepsilon}{\tan\varepsilon}=\lambda$ 所作的运用以一种几何作图为基础，这个几何作图很适合于解释这些方程的性质。这种作图的确清楚地表明所有的根都是实根；同时它确定它们的范围，指明作为确定每个根的数值的方法。这类方程的分析给出同样的结果。首先，我们可以断定方程 $\varepsilon-\lambda\tan\varepsilon=0$ 中没有形如 $m+n\sqrt{-1}$ 的虚根，λ 是一个小于 1 的已知数。这只需用这个量代替 ε 就够了；在这个变换之后我们看到，当我们对 m 和 n 给定实数值时，只要 n 不为 0，左边就不可能变成 0。另外我们可以证明，在方程 $\varepsilon-\lambda\tan\varepsilon=0$ 或者是 $\dfrac{\varepsilon\cos\varepsilon-\lambda\sin\varepsilon}{\cos\varepsilon}=0$ 中，不可能有任何形式的虚根。

事实上，第一，因子 $\dfrac{1}{\cos\varepsilon}=0$ 的虚根不属于方程 $\varepsilon-\lambda\tan\varepsilon=0$，因为这些根都有 $m+n\sqrt{-1}$ 的形式；第二，当 λ 小于 1 时，方程 $\sin\varepsilon-\dfrac{\varepsilon}{\lambda}\cos\varepsilon=0$ 的所有根必然都是实根。为证明此命题。我们应当把 $\sin\varepsilon$ 看作是无数因子的积 $\varepsilon\left(1-\dfrac{\varepsilon^2}{\pi^2}\right)\left(1-\dfrac{\varepsilon^2}{2^2\pi^2}\right)\left(1-\dfrac{\varepsilon^2}{3^2\pi^2}\right)\left(1-\dfrac{\varepsilon^2}{4^2\pi^2}\right)\cdots$，把 $\cos\varepsilon$ 看作是由 $\sin\varepsilon$ 通过微分而得到的。

假定我们不以无数因子的积来组成 $\sin\varepsilon$，而是只用前 m 个因子的积，并用 $\phi_m(\varepsilon)$ 来表示这个积。为了得到 $\cos\varepsilon$ 的对应值，我们取 $\dfrac{\mathrm{d}}{\mathrm{d}\varepsilon}\phi_m(\varepsilon)$ 或者是 $\phi'_m(\varepsilon)$。如此，我们有方程 $\phi_m(\varepsilon)-\dfrac{\varepsilon}{\lambda}\phi'_m(\varepsilon)=0$。 *现在，只要对数 m 给定从 1 到无穷的逐个值 $1,2,3,4,\cdots$，我们就通过代数学的一般原理来确定与 m 的这些不同值所对应的 ε 函数的性质。我们看到，无论因子数 m 如何，由它们所产生的 ε 的方程就都具有所有根均为实根的方程的明显特征。因此，我们严格得到方程 $\dfrac{\varepsilon}{\tan\varepsilon}=\lambda$ 不可能有虚根的结论，方程中 λ 小于 1[③]。同一命题也可由我们在下面某一章中所运用的不同分析推出。

此外，我们所给出的解不以方程所具有的所有根均为实根这一性质为基础。因此，无须用代数分析原理来证明这个命题。对于解的精确性，只要能使积分与任一初始状态一致就够了；因为由此严格得出，它这时也必然表示所有的后继状态。

---

① 它是 $\theta:\theta'=\varepsilon'^2_1 X^2:\varepsilon^2_1 X'^2$，这可以从第 301 目中 z 的表达式的第一项的指数推出。——A.F.

② 所说的这一章不在本书之中，它构成"关于固体中热的运动理论的系列论文"(*Suite du mémoire sur la théorie du mouvement de la chaleur dans les corps solides*)的一部分。

标题为"固体中的热运动理论"(*Théorie du mouvement de la chaleur dans les corps solides*)的第一个研究报告是 1822 年发表的《热的解析理论的基础》，但是在现在翻译的这本著作中，它在很大程度上被修改和扩充了。——A.F.

* 在英译本中，此式为 $\phi_m(\varepsilon)-\varepsilon\phi'_m(\varepsilon)=0$。此处依法文《文集》本校订。——汉译者

③ 黎曼的证明更为简单，《偏微分方程》，§67。泊松宣称部分证明方法为他所发现，《科普协会公报》，巴黎，1826，第 147 页。——A.F.

第 六 章

实圆柱中的热运动

• *Chapter VI. Of the Movement of Heat in a Solid cylinder* •

傅立叶的物理思想是深刻的。他对力学理论的完美性非常赞赏，但他明确表示："力学理论不能应用于热效应。"这比持相反观点的泊松要有远见得多。他指出，"热的理论在今后将构成普通物理学的最重要的分支之一"，这同样是有远见的。他对热理论的广阔运用前景也有非常清醒的认识。

306 无穷长实圆柱体中的热运动由方程 $\dfrac{\mathrm{d}v}{\mathrm{d}t}=\dfrac{K}{CD}\Big(\dfrac{\mathrm{d}^2v}{\mathrm{d}x^2}+\dfrac{1}{x}\dfrac{\mathrm{d}v}{\mathrm{d}x}\Big)$ 和 $\dfrac{h}{K}V+\dfrac{\mathrm{d}V}{\mathrm{d}x}=0$ 来表示，我们在第 118、119 和 120 目中叙述过这两个方程。为了求这两个方程的积分，我们对 v 给定由方程 $v=u\,\mathrm{e}^{-mt}$ 所表示的简单的特殊值；m 是任一数，u 是 x 的一个函数。我们用 k 表示进入第一个方程的系数 $\dfrac{K}{CD}$，用 h 表示进入第二个方程的系数 $\dfrac{h}{k}$。代入对 v 所规定的值，我们得到下述条件 $\dfrac{m}{k}u+\dfrac{\mathrm{d}^2u}{\mathrm{d}x^2}+\dfrac{1}{x}\dfrac{\mathrm{d}u}{\mathrm{d}x}=0$。接下来我们为 u 选择一个满足该微分方程的 x 的函数。不难看到，这个函数可以用下述级数 $u=1-\dfrac{gx^2}{2^2}+\dfrac{g^2x^4}{2^2\cdot4^2}-\dfrac{g^3x^6}{2^2\cdot4^2\cdot6^2}+\cdots$ 来表示，g 表示常数 $\dfrac{m}{k}$。我们在后面将更详细地考察导出这个级数的微分方程；这里，我们把函数 u 看作是已知的，把 $u\mathrm{e}^{-gkt}$ 作为 v 的特殊值。

圆柱体凸面的状态服从于由定义方程 $hV+\dfrac{\mathrm{d}V}{\mathrm{d}x}=0$ 所表示的条件，当半径 x 取其总值 X 时，它肯定被满足。因此我们得到定义方程 $h\Big(1-g\dfrac{X^2}{2^2}+\dfrac{g^2X^4}{2^2\cdot4^2}-\dfrac{g^3X^6}{2^2\cdot4^2\cdot6^2}+\cdots\Big)=\dfrac{2gX}{2^2}-\dfrac{4g^2X^3}{2^2\cdot4^2}+\dfrac{6g^3X^5}{2^2\cdot4^2\cdot6^2}-\cdots$；因此，进入特殊值 $u\mathrm{e}^{-gkt}$ 的数 g 不是任意的。这个数必然满足前面的方程，该方程含 g 和 X。

我们要证明 g 的这个方程有无数个根，h 和 X 在该方程中为已知数，并要证明所有这些根均为实根。由此得到，我们可以赋予变量 v 无数形如 $u\mathrm{e}^{-gkt}$ 的特殊值，这些值的差别只在于指数 g 的不同。用来解所提出的这个方程的积分在它的所有范围内都由下述方程 $v=a_1u_1\mathrm{e}^{-g_1kt}+a_2u_2\mathrm{e}^{-g_2kt}+a_3u_3\mathrm{e}^{-g_3kt}+\cdots$ 所给出，$g_1,g_2,g_3,\cdots$ 表示满足定义方程的所有 g 值；$u_1,u_2,u_3,\cdots$ 表示对应于这些不同根的 u 值；$a_1,a_2,a_3,\cdots$ 是只能由固体的初始状态所确定的任意系数。

307 现在我们必须考察给出 g 值的定义方程的性质，并证明这个方程的所有根都是实根，这是需要仔细考察的一项研究。

在表示当 $x=X$ 时 u 所得到的值的级数 $1-g\dfrac{X^2}{2^2}+\dfrac{g^2X^4}{2^2\cdot4^2}-\dfrac{g^3X^6}{2^2\cdot4^2\cdot6^2}+\cdots$ 中，我们用量 θ 取代 $\dfrac{gX^2}{2^2}$，用 $f(\theta)$ 或者是 y 表示 θ 的这个函数，我们有 $y=f(\theta)=1-\theta+\dfrac{\theta^2}{2^2}-\dfrac{\theta^3}{2^2\cdot3^2}+\dfrac{\theta^4}{2^2\cdot3^2\cdot4^2}-\cdots$，定义方程变成 $\dfrac{hX}{2}=\dfrac{\theta-2\dfrac{\theta^2}{2^2}+3\dfrac{\theta^3}{2^2\cdot3^2}-4\dfrac{\theta^4}{2^2\cdot3^2\cdot4^2}+\cdots}{1-\theta+\dfrac{\theta^2}{2^2}-\dfrac{\theta^3}{2^2\cdot3^2}+\dfrac{\theta^4}{2^2\cdot3^2\cdot4^2}-\cdots}$，或者是 $\dfrac{hX}{2}+\theta\dfrac{f'(\theta)}{f(\theta)}=0$，$f'(\theta)$ 表示函数 $\dfrac{\mathrm{d}f(\theta)}{\mathrm{d}\theta}$。

θ 的每一个值都由方程 $g\dfrac{X^2}{2^2}=\theta$ 来提供一个 g 的值，因此我们得到量 $g_1,g_2,g_3,\cdots$，这些数目无穷的量进入所需要的解。

这样，问题就是要证明方程 $\dfrac{hX}{2}+\theta\dfrac{f'(\theta)}{f(\theta)}=0$ 的所有根都是实根。我们事实上将证

◀ 法国科学院 Roosevelt 广场

明方程 $f(\theta)=0$ 的所有根都是实根,因此方程 $f'(\theta)=0$ 的根亦如此,并由此得到方程 $A=\dfrac{\theta f'(\theta)}{f(\theta)}$ 的所有根也是实根,A 表示已知数 $-\dfrac{hX}{2}$。

308 方程 $y=1-\theta+\dfrac{\theta^2}{2^2}-\dfrac{\theta^3}{2^2\cdot3^2}+\dfrac{\theta^4}{2^2\cdot3^2\cdot4^2}-\cdots$,只要微分两次,就给出下述关系

$$y+\frac{\mathrm{d}y}{\mathrm{d}\theta}+\theta\frac{\mathrm{d}^2y}{\mathrm{d}\theta^2}=0。$$

我们记这个方程和所有那些可通过对它微分所能得到的方程如下:

$$y+\frac{\mathrm{d}y}{\mathrm{d}\theta}+\theta\frac{\mathrm{d}^2y}{\mathrm{d}\theta^2}=0,$$

$$\frac{\mathrm{d}y}{\mathrm{d}\theta}+2\frac{\mathrm{d}^2y}{\mathrm{d}\theta^2}+\theta\frac{\mathrm{d}^3y}{\mathrm{d}\theta^3}=0,$$

$$\frac{\mathrm{d}^2y}{\mathrm{d}\theta^2}+3\frac{\mathrm{d}^3y}{\mathrm{d}\theta^3}+\theta\frac{\mathrm{d}^4y}{\mathrm{d}\theta^4}=0,$$

$$\cdots\cdots\cdots\cdots\cdots\cdots\cdots\cdots$$

一般地,$\dfrac{\mathrm{d}^iy}{\mathrm{d}\theta^i}+(i+1)\dfrac{\mathrm{d}^{i+1}y}{\mathrm{d}\theta^{i+1}}+\theta\dfrac{\mathrm{d}^{i+2}y}{\mathrm{d}\theta^{i+2}}=0$。现在,如果我们把代数方程 $X=0$ 和所有那些通过对它微分所能得到的方程按下述顺序写出,$X=0,\dfrac{\mathrm{d}X}{\mathrm{d}x}=0,\dfrac{\mathrm{d}^2X}{\mathrm{d}x^2}=0,\dfrac{\mathrm{d}^3X}{\mathrm{d}x^3}=0,\cdots$,如果我们假定,任一个这样的方程的每一个实根只要被代进它前面和它后面的方程中,它都给出两个反号结果;那么可以肯定,所提出的方程 $X=0$ 的所有根都是实根,因此,所有从属方程 $\dfrac{\mathrm{d}X}{\mathrm{d}x}=0,\dfrac{\mathrm{d}^2X}{\mathrm{d}x^2}=0,\dfrac{\mathrm{d}^3X}{\mathrm{d}x^3}=0,\cdots$ 亦如此。

这些命题建立在代数方程的理论之上,并早已被证明。现在只要证明方程 $y=0,\dfrac{\mathrm{d}y}{\mathrm{d}\theta}=0,\dfrac{\mathrm{d}^2y}{\mathrm{d}\theta^2}=0,\cdots$ 满足前面的条件就够了。这可以通过一般方程 $\dfrac{\mathrm{d}^iy}{\mathrm{d}\theta^i}+(i+1)\dfrac{\mathrm{d}^{i+1}y}{\mathrm{d}\theta^{i+1}}+\theta\dfrac{\mathrm{d}^{i+2}y}{\mathrm{d}\theta^{i+2}}=0$ 而得到:因为,如果我们对 θ 给定一个使流数 $\dfrac{\mathrm{d}^{i+1}y}{\mathrm{d}\theta^{i+1}}$ 为 0 的正值,那么其他两项 $\dfrac{\mathrm{d}^iy}{\mathrm{d}\theta^i}$ 和 $\dfrac{\mathrm{d}^{i+2}y}{\mathrm{d}\theta^{i+2}}$ 就得到反号值。关于 θ 的负值,由函数 $f(\theta)$ 的性质显然可知,代入 θ 的负值不可能把那个函数或者是对那个函数微分所得到的其他任一函数变为 0:因为任一负值的代换都对所有项给出相同的符号。因此我们确信方程 $y=0$ 的所有根都是正实根。

309 由此得到,方程 $f'(\theta)=0$ 或者是 $y'=0$ 的所有根也是实根;根据代数学原理,这是已知的结论。现在让我们考察当我们对 θ 给定从 $\theta=0$ 连续增到 $\theta=\infty$ 的值时,项 $\theta\dfrac{f'(\theta)}{f(\theta)}$ 或 $\theta\dfrac{y'}{y}$ 所得到的逐个值是怎样的。如果 θ 的一个值使 y' 为 0,那么量 $\theta\dfrac{y'}{y}$ 也变成 0;当 θ 使 y 为 0 时,它则变得无穷大。现在由方程理论得到,在所说的情况下,$y'=0$ 的每个根都处在 $y=0$ 的两个相邻的根之间,反之亦然。因此,若用 θ_1 和 θ_3 表示方程 $y'=0$ 的两个相邻的根,用 θ_2 表示方程 $y=0$ 在 θ_1 和 θ_3 之间的那个根,则包含在 θ_1 和 θ_2 之间的每个 θ 值对 y 所给出的符号,都与函数 y 在 θ 有一个包含在 θ_2 和 θ_3 之间的值时所得到的那个符号不同。因此,当 $\theta=\theta_1$ 时,量 $\theta\dfrac{y'}{y}$ 为 0;当 $\theta=\theta_2$ 时,它是无穷大,当 $\theta=\theta_3$ 时,它为 0。因此量 $\theta\dfrac{y'}{y}$ 在从 θ 到 θ_2 的区间内必然取从 θ 到无穷大的所有可能的值。并且在从 θ_2 到 θ_3 的区间内也一定取从无穷大到 0 的所有可能的反号值。这样,方程 $A=\theta\dfrac{y'}{y}$

必然在 θ_1 和 θ_3 之间有一个实根,并且,由于方程 $y'=0$ 的根是数目无穷的实根,由此得到,方程 $A=\theta\dfrac{y'}{y}$ 有同样的性质。如此,我们完成了定义方程 $\dfrac{hX}{2}=$

$$\dfrac{\dfrac{gX^2}{2^2}-2\dfrac{g^2X^4}{2^2\cdot4^2}+3\dfrac{g^3X^6}{2^2\cdot4^2\cdot6^2}-\cdots}{1-\dfrac{gX^2}{2^2}+\dfrac{g^2X^4}{2^2\cdot4^2}-\dfrac{g^3X^6}{2^2\cdot4^2\cdot6^2}+\cdots}$$的所有根都是正实根的证明,方程中的未知数是 g。我

们现在继而开始对函数 u 和它所满足的微分方程进行研究。

310　由方程 $y+\dfrac{\mathrm{d}y}{\mathrm{d}\theta}+\theta\dfrac{\mathrm{d}^2y}{\mathrm{d}\theta^2}=0$,我们得到一般方程 $\dfrac{\mathrm{d}^iy}{\mathrm{d}\theta^i}+(i+1)\dfrac{\mathrm{d}^{i+1}y}{\mathrm{d}\theta^{i+1}}+\theta\dfrac{\mathrm{d}^{i+2}y}{\mathrm{d}\theta^{i+2}}=0$,

如果我们假定 $\theta=0$,则我们有方程 $\dfrac{\mathrm{d}^{i+1}y}{\mathrm{d}\theta^{i+1}}=-\dfrac{1}{i+1}\dfrac{\mathrm{d}^iy}{\mathrm{d}\theta^i}$,它用来确定函数 $f(\theta)$ 的展开式的

各个项的系数,因为这些系数依赖于这些微分系数在它们之中的变量变为 0 时所得到的值。假定第一项已知并且等于 1,则我们有级数 $y=1-\theta+\dfrac{\theta^2}{2^2}-\dfrac{\theta^3}{2^2\cdot3^2}+\dfrac{\theta^4}{2^2\cdot3^2\cdot4^2}-$

$\cdots$。如果我们现在所提出的方程 $gu+\dfrac{\mathrm{d}^2u}{\mathrm{d}x^2}+\dfrac{1}{x}\dfrac{\mathrm{d}u}{\mathrm{d}x}=0$ 中使 $g\dfrac{x^2}{2^2}=\theta$,并寻找 u 和 θ 的新

方程,那么当我们把 u 看作是 θ 的函数时,我们有 $u+\dfrac{\mathrm{d}u}{\mathrm{d}\theta}+\theta\dfrac{\mathrm{d}^2u}{\mathrm{d}\theta^2}=0$。因此我们得到 $u=$

$1-\theta+\dfrac{\theta^2}{2^2}-\dfrac{\theta^3}{2^2\cdot3^2}+\dfrac{\theta^4}{2^2\cdot3^2\cdot4^2}-\cdots$,或者是 $u=1-\dfrac{gx^2}{2^2}+\dfrac{g^2x^4}{2^2\cdot4^2}-\dfrac{g^3x^6}{2^2\cdot4^2\cdot6^2}+\cdots$。

不难表示这个级数的和。为了得到这个结果,以多重弧的余弦展开函数 $\cos(\alpha\sin x)$ 如下。由已知的一些变换,我们有 $2\cos(\alpha\sin x)=\mathrm{e}^{\frac{1}{2}a\,\mathrm{e}^{x\sqrt{-1}}}\mathrm{e}^{-\frac{1}{2}a\,\mathrm{e}^{-x\sqrt{-1}}}+\mathrm{e}^{-\frac{1}{2}a\,\mathrm{e}^{x\sqrt{-1}}}\mathrm{e}^{\frac{1}{2}a\,\mathrm{e}^{-x\sqrt{-1}}}$,

用 ω 表示 $\mathrm{e}^{x\sqrt{-1}}$,则 $2\cos(\alpha\sin x)=\mathrm{e}^{\frac{a\omega}{2}}\mathrm{e}^{-\frac{a\omega^{-1}}{2}}+\mathrm{e}^{-\frac{a\omega}{2}}\mathrm{e}^{\frac{a\omega^{-1}}{2}}$。根据 ω 的幂展开右边,我们得到

在 $2\cos(\alpha\sin x)$ 的展开式中不含 ω 的项是 $2\left(1-\dfrac{\alpha^2}{2^2}+\dfrac{\alpha^4}{2^2\cdot4^2}-\dfrac{\alpha^6}{2^2\cdot4^2\cdot6^2}+\cdots\right)$。$\omega^1,\omega^3$,

$\omega^5,\cdots$ 的系数是 0,含 $\omega^{-1},\omega^{-3},\omega^{-5},\cdots$ 的项的系数亦如此;ω^{-2} 的系数和 ω^2 的系数相同;ω^4

的系数是 $2\left(\dfrac{\alpha^4}{2\cdot4\cdot6\cdot8}-\dfrac{\alpha^6}{2^2\cdot4\cdot6\cdot8\cdot10}+\cdots\right)$;$\omega^{-4}$ 的系数与 ω^4 的系数相同。不难表

示这些系数前后相继的规律;我们不陈述它,而用 $2\cos2x$ 代替 $(\omega^2+\omega^{-2})$,或者是用 $2\cos4x$ 代替 $(\omega^4+\omega^{-4})$,$\cdots$。因此量 $2\cos(\alpha\sin x)$ 不难以形如 $A+B\cos2x+C\cos4x+D\cos6x+\cdots$ 的级数展开,第一个系数 A 等于 $2\left(1-\dfrac{\alpha^2}{2^2}+\dfrac{\alpha^4}{2^2\cdot4^2}-\dfrac{\alpha^6}{2^2\cdot4^2\cdot6^2}+\cdots\right)$。

如果我们现在比较我们在前面所给出的方程 $\dfrac{1}{2}\pi\phi(x)=\dfrac{1}{2}\displaystyle\int\phi(x)\mathrm{d}x+\cos x\displaystyle\int\phi(x)\cos x$

$\mathrm{d}x+\cdots$ 和方程 $2\cos(\alpha\sin x)=A+B\cos2x+C\cos4x+\cdots$,那么我们会得到由定积分所表示的系数 A,B,C 的值。这里只需求出第一个系数 A 的值就够了。于是我们有 $\dfrac{1}{2}A=$

$\dfrac{1}{\pi}\displaystyle\int\cos(\alpha\sin x)\mathrm{d}x$,积分应当从 $x=0$ 取到 $x=\pi$。因此,级数 $1-\dfrac{\alpha^2}{2^2}+\dfrac{\alpha^4}{2^2\cdot4^2}-\dfrac{\alpha^6}{2^2\cdot4^2\cdot6^2}$

$+\cdots$ 的值是定积分 $\dfrac{1}{\pi}\displaystyle\int_0^\pi\mathrm{d}x\cos(\alpha\sin x)$ 的值。通过两个方程的比较,我们同样可以得到逐个系数 $B,C,\cdots$ 的值;我们指明这些结果是因为它们在依赖于同一理论的其他研究中是有用的。由此得到,满足方程 $gu+\dfrac{\mathrm{d}^2u}{\mathrm{d}x^2}+\dfrac{1}{x}\dfrac{\mathrm{d}u}{\mathrm{d}x}=0$ 的 u 的特殊值是 $\dfrac{1}{\pi}\displaystyle\int\cos(x\sqrt{g}\sin r)\mathrm{d}r$,积

分从 $r=0$ 取到 $r=\pi$。用 q 表示 u 的这个值,并使 $u=qS$,则我们得到 $S=a+b\int\dfrac{\mathrm{d}x}{xq^2}$,

并且,作为方程 $gu+\dfrac{\mathrm{d}^2u}{\mathrm{d}x^2}+\dfrac{1}{x}\dfrac{\mathrm{d}u}{\mathrm{d}x}=0$ 的完全积分,我们有 $u=q\left(a+b\int\dfrac{\mathrm{d}x}{xq^2}\right)=\left\{\dfrac{a}{\pi}+b\pi\int\right.$

$\left.\dfrac{\mathrm{d}x}{x\left[\int\cos(x\sqrt{g}\sin r)\mathrm{d}r\right]^2}\right\}\int\cos(x\sqrt{g}\sin r)\mathrm{d}r。$ * a 和 b 是任意常数。如果我们假定 $b=0$,

那么和前面一样,我们有 $u=\dfrac{1}{\pi}\int\cos(x\sqrt{g}\sin r)\mathrm{d}r。$ 对于这个表达式,我们增加下面的注记。

311　方程 $\dfrac{1}{\pi}\int_0^\pi\cos(\theta\sin u)\mathrm{d}u=1-\dfrac{\theta^2}{2^2}+\dfrac{\theta^4}{2^2\cdot4^2}-\dfrac{\theta^6}{2^2\cdot4^2\cdot6^2}+\cdots$ 本身是可以检验

的。事实上,我们有 $\int\cos(\theta\sin u)\mathrm{d}u=\int\mathrm{d}u\left(1-\dfrac{\theta^2\sin^2u}{2!}+\dfrac{\theta^4\sin^4u}{4!}-\dfrac{\theta^6\sin^6u}{6!}+\cdots\right)$;若从

$u=0$ 到 $u=\pi$ 取积分,用 $S_2,S_4,S_6,\cdots$ 表示定积分 $\int\sin^2u\mathrm{d}u,\int\sin^4u\mathrm{d}u,\int\sin^6u\mathrm{d}u,\cdots$,则我

们有 $\int\cos(\theta\sin u)\mathrm{d}u=\pi-\dfrac{\theta^2}{2!}S_2+\dfrac{\theta^4}{4!}S_4-\dfrac{\theta^6}{6!}S_6+\cdots$,剩下的只是确定 $S_2,S_4,S_6,\cdots$。

由于项 $\sin^nu$ 中的 n 是偶数,所以它可以展开成 $\sin^nu=A_n+B_n\cos2u+C_n\cos4u+\cdots$,乘

以 $\mathrm{d}u$,并在 $u=0$ 和 $u=\pi$ 的界限内积分,我们直接有 $\int_0^\pi\sin^nu\mathrm{d}u=A_n\pi$,其他项变为 0。根

据正弦整数幂展开式的已知公式,我们有 $A_2=\dfrac{1}{2^2}\cdot\dfrac{2}{1},A_4=\dfrac{1}{2^4}\cdot\dfrac{3\cdot4}{1\cdot2},A_6=\dfrac{1}{2^6}\cdot\dfrac{4\cdot5\cdot6}{1\cdot2\cdot3},$

$\cdots$。把这些值代入 $S_2,S_4,S_6,\cdots$ 中,我们得到 $\dfrac{1}{\pi}\int\cos(\theta\sin u)\mathrm{d}u=1-\dfrac{\theta^2}{2^2}+\dfrac{\theta^4}{2^2\cdot4^2}-$

$\dfrac{\theta^6}{2^2\cdot4^2\cdot6^2}+\cdots$。

不用 $\cos(t\sin u)$,而代之以取 $t\sin u$ 的任一函数 ϕ,我们可以使这个结果更一般化。

假定我们有一个函数 $\phi(z)$,因而它可以展开成 $\phi(z)=\phi+z\phi'+\dfrac{z^2}{2!}\phi''+\dfrac{2^3}{3!}\phi'''+\cdots$;

则我们有

$$\phi(t\sin u)=\phi+t\phi'\sin u+\dfrac{t^2}{2!}\phi''\sin^2u+\dfrac{t^3}{3!}\phi'''\sin^3u+\cdots \text{ 和}$$

$$\int_0^\pi\mathrm{d}u\,\phi(t\sin u)=\pi\phi+tS_1\phi'+\dfrac{t^2}{2!}S_2\phi''+\dfrac{t^3}{3!}S_3\phi'''+\cdots。 \tag{e}$$

现在容易看到,$S_1,S_3,S_5,\cdots$ 为 0。至于 $S_2,S_4,S_6,\cdots$,它们的值是我们在前面用

$\pi A_2,\pi A_4,\pi A_6,\cdots$ 所表示的量。由此,把这些值代入方程(e)中,无论函数 ϕ 怎样,我们都

一般有 $\dfrac{1}{\pi}\int\phi(t\sin u)\mathrm{d}u=\phi+\dfrac{t^2}{2}\phi''+\dfrac{t^4}{2^2\cdot4^2}\phi^{\mathrm{IV}}+\dfrac{t^6}{2^2\cdot4^2\cdot6^2}\phi^{\mathrm{VI}}+\cdots$,在所说的情况下,函

---

* 在英译本中,此式是:$u=\left[a+b\int\dfrac{\mathrm{d}x}{x\left\{\int\cos(x\sqrt{g}\sin r)\mathrm{d}r\right\}^2}\right]\int\cos(x\sqrt{g}\sin r)\mathrm{d}r$。虽然,由于 a 和 b 是任意常

数,因此上述式子仍然不错,但法文《文集》本中此式的表述更明确。为便于理解,此处在后一个版本订正。——汉译者

数 $\phi(z)$ 表示 $\cos z$，我们有 $\phi=1,\phi''=-1,\phi^{\text{IV}}=-1,\phi^{\text{VI}}=-1$，等等。

312　为了完全确定函数 $f(\theta)$ 和给出 g 值的方程的性质，有必要考虑其方程是 $y=1-\theta+\dfrac{\theta^2}{2^2}-\dfrac{\theta^3}{2^2\cdot3^2}+\cdots$ 的曲线的形式，该曲线与横轴一起组成交替为正和负的面积，这些面积相互抵消；我们还可以通过定积分使前面这些关于级数值的表达式的注记更一般化。当变量 x 的函数依 x 的幂而展开时，如果用 $\cos x,\cos2x,\cos3x,\cdots$ 代替幂 $x,x^2,x^3,$ $\cdots$，那么不难推出表示同一级数的函数。运用这种简化和第 235 目第二段所使用过的过程，我们得到与已知级数等价的一些定积分；但是为了不至于离我们的主要目的太远，我们不打算讨论这一研究。

指明能使我们用定积分来表示级数的值的方法就够了。

我们只补充带有连分式的量 $\theta\dfrac{f'(\theta)}{f(\theta)}$ 的展开式。

313　待定的 y 或者是 $f(\theta)$ 满足方程 $y+\dfrac{\mathrm{d}y}{\mathrm{d}\theta}+\theta\dfrac{\mathrm{d}^2y}{\mathrm{d}\theta^2}=0$，因此，用 $y',y'',y''',\cdots$ 表示函数 $\dfrac{\mathrm{d}y}{\mathrm{d}\theta},\dfrac{\mathrm{d}^2y}{\mathrm{d}\theta^2},\dfrac{\mathrm{d}^3y}{\mathrm{d}\theta^4},\cdots$，则我们有

$$-y=y'+\theta y''$$
$$-y'=2y''+\theta y''',$$
$$-y''=3y'''+\theta y^{\text{IV}},$$
$$\cdots\cdots\cdots\cdots\cdots,$$

或者是

$$\frac{y'}{y}=\frac{-y'}{y'+\theta y''}=\frac{-1}{1+\theta\dfrac{y''}{y'}},$$

$$\frac{y''}{y'}=\frac{-y''}{2y''+\theta y'''}=\frac{-1}{2+\theta\dfrac{y'''}{y''}},$$

$$\frac{y'''}{y''}=\frac{-y'''}{3y'''+\theta y^{\text{IV}}}=\frac{-1}{3+\theta\dfrac{y^{\text{IV}}}{y'''}},$$

$$\cdots\cdots\cdots\cdots\cdots\cdots\cdots\cdots;$$

因此我们得到

$$\frac{y'}{y}=-\cfrac{1}{1-\cfrac{\theta}{2-\cfrac{\theta}{3-\cfrac{\theta}{4-\cfrac{\theta}{5-\cdots}}}}}$$

所以，进入定义方程的函数 $-\dfrac{\theta f'(\theta)}{f(\theta)}$ 在表示成一个无穷连分式时，就是

$$\cfrac{\theta}{1-\cfrac{\theta}{2-\cfrac{\theta}{3-\cfrac{\theta}{4-\cfrac{\theta}{5-\cfrac{\theta}{6-\raise1ex\ddots}}}}}}\,。$$

314 我们现在陈述我们直到现在才得到的这些结果。

如果用 x 表示圆柱体薄层的可变半径,用 x 和时间 t 的函数 v 来表示这个薄层的温度;那么所求函数 v 应当满足偏微分方程 $\dfrac{\mathrm{d}v}{\mathrm{d}t}=k\left(\dfrac{\mathrm{d}^2v}{\mathrm{d}x^2}+\dfrac{1}{x}\dfrac{\mathrm{d}v}{\mathrm{d}x}\right)$;我们可以为 v 假定下面的值 $v=u\,\mathrm{e}^{-mt}$;u 是 x 的一个函数,它满足方程 $\dfrac{m}{k}u+\dfrac{\mathrm{d}^2u}{\mathrm{d}x^2}+\dfrac{1}{x}\dfrac{\mathrm{d}u}{\mathrm{d}x}=0$。

如果我们使 $\theta=\dfrac{m}{k}\dfrac{x^2}{2^2}$,并把 u 看作是 x 的一个函数,那么我们有 $u+\dfrac{\mathrm{d}u}{\mathrm{d}\theta}+\theta\dfrac{\mathrm{d}^2u}{\mathrm{d}\theta^2}=0$。下面的值 $u=1-\theta+\dfrac{\theta^2}{2^2}-\dfrac{\theta^3}{2^2\cdot3^2}+\dfrac{\theta^4}{2^2\cdot3^2\cdot4^2}-\cdots$ 满足 u 和 θ 的这个方程。因此,我们假定用 x 所表示的 u 值是 $u=1-\dfrac{m}{k}\dfrac{x^2}{2^2}+\dfrac{m^2}{k^2}\dfrac{x^4}{2^2\cdot4^2}-\dfrac{m^3}{k^3}\dfrac{x^6}{2^2\cdot4^2\cdot6^2}+\cdots$,这个级数的和是 $\dfrac{1}{\pi}\displaystyle\int\cos\left(x\sqrt{\dfrac{m}{k}}\sin r\right)\mathrm{d}r$;积分从 $r=0$ 取到 $r=\pi$。由 x 和 m 所表示的这个 u 值满足微分方程,当 x 为 0 时,它保持一个有限值不变。此外,当 x 等于圆柱体的半径 X 时,方程 $hu+\dfrac{\mathrm{d}u}{\mathrm{d}x}=0$ 肯定被满足。如果我们赋予量 m 以任一值,则这个条件不成立;我们必然有方程

$$\frac{hX}{2}=\cfrac{\theta}{1-\cfrac{\theta}{2-\cfrac{\theta}{3-\cfrac{\theta}{4-\cfrac{\theta}{5-\raise1ex\ddots}}}}}\,,$$

其中 θ 表示 $\dfrac{m}{k}\dfrac{X^2}{2^2}$。

这个定义方程等价于下述方程 $\dfrac{hX}{2}\left(1-\theta+\dfrac{\theta^2}{2^2}-\dfrac{\theta^3}{2^2\cdot3^2}+\cdots\right)=\theta-\dfrac{2\theta^2}{2^2}+\dfrac{3\theta^3}{2^2\cdot3^2}-\cdots$,它对 θ 给出由 $\theta_1,\theta_2,\theta_3,\cdots$ 所表示的无数实数值;m 的对应值是 $\dfrac{2^2k\theta_1}{X^2},\dfrac{2^2k\theta_2}{X^2},\dfrac{2^2k\theta_3}{X^2},\cdots$;因此 v 的一个特殊值由 $\pi v=\mathrm{e}^{-\frac{2^2kt\theta_1}{X^2}}\displaystyle\int\cos\left(2\dfrac{x}{X}\sqrt{\theta_1}\sin q\right)\mathrm{d}q$ 来表示。

我们可以用根 $\theta_1,\theta_2,\theta_3,\cdots$ 中的某一个来代替 θ_1,并且用它们组成一个更一般的值,这个一般值由方程

$$\pi v=a_1\mathrm{e}^{-\frac{2^2kt\theta_1}{X^2}}\int\cos\left(2\frac{x}{X}\sqrt{\theta_1}\sin q\right)\mathrm{d}q$$

$$+a_2\mathrm{e}^{-\frac{2^2kt\theta_2}{X^2}}\int\cos\left(2\frac{x}{X}\sqrt{\theta_2}\sin q\right)\mathrm{d}q$$

$$+ a_3 e^{-\frac{2^2 kt\theta_3}{X^2}} \int \cos\left(2\,\frac{x}{X}\,\sqrt{\theta_3}\,\sin q\right) dq$$

$$+ \cdots\cdots\cdots\cdots\cdots\cdots\cdots\cdots$$

来表示。$a_1, a_2, a_3, \cdots$ 是任意系数：在从 $q=0$ 到 $q=\pi$ 取这些积分之后，变量 q 被消掉。

315　为了证明这个 v 值满足问题的所有条件，并且包含通解。需要做的事情只是根据初始状态确定系数 $a_1, a_2, a_3, \cdots$。取方程 $v = a_1 e^{-m_1 t} u_1 + a_2 e^{-m_2 t} u_2 + a_3 e^{-m_3 t} u_3 + \cdots$，其中 $u_1, u_2, u_3, \cdots$ 是由函数 u 或者是 $1 - \dfrac{m}{k}\dfrac{x^2}{2^2} + \dfrac{m^2}{k^2}\dfrac{x^4}{2^2 4^2} - \cdots$ 在用 $g_1, g_2, g_3, \cdots$ 依次取代 $\dfrac{m}{k}$ 时所呈现的不同的值。在它之中令 $t=0$，我们有方程 $V = a_1 u_1 + a_2 u_2 + a_3 u_3 + \cdots$，其中 V 是 x 的已知函数。设这个函数是 $\phi(x)$；如果我们用 $\psi(x\,\sqrt{g_i})$ 表示下标是 i 的函数 u_i，那么我们有 $\phi(x) = a_1 \psi(x\,\sqrt{g_1}) + a_2 \psi(x\,\sqrt{g_2}) + a_3 \psi(x\,\sqrt{g_3}) + \cdots$。

为了确定第一个系数，用 $\sigma_1 dx$ 乘方程两边，σ_1 是 x 的函数，并且从 $x=0$ 到 $x=X$ 取积分。然后我们确定函数 σ_1，以便积分后右边可以简化得只剩第一项，并且可以得到系数 a_1，其他所有积分取 0 值。同样，为了确定第二个系数 a_2，我们用另一个因子 $\sigma_2 dx$ 乘方程 $\phi(x) = a_1 u_1 + a_2 u_2 + a_3 u_3 + \cdots$ 的两边，并且从 $x=0$ 到 $x=X$ 取积分。因子 σ_2 应当是这样的：它使得除某一项，即受系数 a_2 作用的那一项外，右边所有积分都变成 0。一般地，我们运用由 $\sigma_1, \sigma_2, \sigma_3, \cdots$ 所表示的一系列 x 的函数，$\sigma_1, \sigma_2, \sigma_3, \cdots$ 对应于函数 $u_1, u_2, u_3, \cdots$；每个因子 σ 都有这样的性质：它使得包含定积分的所有项除某一项外都在积分中消去；如此，我们得到每个系数 $a_1, a_2, a_3, \cdots$ 的值。我们现在应当考察什么样的函数具有所说的这种性质。

316　方程右边的每一项是一个形如 $a\displaystyle\int \sigma u\, dx$ 的定积分；u 是 x 的一个函数，它满足方程 $\dfrac{m}{k}u + \dfrac{d^2 u}{dx^2} + \dfrac{1}{x}\dfrac{du}{dx} = 0$；因此我们有 $a\displaystyle\int \sigma u\, dx = -a\,\dfrac{k}{m}\displaystyle\int\left(\dfrac{\sigma}{x}\dfrac{du}{dx} + \sigma\dfrac{d^2 u}{dx^2}\right)dx$。用分部积分的方法展开项 $\displaystyle\int\dfrac{\sigma}{x}\dfrac{du}{dx}dx$ 和 $\displaystyle\int\sigma\dfrac{d^2 u}{dx^2}dx$，我们有 $\displaystyle\int\dfrac{\sigma}{x}\dfrac{du}{dx}dx = C + u\dfrac{\sigma}{x} - \displaystyle\int u\, d\!\left(\dfrac{\sigma}{x}\right)$ 和 $\displaystyle\int\sigma\dfrac{d^2 u}{dx^2}dx = D + \dfrac{du}{dx}\sigma - u\dfrac{d\sigma}{dx} + \displaystyle\int u\dfrac{d^2\sigma}{dx^2}dx$。

这些积分应当在 $x=0$ 到 $x=X$ 的区间内来取，我们由这个条件确定进入展开式并且不在这些积分号内的那些量。为了指明我们在哪个 x 的表达式中假定 $x=0$，我们对那个表达式增加下标 α；为了指明当我们对变量 x 给定其最后的值 X 时 x 的函数所取的值，我们对它给定下标 ω。

在前面两个方程中假定 $x=0$，我们有 $0 = C + \left(u\dfrac{\sigma}{x}\right)_\alpha$ 和 $0 = D + \left(\dfrac{du}{dx}\sigma - u\dfrac{d\sigma}{dx}\right)_\alpha$，因此我们确定系数 C 和 D。然后在这同样两个方程中取 $x=X$，并假定积分从 $x=0$ 取到 $x=X$，则我们有 $\displaystyle\int\dfrac{\sigma}{x}\dfrac{du}{dx}dx = \left(u\dfrac{\sigma}{x}\right)_\omega - \left(u\dfrac{\sigma}{x}\right)_\alpha - \displaystyle\int u\, d\!\left(\dfrac{\sigma}{x}\right)$ 和 $\displaystyle\int\sigma\dfrac{d^2 u}{dx^2}dx = \left(\dfrac{du}{dx}\sigma - u\dfrac{d\sigma}{dx}\right)_\omega -$

$\left(\dfrac{du}{dx}\sigma - u\dfrac{d\sigma}{dx}\right)_\alpha + \displaystyle\int u\dfrac{d^2\sigma}{dx^2}dx$，因此我们得到方程 $-\dfrac{m}{k}\displaystyle\int \sigma u\, dx = \displaystyle\int\left[u\dfrac{d^2\sigma}{dx^2} - u\dfrac{d\!\left(\dfrac{\sigma}{x}\right)}{dx}\right]dx +$

$\left(\dfrac{du}{dx}\sigma - u\dfrac{d\sigma}{dx} + u\dfrac{\sigma}{x}\right)_\omega - \left(\dfrac{du}{dx}\sigma - u\dfrac{d\sigma}{dx} + u\dfrac{\sigma}{x}\right)_\alpha$。

317 如果右边积分号下乘 u 的量 $\dfrac{\mathrm{d}^2\sigma}{\mathrm{d}x^2}-\dfrac{\mathrm{d}\left(\dfrac{\sigma}{x}\right)}{\mathrm{d}x}$ 等于 σ 与一个常数的积，那么项

$\displaystyle\int\left[u\,\dfrac{\mathrm{d}^2\sigma}{\mathrm{d}x^2}-\dfrac{\mathrm{d}\left(\dfrac{\sigma}{x}\right)}{\mathrm{d}x}\mathrm{d}x\right]$ 和 $\displaystyle\int\sigma u\,\mathrm{d}x$ 就合并成一项，对于待求的积分 $\displaystyle\int\sigma u\,\mathrm{d}x$ ，我们得到只含

一些不带积分符号的确定量的一个值。要做的只是使那个值等于 0。

这样，像函数 u 满足方程 $\dfrac{m}{k}u+\dfrac{\mathrm{d}^2u}{\mathrm{d}x^2}+\dfrac{1}{x}\dfrac{\mathrm{d}u}{\mathrm{d}x}=0$ 那样，假定因子 σ 满足二阶微分方程

$\dfrac{n}{k}\sigma+\dfrac{\mathrm{d}^2\sigma}{\mathrm{d}x^2}-\dfrac{\mathrm{d}\left(\dfrac{\sigma}{x}\right)}{\mathrm{d}x}=0$ ，m 和 n 是常系数，我们有 $\dfrac{n-m}{k}\displaystyle\int\sigma u\,\mathrm{d}x=\left(\dfrac{\mathrm{d}u}{\mathrm{d}x}\sigma-u\,\dfrac{\mathrm{d}\sigma}{\mathrm{d}x}+u\,\dfrac{\sigma}{x}\right)_\omega-$

$\left(\dfrac{\mathrm{d}u}{\mathrm{d}x}\sigma-u\,\dfrac{\mathrm{d}\sigma}{\mathrm{d}x}+u\,\dfrac{\sigma}{x}\right)_\alpha$ 。

在 u 和 σ 之间有一个很简单的关系，当我们在方程 $\dfrac{n}{k}\sigma+\dfrac{\mathrm{d}^2\sigma}{\mathrm{d}x^2}-\dfrac{\mathrm{d}\left(\dfrac{\sigma}{x}\right)}{\mathrm{d}x}=0$ 中假定 $\sigma=$

xs 时可以发现这种关系；作为这个代换的结果，我们有方程 $\dfrac{n}{k}s+\dfrac{\mathrm{d}^2s}{\mathrm{d}x^2}+\dfrac{1}{x}\dfrac{\mathrm{d}s}{\mathrm{d}x}=0$ ，它表明

函数 s 依赖于由方程 $\dfrac{m}{k}u+\dfrac{\mathrm{d}^2u}{\mathrm{d}x^2}+\dfrac{1}{x}\dfrac{\mathrm{d}u}{\mathrm{d}x}=0$ 所给定的函数 u 。为了求出 s ，只需在 u 的值

中把 m 变成 n 就够了；u 的值已由 $\psi\left(x\sqrt{\dfrac{m}{k}}\right)$ 表示，因此 σ 的值是 $x\psi\left(x\sqrt{\dfrac{n}{k}}\right)$ 。

这样我们有 $\dfrac{\mathrm{d}u}{\mathrm{d}x}\sigma-u\,\dfrac{\mathrm{d}\sigma}{\mathrm{d}x}+u\,\dfrac{\sigma}{x}=x\sqrt{\dfrac{m}{k}}\,\psi'\left(x\sqrt{\dfrac{m}{k}}\right)\psi\left(x\sqrt{\dfrac{n}{k}}\right)-x\sqrt{\dfrac{n}{k}}\,\psi'\left(x\sqrt{\dfrac{n}{k}}\right)$

$\psi\left(x\sqrt{\dfrac{m}{k}}\right)-\psi\left(x\sqrt{\dfrac{m}{k}}\right)\psi\left(x\sqrt{\dfrac{n}{k}}\right)+\psi\left(x\sqrt{\dfrac{m}{k}}\right)\psi\left(x\sqrt{\dfrac{n}{k}}\right)$ ；后两项相互抵消，由此得到，

只要使 $x=0$ ，它对应于下标 α ，那么右边就完全变成 0。我们由此得到下述方程

$$\dfrac{n-m}{k}\int\sigma u\,\mathrm{d}x=X\sqrt{\dfrac{m}{k}}\,\psi'\left(X\sqrt{\dfrac{m}{k}}\right)\psi\left(X\sqrt{\dfrac{n}{k}}\right)-X\sqrt{\dfrac{n}{k}}\,\psi'\left(X\sqrt{\dfrac{n}{k}}\right)\psi\left(X\sqrt{\dfrac{m}{k}}\right)。\quad(\mathrm{f})$$

不难看到，当量 m 和 n 是从我们在前面用 $m_1,m_2,m_3,\cdots$ 所表示的那些量中挑选出来时，这个方程的右边就总是为 0。

事实上，我们有 $hX=-X\sqrt{\dfrac{m}{k}}\,\dfrac{\psi'\left(X\sqrt{\dfrac{m}{k}}\right)}{\psi\left(X\sqrt{\dfrac{m}{k}}\right)}$ 和 $hX=-X\sqrt{\dfrac{n}{k}}\,\dfrac{\psi'\left(X\sqrt{\dfrac{n}{k}}\right)}{\psi\left(X\sqrt{\dfrac{n}{k}}\right)}$ ，比较 hX

的这两个值，我们看到方程（f）的右边为 0。

由此得到，在我们用 $\sigma\mathrm{d}x$ 乘方程 $\phi(x)=a_1u_1+a_2u_2+a_3u_3+\cdots$ 的两边 * 并对两边从

$x=0$ 到 $x=X$ 取积分后，为了使右边每一项变成 0，只需把 σ 取作量 xu 或者是 $x\psi\Big(x$

---

* 在英文版和法文《文集》版中都是说"两项"，然而这里虽然应当是乘方程的"两边"。如此看来，这个笔误出在 1822 年的版本中。——汉译者

$\sqrt{\dfrac{m}{k}}$) 就够了。

当从方程 (f) 所导出的 $\int \sigma u \, \mathrm{d}x$ 的值化为 $\dfrac{0}{0}$ 的形式并且由已知规则确定时,我们应当唯一除开 $n = m$ 的情况。

318 如果 $\sqrt{\dfrac{m}{k}} = \mu$,$\sqrt{\dfrac{n}{k}} = \nu$,那么我们有

$$\int x \varphi(\mu x) \varphi(\nu x) \, \mathrm{d}x = \frac{\mu X \varphi'(\mu X) \varphi(\nu X) - \nu X \varphi'(\nu X) \varphi(\mu X)}{\nu^2 - \mu^2}。$$

如果使右边的分子分母分别对 ν 微分,那么只要 $\mu = \nu$,这个因子就变成 $\dfrac{\mu X^2 \varphi'^2 - X \varphi \varphi' - \mu X^2 \varphi \varphi''}{2\mu}$。$\varphi, \varphi', \varphi''$ 表示 $\varphi(\mu X), \varphi'(\mu X), \varphi''(\mu X)$。 * 另一方面,我们有方程 $\mu^2 u + \dfrac{\mathrm{d}^2 u}{\mathrm{d}x^2} + \dfrac{1}{x} \dfrac{\mathrm{d}u}{\mathrm{d}x} = 0$,或者是 $\mu^2 \varphi + \dfrac{\mu}{X} \varphi' + \mu^2 \varphi'' = 0$,** 还有 $h x \varphi + \mu x \varphi' = 0$,或者是 $h \varphi + \mu \varphi' = 0$;所以我们有 $\left(\mu^2 - \dfrac{h}{X} \right) \varphi + \mu^2 \varphi'' = 0$,*** 因此,我们可以从需要求其值的积分中消去量 φ' 和 φ'',通过前面这些方程,我们有 $\varphi' = -\dfrac{h}{\mu} \varphi$,$\varphi'' = \left(\dfrac{h}{\mu^2 X} - 1 \right) \varphi$;**** 作为这个所求积分的值,我们得到 $\dfrac{1}{2} X^2 \varphi^2 \left(\dfrac{\mu^2 + h^2}{\mu^2} \right)$,或者,用 μ 的值代替 μ,用 U_i 表示函数 u 或者是 $\varphi\left(x \sqrt{\dfrac{m_i}{k}} \right)$ 在我们假定 $x = X$ 时所取的值,则我们有 $\dfrac{X^2 U_i^2}{2} \left(1 + \dfrac{k h^2}{m_i} \right)$,下标 i 表示给出无数 m 值的定义方程的根 m 的序号。如果我们在 $\dfrac{X^2 U_i^2}{2} \left(1 + \dfrac{k h^2}{m_i} \right)$ 中代入 m_i 或者是 $\dfrac{2^2 k \theta_i}{X^2}$,那么我们有 $\dfrac{1}{2} X^2 U_i^2 \left[1 + \left(\dfrac{h X}{2 \sqrt{\theta_i}} \right)^2 \right]$。

319 由前面的分析可知,我们有两个方程 $\int_0^X x u_j u_i \, \mathrm{d}x = 0$ 和 $\int_0^X x u_i^2 \, \mathrm{d}x = \left[1 + \left(\dfrac{h X}{2 \sqrt{\theta_i}} \right)^2 \right] \dfrac{X^2 U_i^2}{2}$,第一个在 i 和 j 互异时总是成立,第二个在它们相等时成立。

这时,取方程 $\phi(x) = a_1 u_1 + a_2 u_2 + a_3 u_3 + \cdots$,其中,系数 $a_1, a_2, a_3, \cdots$ 是待定的,用 $x u_i \, \mathrm{d}x$ 乘方程两边,并从 $x = 0$ 到 $x = X$ 取积分,我们得到由 a_i 所表示的系数,右边由这个积分简化得只剩一项,我们有方程 $2 \int x \phi(x) u_i \, \mathrm{d}x = a_i X^2 U_i^2 \left[1 + \left(\dfrac{h X}{2 \sqrt{\theta_i}} \right)^2 \right]$,它给出 a_i 的值,由于系数 $a_1, a_2, a_3, \cdots, a_i$ 被确定,所以,与由方程 $\phi(x) = a_1 u_1 + a_2 u_2 + a_3 u_3 + \cdots$ 所表示的初始状态有关的条件被满足。

现在我们可以给出所提出的问题的完全解了;它由下述方程表示:$\dfrac{v X^2}{2} =$

$$\frac{\int_0^X x \phi(x) u_1 \, \mathrm{d}x}{U_1^2 \left(1 + \dfrac{h^2 X^2}{2^2 \theta_1} \right)} u_1 \mathrm{e}^{-\frac{2^2 k t}{X^2} \theta_1} + \frac{\int_0^X x \phi(x) u_2 \, \mathrm{d}x}{U_2^2 \left(1 + \dfrac{h^2 X^2}{2^2 \theta_2} \right)} u_2 \mathrm{e}^{-\frac{2^2 k t}{X^2} \theta_2} + \cdots。$$

---

* 这句话依据法文《文集》本所加。——汉译者
** 这里,式中的"X",在英译本中是"x",现依法文《文集》本订正。——汉译者
*** 这里,式中的"X",在英译本中是"x",现依法文《文集》本订正。——汉译者
**** 这两个式子及其相应文字是根据法文《文集》本加的。——汉译者

在上面的方程中，由 u 所表示的 x 的函数由 $\dfrac{1}{\pi}\displaystyle\int\cos\left(\dfrac{2x}{X}\sqrt{\theta_i}\,\sin q\right)\mathrm{d}q$ 来表示。所有相对于 x 的积分应当从 $x=0$ 取到 $x=X$，为了得到函数 u，我们应当从 $q=0$ 到 $q=\pi$ 取积分；$\phi(x)$ 是在圆柱体内在与轴相距 x 处所取的温度的初始值，这个函数是任意的，θ_1，θ_2，θ_3，$\cdots$ 是方程

$$\frac{hX}{2}=\cfrac{\theta}{1-\cfrac{\theta}{2-\cfrac{\theta}{3-\cfrac{\theta}{4-\cfrac{\theta}{5-\cdots}}}}}$$

的正实根。

320　如果我们假定圆柱体在保持恒温的液体中已经浸泡了无穷时间，整个物体已经变成等加热的物体，代表初始状态的函数 $\phi(x)$ 由 1 来表示。在这个代换之后，一般方程严格表示渐进冷却过程。

如果历经时间无穷，那么右边只含有一项，即包含了所有的根 $\theta_1,\theta_2,\theta_3,\cdots$ 中最小的一个的那一项；由此，假定这些根依它们的数值而排列，并且 θ_1 是最小的，则这个固体的终极状态由方程 $\dfrac{vX^2}{2}=\dfrac{\displaystyle\int x\phi(x)u_1\,\mathrm{d}x}{U_1^2\left(1+\dfrac{h^2X^2}{2^2\theta_1}\right)}u_1\mathrm{e}^{-\frac{2^2kt}{X^2}\theta_1}$ 来表示。

根据这个通解，我们可以推出和球体中的热运动所提供的相类似的结论。我们首先注意到存在无数特殊状态，在每一个这样的状态中，初始温度之间所建立的比一直保持到冷却结束时为止。当初始状态与某个这样的简单状态不一致时，它总是由它们中的几个组成，并且温度的比随时间的增加而连续变化。一般地，这个固体很快达到不同薄层的温度以保持相同比值而连续降低的状态。在半径 X 很小时[1]，我们发现温度与分数 $\mathrm{e}^{-\frac{2h}{CDX}}$ 成正比地降低。

如果反过来，半径 X 很大[2]，那么在表示终极温度系统的项中 e 的指数包含整个半径的平方。我们由此看到这个固体的体积对最后的冷却速度产生什么样的影响。如果半径为 X 的圆柱体的温度[3]在时间 T 内从值 A 过渡到值 B，那么，半径等于 X' 的第二个圆柱体的温度在不同的时间 T' 内从 A 过渡至 B。如果两者都很细，那么时间 T 和 T' 的比是两个直径的比。相反，如果这两个圆柱体的直径很大，那么时间 T 和 T' 的比就是直径的平方的比。

---

[1]　当 X 很小时，由第 314 目的方程，$\theta=\dfrac{hX}{2}$。因此 $\mathrm{e}^{-\frac{2^2kt}{x^2}\theta}$ 变成 $\mathrm{e}^{-\frac{2hkt}{X}}$。在本书中，$h$ 是表面热导率。

[2]　当 X 很大时，与二次方程 $1=\dfrac{\theta}{2}-\dfrac{\theta}{3}-\dfrac{\theta}{4}-\dfrac{\theta}{5}$ 的某个根近似相等的一个 θ 值使第 314 目中的连分式取其特征量。因此，θ 近似地等于 1.446，并且 $\mathrm{e}^{-\frac{2^2kt}{x^2}\theta}$ 变成 $\mathrm{e}^{-\frac{5.78kt}{x^2}}$。略去 θ^4 之后的项，$f(\theta)$ 的最小的根是 1.4467。——A. F.

[3]　所指的温度是平均温度，它等于 $\dfrac{1}{\pi X^2}\displaystyle\int_0^X v\,\mathrm{d}(\pi x^2)$　或者是　$\dfrac{2}{X^2}\displaystyle\int_0^X v\,x\,\mathrm{d}x$。——A. F.

第七章

矩形棱柱中的热传导

Chapter VII. Propagation of Heat in an Rectangular Prism

傅立叶比他同时代的许多人都更注意数学表述的物理意义。例如，把定积分看作面积就始于他，并且，通过对解中物理常数的关注，他得出了关于单位和量纲的完整理论，这是自伽利略以来在物理量的数学表示理论方面第一个有效的进展。

321　我们在第二章第 4 节第 125 目中所陈述的方程 $\dfrac{\mathrm{d}^2 v}{\mathrm{d}x^2}+\dfrac{\mathrm{d}^2 v}{\mathrm{d}y^2}+\dfrac{\mathrm{d}^2 v}{\mathrm{d}z^2}=0$ 表示无穷长棱柱中的均匀热运动,该棱柱的一端受恒温作用,它的初始温度假定为 0。为了对这个方程积分,我们首先研究 v 的一个特殊值,同时注意当 y 变号或者是 z 变号时函数 v 应当保持不变;并且当距离 x 无穷大时,它的值应当变得无穷小。由此不难看到,我们可以选择函数 $a\,\mathrm{e}^{-mx}\cos ny\cos py$ 作为 v 的一个特殊值;作出这个代换,我们就得到 $m^2-n^2-p^2=0$。用任意两个量代替 n 和 p 我们都有 $m=\sqrt{n^2+p^2}$。v 的值在 $y=l$ 或 $-l$ 时还应当满足定义方程 $\dfrac{h}{k}v+\dfrac{\mathrm{d}v}{\mathrm{d}y}=0$,在 $z=l$ 或是 $-l$ 时,满足方程 $\dfrac{h}{k}v+\dfrac{\mathrm{d}v}{\mathrm{d}z}=0$(第二章第 4 节第 125 目)。如果我们对 v 给定上述值,那么我们有 $-n\sin ny+\dfrac{h}{k}\cos ny=0$ 和 $-p\sin pz+\dfrac{h}{k}\cos pz=0$,或者是 $\dfrac{h\,l}{k}=nl\tan n\,l,\ \dfrac{h\,l}{k}=pl\tan p\,l$。由此我们看到,如果我们找到一个弧 ε,使得 $\varepsilon\tan\varepsilon$ 等于整个已知量 $\dfrac{h}{k}l$,那么我们就可以把量 $\dfrac{\varepsilon}{l}$ 看作是 n 或 p。现在容易看到存在无数个弧,它们各自乘以它们的正切,就给出同一个确定的积 $\dfrac{h\,l}{k}$,由此得到,我们可以找到作为 n 和 p 的无数不同的值。

322　如果我们用 $\varepsilon_1,\varepsilon_2,\varepsilon_3,\cdots$ 表示满足定义方程 $\varepsilon\tan\varepsilon=\dfrac{hl}{k}$ 的无数个弧,那么我们可以用任一个这样的弧除以 l 来表示 n。量 p 亦可以这样来表示;这时我们应当取 $m^2=n^2+p^2$。如果我们对 n 和 p 给定其他的值,那么我们会满足这个微分方程,但是与表面条件无关。所以,我们可以用这种方法得到 v 的无数个特殊值,并且当这些值的任一集合的和仍然满足这个方程时,我们就可以建立一个更一般的 v 值。

依次对 n 和 p 取所有可能的值,即 $\dfrac{\varepsilon_1}{l},\dfrac{\varepsilon_2}{l},\dfrac{\varepsilon_3}{l},\cdots$。用 $a_1,a_2,a_3,\cdots,b_1,b_2,b_3,\cdots$ 表示常系数,则 v 的值可以用下述方程来表示:

$$
\begin{aligned}
v=&\left(a_1\mathrm{e}^{-x\sqrt{n_1^2+n_1^2}}\cos n_1 y+a_2\mathrm{e}^{-x\sqrt{n_2^2+n_1^2}}\cos n_2 y+\cdots\right)b_1\cos n_1 z\\
&+\left(a_1\mathrm{e}^{-x\sqrt{n_1^2+n_2^2}}\cos n_1 y+a_2\mathrm{e}^{-x\sqrt{n_2^2+n_2^2}}\cos n_2 y+\cdots\right)b_2\cos n_2 z\\
&+\left(a_1\mathrm{e}^{-x\sqrt{n_1^2+n_3^2}}\cos n_1 y+a_2\mathrm{e}^{-x\sqrt{n_2^2+n_3^2}}\cos n_2 y+\cdots\right)b_3\cos n_3 z\\
&+\cdots\cdots\cdots\cdots\cdots\cdots\cdots\cdots\cdots。
\end{aligned}
$$

323　如果我们现在假定距离 x 为 0,那么截面 A 的每一点应当保持一恒温不变。因此,一旦令 $x=0$,无论我们可能对 y 或者是 z 给定什么值,只要它们在 0 到 l 之间,v 的值就必然总是一样的。这样,只要令 $x=0$,我们就得到 $v=(a_1\cos n_1 y+a_2\cos n_2 y+a_3\cos n_3 y+\cdots)\times(b_1\cos n_1 z+b_2\cos n_2 z+b_3\cos n_3 z+\cdots)$。

用 1 来表示端面 A 的恒定温度,则出现两个方程 $1=a_1\cos n_1 y+a_2\cos n_2 y+a_3\cos n_3 y+\cdots,1=b_1\cos n_1 z+b_2\cos n_2 z+b_3\cos n_3 z+\cdots$。这时,只要确定数目无穷的系数 $a_1,a_2,a_3,\cdots$,使得方程右边总可以等于 1 就够了。这个问题在数 $n_1,n_2,n_3,\cdots$ 形成奇数级数的情况下已经得到解决(第三章第 2 节第 177 目)。此处 $n_1,n_2,n_3,\cdots$ 是由无穷高阶方程所给定的一些不可通约量。

324　记方程 $1=a_1\cos n_1 y+a_2\cos n_2 y+a_3\cos n_3 y+\cdots$,用 $\cos n_1 y\mathrm{d}y$ 乘方程两边,并

从 $y=0$ 到 $y=l$ 取积分。因此我们确定第一个系数 a_1。其余的系数可以以同一方法确定。

一般地,如果我们用 $\cos\nu y$ 乘方程两边,并对它积分,那么对应于右边由 $a\cos ny$ 所表示的唯一的项,我们有积分 $a\int\cos ny\cos\nu y$ 或者是 $\dfrac{1}{2}a\int\cos(n-\nu)y\,\mathrm{d}y+\dfrac{1}{2}a\int\cos(n+\nu)y\,\mathrm{d}y$,或者是

$$\frac{a}{2}\left[\frac{1}{n-\nu}\sin(n-\nu)y+\frac{1}{n+\nu}\sin(n+\nu)y\right],$$

使 $y=l$,则有

$$\frac{a}{2}\frac{(n+\nu)\sin(n-\nu)l+(n-\nu)\sin(n+\nu)l}{n^2-\nu^2}。$$

现在,n 的每个值都满足方程 $n\tan nl=\dfrac{h}{k}$;ν 也如此,因此我们有 $n\tan nl=\nu\tan\nu l$;或 $n\sin nl\cos\nu l-\nu\sin\nu l\cos nl=0$。所以,前面那个简化成 $\dfrac{a}{n^2-\nu^2}(n\sin nl\cos\nu l-\nu\cos nl\sin\nu l)$ 的积分,除开 $n=\nu$ 这种唯一情况外,等于 0。这时取积分 $\dfrac{a}{2}\left[\dfrac{\sin(n-\nu)l}{n-\nu}+\dfrac{\sin(n+\nu)l}{n+\nu}\right]$,我们看到,如果我们有 $n=\nu$,那么它等于量 $\dfrac{1}{2}a\left(l+\dfrac{\sin 2nl}{2n}\right)$。由此得到,如果在方程 $1=a_1\cos n_1 y+a_2\cos n_2 y+a_3\cos n_3 y+\cdots$ 中,我们希望确定右边用 $a\cos ny$ 所表示的某项的系数,那么我们就应当用 $\cos ny\,\mathrm{d}y$ 乘两边,并且从 $y=0$ 到 $y=l$ 积分。我们有合成方程(resulting equation)$\int_0^l\cos ny\,\mathrm{d}y=\dfrac{1}{2}a\left(l+\dfrac{\sin 2nl}{2n}\right)=\dfrac{1}{n}\sin nl$,由此我们推出 $\dfrac{\sin nl}{2nl+\sin 2nl}=\dfrac{1}{4}a$。如此,就可以确定系数 $a_1,a_2,a_3,\cdots;b_1,b_2,b_3,\cdots$ 亦如此,它们分别与前面的系数相同。

325 现在不难建立 v 的一般值。

第一,它满足方程 $\dfrac{\mathrm{d}^2 v}{\mathrm{d}x^2}+\dfrac{\mathrm{d}^2 v}{\mathrm{d}y^2}+\dfrac{\mathrm{d}^2 v}{\mathrm{d}z^2}=0$;

第二,它满足两个条件 $k\dfrac{\mathrm{d}v}{\mathrm{d}y}+hv=0$ 和 $k\dfrac{\mathrm{d}v}{\mathrm{d}z}+hv=0$;

第三,当我们令 $x=0$ 时,在 0 到 l 之间,无论 y 值和 z 值是怎样的,它都给出 v 的一个常数值;因此,它是所提出的问题的全解。

我们因而得到方程 $\dfrac{1}{4}=\dfrac{\sin n_1 l\cos n_1 y}{2n_1 l+\sin 2n_1 l}+\dfrac{\sin n_2 l\cos n_2 y}{2n_2 l+\sin 2n_2 l}+\dfrac{\sin n_3 l\cos n_3 y}{2n_3 l+\sin 2n_3 l}+\cdots$,或者用

$\varepsilon_1,\varepsilon_2,\varepsilon_3,\cdots$ 表示弧 $n_1 l,n_2 l,n_3 l,\cdots$,则是 $\dfrac{1}{4}=\dfrac{\sin\varepsilon_1\cos\dfrac{\varepsilon_1 y}{l}}{2\varepsilon_1+\sin^2\varepsilon_1}+\dfrac{\sin\varepsilon_2\cos\dfrac{\varepsilon_2 y}{l}}{2\varepsilon_2+\sin^2\varepsilon_2}+\dfrac{\sin\varepsilon_3\cos\dfrac{\varepsilon_3 y}{l}}{2\varepsilon_3+\sin^2\varepsilon_3}+$

$\cdots$,[*] 当 $x=0$ 时,这是对包含在 0 到 l 之间的所有 y 值都成立、因而对包含在 0 到 $-l$ 之间的所有 y 值也成立的一个方程。

把 $a_1,b_1,a_2,b_2,a_3,b_3,\cdots$ 这些已知值代入 v 的一般值中,我们有下述方程,它包含所提出的问题的解,

$$\frac{v}{4\cdot 4}=\frac{\sin n_1 l\cos n_1 z}{2n_1 l+\sin 2n_1 l}\left(\frac{\sin n_1 l\cos n_1 y}{2n_1 l+\sin 2n_1 l}e^{-x\sqrt{n_1^2+n_1^2}}+\cdots\right)$$

---

[*] 在英译本中,此式分母中的正弦,分别是 $\sin\varepsilon_1,\sin\varepsilon_2,\sin\varepsilon_3$,有误,现依法文《文集》本订正。——汉译者

$$+\frac{\sin n_2 l\cos n_2 z}{2n_2 l+\sin 2n_2 l}\left(\frac{\sin n_1 l\cos n_1 y}{2n_1 l+\sin 2n_1 l}\,\mathrm{e}^{-x\sqrt{n_2^2+n_1^2}}+\cdots\right)$$

$$+\frac{\sin n_3 l\cos n_3 z}{2n_3 l+\sin 2n_3 l}\left(\frac{\sin n_1 l\cos n_1 y}{2n_1 l+\sin 2n_1 l}\,\mathrm{e}^{-x\sqrt{n_3^2+n_1^2}}+\cdots\right)$$

$$+\cdots\cdots\cdots\cdots\cdots\cdots\cdots\cdots。\tag{E}$$

由 $n_1,n_2,n_3,\cdots$ 表示的量有无穷多个,并且分别等于量 $\dfrac{\varepsilon_1}{l},\dfrac{\varepsilon_2}{l},\dfrac{\varepsilon_3}{l},\cdots$;弧 $\varepsilon_1,\varepsilon_2,\varepsilon_3,\cdots$ 是定义方程 $\varepsilon\tan\varepsilon=\dfrac{nl}{k}$ 的根。

326　由前面的方程(E)所表示的解是属于这个问题的唯一解;它代表方程 $\dfrac{\mathrm{d}^2 v}{\mathrm{d}x^2}+\dfrac{\mathrm{d}^2 v}{\mathrm{d}y^2}+\dfrac{\mathrm{d}^2 v}{\mathrm{d}z^2}=0$ 的通解,其中,任意函数已随已知条件确定。容易看出,不可能有任何不同的解。事实上,让我们用 $\phi(x,y,z)$ 表示从方程(E)所导出的 v 的值,显然,如果我们对这个固体给定由 $\phi(x,y,z)$ 所表示的初始温度,那么只要在原点的截面保持恒温 1,这个温度系统就不会发生任何变化;因为,由于方程 $\dfrac{\mathrm{d}^2 v}{\mathrm{d}x^2}+\dfrac{\mathrm{d}^2 v}{\mathrm{d}y^2}+\dfrac{\mathrm{d}^2 v}{\mathrm{d}z^2}=0$ 被满足,所以温度的瞬时变化必然为 0。如果在对这个固体内其坐标为 x,y,z 的每一点给定初始温度后,我们对在原点的截面给定温度 0,那么情况则不同。无须计算我们就可以清楚地看到,在后一种情况下,固体的状态将不断变化,它所包含的初始热将一点一点地耗散到空气中去,并进入在末端保持 0 度的冷物质中去。这个结果依赖于函数 $\phi(x,y,z)$ 的形式,当 x 有像这个问题所假定的一个无穷值时,这个函数的值变为 0。

如果初始温度不是 $+\phi(x,y,z)$,而是在这个棱柱的所有内点为 $-\phi(x,y,z)$,则会存在类似的作用;只要在原点的截面总保持 0 度不变。在每一种情况下,初始温度都将不断趋近介质的恒定温度,这个温度为 0;并且所有的终极温度都将是 0。

327　在准备了这些预备步骤之后,考虑严格等于作为这个问题的对象的两个棱柱中的热运动。对于第一个固体,假定初始温度是 $+\phi(x,y,z)$,并且在原点 A 的那个截面保持固定温度 1。对于第二个固体。假定初始温度是 $-\phi(x,y,z)$,在原点 A 的截面的所有点都保持 0 度。显然,在第一个棱柱中温度系统不可能发生变化,在第二个棱柱中这个系统则不断变化,直到所有温度都变成 0 为止。

如果我们现在让这两个不同的状态在同一固体中重合,那么热运动就会自由完成,就像每个系统都独立存在一样。在由这两个被联合起来的系统所形成的初始状态中,由假定,除截面 A 的点外,这个固体的每一点都是 0 度。现在第二个系统的温度变化愈来愈大,并且完全变成 0,同时第一个系统的温度保持不变。因此,在无穷时间后,温度的永恒系统就变成由方程(E)或者是 $v=\phi(x,y,z)$ 所表示的系统。我们应当注意,这个结果依赖于和初始状态有关的条件;只要包含在棱柱中的初始热是这样分布的,就会出现若基底 A 保持 0 度不变则它完全变成 0 的情况。

328　我们可以对前面的这个解增加几个注记:

第一,不难看到方程 $\varepsilon\tan\varepsilon=\dfrac{h}{k}l$ 的性质;我们只需假定(见图 15)我们已经作出曲线 $u=\varepsilon\tan\varepsilon$,弧 ε 取作横轴,u 取作纵轴。这条曲线由各渐近线的分支所组成。对应于渐近线的横坐标是 $\dfrac{1}{2}\pi,\dfrac{3}{2}\pi,\dfrac{5}{2}\pi,\dfrac{7}{2}\pi,\cdots$;对应于交点的横坐标是 $\pi,2\pi,3\pi,\cdots$。如果我们现在在原点做一个等于已知量 $\dfrac{h}{k}l$ 的纵坐标,过它的端点作一条与横轴平行的平行线,那么交点就给出所提出的方程 $\varepsilon\tan\varepsilon=\dfrac{h}{k}l$ 的根。这个作图指明每个根所处的区间。我们不打

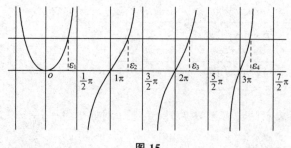

图 15

算停下来指出应当用来确定这些根的值的运算过程。这类研究不存在任何困难。

329　第二，由一般方程（E）我们不难得到，x 的值变得愈大，那么，在 v 值的各项中，我们能得到分数 $e^{-x\sqrt{n_1^2+n_1^2}}$ 的那一项，相对于它后面的每一项来说，就愈大。事实上，由于 $n_1,n_2,n_3,\cdots$ 是递增的正数，所以分数 $e^{-x\sqrt{2n_1^2}}$ 大于进入后面各项的任何一个类似的分数。

现在假定我们可以观察到在这个棱柱的轴上位于很远距离 x 处的一个点的温度，和这个轴上位于距离 $x+1$ 处的一点的温度，1 是测量单位；这时我们有 $y=0,z=0$，第二个点的温度与第一个的比明显等于分数 $e^{-\sqrt{2n_1^2}}$。轴上这两点的温度比的这个值随距离 x 的增加而变得更精确。

由此得到，如果我们在这个轴上标出每个都与前一个的距离等于测量单位的点，那么某点与它前面一点的温度比，就不断收敛于分数 $e^{-\sqrt{2n_1^2}}$；因此，距离相等的点的温度以按几何级数下降而结束。无论棒的厚度如何，只要我们考虑位置处在与热源相距很远的点，这个规律就总是成立。

由这个作图我们不难看到，如果所说的量 l，棱柱厚度的一半，是很小的，那么 n_1 就取比 $n_2,n_3,\cdots$ 小得多的值；由此得到，第一个分数 $e^{-x\sqrt{2n_1^2}}$ 比任何一个类似的分数都大得多。因此，在棒的厚度很小的情况下，为了使等距离的点的温度能以几何级数降低，与热源的距离就不必是很远的。这个规律在棒的整个范围内都成立。

330　如果半厚度 l 是一个很小的量，那么 v 的一般值就简化成含 $e^{-x\sqrt{2n_1^2}}$ 的第一项。因此，表示坐标为 x,y,z 的点的温度的函数 v 在这种情况下由方程 $v=\left(\dfrac{4\sin nl}{2nl+\sin 2nl}\right)^2\cos ny\cos nz\,e^{-x\sqrt{2n^2}}$ 所给出，弧 ε 或者是 nl 变得很小，正如我们由那个作图所看到的一样。这时方程 $\varepsilon\tan\varepsilon=\dfrac{hl}{k}$ 简化成 $\varepsilon^2=\dfrac{hl}{k}$；$\varepsilon$ 的第一个，或者说 ε_1 的值，就是 $\sqrt{\dfrac{hl}{k}}$；通过对图形的观察，我们知道其他根的值，因而量 $\varepsilon_1,\varepsilon_2,\varepsilon_3,\varepsilon_4,\varepsilon_5,\cdots$ 依次是 $\sqrt{\dfrac{kl}{k}}$，$\pi,2\pi,3\pi,4\pi,\cdots$。所以，$n_1,n_2,n_3,n_4,n_5,\cdots$ 的值是 $\dfrac{1}{\sqrt{l}}\sqrt{\dfrac{h}{k}},\dfrac{\pi}{l},\dfrac{2\pi}{l},\dfrac{3\pi}{l},\cdots$；由此得到，如我们上面所说，如果 l 是一个很小的量，那么第一个值 n 就比所有其他值无比地大，所以我们肯定可以从 v 的一般值中略去第一项之后的所有项，如果现在我们在第一项中代入所得到的 n 值，注意弧 nl 和 $2nl$ 等于它们的正弦，那么我们有 $v=\cos\left(\dfrac{y}{l}\sqrt{\dfrac{hl}{k}}\right)\cos\left(\dfrac{z}{l}\right.$ $\left.\sqrt{\dfrac{hl}{k}}\right)\times e^{-x\sqrt{\frac{2h}{kl}}}$；由于进入余弦符号内的因子 $\sqrt{\dfrac{hl}{k}}$ 很小，所以得到，当半厚度 l 很小时，对

于同一截面的不同点,温度变化很小。这个结果可以说是自明的,但是注意到它怎样由分析来解释则是有用的。由于棒很细,这个通解事实上简化成唯一的一项,只要用 1 代替很小的弧的余弦,我们就有 $v = \mathrm{e}^{-x\sqrt{\frac{2h}{kl}}}$,在所研究的情况下表示驻温的一个方程。

在前面第 76 目中我们得到过同样的方程,在这里它是由完全不同的分析得到的。

331　前面的解指明这个固体内部的热运动的特征。不难看到,当棱柱在它的所有点都达到我们所考虑的驻温时,一股恒定热流就朝未受热的那一端流过垂直于轴的每一个截面。为了确定对应于一个横坐标 x 的热流量,我们应该设想在单位时间内流过这个截面元的热量等于系数 k、面积 $\mathrm{d}y\,\mathrm{d}z$、时间元 $\mathrm{d}t$ 和取负号的比 $\dfrac{\mathrm{d}v}{\mathrm{d}x}$ 的积。因此,我们应该从 $z=0$ 到棒的厚度 $z=l$,从 $y=0$ 到 $y=l$,取积分 $-k\displaystyle\int\mathrm{d}y\int\mathrm{d}z\,\dfrac{\mathrm{d}v}{\mathrm{d}x}$。 这样我们得到整个热流量的四分之一。

这个计算结果揭示了流过棒的一个截面的热量如何减少的规律;并且我们看到,距离很远的部分从热源那里得到很少的热,因为它直接发出的热部分地朝表面耗散到空气中去了。通过这个棱柱任一截面的热,如果我们可以这样说的话,形成密度从这个截面的一点到另一点不等的一个热层。它通过处在该截面右边的这个棱柱的整个端面,对从表面逃走的热不断进行补充;由此得到,在一定时间内从棱柱的这一部分所逃逸的全部热量严格地由根据该固体的内热导率而进入的热所补偿。

为了检验这个结果,我们应当计算这一热流在表面所产生的热量。面积元是 $\mathrm{d}x\,\mathrm{d}y$,v 是它的温度,$h\,v\,\mathrm{d}x\,\mathrm{d}y$ 是在单位时间内从这个面积所逃逸的热量。因此积分 $h\displaystyle\int\mathrm{d}x\,\mathrm{d}y$ v 表示从表面的一个有限部分所逃逸出去的总热量。假定 $z=l$,我们现在应当运用含 y 的 v 的已知值,然后一次从 $y=0$ 到 $y=l$ 积分,另一次从 $x=x$ 到 $x=\infty$ 积分。这样我们得到从这个棱柱上表面所逃逸的热的一半;取这个结果的四倍,我们就得到整个上表面和下表面所失去的热量。如果我们现在使用表达式 $h\displaystyle\int\mathrm{d}x\int\mathrm{d}z\,v$,对 v 中的 y 给定它的值 l,并且一次从 $z=0$ 到 $z=l$ 积分,另一次从 $x=0$ 积到 $x=\infty$;那么我们就得到从两个侧面所逃逸的热量的四分之一。

在所指明的界限之间,所取的积分 $h\displaystyle\int\mathrm{d}x\int\mathrm{d}y\,v$,对于 v 的每一项 $a\,\mathrm{e}^{-x\sqrt{m^2+n^2}}\cos my\cos nz$,* 给出 $\dfrac{h\,a}{n\,\sqrt{m^2+n^2}}\sin ml\,\cos nl\,\mathrm{e}^{-x\sqrt{m^2+n^2}}$,积分 $h\displaystyle\int\mathrm{d}x\int h\,z\,v$ 给出 $\dfrac{h\,a}{n\,\sqrt{m^2+n^2}}\cos ml\,\sin nl\,\mathrm{e}^{-x\sqrt{m^2+n^2}}$。

因此,这个棱柱通过位于横坐标为 x 的截面的右边的整个部分而从其表面所失去的热量,由类似于 $\dfrac{4h\,a}{\sqrt{m^2+n^2}}\,\mathrm{e}^{-x\sqrt{m^2+n^2}}\left(\dfrac{1}{m}\sin ml\,\cos nl+\dfrac{1}{n}\cos ml\,\sin nl\right)$ 的所有项组成。另一方面,在同一时间内进入横坐标为 x 的这个截面的热量由类似于 $\dfrac{4k\,a\,\sqrt{m^2+n^2}}{m\,n}\,\mathrm{e}^{-x\sqrt{m^2+n^2}}\sin ml\,\sin nl$ 的项组成;因此下述方程 $\dfrac{k\,\sqrt{m^2+n^2}}{m\,n}\sin ml\,\sin nl=\dfrac{h}{m\,\sqrt{m^2+n^2}}$

＊　此式及其相应文字是根据法文《文集》本补充的。——汉译者

$\sin ml \cos nl + \dfrac{h}{n \sqrt{m^2+n^2}} \cos ml \sin nl$，或 $k(m^2+n^2)\sin ml \sin nl = h\, m \cos ml \sin nl + h\, n$ $\sin ml \cos nl$ 必然成立。现在我们分别有 $km^2 \sin ml \sin nl = h\, m \cos ml \sin nl$ 或者是 $\dfrac{m \sin ml}{\cos ml} = \dfrac{h}{k}$；我们也有 $kn^2 \sin nl \sin ml = h\, n \cos nl \sin ml$ 或者是 $\dfrac{n \sin nl}{\cos nl} = \dfrac{h}{k}$。因此该方程被满足。在被耗散的热和被传入的热之间不断建立的这种补偿是这个假定的一个明显结论；并且分析在这里再现已经表示过的条件；不过，注意在以前一直不服从于分析的新问题中的这种一致性是有用的。

332　假定作为棱柱基底正方形边长一半的 l 很长，并且我们希望确定轴的不同点的温度下降所遵循的规律；则我们应当在一般方程中对 y 和 z 给定为 0 的值，对 l 给定一个很大的值。现在作图在这种情况下表明，ε 的第一个值是 $\dfrac{\pi}{2}$，第二个是 $\dfrac{3\pi}{2}$，第三个是 $\dfrac{5\pi}{2}$，…。让我们在一般方程中作这些代换，并使 $n_1 l, n_2 l, n_3 l, n_4 l, \cdots$ 代之以它们的值 $\dfrac{\pi}{2}, \dfrac{3\pi}{2}, \dfrac{5\pi}{2}, \dfrac{7\pi}{2}, \cdots$，同时用分数 α 代替 $e^{-\frac{x}{l}\frac{\pi}{2}}$；这样我们得到 $v\left(\dfrac{\pi}{4}\right)^2 = 1\left(\alpha^{\sqrt{1^2+1^2}} - \dfrac{1}{3}\alpha^{\sqrt{1^2+3^2}} + \dfrac{1}{5}\alpha^{\sqrt{1^2+5^2}} - \cdots\right) - \dfrac{1}{3}\left(\alpha^{\sqrt{3^2+1^2}} - \dfrac{1}{3}\alpha^{\sqrt{3^2+3^2}} + \dfrac{1}{5}\alpha^{\sqrt{3^2+5^2}} - \cdots\right) + \dfrac{1}{5}\left(\alpha^{\sqrt{5^2+1^2}} - \dfrac{1}{3}\alpha^{\sqrt{5^2+3^2}} + \dfrac{1}{5}\alpha^{\sqrt{5^2+5^2}} - \cdots\right) - \cdots$。

我们由这个结果看到，这个轴的不同点的温度随它们与原点距离的增加而迅速降低。如果这时我们在一个被加热并且保持永恒温度的支架上放一个无穷高的棱柱，该棱柱正方形基底的边长的一半 l 很大；那么热通过这个棱柱的内部而传导，并从表面耗散到周围的空气中去，周围空气的温度假定为 0。当这个固体达到固定状态时，轴上各点将有极不相等的温度，在等于基底边长一半的高度上，最热一点的温度将小于基底温度的十五分之一。

第 八 章

实立方体中的热运动

· Chapter Ⅷ. Of the Movement of Heat in a Solid Cube ·

傅立叶早年的文学爱好和他当教师的经历对其理论的成功有很大影响。他的论著具有简洁性、清晰性和普遍性的特征,其中包含有很强的几何直观,而且对每一种数学表示都给出其实际的物理意义。

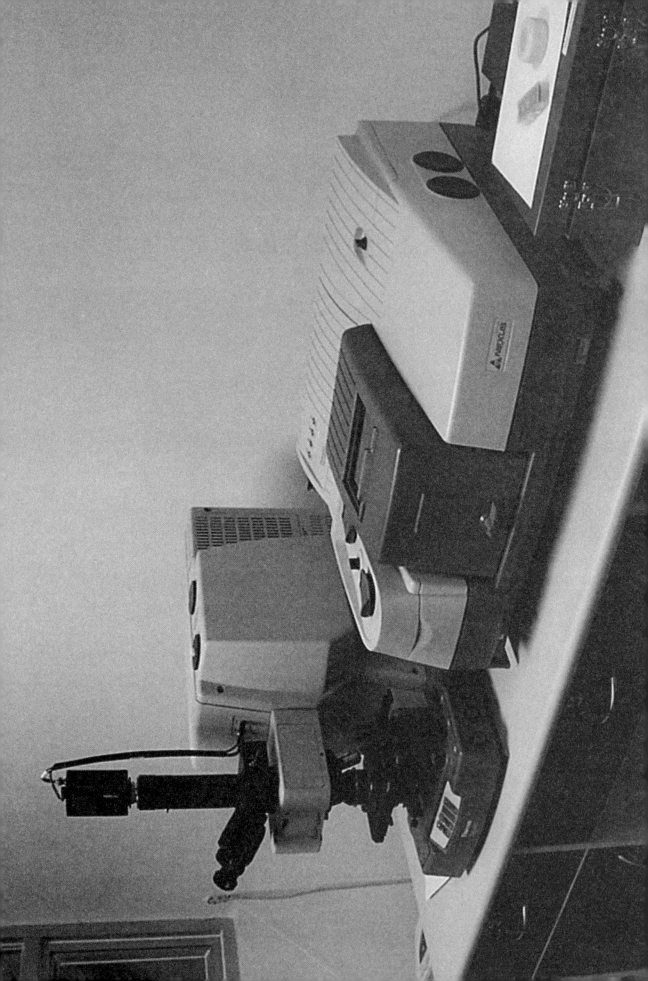

333　我们仍然需要运用方程：$\dfrac{\mathrm{d}v}{\mathrm{d}t}=\dfrac{K}{CD}\left(\dfrac{\mathrm{d}^2v}{\mathrm{d}x^2}+\dfrac{\mathrm{d}^2v}{\mathrm{d}y^2}+\dfrac{\mathrm{d}^2v}{\mathrm{d}z^2}\right)$，　　　　　　（a）

它表示在受空气作用的实立方体中的热运动（第二章第 5 节）。首先，假定 v 有一个很简单的值 $\mathrm{e}^{-mt}\cos nx\cos py\cos qz$，如果我们把它代进所提出的方程中，那么我们有条件方程 $m=k$ $(n^2+p^2+q^2)$，字母 k 表示系数 $\dfrac{K}{CD}$。由此得到，如果我们用任意三个量代替 n,p,q，并把 m 取作 $k(n^2+p^2+q^2)$，那么前面的 v 值就总满足这个偏微分方程。因此我们有方程 $v=\mathrm{e}^{-k(n^2+p^2+q^2)t}\cos nx\cos py\cos qz$。这个问题的性质还要求：如果 x 变号，并且如果 y 和 z 保持不变，那么该函数不变；并且这对 y 或 z 也应成立：现在这个 v 值显然满足这些条件。

334　为了表示表面状态，我们应当运用下面的方程：$\left.\begin{array}{r}\pm K\dfrac{\mathrm{d}v}{\mathrm{d}x}+hv=0\\[2mm]\pm K\dfrac{\mathrm{d}v}{\mathrm{d}y}+hv=0\\[2mm]\pm K\dfrac{\mathrm{d}v}{\mathrm{d}z}+hv=0\end{array}\right\}$。　　（b）

当 $x=\pm a$，或 $y=\pm a$，或 $z=\pm a$ 时，这些方程应当被满足。[*] 取立方体的中心为坐标原点；边由 a 来表示。[**]

方程（b）的第一个给出 $\mp\mathrm{e}^{-mt}n\sin nx\cos py\cos qz+\dfrac{h}{K}\cos nx\cos py\cos qz=0$，或者是 $\mp n\tan nx+\dfrac{h}{K}=0$，一个在 $x=\pm a$ 时必然成立的方程。[***]

由此得到，n 这个量除了应当满足条件 $na\tan na=\dfrac{h}{K}a$ 之外，我们不可能对它取任何其他的值。因此，我们应当解给出 ε 值的定义方程 $\varepsilon\tan\varepsilon=\dfrac{h}{K}a$，并且取 $n=\dfrac{\varepsilon}{a}$。现在 ε 的这个方程有无数实根；因此我们可以得到 n 的无数不同的值。用同样的方法，我们可以确定对 p 和 q 所能给出的值；它们都由在前一个问题中（第 328 目[****]）曾应用过的作图来表示。用 $n_1,n_2,n_3,\cdots$ 表示这些根；这样，只要我们用根 $n_1,n_2,n_3,\cdots$ 中的一个代替 n，并且用同样的方式选择 p 和 q，我们就可以对 v 给出由方程 $v=\mathrm{e}^{-kt(n^2+p^2+q^2)}\cos nx\cos py\cos qz$ 所表示的特殊值。

335　因此我们可以组成无数特殊的 v 值，并且显然，几个这样的值的和也满足微分方程（a）和定义方程（b）。为了对 v 给出问题所需要的一般形式，我们可以把与项 $a\,\mathrm{e}^{-kt(n^2+p^2+q^2)}\cos nx\cos py\cos qz$ 类似的项合起来。

◀傅立叶红外显微光谱仪

---

[*]　M. 加斯东·达布在法文《文集》本中在此处加了一个如下的脚注：更准确地说，无论 y 和 z 怎样的，对于 $x=a$，我们都有 $K\dfrac{\mathrm{d}v}{\mathrm{d}x}+hv=0$，对于 $x=-a$，我们有 $-K\dfrac{\mathrm{d}v}{\mathrm{d}x}+hv=0$。这个给定的条件自然适用于另外两个方程。——汉译者

[**]　准确地说，a 是边长的一半。——汉译者

[***]　M. 加斯东·达布在法文《全集》本中在此处有一个如下的脚注：这就是说，与这些符号相对应，如果我们取 $x=+a$，那么方程就是 $-n\tan nx+\dfrac{h}{K}=0$，若取 $x=-a$，则方程的符号相反。——汉译者

[****]　英译本中标明的是第 321 目，这显然不对。此处依法文《文集》本订正。——汉译者

v 的值可以由下面的方程表示：$v=\left(a_1\cos n_1 x\,\mathrm{e}^{-kn_1^2 t}+a_2\cos n_2 x\,\mathrm{e}^{-kn_2^2 t}+a_3\cos n_3 x\,\mathrm{e}^{-kn_3^2 t}\right.$

$\left.+\cdots\right)\left(b_1\cos n_1 y\,\mathrm{e}^{-kn_1^2 t}+b_2\cos n_2 y\,\mathrm{e}^{-kn_2^2 t}+b_3\cos n_3 y\,\mathrm{e}^{-kn_3^2 t}+\cdots\right)\left(c_1\cos n_1 z+c_2\cos n_2 z\right.$

$\left.\mathrm{e}^{-kn_2^2 t}+c_3\cos n_3 z\,\mathrm{e}^{-kn_3^2 t}+\cdots\right)$。 *

右边由三个水平行中所写的三个因子的积所组成，量 $a_1,a_2,a_3,\cdots$ 是未知系数。现在根据假定，如果令 $t=0$，那么温度在这个立方体的所有点上都是相同的。因此我们应当确定 $a_1,a_2,a_3,\cdots$，使得无论 x,y 和 z 的值如何，只要这些值的每一个都包含在 a 和 $-a$ 之间，v 的值就是不变的。用 1 来表示在这个固体所有点的初始温度，我们应当有方程（第 323 目）$1=a_1\cos n_1 x+a_2\cos n_2 x+a_3\cos n_3 x+\cdots$，$1=b_1\cos n_1 y+b_2\cos n_2 y+b_3\cos n_3 y+\cdots$，$1=c_1\cos n_1 z+c_2\cos n_2 z+c_3\cos n_3 z+\cdots$，其中，需要确定 $a_1,a_2,a_3,\cdots$。在用 $\cos n_i x$ 乘第一个方程的两边后，从 $x=0$ 到 $x=a$ 积分：那么从前面所运用的分析（第 325 目）得到，

我们有方程 $1=\dfrac{\sin n_1 a\,\cos n_1 x}{\dfrac{1}{2}n_1 a\left(1+\dfrac{\sin 2n_1 a}{2n_1 a}\right)}+\dfrac{\sin n_2 a\,\cos n_2 x}{\dfrac{1}{2}n_2 a\left(1+\dfrac{\sin 2n_2 a}{2n_2 a}\right)}+\dfrac{\sin n_3 a\,\cos n_3 x}{\dfrac{1}{2}n_3 a\left(1+\dfrac{\sin 2n_3 a}{2n_3 a}\right)}+\cdots$。

用 μ_i 表示量 $\dfrac{1}{2}\left(1+\dfrac{\sin 2n_i a}{2n_i a}\right)$，我们有 $1=\dfrac{\sin n_1 a}{n_1 a\mu_1}\cos n_1 x+\dfrac{\sin n_2 a}{n_2 a\mu_2}\cos n_2 x+\dfrac{\sin n_3 a}{n_3 a\mu_3}\cos n_3 x+\cdots$。

当我们对 x 给出包含在 a 和 $-a$ 之间的值时，这个方程总成立。

由此我们得到 v 的一般值，它由下面的方程给出：$v=\left(\dfrac{\sin n_1 a}{n_1 a\mu_1}\cos n_1 x\,\mathrm{e}^{-kn_1^2 t}+\dfrac{\sin n_2 a}{n_2 a\mu_2}\right.$

$\left.\cos n_2 x\,\mathrm{e}^{-kn_2^2 t}+\cdots\right)\left(\dfrac{\sin n_1 a}{n_1 a\mu_1}\cos n_1 y\,\mathrm{e}^{-kn_1^2 t}+\dfrac{\sin n_2 a}{n_2 a\mu_2}\cos n_2 y\,\mathrm{e}^{-kn_2^2 t}+\cdots\right)\left(\dfrac{\sin n_1 a}{n_1 a\mu_1}\cos n_1 z\,\mathrm{e}^{-kn_1^2 t}\right.$

$\left.+\dfrac{\sin n_2 a}{n_2 a\mu_2}\cos n_2 z\,\mathrm{e}^{-kn_2^2 t}+\cdots\right)$。

336 因此，v 的表达式由三个类似的函数组成，一个是 x 的函数，另一个是 y 的函数，第三个是 z 的函数，这不难直接验证。

事实上，如果在方程 $\dfrac{\mathrm{d}v}{\mathrm{d}t}=k\left(\dfrac{\mathrm{d}^2 v}{\mathrm{d}x^2}+\dfrac{\mathrm{d}^2 v}{\mathrm{d}y^2}+\dfrac{\mathrm{d}^2 v}{\mathrm{d}z^2}\right)$ 中，我们假定 $v=XYZ$；X 表示 x 和 t 的函数，Y 表示 y 和 t 的函数，Z 表示 z 和 t 的函数，那么我们有 $YZ\dfrac{\mathrm{d}X}{\mathrm{d}t}+ZX\dfrac{\mathrm{d}Y}{\mathrm{d}t}+XY\dfrac{\mathrm{d}Z}{\mathrm{d}t}=k\left(YZ\right.$

$\dfrac{\mathrm{d}^2 X}{\mathrm{d}x^2}+ZX\dfrac{\mathrm{d}^2 Y}{\mathrm{d}y^2}+XY\dfrac{\mathrm{d}^2 Z}{\mathrm{d}z^2}\Big)$，或者是 $\dfrac{1}{X}\dfrac{\mathrm{d}X}{\mathrm{d}t}+\dfrac{1}{Y}\dfrac{\mathrm{d}Y}{\mathrm{d}t}+\dfrac{1}{Z}\dfrac{\mathrm{d}Z}{\mathrm{d}t}=k\left(\dfrac{1}{X}\dfrac{\mathrm{d}^2 X}{\mathrm{d}x^2}+\dfrac{1}{Y}\dfrac{\mathrm{d}^2 Y}{\mathrm{d}y^2}+\dfrac{1}{Z}\dfrac{\mathrm{d}^2 Z}{\mathrm{d}z^2}\right)$，它包含三个独立的方程 $\dfrac{\mathrm{d}X}{\mathrm{d}t}=k\dfrac{\mathrm{d}^2 X}{\mathrm{d}x^2}$，$\dfrac{\mathrm{d}Y}{\mathrm{d}t}=k\dfrac{\mathrm{d}^2 Y}{\mathrm{d}y^2}$，$\dfrac{\mathrm{d}Z}{\mathrm{d}t}=k\dfrac{\mathrm{d}^2 Z}{\mathrm{d}z^2}$。

我们必定还有与表面相关的条件 $\dfrac{\mathrm{d}V}{\mathrm{d}x}+\dfrac{h}{K}V=0$，$\dfrac{\mathrm{d}V}{\mathrm{d}y}+\dfrac{h}{K}V=0$，$\dfrac{\mathrm{d}V}{\mathrm{d}z}+\dfrac{h}{K}V=0$，因此我

---

* 法文《文集》本中这个方程右边的各项系数与英译本有出入。在那里，这个方程是

$v=\left(a_1\cos n_1 x\,\mathrm{e}^{-kn_1^2 t}+a_2\cos n_2 x\,\mathrm{e}^{-kn_2^2 t}+a_3\cos n_3 x\,\mathrm{e}^{-kn_3^2 t}+\cdots\right)\left(a_1\cos n_1 y\,\mathrm{e}^{-kn_1^2 t}+a_2\cos n_2 y\,\mathrm{e}^{-kn_2^2 t}+a_3\cos n_3 y\,\mathrm{e}^{-kn_3^2 t}\right.$

$\left.+\cdots\right)\left(a_1\cos n_1 z\,\mathrm{e}^{-kn_1^2 t}+a_2\cos n_2 z\,\mathrm{e}^{-kn_2^2 t}+a_3\cos n_3 z\,\mathrm{e}^{-kn_3^2 t}+\cdots\right)$。

们推得 $\dfrac{\mathrm{d}X}{\mathrm{d}x}+\dfrac{h}{K}X=0,\dfrac{\mathrm{d}Y}{\mathrm{d}y}+\dfrac{h}{K}Y=0,\dfrac{\mathrm{d}Z}{\mathrm{d}z}+\dfrac{h}{K}Z=0$。

由此得到,为了完全解决这个问题,我们只需取方程 $\dfrac{\mathrm{d}u}{\mathrm{d}t}=k\dfrac{\mathrm{d}^2u}{\mathrm{d}x^2}$,并且对它增加条件方程 $\dfrac{\mathrm{d}u}{\mathrm{d}x}=\dfrac{h}{k}u=0$ 就够了,这个条件方程在 $x=a$ 时必然成立。然后我们应当或者用 y 或者用 z 来代替 x,这样,我们就有三个函数 X,Y,Z,这些函数的积就是 v 的一般值。

因此所提出的问题的解如下: $v=\phi(x,t)\,\phi(y,t)\phi(z,t)$; $\phi(x,t)=\dfrac{\sin n_1 a}{n_1 a\mu_1}\cos n_1 x\,\mathrm{e}^{-kn_1^2 t}$ $+\dfrac{\sin n_2 a}{n_2 a\mu_2}\cos n_2 x\,\mathrm{e}^{-kn_2^2 t}+\dfrac{\sin n_3 a}{n_3 a\mu_3}\cos n_3 x\,\mathrm{e}^{-kn_3^2 t}+\cdots$; $n_1,n_2,n_3,\cdots$ 由下述方程 $\varepsilon\tan\varepsilon=\dfrac{ha}{K}$ 给出,其中,ε 表示 na,μ_i 的值是 $\dfrac{1}{2}\left(1+\dfrac{\sin 2n_i a}{2n_i a}\right)$。

用同样的方法,可以得到函数 $\phi(y,t),\phi(z,t)$。

337　我们可以确信,v 的这个值可以在它的整个范围内解这个问题,并且,为了表示这个固体的温度变化,偏微分方程(a)的完全积分必然取这种形式。

事实上,v 的表达式满足方程(a)和与表面有关的条件。因此,在某一时刻内从分子的作用和从空气对表面的作用所产生的温度变化,是我们通过相对时间 t 微分 v 的值所得到的温度变化。由此得到,如果函数 v 在任一时刻的开始表示这个温度系统,那么它仍然表示在后一时刻开始时所成立的那个温度系统,同样可以证明,这个固体的变化状态总是由函数 v 来表示,其中 t 的值不断增加。现在这个函数与初始状态一致;因此,它表示这个固体所有的后继状态。所以可以确信,对 v 给出与前面不同的函数的任一个解都肯定是错的。

338　如果我们假定已经历经的时间 t 变得很大,那么除 v 的表达式的第一项外,我们不再非得考虑其他任何项了;因为值 $n_1,n_2,n_3,\cdots$ 以最小一个开始按次序排列。这个项由方程 $v=\left(\dfrac{\sin n_1 a}{n_1 a\mu_1}\right)^3\cos n_1 x\cos n_1 y\cos n_1 z\,\mathrm{e}^{-3kn_1^2 t}$ 给出。所以,这就是这个温度系统不断趋于、并且在某个 t 值之后该温度系统与之重合而无明显误差的主状态。在这个状态下,每一点的温度与分数 $\mathrm{e}^{-3kn_1^2}$ 的幂成正比地降低;这时,各相继状态都是相似的,更准确地说,它们只是在温度的数值上不同,这些温度都随一个几何级数的项而减少,同时保持相同的比不变。由前面的方程我们不难得到这样一条规律:温度从一点到另一点沿立方体的对角线或者是边或者是最后在适当位置所给定的直线而降低。我们也可以确定决定薄层有相同温度的表面有什么样的性质。我们看到,在我们在此处所考虑的最后状态和稳定状态中,同一薄层的点总是保持相同的温度不变,这可能在初始状态和在紧随其后的那些状态中不成立。在终极状态的无限持续时间内,这一物体被划分成各点都有相同温度的无数薄层。

339　对于一个给定的时刻,不难确定这个物体的平均温度,即通过取每个分子的体积与它的温度的积的和,并且用整个体积除这个和所得到的温度。因此我们建立表达式 $\iiint\dfrac{v\,\mathrm{d}x\,\mathrm{d}y\,\mathrm{d}z}{2^3 a^3}$,它是平均温度 V 的表达式。这个积分应当分别相对于 x,y 和 z 在区间 a 和 $-a$ 之间取积分:由于 v 等于积 XYZ,所以我们有 $V=\int X\mathrm{d}x\int Y\mathrm{d}y\int Z\mathrm{d}z$;*由于这三

---

* 在法文《文集》本中,此式左边多一因子,即 $(2a)^3 V=\int X\mathrm{d}x\int Y\mathrm{d}y\int Z\mathrm{d}z$。——汉译者

个完全积分有相同的值,所以,平均温度是 $\left(\int \dfrac{X\mathrm{d}x}{2a}\right)^{3}$ 。 因此 $\sqrt[3]{V}=\left(\dfrac{\sin n_1 a}{n_1 a}\right)^{2} \dfrac{1}{\mu_1} \mathrm{e}^{-kn_1^2 t}$

$+\left(\dfrac{\sin n_2 a}{n_2 a}\right)^{2} \dfrac{1}{\mu_2} \mathrm{e}^{-kn_2^2 t}+\cdots$。

量 na 等于 ε,它是方程 $\varepsilon \tan\varepsilon = \dfrac{ha}{K}$ 的一个根,μ 等于 $\dfrac{1}{2}\left(1+\dfrac{\sin 2\varepsilon}{2\varepsilon}\right)$。 这样,用 $\varepsilon_1, \varepsilon_2, \varepsilon_3$,

$\cdots$ 表示这个方程不同的根,我们有 $2\sqrt[3]{V}=\left(\dfrac{\sin \varepsilon_1}{\varepsilon_1}\right)^{2} \dfrac{\mathrm{e}^{-k\frac{\varepsilon_1^2}{a^2}t}}{1+\dfrac{\sin 2\varepsilon_1}{2\varepsilon_1}}+\left(\dfrac{\sin \varepsilon_2}{\varepsilon_2}\right)^{2} \dfrac{\mathrm{e}^{-k\frac{\varepsilon_2^2}{a^2}t}}{1+\dfrac{\sin 2\varepsilon_2}{2\varepsilon_2}}+\cdots$,$\varepsilon_1$

在 0 到 $\dfrac{1}{2}\pi$ 之间,ε_2 在 π 到 $\dfrac{3}{2}\pi$ 之间,ε_3 在 2π 到 $\dfrac{5}{2}\pi$ 之间,根 $\varepsilon_2, \varepsilon_3, \varepsilon_4, \cdots$ 愈来愈接近于下极限 $\pi, 2\pi, 3\pi, \cdots$,并且当下标 i 很大时,以与它们重合而结束。 两倍的弧 $2\varepsilon_1, 2\varepsilon_2, 2\varepsilon_3, \cdots$ 包含在 0 到 π,2π 到 3π,4π 到 5π 之间;由于这个原因,这些弧的正弦都为正:量 $1+\dfrac{\sin 2\varepsilon_1}{2\varepsilon_1}, 1+$

$\dfrac{\sin 2\varepsilon_2}{2\varepsilon_2}, \cdots$ 为正并且在 1 到 2 之间。 由此得到,进入 $\sqrt[3]{V}$ 的值的所有项都是正的。

340 我们现在打算比较一下立方体中的冷却速度和我们所得到的球状物体的冷却速度。我们已经看到,对于这两个物体的任一个,温度系统都收敛于一个在一定时间之后所明显得到的永恒状态;这时,立方体不同点的温度一起降低,同时保持相同的比不变,某个这样的点的温度随一个几何级数的那些项而降低,它的比在两个物体中是不同的。从两个解

得到,对于球,这个比是 e^{-kn^2},对于立方体,它是 $\mathrm{e}^{-3\frac{\varepsilon^2}{a^2}k}$。量 n 由方程 $na\dfrac{\cos na}{\sin na}=1-\dfrac{h}{K}a$ 给

出,a 是球半径,量 ε 由方程 $\varepsilon \tan\varepsilon = \dfrac{h}{K}a$ 给出,a 是立方体边长的一半。

如此,让我们考虑两种不同的情况;在第一种情况中,球半径和立方体边长的一半都等于一个很小的量 a;在第二种情况中,a 的值很大。假定这两个物体的体积都很小,$\dfrac{ha}{K}$

取很小的值,ε 也如此,因此我们有 $\dfrac{ha}{K}=\varepsilon^2$;所以分数 $\mathrm{e}^{-3\frac{\varepsilon^2}{a^2}k}$ 等于 $\mathrm{e}^{-\frac{3h}{CDa}}$。 所以我们所观察

到的终极温度被表示成 $A\,\mathrm{e}^{-\frac{3ht}{CDa}}$ 的形式。 现在,如果在方程 $\dfrac{na \cos na}{\sin na}=1-\dfrac{h}{K}a$ 中我们假定

右边与 1 相差无几,那么我们得到 $\dfrac{h}{K}=\dfrac{n^2 a}{3}$;因此分数 e^{-kn^2} 是 $\mathrm{e}^{-\frac{3h}{CDa}}$。

由此我们得到,如果球半径很小,那么这个物体和外切立方体的冷却速度相同,它们每一个都与半径成反比;也就是说,如果边长的一半为 a 的立方体的温度在时间 t 内从值 A 过渡到值 B,那么半径为 a 的球在同一时间内也从温度 A 过渡到 B。如果两个物体的量 a 发生变化,结果变成 a',那么从 A 到 B 的进程所需要的时间取另一个值 t',并且时间 t 和 t' 的比就是半边长 a 和 a' 的比。当半径 a 很大时情况则不同:这时 $\varepsilon=\dfrac{1}{2}\pi$,$na$ 的值是量 $\pi, 2\pi, 3\pi, 4\pi, \cdots$。

在这种情况下,我们不难得到分数 $\mathrm{e}^{-3\frac{\varepsilon^2}{a^2}k}$ 和 e^{-kn^2} 的值;它们是 $\mathrm{e}^{-3\frac{k\pi^2}{4a^2}}$ 和 $\mathrm{e}^{-\frac{k\pi^2}{a^2}}$。

由此我们可以推出二个值得注意的结论:

第一，当两立方体有很大体积，并且 a 和 a' 是它们的半边长时；如果第一个在从温度 A 过渡到温度 B 时需要时间 t，并且第二个对于这同一温差所需的时间是 t'；那么时间 t 和 t' 与半边长的平方 a^2 和 a'^2 成正比。对于体积很大的球，我们得到一个类似的结果。

第二，如果立方体的半边长 a 是相当大的，球的半径有同一数值 a，并且在时间 t 内立方体的温度从 A 下降到 B，那么当球的温度从 A 降到 B 时，它将历经不同的时间 t'，并且时间 t 和 t' 的比是 $4:3$。

因此，当立方体和内切球体积很小时，它们同样迅速地冷却；在这种情况下，每个物体的冷却时间都与它们的厚度成正比。如果立方体和内切球的体积很大，那么这两个固体的最后冷却时间不是一样的。立方体的这个时间比球的这个时间要大，其比为 $4:3$，这两个物体的冷却时间都分别随直径的平方而增加。

341　我们曾假定物体在温度恒定的空气中缓慢冷却。我们可以使表面受其他任何条件的作用。例如设想某种外因使它的所有点都保持固定温度 0。进入余弦符号下的 v 值的量 n,p,q 应当在这种情况下使 $\cos nx$ 在 x 取完全值 a 时变成 0，$\cos py$ 和 $\cos qz$ 亦如此。如果立方体的边 $2a$ 由 π 来表示，2π 是半径为 1 的圆周；那么我们可以用下面的方程表示 v 的一个特殊值，这个方程同时满足热运动的一般方程和表面状态的一般方程，$v = e^{-3\frac{Kt}{CD}}\cos x \cdot \cos y \cdot \cos z$。

当或者是 x 或者是 y 或者是 z 得到其极值 $+\frac{\pi}{2}$ 或者是 $-\frac{\pi}{2}$ 时，无论 t 如何，这个函数都为 0；但是若不历经相当长的时间，温度的这个表达式就不可能有这种简单的形式，除非给定的初始状态本身就由 $\cos x \cos y \cos z$ 来表示。这就是我们在第一章第 8 节第 100 目中所假定的。前面的分析证明我们在刚才引述过的那一目中所运用过的这个方程成立。

到目前为止，我们讨论了热的理论中的一些基本问题，并且考察了那种元素在一些主要物体中的作用。在我们所挑选出的这些问题中，每一个都有一个新的更大的困难。我们有意省略了许多中间问题，例如在两端保持固定温度或者是受空气作用的棱柱中的线性热运动问题。应当对在气体介质中冷却的立方体和矩形棱柱的变化的热运动的表达式进行概括，并假定任意的初始状态。这些研究只需本书所阐述过的那些原理就足够了。

傅立叶先生在巴黎 1827 年的《科学院研究报告》第 7 卷第 605—624 页中发表了的一篇题为"虚根的判别和由热理论所决定的超越方程的代数分析定理的应用"(*Mémoire sur la distinction des racines imaginaires, et sur l'application des théorèmes d'analyse algébrique aux équations transcendantes qui dependent de la théorie de la chaleur*)的研究报告。它包含热的理论中的两个命题的证明。如果有两个相类似的凸形固体，它们对应的基元有相同的密度、比热和热导率，并且有相同的初始温度分布，那么，第一，当表面的对应基元保持恒定温度时，或者第二，当表面的对应点的外部介质温度保持不变时，这两个物体的条件在经过像尺寸的平方这样的翻倍之后仍然相同。

因为沿经过对应棱柱基元端面积 s、s' 的那些热流线的流速是 $u-v:u'-v'$，此处 $(u,v),(u',v')$ 是在 s 和 s' 的两对边(opposite sides)上在同一距离 $\frac{1}{2}\Delta$ 处的两对点(*pairs of points*)的温度；并且，如果 $n:n'$ 是量纲的比，则 $(u-v):(u'-v')=n':n$。此外，如果 dt,dt' 是对应的时间，则棱柱基元所得到的热量就是 $sk(u-v)dt:s'k(u'-v')dt'$，或是 $n^2n'dt:n'^2ndt'$。但是由于体积是 $n^3:n'^3$，所以，如果温度的对应变化总是相等的，那么我们肯定有 $\frac{n^2n'dt}{n^3}=\frac{n'^2ndt'}{n'^3}$ 或者是 $\frac{dt}{dt'}=\frac{n^2}{n'^2}$。在第二种情况下，我们应当假定 $H:H'=n:n'$。——A.F.

格勒诺布尔景

第 九 章

热 扩 散

• *Chapter* Ⅸ. *Of the Diffusion of Heat* •

虽然傅立叶的理论在学术界引起过争议，但作为一名科学家，一个有学问的人，他的品行却从未遭受过非议。傅立叶有极好的口才、广泛的兴趣和丰富的想象力，为人正直、诚实、热情。教学上循循善诱。工作起来一丝不苟。

第一节 无穷直线中的自由热运动

342 这里,我们考虑在一个同质固体中的热运动,这个固体的长、宽、高都是无穷的。这个固体被无穷密并且与公共轴垂直的无数平面所分割;并且首先假定这个固体只有一部分已经被加热,即只有包含在两个平行平面 A 和 B 之间的那一部分被加热,这两个平面 A 和 B 的距离是 g;其他所有部分取初始温度为 0;不过包含在 A 和 B 之间的任一平面都有一给定的初始温度,这一初始温度可看作是任意的,并且在平面上的每一点都相同;不同平面上的温度则不同。因此,由于这个固体的初始温度已经被定义,所以需要用分析来确定所有的后继状态。所讨论的这种运动完全是线性的,并且沿平面的轴的方向进行,因为显然,由于平面上每一点的初始状态是一样的,所以在垂直于轴的任一平面上不可能有任何热传导。

代替无穷固体,我们可以假定很细的一个棱柱,它的侧面完全不透热。这时,这种运动就可以仅仅看作是无穷直线运动,该直线是棱柱所有截平面的公共轴。当我们对固体已经被加热的部分的所有点赋予完全任意的温度,而取固体其他所有点的初始温为 0 时,这个问题就更一般了。无穷固体中的热分布规律应当有一个简单而显著的特征;因为这种运动不受表面障碍或介质作用的干扰。

343 由于每一点的位置涉及三个直角坐标轴,我们在这三个轴上测定坐标 x,y,z,所以,所求的温度是变量 x,y,z 和时间 t 的函数。这个函数 v 或者是 $\phi(x,y,z)$ 满足一般方程

$$\frac{\mathrm{d}v}{\mathrm{d}t} = \frac{K}{CD}\left(\frac{\mathrm{d}^2v}{\mathrm{d}x^2} + \frac{\mathrm{d}^2v}{\mathrm{d}y^2} + \frac{\mathrm{d}^2v}{\mathrm{d}z^2}\right). \tag{a}$$

此外,它必然表示初始状态,这个初始状态是任意的;因此,用 $F(x,y,z)$ 表示在时间为 0,即在热扩散开始时在任一点所取的给定温度值,我们必定有

$$\phi(x,y,z,0) = F(x,y,z). \tag{b}$$

因此我们应当找到一个四变量 x,y,z,t 的函数 v,该函数满足微分方程(a)和定义方程(b)。

在我们前面所讨论的问题中,这个积分服从于由表面状态所决定的第三个条件;因此,这一分析更加复杂,其解需要运用指数项。当这个解只需满足初始条件时,这个积分形式就简单得多了;并且不难立即确定三维的热运动。但是,为了阐明理论的这一部分,并且确定扩散根据什么规律而进行,我们最好首先考虑线性运动,同时把它分解成下面的两个问题;我们在后面会看到它们怎样应用于三维的情况。

344 第一个问题:一条无穷直线的一部分 ab 在所有点上都被升高到温度 1;直线的其他点的实际温度为 0;假定热不能扩散到周围介质中去;我们不得不确定在一给定时间之后这条直线的状态是怎样的。我们可以使这个问题更一般,这就是假定第一,包含在 a 和 b 之间的点的初始温度是不等的,并且由任一曲线的纵坐标表示,我们首先把该曲线看作是由两个对称部分所组成的(见图 16);第二,部分热通过固体表面而扩散,该固体是一个非常细而无穷长的棱柱。

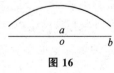

图 16

第二个问题在于确定一端受恒温作用的一个无穷长棱柱棒的后继状态。这两个问

题的解取决于方程 $\dfrac{\mathrm{d}v}{\mathrm{d}t}=\dfrac{K}{CD}\dfrac{\mathrm{d}^2v}{\mathrm{d}x^2}-\dfrac{HL}{CDS}v$ 的积分（第 105 目），这个方程表示线性热运动。v 是与原点距离为 x 的点在历经时间 t 之后所必然具有的温度；K,H,C,D,L,S 表示内热导率，表面热导率，比热，密度，垂直截面的围道和这个截面的面积。

345　在第一个例子中考虑热在一条无穷直线中自由传导的情况，这条直线的一部分 ab 已经得到任一初始温度；其他所有点的初始温度为 0。我们在这根棒的每一个点上都建立一个平面曲线的纵坐标，以表示在那一点的实际温度，我们看到，对于某个时间值 t，这个固体的状态由这条曲线的形状来表示。用 $v=F(x)$ 表示与给定初始状态相对应的方程，为使研究更为简单，首先假定这条曲线的初始形状由两个对称的部分组成，这样我们有条件 $F(x)=F(-x)$。设 $\dfrac{K}{CD}=k$，$\dfrac{HL}{CDS}=h$；在方程 $\dfrac{\mathrm{d}v}{\mathrm{d}t}=k\dfrac{\mathrm{d}^2v}{\mathrm{d}x^2}-hv$ 中令 $v=\mathrm{e}^{-ht}u$，我们有 $\dfrac{\mathrm{d}u}{\mathrm{d}t}=k\dfrac{\mathrm{d}^2u}{\mathrm{d}x^2}$。

假定 u 的一个特殊值，即 $a\cos qx\,\mathrm{e}^{-kq^2t}$；$a$ 和 q 是任意常数。设 a_1，a_2，a_3，$\cdots$ 是对应于系数 a 的一组值，q_1，q_2，q_3，$\cdots$ 是 q 的一组任意值，[*] 则我们有 $u=a_1\cos q_1x\,\mathrm{e}^{-kq_1^2t}+a_2\cos q_2x\,\mathrm{e}^{-kq_2^2t}+a_3\cos q_3x\,\mathrm{e}^{-kq_3^2t}+\cdots$。首先假定，作为某一条曲线的横轴 q，值 q_1，q_2，q_3，$\cdots$ 以无穷小的度数增加；因此它们等于 $\mathrm{d}q$，$2\mathrm{d}q$，$3\mathrm{d}q$，$\cdots$；$\mathrm{d}q$ 是这根横轴的常微分；其次假定值 a_1，a_2，a_3，$\cdots$ 与同一曲线的纵坐标 Q 成正比，并假定它们等于 $Q_1\mathrm{d}q$，$Q_2\mathrm{d}q$，$Q_3\mathrm{d}q$，$\cdots$，Q 是 q 的某个函数。由此得到 u 的值可以表示成：$u=\displaystyle\int\mathrm{d}q\,Q\cos qx\,\mathrm{e}^{-kq^2t}$，$Q$ 是一个任意函数 $f(q)$，这个积分可以从 $q=0$ 取到 $q=\infty$。现在困难被简化成适当确定函数 Q 了。

346　为了确定 Q，我们应当假定在 u 的表达式中 $t=0$，并使 u 等于 $F(x)$。因此我们有条件方程 $F(x)=\displaystyle\int\mathrm{d}q\,Q\cos qx$。

如果我们用 q 的任一个函数代替 Q，并且把这个积分从 $q=0$ 积到 $q=\infty$，那么我们会得到 x 的一个函数：需要解决的是问题的逆，即需要确定，在对 Q 作代换后，q 的什么函数最后给出函数 $F(x)$，这是一个值得注意的问题，它的解需要仔细加以考虑。

展开积分号，我们记必然导出 Q 值的方程如下：$F(x)=\mathrm{d}q\,Q_1\cos q_1x+\mathrm{d}q\,Q_2\cos q_2x+\mathrm{d}q\,Q_3\cos q_3x+\cdots$。

为了使右边除某一项外其他所有项都消掉，用 $\mathrm{d}x\cos rx$ 乘两边，然后对 x 从 $x=0$ 到 $x=n\pi$ 积分，此处 n 是一个无穷大的数，r 表示等于 q_1，q_2，q_3，$\cdots$ 之中的，或者同样地，等于 $\mathrm{d}q$，$2\mathrm{d}q$，$3\mathrm{d}q$，$\cdots$ 之中的任一个量。设 q_i 是变量 q 的任一个值，q_j 是另一个值，即我们为 r 所取的值，我们有 $r=j\,\mathrm{d}q$ 和 $q=i\,\mathrm{d}q$。然后把无穷大的数 n 看作是表示含基元 $\mathrm{d}q$ 的单位长度多少倍的数，因此我们有 $n=\dfrac{1}{\mathrm{d}q}$。取积分，我们得到，只要 r 和 q 取不同的量，积分 $\displaystyle\int\mathrm{d}x\cos qx\cos rx$ 的值就为 0；但是当 $q=r$ 时，它的值是 $\dfrac{1}{2}n\pi$。这由积分除保留右边某一项，即除保留含 q_j 或者是 r 的项外消去所有其他项这一事实得出。对这同一项起作用的函数是 Q_j，因此我们有 $\displaystyle\int\mathrm{d}x\,F(x)\cos q_jx=\mathrm{d}q\,Q_j\dfrac{1}{2}n\pi$；对 $n\,\mathrm{d}q$ 代之以它的值 1，

---

　*　这句话英译本是错的。现依法文《文集》本翻译。——汉译者

我们有 $\dfrac{\pi Q_j}{2} = \int \mathrm{d}x\ F(x)\cos qx$。因而一般地，我们得到 $\dfrac{\pi Q}{2} = \int_0^\infty \mathrm{d}x\ F(x)\cos qx$。所以，为了确定满足所提出的条件的函数 Q，我们应当用 $\mathrm{d}x\cos qx$ 乘已知函数 $F(x)$，并且取从 x 等于 0 到 x 等于无穷的积分，同时用 $\dfrac{2}{\pi}$ 乘这个结果；即我们由方程 $F(x) = \int_0^\infty \mathrm{d}q f(q)\cos qx$ 推出 $f(q) = \dfrac{2}{\pi}\int_0^\infty \mathrm{d}x\ F(x)\cos qx$，函数 $F(x)$ 表示仅中间部分受热的一个无穷棱柱的初始温度。在这个表达式中用 $f(q)$ 的值代替 $F(x)$，我们得到一般方程

$$\frac{\pi}{2}F(x) = \int_0^\infty \mathrm{d}q\cos qx \int_0^\infty \mathrm{d}x\ F(x)\cos qx。 \tag{ε}$$

347　如果我们在 v 的表达式中用我们所得到的这个值代替函数 Q，那么我们有下面的积分，它包含所提出的问题的全解，$\dfrac{\pi v}{2} = \mathrm{e}^{-ht}\int_0^\infty \mathrm{d}q\cos qx\ \mathrm{e}^{-kq^2 t}\int_0^\infty \mathrm{d}x\ F(x)\cos qx$。

由于对 x 的积分是从 $x=0$ 取到 x 等于无穷，所以结果是 q 的一个函数；然后相对 q 从 $q=0$ 到 $q=\infty$ 取积分，我们就得到 v 等于 x 和 t 的一个函数，它表示固体的连续状态。由于对 x 的积分使变量 x 消去，所以在 v 的表达式中可以用任一变量 α 来代替它，积分在同一区间内取，即从 $\alpha=0$ 取到 $\alpha=\infty$。这样，我们有 $\dfrac{\pi v}{2} = \mathrm{e}^{-ht}\int_0^\infty \mathrm{d}q\cos qx\ \mathrm{e}^{-kq^2 t}\int_0^\infty \mathrm{d}\alpha\ F(\alpha)\cos q\alpha$，或者是 $\dfrac{\pi v}{2} = \mathrm{e}^{-ht}\int_0^\infty \mathrm{d}\alpha\ F(\alpha)\int_0^\infty \mathrm{d}q\ \mathrm{e}^{-kq^2 t}\cos qx\cos q\alpha$。

对 q 的积分给出 x，t 和 α 的一个函数，在对 α 取积分时，我们得到只有 x 和 t 的一个函数。在后一个方程中不难完成对 q 的积分，并且因此会改变 v 的表达式。一般地，我们可以对方程 $\dfrac{\mathrm{d}v}{\mathrm{d}t} = k\dfrac{\mathrm{d}^2 v}{\mathrm{d}x^2} - hv$ 的积分给出不同的形式，它们都表示 x 和 t 的同一个函数。

348　首先假定包含在 a 和 b 之间从 $x=-1$ 到 $x=1$ 的所有点的初始温度都有共同值 1，所有其他点的初始温度是 0，函数 $F(x)$ 由这个条件给出。这时，对 x 的积分从 $x=0$ 取到 $x=1$，因为由假定，这个积分的其他部分为 0。因此我们得到 $Q = \dfrac{2}{\pi}\dfrac{\sin q}{q}$ 和 $\dfrac{\pi v}{2} = \mathrm{e}^{-ht}\int_0^\infty \dfrac{\mathrm{d}q}{q}\ \mathrm{e}^{-kq^2 t}\cos qx\ \sin q$。

如前面所见到的，我们不难把右边变成一个收敛级数；它严格表示固体在一给定时刻的状态，如果我们在其中令 $t=0$，那么它表示初始状态。

因此，如果我们对 x 给定包含在 -1 到 1 之间的任一个值，那么函数 $\dfrac{2}{\pi}\int_0^\infty \dfrac{\mathrm{d}q}{q}\sin q\cos qx$ 就等于 1；但是如果对 x 给定 -1 到 1 区间之外的任一个值时，则这个函数为 0。由此我们看到不连续函数也可以用定积分来表示。

349　为了给出前面公式的第二种用法，让我们假定这根棒的某一点已经由同一热源的恒定作用而被加热，并假定它已经达到其永恒状态，已知这个状态由一条对数曲线表示。

需要确定的是在撤掉热源后热扩散以什么规律进行。用 $F(x)$ 表示温度的初始值，我们有 $F(x) = A\mathrm{e}^{-x\sqrt{\frac{HL}{KS}}}$；$A$ 是最热的那一点的初始温度。为简化这一研究，让我们令 $A=1$，$\dfrac{HL}{KS}=1$。这时我们有 $F(x) = \mathrm{e}^{-x}$，由此我们推得 $\dfrac{\pi}{2}Q = \int \mathrm{d}x\ \mathrm{e}^{-x}\cos qx$，从 x 等于 0 到 x 等于无穷取积分，则 $\dfrac{\pi}{2}Q = \dfrac{1}{1+q^2}$。因此，含 x 和 t 的 v 值由下述方程给出：$\dfrac{\pi v}{2} =$

$$e^{-ht} \int_0^\infty \frac{\mathrm{d}q \, \cos qx}{1+q^2} e^{-q^2 kt} 。$$

350 如果我们令 $t=0$，那么我们有 $\dfrac{\pi v}{2} = \int_0^\infty \dfrac{\mathrm{d}q \, \cos qx}{1+q^2}$；它对应于初始状态。因此，表达式 $\int_0^\infty \dfrac{\mathrm{d}q \, \cos qx}{1+q^2}$ 等于 e^{-x}。我们应当注意，根据假定，当 x 变成负数时，表示初始状态的函数 $F(x)$ 不改变它的值。在初始状态形成之前由热源所传递的热同等地从点 0 向左右两边传导，点 0 直接得到这些热：由此得到，其方程为 $y = \dfrac{2}{\pi} \int_0^\infty \dfrac{\mathrm{d}q \, \cos qx}{1+q^2}$ 的曲线由两个对称的分支组成，这两个分支由一条对数曲线的一部分在 y 轴的左右两边重复而形成，这条对数曲线的这一部分在 y 轴的右边，这条对数曲线的方程是 $y = e^{-x}$。这里，我们看到不连续函数由定积分表示的第二个例子。当 x 为正时，函数 $\dfrac{\pi}{2} \int_0^\infty \dfrac{\mathrm{d}q \, \cos qx}{1+q^2}$ 等于 e^{-x}，但是当 x 为负时，它是 e^x[1]。

351 正如我们即将看到的，一端受恒温作用的无穷长棒的热传导问题可以简化成一条无穷直线的热扩散问题；但是必须假定初始热不是同等地作用于这个固体的两个相邻部分，而是以相反的方式分布；即若用 $F(x)$ 表示与这条直线中点距离为 x 的一点的温度时，距离为 $-x$ 的相对点的初始温度值为 $-F(x)$。

这第二个问题与前面的问题差别甚小，并且可以用类似的方法来解：不过这个解也可以根据我们用来确定一个有限体积的固体中的热运动的分析导出。

假定无穷棱柱棒的一部分 ab 已经以任一方式被加热，见（图 16*），并且相对的部分 $\alpha\beta$ 处于类似的状态中，只是符号相反；这个固体的所有其余部分的初始温度为 0。同时假定周围介质保持恒温 0 度不变，它或者从这根棒那里得到热，或者通过棒的外表面向这根棒传热。要求的是在一给定时间 t 之后，与原点距离为 x 的点的温度将是怎样的。

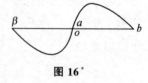

图 16*

我们首先考虑这根被加热的棒有有限长度 $2X$，并且受某种外因作用，这种作用使它在两端保持恒温 0 度不变；然后我们令 $X=\infty$。

352 我们先运用方程 $\dfrac{\mathrm{d}v}{\mathrm{d}t} = \dfrac{K}{CD} \dfrac{\mathrm{d}^2 v}{\mathrm{d}x^2} - \dfrac{HL}{CDS} v$；或者是 $\dfrac{\mathrm{d}v}{\mathrm{d}t} = k \dfrac{\mathrm{d}^2 v}{\mathrm{d}x^2} - hv$；令 $v = e^{-ht} u$，我们有 $\dfrac{\mathrm{d}u}{\mathrm{d}t} = k \dfrac{\mathrm{d}^2 u}{\mathrm{d}x^2}$，$u$ 的一般值可表示如下：$u = a_1 e^{-kg_1^2 t} \sin g_1 x + a_2 e^{-kg_2^2 t} \sin g_2 x + a_3 e^{-kg_3^2 t} \sin g_3 x + \cdots$。

这时令 $x=X$，它应当使 v 的值为 0，为了确定这一系列指数 g，我们有条件 $\sin gX = 0$ 或者是 $gX = i\pi$，i 是一个整数。

因此 $u = a_1 e^{-k \frac{\pi^2}{X^2} t} \sin \dfrac{\pi x}{X} + a_2 e^{-k \frac{\pi^2}{X^2} 2^2 t} \sin \dfrac{2\pi x}{X} + \cdots$。

剩下的只是求一系列常数 a_1，a_2，a_3，$\cdots$，令 $t=0$，我们有 $u = F(x) = a_1 \sin \dfrac{\pi x}{X} + a_2 \sin \dfrac{2\pi x}{X} + a_3 \sin \dfrac{3\pi x}{X} + \cdots$。

设 $\dfrac{\pi x}{X} = r$，并且用 $f(r)$ 表示 $F(x)$ 或者是 $F\left(\dfrac{rX}{\pi}\right)$；我们有 $f(r) = a_1 \sin r + a_2 \sin 2r + $

---

[1] 参见黎曼，《偏微分方程》，§16，第 34 页。——A. F.

$a_3 \sin 3r + \cdots$。

我们以前曾得到 $a_i = \dfrac{2}{\pi} \int dr f(r) \sin ir$，积分从 $r=0$ 取到 $r=\pi$。因此

$$\frac{X}{2} a_i = \int dx F(x) \sin \frac{i\pi x}{X}。$$

对 x 的这个积分必须从 $x=0$ 取到 $x=X$。作这些代换，我们建立方程

$$v = \frac{2}{X} e^{-ht} \left[e^{-k\frac{\pi^2}{X^2}t} \sin \frac{\pi x}{X} \int_0^X dx F(x) \sin \frac{\pi x}{X} + e^{-k\frac{\pi^2}{X^2}2^2 t} \sin \frac{2\pi x}{X} \int_0^X dx F(x) \sin \frac{2\pi x}{X} + \cdots \right]。$$

(a)

353 如果棱柱有以 $2X$ 所表示的有限长度，那么上述方程就是解。这是我们到现在为止所建立的这些原理的一个明显的推论；现在只需假定长度 X 是无穷的。设 $X=n\pi$，n 是一个无穷大的数；同时 q 是一个变量，它的无穷小增量 dq 都相等；我们用 $\dfrac{1}{dq}$ 代替 n。

由于进入方程(a)的级数的通项是 $e^{-k\frac{\pi^2}{X^2}i^2 t} \sin \dfrac{i\pi x}{X} \int_0^X dx\, F(x) \sin \dfrac{i\pi x}{X}$，所以我们用 $\dfrac{q}{dq}$ 表示数 i，它是可变的，且变成无穷大。因此我们有 $X=\dfrac{\pi}{dq}$，$n=\dfrac{1}{dq}$，$i=\dfrac{q}{dq}$。

在所说的项中作这些代换，我们得到 $e^{-kq^2 t} \sin qx \int dx\, F(x) \sin qx$。每一个这样的项都必须用 X 或者是 $\dfrac{\pi}{dq}$ 来除，因而变成无穷小量，这个级数的和不过是一个积分，它必须相对 q 从 $q=0$ 到 $q=\infty$ 积分。因此

$$v = \frac{2}{\pi} e^{-ht} \int dq\, e^{-kq^2 t} \sin qx \int dx\, F(x) \sin qx，\qquad (\alpha)$$

对 x 的这个积分应当从 $x=0$ 取到 $x=\infty$。我们也可以写 $\dfrac{\pi v}{2} = e^{-ht} \int_0^\infty dq\, e^{-kq^2 t} \sin qx$

$\int_0^\infty d\alpha\, F(\alpha) \sin q\alpha$ 或者是 $\dfrac{\pi v}{2} = e^{-ht} \int_0^\infty d\alpha\, F(\alpha) \int_0^\infty dq\, e^{-kq^2 t} \sin qx \sin q\alpha$。

方程(α)包含问题的通解；并且，用任意一个服从或者是不服从于连续性规律的函数来代替 $F(x)$，我们都总能够根据 x 和 t 来表示温度的值：只是应当注意函数 $F(x)$ 与由两个相等的并且交变的部分所组成的一条曲线相对应[1]。

354 如果棱柱中的初始热以这样一种方式分布：表示初始状态的曲线 $FFFF$（图 17）由位于固定点 O 的左右两条相等的弧所组成，那么变化的热运动就由方程 $\dfrac{\pi v}{2} = e^{-ht} \int_0^\infty d\alpha\, F(\alpha) \int_0^\infty dq\, e^{-kq^2 t} \cos qx \cos q\alpha$ 来表示。

如果表示初始状态的曲线 $ffff$（图 18）由两个相似并且交变的弧组成，那么给出温度值的积分就是 $\dfrac{\pi v}{2} = e^{-ht} \int_0^\infty d\alpha\, f(\alpha) \int_0^\infty dq\, e^{-kq^2 t} \sin qx \sin q\alpha$

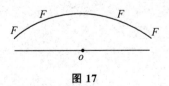

图 17　　　　　　　　　　　图 18

---

① 即 $F(x) = -F(-x)$。——A. F.

如果我们假定初始热以任一方式分布，那么不难根据前面的二个解导出 v 的表达式。事实上，无论表示给定的初始温度的函数 $\phi(x)$ 怎样，它都总可以分解成两个其他函数 $F(x)+f(x)$，其中一个对应于曲线 $FFFF$，另一个与曲线 $ffff$ 相对应，因此，我们有这样三个条件：$F(x)=F(-x)$，$f(x)=-f(-x)$，$\phi(x)=F(x)+f(x)$。

我们在第 233 第 234 目中已经使用过这个注记。我们也知道，每一个初始状态都引起仿佛独立存在的一个可变的部分状态。这三个不同状态的合成并不把变化引进到分别由它们每一个所引起的温度中去。由此得到，用 v 代表由表示全函数 $\phi(x)$ 的初始状态所产生的变化温度，我们肯定有 $\dfrac{\pi v}{2}=\mathrm{e}^{-ht}\left(\displaystyle\int_0^\infty \mathrm{d}q\ \mathrm{e}^{-kq^2t}\cos qx\int_0^\infty \mathrm{d}\alpha\ F(\alpha)\cos q\alpha+\int_0^\infty \mathrm{d}q\right.$

$\left.\mathrm{e}^{-kq^2t}\sin qx\displaystyle\int_0^\infty \mathrm{d}\alpha\ f(\alpha)\sin q\alpha\right)$。

如果我们在 $-\infty$ 到 $+\infty$ 之间对 α 取这些积分，那么显然，我们会使这个结果翻一倍。这样，在前面的方程中，我们可以略去左边的分母 2，并且在这第二种形式中对 α 从 $\alpha=-\infty$ 到 $a=+\infty$ 取这些积分。我们还不难看到，我们可以用 $\displaystyle\int_{-\infty}^{+\infty} \mathrm{d}\alpha\phi(\alpha)\cos q\alpha$ 来代替 $\displaystyle\int_{-\infty}^{+\infty} \mathrm{d}\alpha\ F(\alpha)\cos q\alpha$；因为，由函数 $f(\alpha)$ 所服从的这个条件可以得出，我们应当有 $0=\displaystyle\int_{-\infty}^{+\infty} \mathrm{d}\alpha\ f(\alpha)\cos q\alpha$。我们也可以用 $\displaystyle\int_{-\infty}^{+\infty} \mathrm{d}\alpha\ \phi(\alpha)\sin q\alpha$ 代替 $\displaystyle\int_{-\infty}^{+\infty} \mathrm{d}\alpha\ f(\alpha)\sin q\alpha$。因为我们显然有 $0=\displaystyle\int_{-\infty}^{+\infty} \mathrm{d}\alpha\ F(\alpha)\sin q\alpha$。由此我们得到 $\pi v=\mathrm{e}^{-ht}\displaystyle\int_0^\infty \mathrm{d}q\ \mathrm{e}^{-kq^2t}\left(\int_{-\infty}^{+\infty} \mathrm{d}\alpha\ \phi(\alpha)\cos q\alpha\cos qx\right.$

$\left.+\displaystyle\int_{-\infty}^{+\infty} \mathrm{d}\alpha\ \phi(\alpha)\sin q\alpha\sin qx\right)$，或者是 $\pi v=\mathrm{e}^{-ht}\displaystyle\int_0^\infty \mathrm{d}q\ \mathrm{e}^{-kq^2t}\int_{-\infty}^{+\infty}\mathrm{d}\alpha\ \phi(\alpha)\cos q(x-\alpha)$，或者是

$\pi v=\mathrm{e}^{-ht}\displaystyle\int_{-\infty}^{+\infty}\mathrm{d}\alpha\ \phi(\alpha)\int_0^\infty \mathrm{d}q\ \mathrm{e}^{-kq^2t}\cos q(x-\alpha)$。

355 这第二个问题的解清楚地指明在我们刚才所运用的定积分和我们对一个有限形状的固体所运用的分析结果之间有什么样的联系。在这一分析所提供的收敛级数中，当我们对表示长度的量给出无穷值时；这些项的每一个都变得无穷小，并且除一个积分之外级数和为 0。我们也可以用同样的方法而无须用任何物理上的考虑，直接从我们在第三章所应用过的这些不同三角级数得到这些定积分；我们只需给出这些变换的某些例子就够了，这些例子中的结果是值得注意的。

356 在由第 188 目和第 222 目中所给出的方程 $\dfrac{1}{4}\pi=\sin u+\dfrac{1}{3}\sin 3u+\dfrac{1}{5}\sin 5u+\cdots$

中，我们用量 $\dfrac{x}{n}$ 来代替 u；x 是一个新变量，n 是一个等于 $\dfrac{1}{\mathrm{d}q}$ 的无穷大的数；q 是由等于 $\mathrm{d}q$ 的无穷小量逐次相加而形成的一个量。我们用 $\dfrac{q}{\mathrm{d}q}$ 表示变数 i。如果在通项 $\dfrac{1}{2i+1}$ $\sin(2i+1)\dfrac{x}{n}$ 中，我们让 i 和 u 代之以它们的值，那么这个项就变成 $\dfrac{\mathrm{d}q}{2q}\sin 2qx$。这样，级数和是 $\dfrac{1}{2}\displaystyle\int\dfrac{\mathrm{d}q}{q}\sin 2qx$，积分从 $q=0$ 取到 $q=\infty$；因此我们有方程 $\dfrac{1}{4}\pi=\dfrac{1}{2}\displaystyle\int_0^\infty\dfrac{\mathrm{d}q}{q}\sin 2qx$，无论 x 有怎样的正值，这个等式都成立。令 $2qx=r$，r 是一个新变量，我们有 $\dfrac{\mathrm{d}q}{q}=\dfrac{\mathrm{d}r}{r}$ 和 $\dfrac{1}{2}\pi$

$=\displaystyle\int_0^\infty\dfrac{\mathrm{d}r}{r}\sin r$；人们知道定积分 $\displaystyle\int_0^\pi\dfrac{\mathrm{d}r}{r}\sin r$ 的这个值已经有一段时间了。如果在假定 r 为负

时我们从 $r=0$ 到 $r=-\infty$ 取这个积分，那么我们显然会得到反号的结果 $-\dfrac{1}{2}\pi$。

357　我们刚才对等于 $\dfrac{1}{2}\pi$ 或者是 $-\dfrac{1}{2}\pi$ 的积分 $\displaystyle\int\dfrac{\mathrm{d}r}{r}\sin r$ 的值所作的注记可以用来弄清表达式 $\dfrac{2}{\pi}\displaystyle\int_0^\infty\dfrac{\mathrm{d}q\,\sin q}{q}\cos qx$ 的性质，这个式子的值我们已经求出（第 348 目），它随 x 在或不在 1 到 -1 之间而等于 1 或 0。

事实上，我们有 $\displaystyle\int\dfrac{\mathrm{d}q}{q}\cos qx\,\sin q=\dfrac{1}{2}\int\dfrac{\mathrm{d}q}{q}\sin q(x+1)-\dfrac{1}{2}\int\dfrac{\mathrm{d}q}{q}\sin q(x-1)$；第一项随 $x+1$ 是一个正数或者是负数而等于 $\dfrac{1}{4}\pi$ 或者是 $-\dfrac{1}{4}\pi$；第二项 $\dfrac{1}{2}\displaystyle\int\dfrac{\mathrm{d}q}{q}\sin q(x-1)$ 随 $x-1$ 是正数或者是负数而等于 $\dfrac{1}{4}\pi$ 或者是 $-\dfrac{1}{4}\pi$。这样，如果 $x+1$ 和 $x-1$ 有相同的符号，那么整个积分为 0；因为，在这种情况下这两项相互抵消。但是，如果这些量有不同的符号，即如果我们同时有 $x+1>0$ 并且 $x-1<0$，那么这两项加起来，这个积分的值就是 $\dfrac{1}{2}\pi$。因此，定积分[1] $\dfrac{2}{\pi}\displaystyle\int_0^\infty\dfrac{\mathrm{d}q}{q}\sin q\,\cos qx$ 是 x 的一个函数，如果变量 x 取包含在 1 到 -1 之间的任一个值，则它等于 1；对于其他不包含在区间 1 到 -1 之间的每一个 x 的值，这个函数等于 0。

358　我们还能够从进入这些积分的级数的变换推出两个式子 $\dfrac{2}{\pi}\displaystyle\int_0^\infty\dfrac{\mathrm{d}q\,\cos qx}{1+q^2}$ 和 $\dfrac{2}{\pi}\displaystyle\int_0^\infty\dfrac{q\,\mathrm{d}q\,\sin qx}{1+q^2}$ 的性质[2]，第一个式子在 x 为正时等价于 e^{-x}，x 为负时等价于 e^x。第二个在 x 为正时等价于 e^{-x}，在 x 为负时等价于 $-e^x$，因此当 x 为正时这两个积分有相同的值，当 x 为负时它们有反号值。它们一个由曲线 $eeee$ 来表示（图 19），另一个由曲线 $\varepsilon\varepsilon\varepsilon\varepsilon$ 表示（图 20）。

图 19　　　　　　　　　　　　　图 20

我们（在第 226 目）所得到的方程 $\dfrac{1}{2\alpha}\sin\dfrac{\pi x}{\alpha}=\dfrac{\sin\alpha\,\sin x}{\pi^2-\alpha^2}+\dfrac{\sin2\alpha\,\sin2x}{\pi^2-2^2\alpha^2}+\dfrac{\sin3\alpha\,\sin3x}{\pi^2-3^2\alpha^2}+\cdots$ 立即给出积分 $\dfrac{2}{\pi}\displaystyle\int_0^\infty\dfrac{\mathrm{d}q\,\sin q\pi\,\sin qx}{1-q^2}$；如果 x 包含在 0 到 π 之间，那么这个表达式[3]等价于 $\sin x$，只要 x 超过 π，则它的值为 0。

---

①　在 x 的极限值上，这个积分的值是 $\dfrac{1}{2}$；黎曼，§15。——A. F.

②　参见黎曼，§16。——A. F.

③　在这个方程中所需要的代换是用 $\dfrac{\alpha x}{\pi}$ 代替 x，用 $\mathrm{d}q$ 代替 $\dfrac{\alpha}{\pi}$，用 q 代替 $i\dfrac{\alpha}{\pi}$。这样，对于在 0 到 π 之间的 x 值，我们有 $\sin x$ 等于一个与上面这个积分等价的级数，对于 0 到 π 之间的 x 值，原方程成立。——A. F.

359 同一变换适用于一般方程 $\frac{1}{2}\pi\phi(u)=\sin u\int du\ \phi(u)\sin u+\sin 2u\int du\ \phi(u)\sin 2u$ $+\cdots$。令 $u=\frac{x}{n}$，用 $f(x)$ 表示 $\phi(u)$ 或者是 $\phi\left(\frac{x}{n}\right)$，并在这一分析中引入量 q，若 q 得到等于 dq 的一些无穷小增量，则 n 等于 $\frac{1}{dq}$，i 等于 $\frac{q}{dq}$；把这些值代入通项 $\sin\frac{ix}{n}\int\frac{dx}{n}\phi\left(\frac{x}{n}\right)\sin\frac{ix}{n}$ 中，我们得到 $dq\sin qx\int dx f(x)\sin qx$。对 u 的积分从 $u=0$ 取到 $u=\pi$，因此，对 x 的积分应当从 $x=0$ 取到 $x=n\pi$，或者从 x 等于 0 取到 x 等于无穷大。

因此我们得到由方程

$$\frac{1}{2}\pi f(x)=\int_0^\infty dq\ \sin qx\int_0^\infty dx f(x)\sin qx \tag{e}$$

所表示的一个一般的结果，由此，用 Q 表示 q 的一个函数，使得我们有 $f(u)=\int_0^\infty dq\ Q\ \sin qu$，其中 $f(u)$ 是一个已知函数的方程，则我们有 $Q=\frac{2}{\pi}\int du f(u)\sin qu$，积分从 u 等于 0 取到 u 等于无穷大。我们已经解决了一个类似的问题（第 346 目），并证明了一般方程

$$\frac{1}{2}\pi F(x)=\int_0^\infty dq\ \cos qx\int_0^\infty dx F(x)\cos qx, \tag{ε}$$

它与前面的方程类似。

360 为了给出这些定理的应用，让我们假定 $f(x)=x^r$，方程（e）的右边通过这个代换变成 $\int_0^\infty dq\ \sin qx\int_0^\infty dx\ \sin qx x^r$。

积分 $\int dx\ \sin qx x^r$ 或 $\frac{1}{q^{r+1}}\int q\ dx\ \sin qx\ (qx)^r$ 与 $\frac{1}{q^{r+1}}\int du\sin u u^r$ 等价，后一个积分从 u 等于 0 取到 u 等于无穷。

设 μ 是积分 $\int_0^\infty du\ \sin u u^r$；剩下的事情是构造积分 $\int_0^\infty dq\ \sin qx\ \frac{1}{q^{r+1}}\mu$ 或者是 $\mu\ x^r\int du\ \sin u u^{-(r+1)}$；用 ν 表示最后这个积分，它从 u 等于 0 取到 u 等于无穷，作为两个连续积分的结果，我们有项 $x^r\mu\nu$。根据方程（e）所表示的条件，这时我们肯定有 $\frac{1}{2}\pi x^r=\mu\nu x^r$ 或者是 $\mu\nu=\frac{1}{2}\pi$；

因此，这两个超越数 $\int_0^\infty du\ u^r\sin u$ 和 $\int_0^\infty\frac{du}{u}u^{-r}\sin u$ 的积是 $\frac{1}{2}\pi$。例如，如果 $r=\frac{1}{2}$，那么我们得到已知的结果

$$\int_0^\infty\frac{du\ \sin u}{\sqrt{u}}=\sqrt{\frac{\pi}{2}}; \tag{a}$$

同样我们得到

$$\int_0^\infty\frac{du\ \cos u}{\sqrt{u}}=\sqrt{\frac{\pi}{2}}; \tag{b}$$

从这两个方程我们还可以得到下述结果[1]，$\int_0^\infty dq\ e^{-q^2}=\frac{1}{2}\sqrt{\pi}$，这个结果已被运用了一段时间了。

---

[1] 方法是简单运用表达式 $e^{-z}=+\cos\sqrt{-1}z+\sqrt{-1}\sin\sqrt{-1}z$，同时把 u 写在 y^2，以此变换 a 和 b，并且重新合并 $\sqrt{\sqrt{-1}}=\frac{1+\sqrt{-1}}{\sqrt{2}}$。参见 § 407。——R. I. E.

361 通过方程（e）和（ε），我们可以解决也属于偏微分分析的下面一个问题。为了使表达式 $\int \mathrm{d}q\, Q\, \mathrm{e}^{-qx}$ 能够与一个已知函数相等，我们应当把变量 q 的一个什么函数放到从 q 等于 0 到 q 等于无穷大的积分的积分号之下呢[①]？然而，无须为不同的结果而停下来，对这些结果的考查会使我们远离我们的主要目的，我们只限于下述结果，该结果由合并两个方程（e）和（ε）而得到。

可以把它们置于 $\dfrac{1}{2}\pi f(x)=\displaystyle\int_0^\infty \mathrm{d}q\,\sin qx\int_0^\infty \mathrm{d}\alpha\, f(\alpha)\sin q\alpha$ 和 $\dfrac{1}{2}\pi F(x)=\displaystyle\int_0^\infty \mathrm{d}q\,\cos qx$ $\displaystyle\int_0^\infty \mathrm{d}\alpha\, F(\alpha)\cos q\alpha$ 的形式之下。

如果我们对 α 从 $-\infty$ 到 $+\infty$ 取这两个积分，那么每个积分的结果将翻一倍，这是两个条件 $f(\alpha)=-f(-\alpha)$ 和 $F(\alpha)=F(-\alpha)$ 的必然结论。

因此我们有两个方程 $\pi f(x)=\displaystyle\int_0^\infty \mathrm{d}q\,\sin qx\int_{-\infty}^\infty \mathrm{d}\alpha\, f(\alpha)\sin q\alpha$ ，$\pi F(x)=\displaystyle\int_0^\infty \mathrm{d}q\,\cos qx\int_{-\infty}^\infty \mathrm{d}\alpha\, F(\alpha)\cos q\alpha$ 。

前面我们已经注意到，任一函数 $\phi(x)$ 总可以分解成两个其他的函数，其中一个 $F(x)$ 满足条件 $F(x)=F(-x)$ ，另一个 $f(x)$ 满足条件 $f(x)=-f(-x)$ 。因此我们有两个方程 $0=\displaystyle\int_{-\infty}^{+\infty}\mathrm{d}\alpha\, F(\alpha)\sin q\alpha$ 和 $0=\displaystyle\int_{-\infty}^{+\infty}\mathrm{d}\alpha\, f(\alpha)\cos q\alpha$ ，因此我们得到 $\pi[F(x)+f(x)]=\pi\phi(x)=$ $\displaystyle\int_0^\infty \mathrm{d}q\,\sin qx\int_{-\infty}^{+\infty}\mathrm{d}\alpha\, f(\alpha)\sin q\alpha+\int_0^\infty \mathrm{d}q\,\cos qx\int_{-\infty}^{+\infty}\mathrm{d}\alpha\, F(\alpha)\cos q\alpha$ ，和 $\pi\phi(x)=\displaystyle\int_0^\infty \mathrm{d}q\,\sin qx$ $\displaystyle\int_{-\infty}^{+\infty}\mathrm{d}\alpha\,\phi(\alpha)\sin q\alpha+\int_0^\infty \mathrm{d}q\,\cos qx\int_{-\infty}^{+\infty}\mathrm{d}\alpha\,\phi(\alpha)\cos q\alpha$ ， 或 者 是 $\pi\phi(x)=\displaystyle\int_{-\infty}^{+\infty}\mathrm{d}\alpha\,\phi(\alpha)$ $\displaystyle\int_0^\infty \mathrm{d}q(\sin qx\,\sin q\alpha+\cos qx\,\cos q\alpha)$ ；或者是最后[②]，

$$\phi(x)=\frac{1}{\pi}\int_{-\infty}^{+\infty}\mathrm{d}\alpha\,\phi(\alpha)\int_0^\infty \mathrm{d}q\,\cos q(x-\alpha)。\tag{E}$$

对 q 的积分给出 x 和 α 的一个函数，第二个积分使变量 α 消掉。因此，由定积分 $\int \mathrm{d}q\,\cos q(x-\alpha)$ 所表示的函数有一个特殊性质，即如果我们用任一函数 $\phi(\alpha)$ 和 $\mathrm{d}\alpha$ 乘

---

① 为了做到这一点，把 $\pm x\sqrt{-1}$ 代入 $f(x)$ 并相加，因此 $2\displaystyle\int Q\cos qx\,\mathrm{d}q=f(x\sqrt{-1})+f(-x\sqrt{-1})$ ，用 $-x$ 代替 x 它仍然保持不变。因此 $Q=\dfrac{1}{\pi}\mathrm{d}x[f(x\sqrt{-1})+f(-x\sqrt{-1})]\cos qx\,\mathrm{d}x$ 。我们也可以相减并用正弦，不过处理虚量的困难会不断出现。——R.L.E.

② 在"关于波的理论的论文"（*Mémoire sur la Théorie des Ondes*，载于《科学院研究报告》，第 1 卷，巴黎，1818 年，第 85—87 页。）中，泊松首次对定理 $f(x)=\dfrac{1}{\pi}\displaystyle\int_0^\infty \mathrm{d}q\int_{-\infty}^{+\infty}\mathrm{d}\alpha\, \mathrm{e}^{-kq}\cos(qx-q\alpha)f(\alpha)$ 给出了一个直接证明，其中假定 k 是一个很小的正量，并且在积分后它等于 0。

在"关于不连续函数的分析"〔On the Analysis of Discontinuous Functions，载于《爱尔兰皇家科学院学报》（Transactions of the Royal Irish Academy），第 21 卷，都柏林，1848 年，第 126—130 页。〕中，布尔引进不连续性的某些解析表示，并且把傅立叶定理看作是未证明的，除非它等价于上面的命题。

在"关于几个定积分的注记等"（Note sur quelques inté gralesdé finise & c.，载于《科学普及协会公报》，巴黎，1819 年，第 161—166 页）一文的结尾，德弗勒斯指出傅立叶定理的一个证明，泊松以一个修改的形式重复了这个证明，见《综合工艺学校学报》（Journal Polytechnique），第 19 册，第 454 页。这个证明的具体困难为德·摩根所注意，《微积分计算》，第 619,628 页。

此处引证的这类证明的一个出色的讨论由格莱舍（J. W. L. Glaisher）在一篇文章中给出，"论 $\sin\infty$ 和 $\cos\infty$"（On $\sin\infty$ and $\cos\infty$），《数学通信》（Mesenger of Mathematics），系列 1，第 5 卷，第 232—244 页，剑桥，1871 年。——A. F.

它,并在无穷大的界限之间对 α 取它的积分,那么结果等于 $\pi\phi(x)$;因此这个积分的作用就是把 α 变成 x,并乘以数 π。

362 我们可以直接从第 234 目所陈述的定理推出方程(E),第 234 目的这个定理给出任一函数 $F(x)$ 以多重弧的正弦和余弦展开的展开式。我们从上一个命题过渡到我们刚才通过对体积赋予无穷值所证明的那些命题。在这种情况下,级数的每一项都变成微分量[①]。把函数变换成三角级数,这是热的解析理论的基本原理的一部分;要解决由这一理论所决定的问题,就应当使用这部分原理。

把任意函数化成定积分,例如化成由方程(E)和由导出方程(E)的两个基本方程所表示的定积分,这引出一些不同的结果,我们在此省略了这些结果,因为它们与物理问题没有什么直接的联系。我们只注意同样的方程有时以不同的形式出现在分析中就行了。例如我们得到这样一个结果,

$$\phi(x)=\frac{1}{\pi}\int_0^\infty \mathrm{d}\alpha\ \phi(\alpha)\int_0^\infty \mathrm{d}q\cos q(x-\alpha),\qquad (\mathrm{E}')$$

它与方程(E)的不同在于对 α 所取的积分区间是 0 到 ∞,而不是 $-\infty$ 到 $+\infty$。

在这种情况下我们应当注意到,当 x 为正时,两个方程(E)和(E$'$)对右边给出相等的值。如果变量是负的,方程(E$'$)就总是对右边给出一个为 0 的值。方程(E)则不同,无论我们对 x 给定正值和负值,它的右边都等于 $\pi\phi(x)$。至于方程(E$'$),它解决下面这个问题。求一个 x 的函数,使得如果 x 为正,那么函数的值为 $\phi(x)$,如果 x 为负,则函数值总为 0[②]。

363 对这个偏微分方程的积分给出我们在下一目中将要指明的一种不同的形式时,我们也可以解决无穷直线中的热传导问题。我们先来研究热源恒定的情况。

假定初始热以任一方式分布在整个无穷长棒中,在所传递的一部分热经外表面而扩散的同时,我们使截面 A 保持一恒温不变。需要确定在一给定时间之后棱柱的状态,这是我们向自己所提出的第二个问题的目的。用 1 表示末端 A 的恒温,用 0 表示介质温度,我们把 $\mathrm{e}^{-x\sqrt{\frac{HL}{KS}}}$ 作为与末端距离为 x 的点的终极温度,或者,若为简便起见,假定量 $\frac{HL}{KS}$ 等于 1,则仅用 e^{-x} 作为这一温度。用 v 表示历经时间 t 之后这同一点的变化温度,为了确定 v,我们有方程 $\dfrac{\mathrm{d}v}{\mathrm{d}t}=\dfrac{K}{CD}\dfrac{\mathrm{d}^2v}{\mathrm{d}x^2}-\dfrac{HL}{CDS}v$,现在设 $v=\mathrm{e}^{-x\sqrt{\frac{HL}{KS}}}+u'$,我们有 $\dfrac{\mathrm{d}u'}{\mathrm{d}t}=\dfrac{K}{CD}\dfrac{\mathrm{d}^2u'}{\mathrm{d}x^2}-\dfrac{HL}{CDS}u'$;或者用 k 代替 $\dfrac{K}{CD}$,用 h 代替 $\dfrac{HL}{CDS}$,则有 $\dfrac{\mathrm{d}u'}{\mathrm{d}t}=k\dfrac{\mathrm{d}^2u'}{\mathrm{d}x^2}-hu'$。

如果我们令 $u'=\mathrm{e}^{-ht}u$,那么我们有 $\dfrac{\mathrm{d}u}{\mathrm{d}t}=k\dfrac{\mathrm{d}^2u}{\mathrm{d}x^2}$;$u'$ 或者是 $v-\mathrm{e}^{-x\sqrt{\frac{HL}{KS}}}$ 的值是实际温度与终极温度的差值;这个差 u' 愈来愈趋于 0,其终极值就是 0,这个差在开始时等于 $F(x)-\mathrm{e}^{-x\sqrt{\frac{h}{k}}}$,$F(x)$ 表示位于距离 x 处的点的温度。设 $f(x)$ 是初始温度超过终极温度的超出量,我们应当为 u' 找到一个满足方程 $\dfrac{\mathrm{d}u'}{\mathrm{d}t}=k\dfrac{\mathrm{d}^2u'}{\mathrm{d}x^2}-hu'$,[*]并且其初始值是 $f(x)$,

---

① 黎曼在《偏微分方程》中给出了这一证明,并推出对应于 $F(x)=\pm F(-x)$ 的情况的公式。——A.F.

② 就观点的清晰性而言,这些注记是必不可少的。能够导出(E)及其同族形式的这些方程可以在托德亨特的《积分学》(*Integral Calculus*)中找到,剑桥,1862 年,§ 316,方程(3)和(4)。——A.F.

* 在英译本中,这里的 u' 被当作 u,因此,这句话被说成:"我们应当为 u 找到一个满足方程 $\dfrac{\mathrm{d}u}{\mathrm{d}t}=k\dfrac{\mathrm{d}^2u}{\mathrm{d}x^2}-hu$,……。"由于傅立叶在前面作了代换 $u'=\mathrm{e}^{-ht}u$,所以这会引起混乱。这里是依法文《文集》本订正的。——汉译者

终极值是 0 的函数。在点 A 或者是 $x=0$ 处，由假定，量 $v-e^{-x\sqrt{\frac{HL}{KS}}}$ 有一个等于 0 的常数值。由此我们看到，u' 表示热的超出量，这个量在开始时在棱柱中聚集，然后，或者是通过向无穷远处传导，或者是通过向介质扩散而逃逸。因此，为了表示在一条无限延长的直线中端点 A 均匀受热时所产生的作用，我们应当设想，第一，这条直线也向点 A 的左边延长，并且右边每一点现在受到温度的初始超出量的影响；第二，点 A 左边的另一半直线处于相反的状态中；这样，与点 A 距离 $-x$ 的点有初始温度 $-f(x)$：这时热开始在这根棒的内部自由运动，并在表面扩散。

点 A 保持 0 度，并且所有其他点明显达到同一状态。如此，我们能够把外部热源不断传递新热的情况看作是初始热通过固体内部而传导的情况。因此，我们能以和第 347 和 353 目中热扩散的相同方法解决所提出的问题；不过为了在这样一个新问题中增加解的方法，我们将以不同于我们至今所考虑过的形式来使用这个积分。

364　方程 $\dfrac{\mathrm{d}u}{\mathrm{d}t}=k\dfrac{\mathrm{d}^2u}{\mathrm{d}x^2}$ 由假定 u 等于 $e^{-x}e^{kt}$ 而被满足。也可以把 x 和 t 的这个函数放到一个定积分的形式之下，这个定积分很容易从 $\int \mathrm{d}q\, e^{-q^2}$ 的已知值中推出。事实上，当这个积分从 $q=-\infty$ 取到 $q=+\infty$ 时，我们有 $\sqrt{\pi}=\int \mathrm{d}q\, e^{-q^2}$。因此我们也有 $\sqrt{\pi}=\int \mathrm{d}q\, e^{-(q+b)^2}$，$b$ 是任一常数，这个积分的积分区间和前面的一样。由方程 $\sqrt{\pi}=e^{-b^2}\int_{-\infty}^{+\infty}\mathrm{d}q\, e^{-(q^2+2bq)}$ 通过令 $b^2=kt$，我们得出 $e^{kt}=\dfrac{1}{\sqrt{\pi}}\int_{-\infty}^{+\infty}\mathrm{d}q\, e^{-q^2}e^{-2q\sqrt{kt}}$，因此前面的 u 或者是 $e^{-x}e^{kt}$ 的值等价于 $\dfrac{1}{\sqrt{\pi}}\int_{-\infty}^{+\infty}\mathrm{d}q\, e^{-q^2}e^{-(x+2q\sqrt{kt})}$；我们还应假定 u 等于函数 $a\,e^{-nx}e^{kn^2 t}$，a 和 n 是两个任意常数；同样我们可以得到这个函数等价于 $\dfrac{a}{\sqrt{\pi}}\int_{-\infty}^{+\infty}\mathrm{d}q\, e^{-q^2}e^{-n(x+2q\sqrt{kt})}$。因此一般地，我们可以把 u 的这个值看作是无数这样的值的和，所以我们有 $u=\int_{-\infty}^{+\infty}\mathrm{d}q\, e^{-q^2}(a_1 e^{-n_1(x+2q\sqrt{kt})}+a_2 e^{-n_2(x+2q\sqrt{kt})}+a_3 e^{-n_3(x+2q\sqrt{kt})}+\cdots)$。常数 a_1，a_2，a_3，$\cdots$，和 n_1，n_2，n_3，$\cdots$ 是待定的，这个级数表示 $x+2q\sqrt{kt}$ 的任一个函数；因此我们有 $u=\int \mathrm{d}q\, e^{-q^2}\phi(x+2q\sqrt{kt})$。这个积分应当从 $q=-\infty$ 取到 $q=+\infty$，u 的这个值必然满足方程 $\dfrac{\mathrm{d}u}{\mathrm{d}t}=k\dfrac{\mathrm{d}^2u}{\mathrm{d}x^2}$。在我们已经开始从事我们的热理论研究时，这种包含一个任意函数的积分还不为人所知，我们于 1807 年 11 月把这个积分递交给法国科学院；它现在已经由拉普拉斯①先生的一个成果给出，该成果构成综合工艺学校研究报告第 8 卷的一部分；我们仅仅用它来确定线性热运动。我们由它得出 $v=e^{-ht}\int_{-\infty}^{+\infty}\mathrm{d}q\, e^{-q^2}\phi(x+2q\sqrt{kt})+e^{-x\sqrt{\frac{HL}{KS}}}$，当 $t=0$ 时，u 的值是 $F(x)-e^{-x\sqrt{\frac{HL}{KS}}}$ 或者是 $f(x)$；所以 $f(x)=\int_{-\infty}^{+\infty}\mathrm{d}q\, e^{-q^2}\phi(x)$，$\phi(x)=\dfrac{1}{\sqrt{\pi}}f(x)$。因此进入这个积分的任意函数由已知函数 $f(x)$ 所确定，并且我们有下面的方程，$v=+e^{-x\sqrt{\frac{HL}{KS}}}+\dfrac{e^{-ht}}{\sqrt{\pi}}\int_{-\infty}^{+\infty}\mathrm{d}q\, e^{-q^2}f(x+2q\sqrt{kt})$，它包含这个问题的解，不难用一个作图来表示这个解。

365　让我们把前面的解用到直线 AB 的所有点的温度都为 0，端点 A 因受热而仍然保持

---

① 《综合工艺学校学报》(*Journal del Ecole Polytechnique*)，第 8 卷，第 235—244 页，巴黎，1809 年。拉普拉斯还表明，这个方程的完全积分只含一个任意函数，不过在这方面泊松的工作比他更早。——A. F.

1度的情况中去。由此得到,当 x 不为0时,$F(x)$ 的值为0。因此只要 x 不为 0,$f(x)$ 就等于

$-\mathrm{e}^{-x\sqrt{\frac{HL}{KS}}}$,当 x 为0时,它等于0。另一方面,只要令 x 为负,$f(x)$ 的值就必然变号,因此我们

有条件 $f(-x)=-f(x)$。我们由此知道不连续函数 $f(x)$ 的性质;当 x 超过0时它变成

$-\mathrm{e}^{-x\sqrt{\frac{HL}{KS}}}$,当 x 小于0时它变成 $+\mathrm{e}^{x\sqrt{\frac{HL}{KS}}}$。我们现在应当用量 $x+2q\sqrt{kt}$ 来代替 x。为了求 u

或者是 $\int_{-\infty}^{+\infty}\mathrm{d}q\,\mathrm{e}^{-q^2}\dfrac{1}{\sqrt{\pi}}f(x+2q\sqrt{kt})$,我们应当先从 $x+2q\sqrt{kt}=0$ 到 $x+2q\sqrt{kt}=\infty$ 取

积分,然后从 $x+2q\sqrt{kt}=-\infty$ 到 $x+2q\sqrt{kt}=0$ 取积分。对于第一部分,我们有 $-\dfrac{1}{\sqrt{\pi}}$

$\int\mathrm{d}q\,\mathrm{e}^{-q^2}\mathrm{e}^{-(x+2q\sqrt{kt})\sqrt{\frac{HL}{KS}}}$,用 k 的值 $\dfrac{K}{CD}$ 来代替 k,我们有 $-\int\dfrac{\mathrm{d}q}{\sqrt{\pi}}\mathrm{e}^{-q^2}\,\mathrm{e}^{-\left(x+2q\sqrt{\frac{Kt}{CD}}\right)\sqrt{\frac{HL}{KS}}}$,或者

是 $-\dfrac{1}{\sqrt{\pi}}\mathrm{e}^{-x\sqrt{\frac{HL}{KS}}}\int\mathrm{d}q\,\mathrm{e}^{-q^2}\,\mathrm{e}^{-2q\sqrt{\frac{HLt}{CDS}}}$,或者是 $-\dfrac{\mathrm{e}^{-x\sqrt{\frac{HL}{KS}}}}{\sqrt{\pi}}\mathrm{e}^{\frac{HLt}{CDS}}\int\mathrm{d}q\,\mathrm{e}^{-\left(q+\sqrt{\frac{HLt}{CDS}}\right)^2}$。用 r 表示量 q

$+\sqrt{\dfrac{HLt}{CDS}}$,则前面的表达式变成 $-\dfrac{\mathrm{e}^{-x\sqrt{\frac{HL}{KS}}}}{\sqrt{\pi}}\mathrm{e}^{\frac{HLt}{CDS}}\int\mathrm{d}r\,\mathrm{e}^{-r^2}$,由假定,这个积分 $\int\mathrm{d}r\,\mathrm{e}^{-r^2}$ 应当从

$x+2q\sqrt{\dfrac{Kt}{CD}}=0$ 积到 $x+2q\sqrt{\dfrac{Kt}{CD}}=\infty$ 或者是从 $q=-\dfrac{x}{2\sqrt{\dfrac{Kt}{CD}}}$ 积到 $q=\infty$,或者是从

$r=\sqrt{\dfrac{HLt}{CDS}}-\dfrac{x}{2\sqrt{\dfrac{Kt}{CD}}}$ 积到 $r=\infty$。这个积分的第二部分是 $\dfrac{1}{\sqrt{\pi}}\int\mathrm{d}q\,\mathrm{e}^{-q^2}\,\mathrm{e}^{\left(x+2q\sqrt{\frac{Kt}{CD}}\right)\sqrt{\frac{HL}{KS}}}$,或

者是 $\dfrac{1}{\sqrt{\pi}}\mathrm{e}^{x\sqrt{\frac{HL}{KS}}}\int\mathrm{d}q\,\mathrm{e}^{-q^2}\,\mathrm{e}^{2q\sqrt{\frac{HLt}{CDS}}}$,或者是 $\dfrac{1}{\sqrt{\pi}}\mathrm{e}^{x\sqrt{\frac{HL}{KS}}}\,\mathrm{e}^{\frac{HLt}{CDS}}\int\mathrm{d}r\,\mathrm{e}^{-r^2}$,$r$ 表示量 $q-\sqrt{\dfrac{HLt}{CDS}}$。由

假定,积分 $\int\mathrm{d}r\,\mathrm{e}^{-r^2}$ 应当从 $x+2q\sqrt{\dfrac{Kt}{CD}}=-\infty$ 积到 $x+2q\sqrt{\dfrac{Kt}{CD}}=0$,或者是从 $q=-\infty$

积到 $q=-\dfrac{x}{2\sqrt{\dfrac{Kt}{CD}}}$,即从 $r=-\infty$ 积到 $r=-\sqrt{\dfrac{HLt}{CDS}}-\dfrac{x}{2\sqrt{\dfrac{Kt}{CD}}}$。根据函数 e^{-r^2} 的性质,

最后两个积分限可以用这样两个来代替:$r=\sqrt{\dfrac{HLt}{CDS}}+\dfrac{x}{2\sqrt{\dfrac{Kt}{CD}}}$ 和 $r=\infty$。由此得到 u 的

值因而表示成:$u=\dfrac{1}{\sqrt{\pi}}\left(\mathrm{e}^{x\sqrt{\frac{HL}{KS}}}\,\mathrm{e}^{\frac{HLt}{CDS}}\int\mathrm{d}r\,\mathrm{e}^{-r^2}-\mathrm{e}^{-x\sqrt{\frac{HL}{KS}}}\,\mathrm{e}^{\frac{HLt}{CDS}}\int\mathrm{d}r\,\mathrm{e}^{-r^2}\right)$,* 第一个积分应当从

$r=\sqrt{\dfrac{HLt}{CDS}}+\dfrac{x}{2\sqrt{\dfrac{Kt}{CD}}}$ 取到 $r=\infty$,第二个从 $r=\sqrt{\dfrac{HLt}{CDS}}-\dfrac{x}{2\sqrt{\dfrac{Kt}{CD}}}$ 取到 $r=\infty$。让我们现

---

* 此方程右边的式子,在英译本中,没有前面的因子"$\dfrac{1}{\sqrt{\pi}}$",这里是按法文《文集》本订正的。——汉译者

在用 $\psi(R)$ 来表示从 $r=R$ 到 $r=\infty$ 的积分 $\frac{1}{\sqrt{\pi}}\int dr\, e^{-r^2}$，我们有 $u=e^{\frac{HLt}{CDS}}\, e^{x\sqrt{\frac{HL}{KS}}}\psi$

$\left(\sqrt{\frac{HLt}{CDS}}+\dfrac{x}{2\sqrt{\dfrac{Kt}{CD}}}\right)-e^{\frac{HLt}{CDS}}\, e^{-x\sqrt{\frac{HL}{KS}}}\psi\left(\sqrt{\frac{HLt}{CDS}}-\dfrac{x}{2\sqrt{\dfrac{Kt}{CD}}}\right)$。因此，与 $u\, e^{-\frac{HLt}{CDS}}$ 等价的 u' 可以

表示成 $u'=e^{x\sqrt{\frac{HL}{KS}}}\psi\left(\sqrt{\frac{HLt}{CDS}}+\dfrac{x}{2\sqrt{\dfrac{Kt}{CD}}}\right)-e^{-x\sqrt{\frac{HL}{KS}}}\psi\left(\sqrt{\frac{HLt}{CDS}}-\dfrac{x}{2\sqrt{\dfrac{Kt}{CD}}}\right)$ 来表示，并且 $v=$

$e^{-x\sqrt{\frac{HL}{KS}}}-e^{-x\sqrt{\frac{HL}{KS}}}\psi\left(\sqrt{\frac{HLt}{CDS}}-\dfrac{x}{2\sqrt{\dfrac{Kt}{CD}}}\right)+e^{x\sqrt{\frac{HL}{KS}}}\psi\left(\sqrt{\frac{HLt}{CDS}}+\dfrac{x}{2\sqrt{\dfrac{Kt}{CD}}}\right)$。人们知道由 $\psi(R)$

所表示的这个函数已经有一段时间了，我们不难用收敛级数或者是用连分式，来计算在
我们用已知量代替 R 时，这个函数所得到的值；因此，这个解的数值应用不存在任何
困难[1]。

366　如果使 H 变成 0，那么我们有 $v=1-\psi\left(-\dfrac{x}{2\sqrt{\dfrac{Kt}{CD}}}\right)+\psi\left(\dfrac{x}{2\sqrt{\dfrac{Kt}{CD}}}\right)$。

这个方程表示一根无穷长的棒中的热传导，除端点的那些点外，这根棒的所有点的
温度在开始时都为 0，端点的温度保持 1 不变。我们假定热不可能通过棒的外表面而逃
逸；或者同样地，假定这根棒的厚度无穷大。因此，当假定这个无穷厚的壁的所有部分在
开始时初始温度均为 0，表面受恒温 1 的作用时，这个 v 值指明热在由一个无穷平面所限
定的固体中传导时所遵循的规律。指出这个解的几个结果不会是完全无用的。

用 $\phi(R)$ 表示从 $r=0$ 取到 $r=R$ 的积分 $\frac{1}{\sqrt{\pi}}\int dr\, e^{-r^2}$，当 R 是一个正数时，我们有 $\psi(R)=$

$\dfrac{1}{2}-\phi(R)$ 和 $\psi(-R)=\dfrac{1}{2}+\phi(R)$，因此 $\psi(-R)-\psi(R)=2\phi(R)$ 并且 $v=1-2\phi\left(\dfrac{x}{2\sqrt{\dfrac{Kt}{CD}}}\right)$。

展开积分 $\phi(R)$，我们有 $\phi(R)=\dfrac{1}{\sqrt{\pi}}\left(R-\dfrac{1}{1}\dfrac{1}{3}R^3+\dfrac{1}{\underline{2}}\dfrac{2}{5}R^5-\dfrac{1}{\underline{3}}\dfrac{1}{7}R^7+\cdots\right)$；因此 $\dfrac{1}{2}v\sqrt{\pi}$

$=\dfrac{1}{2}\sqrt{\pi}-\dfrac{x}{2\sqrt{\dfrac{Kt}{CD}}}+\dfrac{1}{1}\dfrac{1}{3}\left(\dfrac{x}{2\sqrt{\dfrac{Kt}{CD}}}\right)^3-\dfrac{1}{\underline{2}}\dfrac{1}{5}\left(\dfrac{x}{2\sqrt{\dfrac{Kt}{CD}}}\right)^5+\cdots$

第一，如果我们假定 x 为 0，则我们得到 $v=1$；

第二，如果 x 不为 0，我们假定 $t=0$，那么含 x 的项的和就表示从 $r=0$ 取到 $r=\infty$ 的

---

① 下面的文献由黎曼给出：

克朗普(Kramp)，《地球和天文中的折射分析》(*Analyse des réfractions astronomiques et terrestres*)，莱比西克和
巴黎，1799—1800 年，4 开本，表Ⅰ，末尾包含积分 $\int_k^\infty e^{-\beta^2} d\beta$ 从 $k=0.00$ 到 $k=3.00$ 的值。

勒让德(Legendre)，《椭圆函数及欧拉积分研究》(*Traité des fonctions elliptiques et des intégrales Eulériennes*)，
第二卷，巴黎，1826 年，4 开本，第 520—521 页。积分 $\int dx\left(\log\dfrac{1}{x}\right)^{-\frac{1}{2}}$ 的取值表。第一部分为 $\left(\log\dfrac{1}{x}\right)$ 从 0.00 到
0.50 的值，第二部分为 x 从 0.80 到 1.00 的值。

恩克(Encke)，《作为 1834 年的天文学年鉴》(*Astronomisches Jahrbuch für* 1834)，柏林，1832 年，第 8 卷，表Ⅰ，
末尾给出 $\dfrac{2}{\sqrt{\pi}}\int_0^t e^{-t^2} dt$ 从 $t=0.00$ 到 $t=2.00$ 的值。——A. F.

积分 $\int \mathrm{d}r\ \mathrm{e}^{-r^2}$，并且它必然等于 $\frac{1}{2}\sqrt{\pi}$；因此 v 为 0；

第三，处在不同深度 x_1，x_2，x_3，… 的不同点在不同时间 t_1，t_2，t_3，… 之后达到同一温度，时间 t_1，t_2，t_3，… 与深度 x_1，x_2，x_3，… 成正比；

第四，为了比较在一个无穷小时刻内流过这个固体内与受热面距离 x 的截面 S 的热量，我们应当取量 $-KS\dfrac{\mathrm{d}v}{\mathrm{d}x}$ 的值，我们有 $-KS\dfrac{\mathrm{d}v}{\mathrm{d}x}=\dfrac{2KS}{2\sqrt{\dfrac{Kt}{CD}}}\dfrac{1}{\sqrt{\pi}}\left\{1-\dfrac{1}{1}\left(\dfrac{x}{2\sqrt{\dfrac{Kt}{CD}}}\right)^2+\right.$

$\left.\dfrac{1}{2!}\left(\dfrac{x}{2\sqrt{\dfrac{Kt}{CD}}}\right)^4-\cdots\right\}=S\dfrac{\sqrt{CDK}}{\sqrt{\pi t}}\ \mathrm{e}^{-\frac{CDX^2}{4Kt}}$，[*] 因此量 $\dfrac{\mathrm{d}v}{\mathrm{d}x}$ 的表达式与积分符号完全分离。前面那个在受热固体面上的值变成 $S\dfrac{\sqrt{CDK}}{\sqrt{\pi t}}$，它表明面上的热流量怎样随量 C，D，K，t 而变化；为求在时间 t 内热源向这个固体传递多少热，我们应当取积分 $\int S\dfrac{\sqrt{CDK}}{\sqrt{\pi}}\dfrac{\mathrm{d}t}{\sqrt{t}}$ 或者是 $\dfrac{2S\sqrt{CDK}}{\sqrt{\pi}}\sqrt{t}$，因此，所得到的热与历经时间的平方根成正比地增加。

367 我们可以用一个类似的方法来处理热扩散的问题，这个问题也依赖于方程 $\dfrac{\mathrm{d}v}{\mathrm{d}t}=k\dfrac{\mathrm{d}^2v}{\mathrm{d}x^2}-hv$ 的积分。用 $f(x)$ 表示一条直线中与原点距离 x 的点的初始温度，我们现在要确定在时间 t 之后这同一点应该有怎样的温度。令 $v=\mathrm{e}^{-ht}z$，我们有 $\dfrac{\mathrm{d}z}{\mathrm{d}t}=k\dfrac{\mathrm{d}^2z}{\mathrm{d}x^2}$，因此 $z=\displaystyle\int_{-\infty}^{+\infty}\mathrm{d}q\ \mathrm{e}^{-q^2}\phi\left(x+2q\sqrt{kt}\right)$。当 $t=0$ 时，我们肯定有 $v=f(x)=\displaystyle\int_{-\infty}^{+\infty}\mathrm{d}q\ \mathrm{e}^{-q^2}\phi(x)$ 或者是 $\phi(x)=\dfrac{1}{\sqrt{\pi}}f(x)$；因此 $v=\dfrac{\mathrm{e}^{-ht}}{\sqrt{\pi}}\displaystyle\int_{-\infty}^{+\infty}\mathrm{d}q\ \mathrm{e}^{-q^2}f\left(x+2q\sqrt{kt}\right)$。

为了把这个一般表达式应用到这条直线从 $x=-\alpha$ 到 $x=\alpha$ 的部分被均匀加热，而这个固体的其他所有部分保持 0 度的情况中去，我们应当认为，由假定，乘 e^{-q^2} 的因子 $f\left(x+2q\sqrt{kt}\right)$，在函数符号下处在 $-\alpha$ 到 α 之间时，取常数值 1，并且这个因子的所有其他值为 0。因此积分 $\int \mathrm{d}q\ \mathrm{e}^{-q^2}$ 应当从 $x+2q\sqrt{kt}=-\alpha$ 取到 $x+2q\sqrt{kt}=\alpha$，或者从 $q=\dfrac{-x-\alpha}{2\sqrt{kt}}$ 取到 $q=\dfrac{-x+\alpha}{2\sqrt{kt}}$。和上面一样，用 $\psi(R)$ 表示从 $r=R$ 取到 $r=\infty$ 的积分 $\dfrac{1}{\sqrt{\pi}}\displaystyle\int \mathrm{d}r\ \mathrm{e}^{-r^2}$，[**] 我们有 $v=\mathrm{e}^{-ht}\left[\psi\left(\dfrac{-x-\alpha}{2\sqrt{kt}}\right)\psi\left(\dfrac{-x+\alpha}{2\sqrt{kt}}\right)\right]$。

---

[*] 英译本中的表述与这里的有出入。两等号中间的式子中的 "$\dfrac{1}{\sqrt{\pi}}$"，在那里是 "$\sqrt{\pi}$"；后一个等号右边的式子中 e 的指数 "$-\dfrac{CDX^2}{4Kt}$"，在那里是 "$-\dfrac{x}{2\sqrt{\dfrac{Kt}{CD}}}$"。此处依法文《文集》本订正。——汉译者

[**] 在英译本中，这个表述是这样的："用 $\psi(R)$ 表示从 $r=R$ 取到 $r=x$ 的积分 $\dfrac{1}{\sqrt{\pi}}\displaystyle\int \mathrm{d}r\ \mathrm{e}^{-r^2}$"，即 $\dfrac{1}{\sqrt{\pi}}$ 的位置刚好与这里的相反。此处依法文《文集》本订正。——汉译者

368　接下来我们把一般方程 $v = \dfrac{e^{-ht}}{\sqrt{\pi}} \displaystyle\int_{-\infty}^{+\infty} dq\, e^{-q^2} f\left(x + 2q\sqrt{kt}\right)$ 用到由强度恒为 1 的

热源所加热的无穷长棒已经达到固定温度,然后在保持 0 度的介质中自由冷却的情况中去。

为此,我们只需注意,只要在函数符号下的变量 x 是正的,由 $f(x)$ 所表示的初始函数就等

价于 $e^{-x\sqrt{\frac{h}{k}}}$,并且,当受符号 f 作用的这个变量小于 0 时,这个初始函数就等价于 $e^{x\sqrt{\frac{h}{k}}}$ 。因

此 $v = \dfrac{e^{-ht}}{\sqrt{\pi}}\left(\displaystyle\int dq\, e^{-q^2} e^{-x\sqrt{\frac{h}{k}}} e^{-2q\sqrt{ht}} + \int dq\, e^{-q^2} e^{x\sqrt{\frac{h}{k}}} e^{2q\sqrt{ht}} \right)$;第一个积分应当从 $x + 2q\sqrt{kt} = 0$ 取

到 $x + 2q\sqrt{kt} = \infty$,第二个积分从 $x + 2q\sqrt{kt} = -\infty$ 取到 $x + 2q\sqrt{kt} = 0$。

　　v 值的第一部分是 $\dfrac{e^{-ht}}{\sqrt{\pi}} e^{-x\sqrt{\frac{h}{k}}} \displaystyle\int dq\, e^{-q^2} e^{-2q\sqrt{ht}}$,或者是 $\dfrac{e^{-x\sqrt{\frac{h}{k}}}}{\sqrt{\pi}} \displaystyle\int dq\, e^{-(q+\sqrt{ht})^2}$,或者是令

$r = q + \sqrt{h\,t}$,则是 $e^{-x\sqrt{\frac{h}{k}}} \dfrac{1}{\sqrt{\pi}} \displaystyle\int dr\, e^{-r^2}$;这个积分应当从 $q = \dfrac{-x}{2\sqrt{kt}}$ 取到 $q = \infty$,或者是从

$r = \sqrt{h\,t} - \dfrac{x}{2\sqrt{h\,k}}$ 取到 $r = \infty$。

　　v 值的第二部分是 $\dfrac{e^{-ht}}{\sqrt{\pi}} e^{x\sqrt{\frac{h}{k}}} \displaystyle\int dq\, e^{-q^2} e^{2q\sqrt{ht}}$,或者是令 $r = q - \sqrt{h\,t}$,则是 $e^{x\sqrt{\frac{h}{k}}} \dfrac{1}{\sqrt{\pi}} \displaystyle\int dr\, e^{-r^2}$,这

个积分应当从 $r = -\infty$ 取到 $r = -\sqrt{h\,t} - \dfrac{x}{2\sqrt{kt}}$,或从 $r = \sqrt{h\,t} + \dfrac{x}{2\sqrt{kt}}$ 取到 $r = \infty$,由

此我们得到下式:$v = e^{-x\sqrt{\frac{h}{k}}} \psi\left(\sqrt{h\,t} - \dfrac{x}{2\sqrt{kt}}\right) + e^{x\sqrt{\frac{h}{k}}} \psi\left(\sqrt{h\,t} + \dfrac{x}{2\sqrt{kt}}\right)$。

369　为了表示一根细棒在给定区间 $x = -\alpha$ 和 $x = +\alpha$ 的中点均匀受热的热扩散的

规律,我们曾得到(第 367 目)方程 $v = e^{-ht}\left[\psi\left(\dfrac{-x-\alpha}{2\sqrt{kt}}\right) - \psi\left(\dfrac{-x+\alpha}{2\sqrt{kt}}\right) \right]$ 。我们在前面

曾用一种不同的方法解决过这同一个问题,在假定 $\alpha = 1$ 时,我们得到了方程 $v = \dfrac{2}{\pi} e^{-ht}$

$\displaystyle\int_0^{+\infty} \dfrac{dq}{q} \cos qx\, \sin q\, e^{-q^2 kt}$(第 348 目)。

　　为了比较这两个结果,我们在每一个中假定 $x = 0$;再一次用 $\psi(R)$ 表示从 $r = 0$ 取到

$r = R$ 的积分 $\displaystyle\int dr\, e^{-r^2}$,我们有 $v = e^{-ht}\left[\psi\left(\dfrac{-\alpha}{2\sqrt{kt}}\right) - \psi\left(\dfrac{\alpha}{2\sqrt{kt}}\right) \right]$ 。* 或者是 $v = \dfrac{2e^{-ht}}{\sqrt{\pi}}$

$\left\{ \dfrac{\alpha}{+2\sqrt{kt}} - 1 \times \dfrac{1}{3}\left(\dfrac{\alpha}{2\sqrt{kt}}\right)^3 + \dfrac{1}{2!} \times \dfrac{1}{5}\left(\dfrac{\alpha}{2\sqrt{kt}}\right)^5 - \cdots \right\}$;另一方面,我们应当有 $v = \dfrac{2}{\pi} e^{-ht}$

$\displaystyle\int_0^{\infty} \dfrac{dq}{q} \sin q\, e^{-q^2 kt}$,或者是 $v = \dfrac{2}{\pi} e^{-ht} \displaystyle\int_0^{\infty} dq\, e^{-q^2 kt}\left(1 - \dfrac{q^2}{3!} + \dfrac{q^4}{5!} - \cdots \right)$。

---

　　* 法文《文集》本在此方程后面还加了一个等式,即为: $v = e^{-ht}\left[\psi\left(\dfrac{-\alpha}{2\sqrt{kt}}\right) - \psi\left(\dfrac{\alpha}{2\sqrt{kt}}\right) \right] =$

$e^{-ht}\left[\phi\left(\dfrac{\alpha}{2\sqrt{kt}}\right) - \phi\left(\dfrac{-\alpha}{2\sqrt{kt}}\right) \right]$。——汉译者

现在,从 $u=0$ 到 $u=\infty$ 的积分 $\int \mathrm{d}u\, \mathrm{e}^{-u^2} u^{2m}$ 有一个已知值,m 是任一正整数。一般地,我们有 $\int_0^\infty \mathrm{d}u\, \mathrm{e}^{-u^2} u^{2m} = \dfrac{1\cdot 3\cdot 5\cdot 7\cdots(2m-1)}{2\cdot 2\cdot 2\cdot 2\cdots 2}\dfrac{1}{2}\sqrt{\pi}$。[①]这时,令 $q^2 kt = u^2$,前面的方程给出 $v = \dfrac{2\mathrm{e}^{-ht}}{\pi\,\sqrt{kt}}\int_0^\infty \mathrm{d}u\, \mathrm{e}^{-u^2}\left(1 - \dfrac{u^2}{3!}\dfrac{1}{kt} + \dfrac{u^4}{5!}\dfrac{1}{k^2 t^2} - \cdots\right)$,或者是 $v = \dfrac{2\mathrm{e}^{-ht}}{\sqrt{\pi}}\left[\dfrac{1}{2}\dfrac{1}{\sqrt{kt}} - 1\times\dfrac{1}{3}\right.$ $\left.\times\left(\dfrac{1}{2}\dfrac{1}{\sqrt{kt}}\right)^3 + \dfrac{1}{2!}\dfrac{1}{5}\left(\dfrac{1}{2}\dfrac{1}{\sqrt{kt}}\right)^5 - \cdots\right]$。

当我们假定 $\alpha = 1$ 时,这个方程和前面的方程相同。由此我们看到,我们由不同过程所得到的积分导致同一个收敛级数,因此无论 x 如何,我们都得到两个恒等的结果。

和前面一样,在这个问题中,我们应当比较在一给定时刻内流过受热棱柱的不同截面的热量,这些量的一般表达式不含积分符号;不过,我们将绕过这些注记,以比较我们曾对表示无穷直线中热扩散方程的积分所给出的不同形式来结束本节。

370 为了满足方程 $\dfrac{\mathrm{d}u}{\mathrm{d}t} = k\dfrac{\mathrm{d}^2 u}{\mathrm{d}x^2}$,我们可以假定 $u = \mathrm{e}^{-x}\mathrm{e}^{kt}$,或者一般地,假定 $u = \mathrm{e}^{-nx}\mathrm{e}^{n^2 kt}$,因此我们不难推出(第 364 目)积分 $u = \displaystyle\int_{-\infty}^{+\infty} \mathrm{d}q\, \mathrm{e}^{-q^2}\phi(x + 2q\sqrt{kt})$。

由已知方程 $\sqrt{\pi} = \displaystyle\int_{-\infty}^{+\infty}\mathrm{d}q\, \mathrm{e}^{-q^2}$,我们得出 $\sqrt{\pi} = \displaystyle\int_{-\infty}^{+\infty}\mathrm{d}q\, \mathrm{e}^{-(q+a)^2}$,$a$ 是任一常数;因此我们有 $\mathrm{e}^{a^2} = \dfrac{1}{\sqrt{\pi}}\displaystyle\int_{-\infty}^{+\infty}\mathrm{d}q\, \mathrm{e}^{-q^2}\mathrm{e}^{-2aq}$,或者是 $\mathrm{e}^{a^2} = \dfrac{1}{\sqrt{\pi}}\displaystyle\int_{-\infty}^{+\infty}\mathrm{d}q\, \mathrm{e}^{-q^2}\left(1 - 2aq + \dfrac{2^2 a^2 q^2}{2!} - \dfrac{2^2 a^3 q^3}{3!} + \cdots\right)$。无论 a 值如何,这个方程都成立。我们可以把左边展开;通过各个项的比较,我们可以得到积分 $\int \mathrm{d}q\, \mathrm{e}^{-q^2} q^n$ 的已知值。当 n 是奇数时,这个值为 0,当 n 是偶数 $2m$ 时,我们得到 $\displaystyle\int_{-\infty}^{+\infty}\mathrm{d}q\, \mathrm{e}^{-q^2} q^{2m} = \dfrac{1\cdot 3\cdot 5\cdot 7\cdots(2m-1)}{2\cdot 2\cdot 2\cdot 2\cdots 2}\sqrt{\pi}$。

371 作为方程 $\dfrac{\mathrm{d}u}{\mathrm{d}t} = k\dfrac{\mathrm{d}^2 u}{\mathrm{d}x^2}$ 的积分,我们在前面用过表达式 $u = a_1 \mathrm{e}^{-n_1^2 kt}\cos n_1 x + a_2 \mathrm{e}^{-n_2^2 kt}\cos n_2 x + a_3 \mathrm{e}^{-n_3^2 kt}\cos n_3 x + \cdots$;或者是 $u = a_1 \mathrm{e}^{-n_1^2 kt}\sin n_1 x + a_2 \mathrm{e}^{-n_2^2 kt}\sin n_2 x + a_3 \mathrm{e}^{-n_3^2 kt}\sin n_3 x + \cdots$,$a_1, a_2, a_3, \cdots$ 和 $n_1, n_2, n_3, \cdots$ 是两组任意常数。这两个表达式都等价于积分 $\int \mathrm{d}q\, \mathrm{e}^{-q^2}\sin n((x + 2q\sqrt{kt})$,或者是 $\int \mathrm{d}q\, \mathrm{e}^{-q^2}\cos n(x + 2q\sqrt{kt})$。

事实上,为了确定积分 $\displaystyle\int_{-\infty}^{+\infty}\mathrm{d}q\, \mathrm{e}^{-q^2}\sin(x + 2q\sqrt{kt})$ 的值;我们对它给出下述形式 $\int \mathrm{d}q\, \mathrm{e}^{-q^2}\sin x\cos 2q\sqrt{kt} + \int \mathrm{d}q\, \mathrm{e}^{-q^2}\cos x\sin 2q\sqrt{kt})$;或者是 $\displaystyle\int_{-\infty}^{+\infty}\mathrm{d}q\, \mathrm{e}^{-q^2}\sin x\left(\dfrac{\mathrm{e}^{2q\sqrt{-kt}}}{2} + \dfrac{\mathrm{e}^{-2q\sqrt{-kt}}}{2}\right)$ $+ \displaystyle\int_{-\infty}^{+\infty}\mathrm{d}q\, \mathrm{e}^{-q^2}\cos x\left(\dfrac{\mathrm{e}^{2q\sqrt{-kt}}}{2\sqrt{-1}} - \dfrac{\mathrm{e}^{-2q\sqrt{-kt}}}{2\sqrt{-1}}\right)$,它等价于 $\mathrm{e}^{-kt}\sin x\left(\dfrac{1}{2}\displaystyle\int_{-\infty}^{+\infty}\mathrm{d}q\, \mathrm{e}^{-(q-\sqrt{-kt})^2} + \right.$ $\dfrac{1}{2}\displaystyle\int_{-\infty}^{+\infty}\mathrm{d}q\, \mathrm{e}^{-(q+\sqrt{-kt})^2}) + \mathrm{e}^{-kt}\cos x\left(\dfrac{1}{2\sqrt{-1}}\displaystyle\int_{-\infty}^{+\infty}\mathrm{d}q\, \mathrm{e}^{-(q-\sqrt{-kt})^2} - \dfrac{1}{2\sqrt{-1}}\displaystyle\int_{-\infty}^{+\infty}\mathrm{d}q\, \mathrm{e}^{-(q+\sqrt{-kt})^2}\right)$,从 $q = -\infty$ 到 $q = \infty$ 的积分 $\int \mathrm{d}q\, \mathrm{e}^{-(q\pm\sqrt{-kt})^2}$ 是 $\sqrt{\pi}$,因此,对于积分 $\int \mathrm{d}q\, \mathrm{e}^{-q^2}\sin(x + 2q\sqrt{kt})$ 的值,我们有量 $\sqrt{\pi}\,\mathrm{e}^{-kt}\sin x$,一般地,我们有 $\sqrt{\pi}\,\mathrm{e}^{-n^2 kt}\sin nx = \displaystyle\int_{-\infty}^{+\infty}\mathrm{d}q\, \mathrm{e}^{-q^2}\sin n(x + 2q\sqrt{kt})$,我们可以同样的方式确定积分 $\displaystyle\int_{-\infty}^{+\infty}\mathrm{d}q\, \mathrm{e}^{-q^2}\cos n(x + 2q\sqrt{kt})$,它的值是 $\sqrt{\pi}\,\mathrm{e}^{-n^2 kt}\cos nx$。

---

① 参见黎曼,§18。

由此我们看到,积分

$$e^{-n_1^2 kt}(a_1 \sin n_1 x + b_1 \cos n_1 x) + e^{-n_2^2 kt}(a_2 \sin n_2 x + b_2 \cos n_2 x)$$
$$+ e^{-n_3^2 kt}(a_3 \sin n_3 x + b_3 \cos n_3 x) + \cdots$$

等价于

$$\frac{1}{\sqrt{\pi}} \int_{-\infty}^{+\infty} dq\, e^{-q^2} \left\{ \begin{array}{l} a_1 \sin n_1\left(x + 2q\sqrt{kt}\right) + a_2 \sin n_2\left(x + 2q\sqrt{kt}\right) + \cdots \\ b_1 \cos n_1\left(x + 2q\sqrt{kt}\right) + b_2 \cos n_2\left(x + 2q\sqrt{kt}\right) + \cdots \end{array} \right\} \circ$$

如我们在前面见过的一样,这个级数值表示 $x + 2q\sqrt{kt}$ 的任一个函数;因此,这个通积分可以表示成 $v = \int_{-\infty}^{+\infty} dq\, e^{-q^2} \phi\left(x + 2q\sqrt{kt}\right)$。此外,方程 $\dfrac{du}{dt} = k\dfrac{d^2 u}{dx^2}$ 的积分可以用各种别的形式来表示[①]。所有这些表达式都必然恒等。

第二节 无穷固体中的自由热运动

372 正如我们在处理实立方体中的热传导问题时已经注意到的,方程

$$\frac{dv}{dt} = \frac{K}{CD}\frac{d^2 v}{dx^2} \tag{a}$$

的积分立即提供带有四个变量的方程

$$\frac{dv}{dt} = \frac{K}{CD}\left(\frac{d^2 v}{dx^2} + \frac{d^2 v}{dy^2} + \frac{d^2 v}{dz^2}\right) \tag{A}$$

的积分。由于这个原因,我们只需一般地考察在线性情况下的热扩散作用就够了。当物体的体积有限时,热分布不断受到从固体介质向弹性介质过渡的干扰;或者,为了使用适合于分析的表达式,确定温度的函数不仅应当满足偏微分方程和初始状态,而且还应当服从由表面形状所决定的条件。在这种情况下,这个积分具有更难以确定的形式,并且,为了从一个线性坐标的情形过渡到三个正交坐标的情形,我们在考察这个问题时就更要小心得多;但是当这个实体未受到干扰时,附属条件本身就不会反对热的自由扩散。它的运动在所有方向上就都相同。

一条无穷直线的一点的变化温度 v 由方程

$$v = \frac{1}{\sqrt{\pi}} \int_{-\infty}^{+\infty} dq\, e^{-q^2} f\left(x + 2q\sqrt{t}\right) \tag{i}$$

来表示。x 表示定点 0 和点 m 之间的距离,点 m 的温度在历经时间 t 之后与 v 相等。我们假定热不可能通过这个无穷长棒的外表面而耗散,并且这根棒的初始状态由方程 $v = f(x)$ 来表示。v 值应当满足的微分方程是

$$\frac{dv}{dt} = \frac{K}{CD}\frac{d^2 v}{dx^2} \circ \tag{a}$$

但是为了简化这一研究,我们写成

$$\frac{dv}{dt} = \frac{d^2 v}{dx^2}; \tag{b}$$

它假定我们用等于 $\dfrac{Kt}{CD}$ 的另一个未知数来代替 t。

---

① 见汤姆森爵士的一篇文章,"论线性热运动"(On the Linear Motion of Heat),第 1 部分,《剑桥数学学报》,第 3 卷,第 170—174 页。——A. F.

如果我们在 x 和若干常数的函数 $f(x)$ 中用 $x+2n\sqrt{t}$ 来代替 x，并且如果在乘以 $\dfrac{dn}{\sqrt{\pi}}e^{-n^2}$ 之后对无穷区间之间的 n 积分，那么如同我们在上面所证明的，表达式 $\dfrac{1}{\sqrt{\pi}}\displaystyle\int_{-\infty}^{+\infty}dn\,e^{-n^2}f\left(x+2n\sqrt{t}\right)$ 满足微分方程(b)；即这个表达式具有对相对 x 的二阶流数和相对 t 的一阶流数给出相同值的性质。由此显然，如果我们用量 $x+2n\sqrt{t}$，$y+2p\sqrt{t}$，$z+2q\sqrt{t}$ 来代替 x,y,z，那么对于三个变量的函数 $f(x,y,z)$，只要我们在乘以 $\dfrac{dn}{\sqrt{\pi}}e^{-n^2}$，$\dfrac{dp}{\sqrt{\pi}}e^{-p^2}$，$\dfrac{dq}{\sqrt{\pi}}e^{-q^2}$ 之后积分，这个函数就有同样的性质。事实上，我们因此而形成的函数，$\pi^{-\frac{3}{2}}\displaystyle\int_{-\infty}^{+\infty}dn\int_{-\infty}^{+\infty}dp\int_{-\infty}^{+\infty}dq\,e^{-(n^2+p^2+q^2)}f\left(x+2n\sqrt{t},y+2p\sqrt{t},z+2q\sqrt{t}\right)$ 对相对 t 的流数给出三个项，这三个项就是通过对三个变量 x,y,z 的每一个取二阶流数所能得到的那些项。

因此方程

$$v=\pi^{-\frac{3}{2}}\int_{-\infty}^{+\infty}dn\int_{-\infty}^{+\infty}dp\int_{-\infty}^{+\infty}dq\,e^{-(n^2+p^2+q^2)}\times f\left(x+2n\sqrt{t},y+2p\sqrt{t},z+2q\sqrt{t}\right)\quad\text{(I)}$$

给出满足偏微分方程

$$\frac{dv}{dt}=\frac{d^2v}{dx^2}+\frac{d^2v}{dy^2}+\frac{d^2v}{dz^2}\quad\text{(B)}$$

的一个 v 值。

373 现在假定一种无定型实体（即充满无穷空间的一种物质）含有其实际分布已经给定的热量。设 $v=F(x,y,z)$ 是表示这个初始且任意的状态的方程，因此其坐标为 x,y,z 的分子有与给定函数 $F(x,y,z)$ 的值相等的初始温度。我们可以设想初始热包含在这种物质的某一部分中，这一部分开始的状态由方程 $v=F(x,y,z)$ 所给出，其他所有点的初始温度为 0。

我们需要确定这个温度系统在一给定时间之后是怎样的。变化温度 v 必然由应当满足一般方程(A)和条件 $\phi(x,y,z,0)=F(x,y,z)$ 的函数 $\phi(x,y,z,t)$ 来表示。现在这个函数的值由积分 $v=\pi^{-\frac{3}{2}}\displaystyle\int_{-\infty}^{+\infty}dn\int_{-\infty}^{+\infty}dp\int_{-\infty}^{+\infty}dq\,e^{-(n^2+p^2+q^2)}\times F\left(x+2n\sqrt{t},y+2p\sqrt{t},z+2q\sqrt{t}\right)$ 给出。事实上，这个函数 v 满足方程(A)，如果我们在其中令 $t=0$，那么我们得到 $\pi^{-\frac{3}{2}}\displaystyle\int_{-\infty}^{+\infty}dn\int_{-\infty}^{+\infty}dp\int_{-\infty}^{+\infty}dq\,e^{-(n^2+p^2+q^2)}F(x,y,z)$，或者完成积分，我们得到 $F(x,y,z)$。

374 由于函数 v 或者是 $\phi(x,y,z,t)$ 在令 $t=0$ 时表示初始状态，由于它满足热传导的微分方程，所以，它也表示在第二个时刻开始时所出现的状态，令第二个状态发生变化，我们可知同一函数表示这个固体的第三个状态及表示所有的后继状态。因此，我们刚才所确定的、包含三个变量 x,y,z 的一个完全任意的函数的 v 值给出这个问题的解，我们不可能假定有更一般的表达式，尽管这同一积分可以置于很不同的形式之下。

不用方程 $v=\dfrac{1}{\sqrt{\pi}}\displaystyle\int_{-\infty}^{+\infty}dq\,e^{-q^2}f\left(x+2q\sqrt{t}\right)$，我们可以给出方程 $\dfrac{dv}{dt}=\dfrac{d^2v}{dx^2}$ 的积分的另一种形式；并且由它总容易推出属于三维情形的积分。我们将得到的结果必然和前面的相同。

为了给出这一研究的一个例子，我们使用曾帮助我们构造指数积分的特殊值。

这样，取方程

$$\frac{dv}{dt}=\frac{d^2v}{dx^2},\quad\text{(b)}$$

让我们给定 v 一个很简单的值 $e^{-n^2 t} \cos nx$，它显然满足微分方程(b)。事实上，我们由此推出 $\dfrac{\mathrm{d}v}{\mathrm{d}t} = -n^2 v$ 和 $\dfrac{\mathrm{d}^2 v}{\mathrm{d}x^2} = -n^2 v$。因此积分 $\displaystyle\int_{-\infty}^{+\infty} \mathrm{d}n\, e^{-n^2 t} \cos nx$ 也属于方程(b)；因为这个 v 值由无数特殊值的和所组成。现在积分 $\displaystyle\int_{-\infty}^{+\infty} \mathrm{d}n\, e^{-n^2 t} \cos nx$ 是已知的，并且已知等于

$\dfrac{\sqrt{\pi}\, e^{-\frac{x^2}{4t}}}{\sqrt{t}}$（见下一目）。因此最后这个 x 和 t 的函数也与微分方程(b)一致。而且不难直接

验证特殊值 $\dfrac{\sqrt{\pi}\, e^{-\frac{x^2}{4t}}}{\sqrt{t}}$ 满足所说的方程。

如果我们用 $x - \alpha$ 来代替变量 x，α 是任一常数，则会有同样的结果。这样，作为一个特

殊值，我们可以运用函数 $\dfrac{A\, e^{-\frac{(x-\alpha)^2}{4t}}}{\sqrt{t}}$，其中我们赋予 α 任一值。因此和 $\displaystyle\int \mathrm{d}\alpha\, f(\alpha)\, \dfrac{A\, e^{-\frac{(x-\alpha)^2}{4t}}}{\sqrt{t}}$ 也

满足微分方程(b)；因为这个和由同一形式的无数特殊值乘以任一常数所组成。因此我们

可以把下面的 $v = \displaystyle\int_{-\infty}^{+\infty} \mathrm{d}\alpha\, f(\alpha)\, \dfrac{A\, e^{-\frac{(x-\alpha)^2}{4t}}}{\sqrt{t}}$ 作为方程 $\dfrac{\mathrm{d}v}{\mathrm{d}t} = \dfrac{\mathrm{d}^2 v}{\mathrm{d}x^2}$ 中的一个 v 值，其中 A 是一个

常系数。如果在最后这个积分中我们假定 $\dfrac{(x-\alpha)^2}{4t} = q^2$，同时令 $A = \dfrac{1}{2\sqrt{\pi}}$，那么我们有

$$v = \int_{-\infty}^{+\infty} \mathrm{d}\alpha\, f(\alpha)\, \frac{e^{-\frac{(x-\alpha)^2}{4t}}}{2\sqrt{\pi}\sqrt{t}}, \tag{i}$$

或者是

$$v = \frac{1}{\sqrt{\pi}} \int_{-\infty}^{+\infty} \mathrm{d}q\, e^{-q^2} f(x + 2q\sqrt{t}). \tag{i'}$$

由此我们看到特殊值 $e^{-n^2 t} \cos nx$ 或 $\dfrac{e^{-\frac{x^2}{4t}}}{\sqrt{t}}$ 的运用怎样导致在一个有限形式下的积分。

375 在我们计算积分 $\displaystyle\int_{-\infty}^{+\infty} \mathrm{d}n\, e^{-n^2 t} \cos nx$ 的值[1]时就可以揭示这两个特殊值相互之间

所具有的联系。

为了完成积分，我们应当展开因子 $\cos nx$ 并对 n 积分。这样我们得到表示一个已知的展开式的级数；不过这个结果更容易从下面的分析中导出。假定 $n^2 t = p^2$ 和 $nx = 2pu$，则积分 $\displaystyle\int \mathrm{d}n\, e^{-n^2 t} \cos nx$ 就变换成 $\displaystyle\int \mathrm{d}p\, e^{-p^2} \cos 2pu$，因此我们有 $\displaystyle\int_{-\infty}^{+\infty} \mathrm{d}n\, e^{-n^2 t} \cos nx = \dfrac{1}{\sqrt{t}}$
$\displaystyle\int_{-\infty}^{+\infty} \mathrm{d}p\, e^{-p^2} \cos 2pu$。

现在我们记 $\displaystyle\int \mathrm{d}p\, e^{-p^2} \cos 2pu = \dfrac{1}{2}\int \mathrm{d}q\, e^{-p^2 + 2pu\sqrt{-1}} + \dfrac{1}{2}\int \mathrm{d}p\, e^{-p^2 - 2pu\sqrt{-1}} = \dfrac{1}{2} e^{-u^2}\int \mathrm{d}p\, e^{-p^2 + 2pu\sqrt{-1} + u^2}$

$+ \dfrac{1}{2} e^{-u^2}\int \mathrm{d}p\, e^{-p^2 - 2pu\sqrt{-1} + u^2} = \dfrac{1}{2} e^{-u^2}\int \mathrm{d}p\, e^{-\left(p - u\sqrt{-1}\right)^2} + \dfrac{1}{2} e^{-u^2}\int \mathrm{d}p\, e^{-\left(p + u\sqrt{-1}\right)^2}$。

这时进入这两个项的每一个积分都等于 $\sqrt{\pi}$。事实上，我们一般有 $\sqrt{\pi} = \displaystyle\int_{-\infty}^{+\infty} \mathrm{d}q\, e^{-q^2}$，

并且无论常数 b 如何，必然有 $\sqrt{\pi} = \displaystyle\int_{-\infty}^{+\infty} \mathrm{d}q\, e^{-(q+b)^2}$。这时只要令 $b = \mp u\sqrt{-1}$，我们就得到

---

① 这个值可以用托德亨特《积分学》(*Integral Calculus*) §375 中的一种不同的方法求得。——A. F.

$\int \mathrm{d}q\, \mathrm{e}^{-q^2} \cos 2qu = \mathrm{e}^{-n^2} \sqrt{\pi}$，因此 $\int_{-\infty}^{+\infty} \mathrm{d}n\, \mathrm{e}^{-n^2 t} \cos nx = \dfrac{\mathrm{e}^{-u^2}\sqrt{\pi}}{\sqrt{t}}$，并且用 u 的值 $\dfrac{x}{2\sqrt{t}}$ 代替 u，我

们有 $\int_{-\infty}^{+\infty} \mathrm{d}n\, \mathrm{e}^{-n^2 t} \cos nx = \dfrac{\mathrm{e}^{-\frac{x^2}{4t}}}{\sqrt{t}}\sqrt{\pi}$，而且这个特殊值 $\dfrac{\mathrm{e}^{-\frac{x^2}{4t}}}{\sqrt{t}}$ 简单得足以直接呈现出来，而无须

从值 $\mathrm{e}^{-n^2 t} \cos nx$ 中推出。不管怎样，函数 $\dfrac{\mathrm{e}^{-\frac{x^2}{4t}}}{\sqrt{t}}$ 满足微分方程 $\dfrac{\mathrm{d}v}{\mathrm{d}t} = \dfrac{\mathrm{d}^2 v}{\mathrm{d}x^2}$，这是肯定的；因而

无论 α 如何，函数 $\dfrac{\mathrm{e}^{-\frac{(x-a)^2}{4t}}}{\sqrt{t}}$ 亦满足这个微分方程。

376　为了转到三维的情形上来，只需用另外两个类似的函数乘 x 和 t 的函数 $\dfrac{\mathrm{e}^{-\frac{(x-a)^2}{4t}}}{\sqrt{t}}$ 就够了，这两个类似的函数一个是 y 和 t 的函数，另一个是 z 和 t 的函数；这个积

显然满足方程 $\dfrac{\mathrm{d}v}{\mathrm{d}t} = \dfrac{\mathrm{d}^2 v}{\mathrm{d}x^2} + \dfrac{\mathrm{d}^2 v}{\mathrm{d}y^2} + \dfrac{\mathrm{d}^2 v}{\mathrm{d}z^2}$。

因此这时我们把 v 值表示成 $v = t^{-\frac{3}{2}} \mathrm{e}^{-\frac{(x-a)^2+(y-\beta)^2+(z-\gamma)^2}{4t}}$。

如果现在我们让右边乘以 $\mathrm{d}\alpha$，$\mathrm{d}\beta$，$\mathrm{d}\gamma$ 和量 α，β，γ 的任一个函数 $f(\alpha,\beta,\gamma)$，那么，只要指明这个积分，我们就得到一个由无数特殊值乘以任意常数的和所构成的 v 值。

由此得到，函数 v 可以表示成

$$v = \int_{-\infty}^{+\infty} \mathrm{d}\alpha \int_{-\infty}^{+\infty} \mathrm{d}\beta \int_{-\infty}^{+\infty} \mathrm{d}\gamma\, f(\alpha,\beta,\gamma)\, t^{-\frac{3}{2}}\, \mathrm{e}^{-\frac{(a-x)^2+(\beta-y)^2+(\gamma-z)^2}{4t}}。 \tag{j}$$

这个方程包含所提出的方程（A）的通积分。应当注意使我们得到这个积分的过程，因为它可以用于许多情形；当这个积分应当满足与表面有关的条件时它尤其有用。如果我们仔细考察它，那么我们会看到它所需要的变换都由问题的物理性质所指明。在方程（j）中，我们还可以改变这些变量。当取 $\dfrac{(\alpha-x)^2}{4t} = n^2$，$\dfrac{(\beta-y)^2}{4t} = p^2$，$\dfrac{(\gamma-z)^2}{4t} = q^2$ 时，

只要使右边乘以一个常系数 A，那么我们就有 $v = 2^3 A \int_{-\infty}^{+\infty} \mathrm{d}n \int_{-\infty}^{+\infty} \mathrm{d}p \int_{-\infty}^{+\infty} \mathrm{d}q\, \mathrm{e}^{-(n^2+p^2+q^2)} \times$ $f\left(x + 2n\sqrt{t},\ y + 2p\sqrt{t},\ z + 2q\sqrt{t}\right)$。

为了确定初始状态，在区间 $-\infty$ 到 $+\infty$ 之间取这三个积分，并且令 $t=0$，我们得到 $v = 2^3 A \pi^{\frac{3}{2}} f(x,y,z)$。因此，如果我们用 $F(x,y,z)$ 表示已知的初始温度，并对常系数 A 给定值 $2^{-3}\pi^{-\frac{3}{2}}$，那么我们就得到积分 $v = \pi^{-\frac{3}{2}} \int_{-\infty}^{+\infty} \mathrm{d}n \int_{-\infty}^{+\infty} \mathrm{d}p \int_{-\infty}^{+\infty} \mathrm{d}q\, \mathrm{e}^{-n^2}\mathrm{e}^{-p^2}\mathrm{e}^{-q^2} F(x + 2n\sqrt{t},\ y + 2p\sqrt{t},\ z + 2q\sqrt{t})$，它和第 372 目的方程相同。

方程（A）的积分可以以几种其他形式来表示，从这些形式中可以选出最适合于所要解决的问题的形式。

一般地，在这些研究中，我们肯定会观察到，当两个函数 $\phi(x,y,z,t)$ 都满足微分方程（A），并且当它们对某个确定的时间值相等时，则它们相同。由这一原理得到，那些当我们在其中令 $t=0$ 时就化为同一任意函数 $F(x,y,z)$ 的积分，都有相同的普适度；它们必然是恒等的。

微分方程（a）的右边曾乘以 $\dfrac{K}{CD}$，并且在方程（b）中我们假定了这个系数等于 1。为了使这个量还原，只需在积分（i）或者是在积分（j）中用 $\dfrac{Kt}{CD}$ 代替 t 就够了，我们现在指出由这些方程所得出的某些结果。

377　正如我们在第二章第 9 节中所明确证明的，从分析的一般原理可以得出，用做

数 e 的指数 * 的函数可以只表示一个绝对数（an absolute number）。如果我们在这个指数中用 $\dfrac{Kt}{CD}$ 来代替未知数 t，那么我们看到，由于 K,C,D 和 t 的量纲相对于长度单位是 $-1,0,-3$ 和 0，所以以分母 $\dfrac{Kt}{CD}$ 的量纲是 2，分子的每一项的量纲也是 2，因此，整个指数的量纲为 0。让我们考虑 t 值逐渐递增的情况；为了简化这一研究，让我们首先运用方程

$$v = \int d\alpha \, f(\alpha) \, \frac{e^{-\frac{(a-x)^2}{4t}}}{2\sqrt{\pi t}}, \tag{i}$$

它来表示一条无穷直线中的热扩散。假定初始热包含在这条直线的一个已知部分中，即包含在从 $x=-h$ 到 $x=+g$ 中，并且假定我们赋予 x 一个确定的值 X，X 固定那条直线某一点 m 的位置。如果时间 t 无限增加，那么进入指数的项 $\dfrac{-a^2}{4t}$ 和 $\dfrac{+2aX}{4t}$ 的绝对数就变得愈来愈小，因此在乘积 $e^{-\frac{x^2}{4t}} \, e^{-\frac{2ax}{4t}} \, e^{-\frac{a^2}{4t}}$ 中，我们可以略去明显接近于 1 的后两个因子。由此我们得到

$$v = \frac{e^{-\frac{x^2}{4t}}}{2\sqrt{\pi}\sqrt{t}} \int_{-h}^{+g} d\alpha \, f(\alpha)。 \tag{y}$$

这是这条直线在很长时间之后的变化状态的表达式；它适用于这条直线的那些与原点的距离不比点 m 远的所有部分。定积分 $\int_{-h}^{+g} d\alpha \, f(\alpha)$ 表示包含在这个固体中的全部热量 B，并且我们看到，初始分布对很长时间之后的温度没有任何影响。它们只依赖于和 B，而与热得以分布的规律无关。

378　如果我们假定唯一处在原点的基元 ω 已经获得初始温度 f，所有其他基元则在开始时取温度 0，那么积 ωf 就等于积分 $\int_{-h}^{+g} d\alpha \, f(\alpha)$ 或者是 B。常数 f 极其大，因为我们假定线段 ω 很小。

如果唯一处在原点的基元已经被加热，那么方程 $v = \dfrac{e^{-\frac{x^2}{4t}}}{2\sqrt{\pi}\sqrt{t}} \omega f$ 表示会发生的运动。

事实上，如果我们给定 x 任一非无穷小的值 a 那么当我们假定 $t=0$ 时，函数 $\dfrac{e^{-\frac{x^2}{4t}}}{\sqrt{t}}$ 就是 0。

如果 x 的值是 0，那么情况则不同。相反，在这种情况下，当 $t=0$ 时，函数 $\dfrac{e^{-\frac{x^2}{4t}}}{\sqrt{t}}$ 得到一个无穷值。如果我们把曲面理论的一般原理应用到其方程是 $z = \dfrac{e^{-\frac{x^2}{4t}}}{\sqrt{y}}$ 的面上去，那么我们可以清楚地确定这个函数的性质。

当我们假定全部初始热集中在唯一处在原点的基元上时，这时方程 $v = \dfrac{e^{-\frac{x^2}{4t}}}{2\sqrt{\pi}\sqrt{t}} \omega f$ 表示棱柱任一点的可变温度。这个假定虽然特殊，但属于一个一般的问题，因为在充分长的时间之后，这个固体的变化状态总是相同的，仿佛初始热原来曾集中在原点似的。根据以分布的这个规律对棱柱的变化温度影响很大；但是这个作用变得愈来愈弱，最后以简直不可察觉而结束。

---

　* 在像 $e^{-\frac{x^2}{4t}}$ 这样的量中。——A. F.

379 我们有必要注意,简化方程(y)对这条直线在点 m 以外的那一部分不适用,点 m 的距离已经由 X 来表明。

事实上,无论时间值多大,我们都可以选择一个 x 值,使得项 $e^{\frac{2ax}{4t}}$ 明显地与 1 不同,所以这个因子不可能被省略。因此我们应当设想我们已经在原点 O 的两边标明了两点 m 和 m',这两点位于某个距离 X 或者是 $-X$ 上,我们逐渐增加时间值,同时观察直线在包含在 m 和 m' 之间的这一部分的相继状态。这些变化状态愈来愈收敛于由方程

$$v = \frac{e^{-\frac{x^2}{4t}}}{2\sqrt{\pi}\sqrt{t}} \int_{-h}^{+g} d\alpha \, f(\alpha) \qquad (y)$$

所表示的状态。无论赋予 X 的这个值怎样,我们总能够找到一个充分大的时间值,使得线段 $m'om$ 的状态不是明显地不同于前面的方程(y)所表示的状态。

如果我们要求同一方程能适用于离原点更远的其他部分,那么就应当假定一个比前面更大的时间值。

在所有情况下表示任一直线的终极状态的方程(y)表明,在极长的时间之后,不同的点得到几乎相同的温度,同一点的温度以与自扩散开始后所历经的时间的平方根成反比地变化而结束。任一点的温度的减量总是变得与时间的增量成正比。

380 如果我们用积分

$$v = \int \frac{d\alpha \, f(\alpha) e^{-\frac{(\alpha-x)^2}{4kt}}}{2\sqrt{\pi kt}} \qquad (i)$$

来确定在这条直线上处在与受热部分距离很远的点的变化状态,并且以此来表示也省略了因子 $e^{-\frac{a^2-2ax}{4kt}}$ 的终极条件,那么我们所得到的结果就不会是精确的。事实上,假定受热部分只从 $\alpha=0$ 延长到 $\alpha=g$,并且界限 g 相对于我们希望确定其温度的点的距离 x 很小;构成指数的量 $-\frac{(\alpha-x)^2}{4kt}$ 实际上简化成 $-\frac{x^2}{4kt}$;即两个量 $\frac{(\alpha-x)^2}{4kt}$ 和 $\frac{x^2}{4kt}$ 的比随 x 的值相对于 α 的值逐渐增大而愈来愈趋近于 1;但是由此并不能得出我们可以在 e 的指数中用一个量来代替这两个量中的另一个。因此一般地,从属项的省略不可能发生在指数式或者是三角式中。放在正弦和余弦符号下或者放在指数符号 e 下的量总是绝对数,我们只能省略其值极小的那一部分的数;它们的相对值在此不重要。我们不允许通过考查 x 与 α 的比是否很大而项 $\frac{2ax}{4kt}$ 和 $\frac{-a^2}{4kt}$ 是否是很小的数来确定我们能否把表达式 $\int_0^g d\alpha \, f(\alpha) e^{-\frac{(\alpha-x)^2}{4kt}}$ 简化成 $e^{-\frac{x^2}{4kt}} \int_0^g d\alpha \, f(\alpha)$。当历经时间 t 极大时,这个条件总存在;但它并不依赖于比 $\frac{x}{\alpha}$。

381 现在假定为使固体在包含在 $x=0$ 到 $x=X$ 之间的这一部分的温度能够很接近地由简化方程 $v = \frac{e^{-\frac{x^2}{4kt}}}{2\sqrt{\pi k}\sqrt{t}} \int_{-h}^{+g} d\alpha \, f(\alpha)$ 来表示,我们要确定应当历经多少时间,0 和 g 可以是最初受热的部分的界限。

精确解由方程

$$v = \int_0^g \frac{d\alpha \, f(\alpha) e^{-\frac{(\alpha-x)^2}{4kt}}}{2\sqrt{\pi k}\sqrt{t}} \qquad (i)$$

所给出,近似解由方程

$$v = \frac{e^{-\frac{x^2}{4kt}}}{2\sqrt{\pi k}\sqrt{t}} \int_0^g d\alpha \, f(\alpha) \qquad (y)$$

给出。k 表示热导率的值 $\frac{K}{CD}$。一般地,为了能使方程(y)代替前面的方程(i),就应当使

我们省略的因子 $e^{\frac{2ax-a^2}{4kt}}$ 与 1 相差无几；因为，如果差是 1 或者 $\frac{1}{2}$，那么我们就会看到一个

等于所计算的值或者是等于那个值的一半的误差。这样，设 $e^{\frac{2ax-a^2}{4kt}}=1+\omega$，$\omega$ 是一个像

$\frac{1}{100}$ 或者是 $\frac{1}{1000}$ 那样的小分数；我们由此得到条件 $\frac{2ax-a^2}{4kt}=\omega$，或者 $t=\frac{1}{\omega}\left(\frac{2ax-a^2}{4k}\right)$，

如果变量 a 可以得到的最大值 g 相对于 x 非常小，那么我们有 $t=\frac{1}{\omega}\frac{gx}{2k}$。

我们由这个结果看到，我们要以简化方程确定其温度的那些点与原点距离愈远，历经的时间值就必然愈大。因此，热就愈来愈倾向于依一条与最初的加热无关的规律而分布。在一定时间之后，扩散就明显地发生作用，即固体的状态只依赖于初始热的量，而与由这一热量所构成的分布无关。与原点充分接近的点的温度很快就严格无误地由简化方程(y)来表示；但是与热源相距很远的点则不同。这时我们仅仅在历经时间极长时才可以使用那个方程。数值应用使这个注记更加显而易见。

382　假定组成这个棱柱的物质是铁，这个固体已经受热的那部分长一分米，因此 $g=0.1$。如果我们要确定在一给定时间之后与原点相距 1 米的点 m 的温度是怎样的，如果我们对这一研究使用近似积分(y)，那么我们所出现的误差就随时间值愈大而愈小。如果历经时间超过三天半，那么这个误差就小于所求量的百分之一。

在这种情况下，包含在原点 O 和我们要确定其温度的点 m 之间的距离只比受热部分大 10 倍。如果这个比不是 10 而是 100，那么，在历经的时间值超过一个月时，简化方程(y)就给出小于百分之一的温度。为使这个近似成为可接受的，一般我们必须做到，第一，量 $\frac{2ax-a^2}{4kt}$ 仅仅等于一个很小的分数，如 $\frac{1}{100}$ 或者是 $\frac{1}{1000}$ 或者是更小；第二，必须注意的这个误差应当只有比我们以最敏感的温度计所观察到的很小的量还小得多的一个绝对值。

当我们所考虑的点与这个固体最初受热的那部分相距很远时，需要确定的温度就极其小；因此，在应用这个简化方程时我们会出现的误差就有很小的绝对值；但是这并不意味着我们有权使用那个方程。因为，如果所出现的误差尽管很小，但超过或者是等于所求的量，或者即使它是这个量的二分之一或者是四分之一，或者是可感觉到的一部分，那么我们还是应当拒绝这个近似。显然，在这种情况下，近似方程(y)不能表示这个固体的状态，我们也不能用它来确定两个或者是多个点同时出现的温度比。

383　由这个考查得到，我们不应当由积分 $v=\frac{1}{2\sqrt{\pi kt}}\int_0^g \mathrm{d}a\, f(a)\, e^{-\frac{(a-x)^2}{4kt}}$ 得出初始分布规律对远离原点的点的温度无影响的结论。这种分布的合成作用很快不再对靠近受热部分的点起作用；即它们的温度只依赖于初始热的量，而与这个量所构成的分布无关；但是很远的距离不能同时消除分布的痕迹，相反，它在很长的时间内保留它，并且延缓热扩散。因此，方程 $v=\frac{1}{\sqrt{\pi}}\frac{e^{-\frac{x^2}{4kt}}}{\sqrt{4kt}}\int_0^g \mathrm{d}a\, f(a)$ 只在极长时间之后表示远离受热部分的点的温度。如果我们运用它而不考虑这个条件，那么我们会得到使实际结果翻两倍或者是三倍，甚至比实际结果无比大或者是无比小的结果。不仅对很小的时间值会出现这种情况，就是对很大的时间值，如 1 小时，1 天或者是 1 年等，也会出现这种情况。最后，由于所有其他条件都相同，所以这些点与开始被加热的部分愈远，则这个表达式就愈不精确。

384　当热扩散在各个方向上产生时，如我们所看到的，这个固体的状态就由积分

$$v=\iint\int \frac{\mathrm{d}a\,\mathrm{d}\beta\,\mathrm{d}\gamma}{2^3\sqrt{\pi^3 k^3 t^3}}e^{-\frac{(a-x)^2+(\beta-y)^2+(\gamma-z)^2}{4kt}}f(a,\beta,\gamma) \tag{j}$$

来表示。如果初始热包含在这个实体的一个确定的部分中，那么我们就知道构成这个受热部分的界限，在积分号下变化的量 a,β,γ 不可能得到超过这些界限的值。这时，假定我们在三个轴上标出了其距离为 $+X,+Y,+Z$ 和 $-X,-Y,-Z$ 的六个点，我们考虑在这些距离上过轴的六个平面所包含的这个固体的相继状态；我们看到，当时间值无限

增加时,在积分符号下的 e 的指数简化成 $-\left(\dfrac{x^2+y^2+z^2}{4kt}\right)$。事实上,像 $\dfrac{2\alpha x}{4kt}$ 和 $\dfrac{\alpha^2}{4kt}$ 这样的项在这种情况下得到很小的绝对值,因为分子包含在固定区间之间,而分母却无限增加。因此,我们所省略的因子与 1 完全没有什么差别。所以在很大的时间值之后,这个固体的变化状态就由 $v=\dfrac{\mathrm{e}^{-\frac{x^2+y^2+z^2}{4kt}}}{2^3\sqrt{\pi^3 k^3 t^3}}\displaystyle\int_{-\infty}^{+\infty}\mathrm{d}\alpha\int_{-\infty}^{+\infty}\mathrm{d}\beta\int_{-\infty}^{+\infty}\mathrm{d}\gamma\, f(\alpha,\beta,\gamma)$ 来表示。

因子 $\displaystyle\int_{-\infty}^{+\infty}\mathrm{d}\alpha\int_{-\infty}^{+\infty}\mathrm{d}\beta\int_{-\infty}^{+\infty}\mathrm{d}\gamma\, f(\alpha,\beta,\gamma)$ 表示这个固体所包含的总热量 B。因此,温度系统与热的初始分布无关,只仅仅依赖于它的量。我们应当假定,所有初始热原来都包含在唯一一个棱柱基元中,这个棱柱基元在原点,它极小的正交尺寸是 ω_1,ω_2,ω_3。该基元的初始温度可以用一个极大的数 f 来表示,这个固体所有其他分子的初始温度是 0。在这种情况下,积 $\omega_1\omega_2\omega_3 f$ 等于积分 $\displaystyle\int_{-\infty}^{+\infty}\mathrm{d}\alpha\int_{-\infty}^{+\infty}\mathrm{d}\beta\int_{-\infty}^{+\infty}\mathrm{d}\gamma\, f(\alpha,\beta,\gamma)$。

无论开始的加热如何,与很大的时间值相对应的这个固体的状态是相同的,就好像所有的热都曾集中在处在原点的唯一基元中似的。

385　现在假定我们只考虑相对受热部分的尺寸而言与原点相距很远的这个固体的那些点;我们先可以设想这个条件对简化在一般方程中的 e 的指数是充分的。事实上,这个指数是 $-\dfrac{(\alpha-x)^2+(\beta-y)^2+(\gamma-z)^2}{4kt}$;由假定,变量 α,β,γ 包含在有限的区间之间,因此,它们的值相对于远离原点的点的更大的坐标而言总是极小的。由此得到 e 的指数由两部分 $M+\mu$ 组成,其中一部分相对另一部分是很小的。然而,我们不能由比 $\dfrac{\mu}{M}$ 是一个很小的分数这一事实得出指数 $\mathrm{e}^{M+\mu}$ 变得等于 e^{M},或者是变得与它只相差一个相对它的实际值而言非常小的量这样一个结论。我们决不能只考虑 M 和 μ 的相对值,而只能考虑 μ 的绝对值。为了使我们能够把精确积分(j)简化成方程 $v=B\dfrac{\mathrm{e}^{-\left(\frac{x^2+y^2+z^2}{4kt}\right)}}{2^3\sqrt{\pi^3 k^3 t^3}}$,我们就应当使量纲为 0 的量 $\dfrac{2\alpha x+2\beta y+2\gamma z-\alpha^2-\beta^2-\gamma^2}{4kt}$ 总是一个很小的数。如果我们假定从原点到我们要确定其温度的点 m 的距离相对于最初被加热的部分的长度非常大,那么我们就应当考察前面这个量是否总是一个很小的分数 ω。为了使我们能够运用近似积分 $v=B 2^{-3}(\pi k\, t)^{-\frac{3}{2}}\mathrm{e}^{-\frac{x^2+y^2+z^2}{4kt}}$,*我们必须满足这个条件;但是这个方程不表示这个物体离热源很远的那部分的变化状态。相反,由于其他条件相同,随着我们要确定其温度的这些点与热源相距愈远,它给出的结果就愈不精确。

包含在这个实体的一个确定部分中的初始热不断贯穿到相邻的部分中去,并在各个方向上传导;仅仅只有极少的热量到达与原点相距很远的那些点。当我们从分析上表示这些点的温度时,这一研究的目的就不是要从数值上确定这些不可测的温度,而是要确定它们的比。现在这些量肯定依赖于初始热据以分布的规律,随着棱柱的这些部分离热源愈远,初始分布的作用就延续得更长。不过如果组成指数部分的项如 $\dfrac{2\alpha x}{4kt}$ 和 $\dfrac{\alpha^2}{4kt}$ 有无限递减的绝对值,那么我们就可以运用这些近似积分了。

这个条件出现在为了确定与原点相距很远的点的最高温度而提出的那些问题中。事实上我们可以论证,在这种情况下,当我们要考虑的点离原点很远时,时间值以比距离

---

* 在英译本中,等式右边 e 的指数,是"$-\dfrac{x^2}{4kt}$",这显然与这里的叙述不符。此处是依法文《文集》本订正的。

——汉译者

更大的比值增加,并且与这些距离的平方成正比。只有在建立了这个命题之后,我们才能进行指数下的简化。这类问题是下一节的目的。

第三节 无穷固体中的最高温度

386 我们首先考虑一部分已经均匀受热的无穷长棒中的线性运动,我们将研究为使这条直线的一个已知点能够得到它的最高温度所应当历经的时间值。

让我们用 $2g$ 来表示受热部分的范围,它的中点与距离 x 的原点 O 对应。由假定,与 y 轴的距离小于 g 并且大于 $-g$ 的所有点有共同的初始温度 f,其他所有截面取初始温度 0。我们假定这个棱柱的外表面不会失热,或者同样地,我们对与轴垂直的截面赋予无穷大的面积。要确定的是与其距离为 x 的一个已知点的温度的极大值所对应的时间 t 如何。

我们在前面几目中已经看到,任一点的变化温度由方程 $v = \dfrac{1}{2\sqrt{\pi k t}} \int \mathrm{d}\alpha\, f(\alpha) \mathrm{e}^{-\frac{(a-x)^2}{4kt}}$ 来表示。

系数 k 表示 $\dfrac{K}{CD}$,K 是热导率,C 是热容量,D 是密度。

为了简化这一研究,令 $k=1$,因而用 t 代替 kt 或者是 $\dfrac{K}{CD}t$。* v 的表达式变成 $v = \dfrac{1}{2\sqrt{\pi}} \dfrac{f}{\sqrt{t}} \int_{-g}^{+g} \mathrm{d}\alpha\, \mathrm{e}^{-\frac{(a-x)^2}{4t}}$。

这是方程 $\dfrac{\mathrm{d}v}{\mathrm{d}t} = \dfrac{\mathrm{d}^2 v}{\mathrm{d}x^2}$ 的积分。函数 $\dfrac{\mathrm{d}v}{\mathrm{d}x}$ 计量热流沿棱柱的轴所流过的速度。现在 $\dfrac{\mathrm{d}v}{\mathrm{d}x}$ 的这个值在实际问题中是已知的而不带任何积分号。事实上我们有 $\dfrac{\mathrm{d}v}{\mathrm{d}x} = \dfrac{f}{2\sqrt{\pi t}} \int_{-g}^{+g} 2\mathrm{d}\alpha \dfrac{\alpha - x}{4t}\mathrm{e}^{-\frac{(a-x)^2}{4t}}$,或者完成这个积分,$\dfrac{\mathrm{d}v}{\mathrm{d}x} = \dfrac{f}{2\sqrt{\pi t}} \left[\mathrm{e}^{-\frac{(x+g)^2}{4t}} - \mathrm{e}^{-\frac{(x-g)^2}{4t}} \right]$。

387 函数 $\dfrac{\mathrm{d}^2 v}{\mathrm{d}x^2}$ 也可以不用积分号来表示;现在它等于一阶流数 $\dfrac{\mathrm{d}v}{\mathrm{d}t}$;因此只要使计量任一点温度的瞬时增量的这个值 $\dfrac{\mathrm{d}v}{\mathrm{d}t}$ 等于 0,我们就有所求的 x 和 t 之间的关系,所以我们得到

$$\dfrac{\mathrm{d}^2 v}{\mathrm{d}x^2} = \dfrac{f}{2\sqrt{\pi t}} \left(\dfrac{-2(x+g)}{4t}\mathrm{e}^{-\frac{(x+g)^2}{4t}} + \dfrac{2(x-g)}{4t}\mathrm{e}^{-\frac{(x-g)^2}{4t}} \right) = \dfrac{\mathrm{d}v}{\mathrm{d}t} = 0,$$

它给出 $(x+g)\mathrm{e}^{-\frac{(x+g)^2}{4t}} = (x-g)\mathrm{e}^{-\frac{(x-g)^2}{4t}}$;因此我们得到 $t = \dfrac{g\,x}{\log\left(\dfrac{x+g}{x-g}\right)}$。

我们已经假定 $\dfrac{K}{CD}=1$。为了使系数还原,我们应当用 $\dfrac{Kt}{CD}$ 代替 t,我们有 $t = \dfrac{g\,CD}{K} \dfrac{x}{\log\left(\dfrac{x+g}{x-g}\right)}$。

---

* 在英译本和法文《文集》本中,这句话都是"因而用 kt 或者是 $\dfrac{K}{CD}t$ 代替 t"。但是这似乎与这里所要表达的意思相反,故作如上改动。——汉译者

最高温度根据由这个方程所表示的规律而彼此相随。如果我们假定它表示作直线运动的一个物体的可变运动，x 是所经过的距离，t 是所历经的时间，那么这个运动物体的速度就是温度极大值的速度。

当量 g 无穷小时，即当初始热集中在位于原点的唯一基元中时，t 值就化为 $\dfrac{0}{0}$，由微分或者是级数展开式，我们得到 $\dfrac{Kt}{CD} = \dfrac{x^2}{2}$。

我们尚未考虑从棱柱表面所逃逸的热量；我们现在来考虑这个损耗，我们假定初始热包含在无穷棱柱棒的唯一一个基元中。

388 在前面的问题中，我们确定了一个无穷棱柱棒的变化状态，这个棱柱棒的一个确定部分自始至终受到初始温度 f 的作用。我们假定初始热分布在从 $x=0$ 到 $x=b$ 的一个有限长度中。

我们现在假定同一热量 bf 包含在从 $x=0$ 到 $x=\omega$ 的一个无穷小基元中。因此受热薄层的温度是 $\dfrac{fb}{\omega}$，由此得到前面所说的，这个固体的变化状态由方程

$$v = \frac{f\,b}{\sqrt{\pi}} \frac{\mathrm{e}^{-\frac{x^2}{4kt}}}{2\sqrt{kt}} \mathrm{e}^{-th} \tag{a}$$

来表示；当进入微分方程 $\dfrac{\mathrm{d}v}{\mathrm{d}t} = \dfrac{K}{CD}\dfrac{\mathrm{d}^2v}{\mathrm{d}x^2} - ht$ 的系数 $\dfrac{K}{CD}$ 由 k 来表示时，这个结果成立。至于系数 h，它等于 $\dfrac{Hl}{CDS}$；S 表示棱柱截面的面积，l 表示截面的围道，H 表示外表面的热导率。

在方程（a）中代入这些结果，我们有

$$v = \frac{bf}{\sqrt{\pi}} \frac{\mathrm{e}^{-x^2\frac{CD}{4Kt}}}{2\sqrt{\dfrac{Kt}{CD}}} \mathrm{e}^{-\frac{Hl}{CDS}t}; \tag{A}$$

f 表示平均初始温度，即如果初始热在这根棒长为 l，或者是更简单地，在这根棒的长为一个测量单位的那一部分的点之间同等地分布，那么 f 就表示一个单点所具有的温度。需要确定的是与一个已知点的温度的极大值所对应的这个所历经的时间的值 t。

为了解决这个问题，只需要从方程（a）推出 $\dfrac{\mathrm{d}v}{\mathrm{d}t}$ 的值，并且使它等于 0 就够了；我们有

$$\frac{\mathrm{d}v}{\mathrm{d}t} = -hv + \frac{x^2}{4kt^2}v - \frac{1}{2}\frac{v}{t} \text{ 和 } \frac{1}{t^2} - \frac{2k}{x^2}\frac{1}{t} = \frac{4hk}{x^2}, \tag{b}$$

这样，为使处在距离 x 的点能得到它的最高温度所必须历经的时间值 θ，就由方程

$$\theta k = \frac{1}{\dfrac{1}{x^2} + \sqrt{\dfrac{1}{x^4} + \dfrac{4h}{kx^2}}} \tag{c}$$

来表示。

为了确定最高温度 V，我们注意方程（a）中的 e^{-1} 的指数是 $ht + \dfrac{x^2}{4k\,t}$。现在方程（b）给出 $ht = \dfrac{x^2}{4k\,t} - \dfrac{1}{2}$；因此 $ht + \dfrac{x^2}{4k\,t} = \dfrac{x^2}{2k\,t} - \dfrac{1}{2}$，用 $\dfrac{1}{t}$ 的已知值代替 $\dfrac{1}{t}$，我们有 $ht + \dfrac{x^2}{4k\,t}$

$= \sqrt{\dfrac{1}{4} + \dfrac{h}{k}x^2}$；把 e^{-1} 的这个指数代入方程（a），我们有 $V = \dfrac{bf}{2\sqrt{\pi}} \dfrac{\mathrm{e}^{-\sqrt{\frac{1}{4} + \frac{h}{k}x^2}}}{\sqrt{k\theta}}$；用 $\sqrt{\theta\,k}$ 的已知值代替 $\sqrt{\theta\,k}$，和极大值 V 的表达式一样，我们得到

$$V = \frac{bf}{2\sqrt{\pi}} \mathrm{e}^{-\sqrt{\frac{h}{k}x^2 + \frac{1}{4}}} \sqrt{\frac{1}{x^2} + \sqrt{\frac{4h}{k}\frac{1}{x^2} + \frac{1}{x^4}}}\,。 \tag{d}$$

方程（c）和方程（d）包含问题的解；让我们用 h 和 k 的值 $\dfrac{Hl}{CDS}$ 和 $\dfrac{K}{CD}$ 来代替 h 和 k；同

时用 $\frac{1}{2}g$ 代替 $\frac{S}{l}$，用 g 表示底为正方形的这个棱柱的半厚。为确定 V 和 θ，我们有方程

$$V = \frac{bf}{2\sqrt{\pi}} \frac{e^{-\sqrt{\frac{2H}{Kg}x^2 + \frac{1}{4}}}}{x} \sqrt{1 + 2\sqrt{\frac{2H}{Kg}x^2 + \frac{1}{4}}}, \tag{D}$$

$$\frac{K}{CD}\theta = \frac{x^2}{1 + 2\sqrt{\frac{2H}{Kg}x^2 + \frac{1}{4}}}. \tag{C}$$

这两个方程适用于很长的细棒中的热运动。我们假定这个棱柱的中央已经受到一定热量的作用，该热量向末端传导，并通过凸面而扩散。V 表示与初始热源相距 x 的点的温度的极大值；θ 是自扩散开始一直到出现最高温度这一时刻为止所历经的时间。系数 C, H, K, D 表示和在前面的问题中一样的特定性质，g 是由棱柱截面所形成的正方形的边长的一半。

389 为了用一个数值应用使这些结果更可理解，我们可以假定形成这个棱柱的物质是铁，正方形的边 $2g$ 是一米的 $\frac{1}{25}$。

我们以前用我们的实验测定了 H 和 K 的值，C 和 D 的值原来就是已知的。取米作为长度单位，取 60 进制的分作为时间单位，运用 H, K, C, D 的近似值，我们将确定与一个已知距离相对应的 V 和 θ 的值。对于我们所考虑的这个结果的考查来说，不需要很精确地知道这些系数。

我们首先看到，如果距离 x 大约是 1.5 米或者是 2 米，那么进入根号之下的项 $\frac{2H}{Kg}x^2$ 相对第二项 $\frac{1}{4}$ 而言就有一个很大的值。这两项的比随距离的增加而增加。

因此，随着热从原点移开，最高温度的规律就变得愈来愈简单。为了确定通过棒的全长而建立的正常规律，我们应当假定距离 x 是很大的，我们得到

$$V = \frac{bf}{\sqrt{2\pi}} \frac{e^{-x\sqrt{\frac{2H}{Kg}}}}{\sqrt{x}} \left(\frac{2H}{Kg}\right)^{\frac{1}{4}}, \tag{δ}$$

$$\frac{K}{CD}\theta = \frac{x}{2\sqrt{\frac{2H}{Kg}}}$$

或者是

$$\theta = \frac{CD\sqrt{g}}{2^{\frac{3}{2}}\sqrt{HK}}x. \tag{γ}$$

390 我们由第二个方程看到，与温度极大值所对应的时间和距离成正比地增加。因此，这种波速（如果无论怎样我们都可以把这个表达式应用于所讨论的运动的话）是恒定的，说得更准确些，它愈来愈趋于变成为恒定的，并在它从热的起点至无穷远的运动中都保持这个性质。

在第一个方程中我们还可以注意到，和在第一章第 76 目中可以看到的一样，如果我们以一固定温度 f 作用于原点，那么量 $fe^{-x\sqrt{\frac{2H}{Kg}}}$ 就表示这根棒的不同点所达到的永恒温度。

为了想象出 V 的值，我们应当设想热源所包含的初始热在这根棒的长为 b 或者是长为一个计量单位的部分中的分布是相同的。这一部分的每一点所达到的温度 f 在某种意义上是平均温度。如果我们假定处在原点的薄层在无穷时间内都保持恒定温度 f 不变，那么所有薄层就都达到其一般表达式为 $fe^{-x\sqrt{\frac{2H}{Kg}}}$ 的固定温度，x 表示薄层的距离。由一条对数曲线的纵坐标所表示的这些固定温度在距离相当大时是极小的；如所知，随着热源从原点被撤掉，它们就迅速下降。

现在方程（δ）表明，这些每一点都可以达到的最高的固定温度都大大超过热扩散期间彼此相随的最高温度。为了确定后者的极大值，我们应当计算这个固定的极大值，使

它乘以常数 $\left(\dfrac{2H}{Kg}\right)^{\frac{1}{4}}\dfrac{1}{\sqrt{2\pi}}$，并除以距离 x 的平方根。

因此，作为除以横坐标平方根的一条对数曲线的纵坐标，这些最高温度在这条直线的整个范围内彼此相随，并且这种波动是均匀的。聚集在一个单点的热根据这个一般规律在这个固体的长度方向上传导。

391 如果我们把这个棱柱外表面的热导率看作是 0，或者假定热导率 K 或者是厚度 $2g$ 是无穷的，那么我们会得到很不同的结果。这时，我们可以省略项 $\dfrac{2H}{Kg}x^2$，我们将有 *

$$V=\frac{fb}{\sqrt{2}\,\sqrt{e}\,\sqrt{\pi}}\,\frac{1}{x} \qquad 和 \qquad \frac{K\theta}{CD}=\frac{1}{2}x^2.$$

在这种情况下，极大值与距离成反比。因此波运动是不均匀的。我们应当注意这个假定纯粹是理论性的，如果热导率 H 不是 0，而只是一个极小的量，那么波的速度在这个棱柱离原点很远的部分中就不是可变的。事实上，无论 H 的值怎样，只要这个值也像 K 和 g 的值那样是已知的，并且只要我们假定距离 x 无限增加，那么项 $\dfrac{2H}{Kg}x^2$ 就总是变得比 $\dfrac{1}{4}$ 大许多。这些距离在开始时可能相对于项 $\dfrac{2H}{Kg}x^2$ 来说小得足以在根号下略去。这时这些时间与距离的平方成正比；但是随着热沿无穷长度的方向流动，传导规律发生变化，时间变得与距离成正比。初始规律，即与和热源极近的点有关的规律，与在很远直至无穷的部分所建立的终极规律大不相同；但是在中间的部分，最高温度根据由前面两个方程(D)和(C)所表示的混合规律而彼此相随。

392 还需要确定对于热在物质实体内在各个方向上被传导至无穷远情况下的最高温度。根据我们已经建立的原理，这一研究不会有任何困难。

当一个无穷固体的一个确定部分已经受热，这个物体的所有其他部分取同一初始温度 0 时，热向四面八方传导，并且一定时间之后，这个固体的状态就如同热最初曾集中在坐标原点的单个点上一样。当物体的这些点远离原点时，最后效应出现之前所应当历经的时间是极长的。每个在开始温度为 0 的这样的点受热微乎其微；随后它们的温度达到它们所能达到的极大值；并以逐渐减弱而结束，直到在这个物体中不留下任何显热(sensible heat)。这种变化状态一般由方程

$$v=\int da \int db \int dc\,\frac{e^{-\frac{(a-x)^2+(b-y)^2+(c-z)^2}{4t}}}{2^3\pi^{\frac{3}{2}}t^{\frac{3}{2}}}\,f(a,b,c) \tag{E}$$

来表示。

我们应当在 $a=-a_1$，$a=a_2$；$b=-b_1$，$b=b_2$；$c=-c_1$，$c=c_2$ 的区间内取这些积分。

区间 $-a_1$，$+a_2$，$-b_1$，$+b_2$，$-c_1$，$+c_2$ 是已知的；它们包括这个固体最初被加热的整个部分。函数 $f(a,b,c)$ 也是已知的。它表示坐标为 a，b，c 的一点的初始温度。这些定积分使变量 a，b，c 消掉，并为 v 保留 x，y，z，t 的一个函数和几个常数。为了确定在一个已知点 m 上与 v 的一个极大值所对应的时间 θ，我们应当从前述方程推出 $\dfrac{dv}{dt}$ 的值；因此我们建立一个含 θ 和点 m 的坐标的方程。于是我们由此可推出 θ 值。如果这时我们在方程(E)中用这个 θ 值代替 t，那么我们就得到以 x，y，z 和一些常数所表示的最高温度 V 的值。

---

* 在英译本中，V 的值不含"b"，即为 $V=\dfrac{f}{\sqrt{2}\sqrt{e}\sqrt{\pi}}\dfrac{1}{x}$。英译者弗里曼在此处对此给了一个脚注："见第 388 目的方程(D)和(C)，令 $b=1$。"由此可推知，在 1822 年的法文本中，此式也不含"b"。但是，法文《文集》本中有。虽然弗里曼的"令 $b=1$"没有错，因为前页已交代"b 的长为一个计量单位"，但似乎不如直接在式中加上"b"更好。因此，此处从法文《文集》本译出。——汉译者

不用方程（E），让我们写 $v = \int \mathrm{d}a \int \mathrm{d}b \int \mathrm{d}c\, P f(a,b,c)$，用 P 表示 $f(a,b,c)$ 的乘数，我们有

$$\frac{\mathrm{d}v}{\mathrm{d}t} = -\frac{3}{2}\frac{v}{t} + \int \mathrm{d}a \int \mathrm{d}b \int \mathrm{d}c\, \frac{(a-x)^2 + (b-y)^2 + (c-z)^2}{4t^2} P f(a,b,c)。 \qquad (e)$$

393 我们现在应当把最后这个表达式应用到这个固体远离原点的那些点上去。由于含初始热部分的任一点的坐标是变量 a，b，c，并且我们要确定其温度的点 m 的坐标是 x，y，z，所以这两点之间的距离的平方是 $(a-x)^2 + (b-y)^2 + (c-z)^2$；这个量作为一个因子进入 $\dfrac{\mathrm{d}v}{\mathrm{d}t}$ 的第二项。

现在由于点 m 离原点很远，所以显然，这一点和受热部分任一点的距离 Δ 与这同一点和原点的距离 D 相同；即随着点 m 离含坐标原点的初始热源愈来愈远，距离 D 和 Δ 的最终比变成 1。

由此得到，在给出 $\dfrac{\mathrm{d}v}{\mathrm{d}t}$ 的值的方程（e）中，因子 $(a-x)^2 + (b-y)^2 + (c-z)^2$ 可以用 $x^2 + y^2 + z^2$ 或者是 r^2 来代替，r 表示点 m 与原点的距离。于是我们有 $\dfrac{\mathrm{d}v}{\mathrm{d}t} = -\dfrac{3}{2}\dfrac{v}{t} + \dfrac{r^2}{4t^2}\int \mathrm{d}a \int \mathrm{d}b \int \mathrm{d}c\, P f(a,b,c)$ 或者是 $\dfrac{\mathrm{d}v}{\mathrm{d}t} = v\left(\dfrac{r^2}{4t^2} - \dfrac{3}{2t}\right)$。

如果我们为了重新设立我们曾经假定等于 1 的系数 $\dfrac{K}{CD}$ 而用 v 的值来代替 v，用 $\dfrac{Kt}{CD}$ 代替 t，那么，我们有

$$\frac{\mathrm{d}v}{\mathrm{d}t} = \left(\frac{r^2}{4\left(\frac{Kt}{CD}\right)^2} - \frac{3}{2\frac{Kt}{CD}}\right)\int \mathrm{d}a \int \mathrm{d}b \int \mathrm{d}c\, \frac{\mathrm{e}^{\frac{-(a-x)^2 + (b-y)^2 + (c-z)^2}{4\frac{Kt}{CD}}}}{2^3 \pi^{\frac{3}{2}} \left(\frac{Kt}{CD}\right)^{\frac{3}{2}}} f(a,b,c)。 \qquad (a)$$

394 这个结果只属于这个固体与原点的距离相对热源的最大长度很大的那些点。我们应当时刻小心注意的是，从这个条件并不能得出我们可以忽略指数符号下变量 a，b，c 的结论。它们只有在这个符号之外时才可以略去。事实上，在积分符号下乘 $f(a,b,c)$ 的这个项是几个像 $\mathrm{e}^{\frac{-a^2}{4\frac{Kt}{CD}}}$，$\mathrm{e}^{\frac{2ax}{4\frac{Kt}{CD}}}$，$\mathrm{e}^{\frac{-x^2}{4\frac{Kt}{CD}}}$ 这样的因子的积。

现在，比 $\dfrac{x}{a}$ 总是一个很大的数，这并不足以使我们能略去前两个因子。例如，如果我们假定 a 等于 1 分米，x 等于 10 米，并且如果使热在其中得以传导的物质是铁，那么我们看到，在历经 9 小时或者是 10 小时之后。因子 $\mathrm{e}^{\frac{2ax}{4\frac{Kt}{CD}}}$ 仍然比 2 大；所以若删去它，我们就会减少所求结果的一半。因此，当 $\dfrac{\mathrm{d}v}{\mathrm{d}t}$ 的值属于远离原点的点时，对任一时间来说，它都应当由方程（α）来表示。但是如果我们只考虑极大的时间值，该时间值与距离的平方成正比地增加，则情况就不同了；与这个条件相对应，我们应当省略包含 a，b 或者是 c 的那些项，即使它们在指数符号内也应省略。现在，正如我们开始证明的一样，当我们要确定一个很远的点所能达到的最高温度时，这个条件成立。

395 事实上，在所说的情况下，$\dfrac{\mathrm{d}v}{\mathrm{d}t}$ 的值应当为 0；因此我们有 $\dfrac{r^2}{4\left(\dfrac{Kt}{CD}\right)^2} - \dfrac{3}{2\dfrac{Kt}{CD}} = 0$，

或者是 $\dfrac{K}{CD}t = \dfrac{1}{6}r^2$。

所以，为了使一个很远的点能够达到它的最高温度所应当历经的时间，就与这一点

和原点的距离的平方成正比。*

如果我们在 v 的表达式中用分母 $\dfrac{4Kt}{CD}$ 的值 $\dfrac{2}{3}r^2$ 来代替分母 $\dfrac{4Kt}{CD}$，那么 e^{-1} 的指数 $\dfrac{(a-x)^2+(b-y)^2+(c-z)^2}{\dfrac{2}{3}r^2}$ 就简化成 $\dfrac{3}{2}$，因为我们略去的因子相当于 1。由此我们

得到 $v=\dfrac{3^{\frac{3}{2}}}{(2\pi\mathrm{e})^{\frac{3}{2}}\dfrac{1}{r^3}}\displaystyle\int \mathrm{d}a\int \mathrm{d}b\int \mathrm{d}c\, f(a,b,c)$。

积分 $\displaystyle\int \mathrm{d}a\int \mathrm{d}b\int \mathrm{d}c\, f(a,b,c)$ 表示初始热量；半径为 r 的球的体积是 $\dfrac{4}{3}\pi r^3$，因此，当用 f 表示该球的每个分子所得到的温度时，如果我们在它的各部分之间分布所有的初始热，那么我们有 $v=\sqrt{\dfrac{6}{\pi\mathrm{e}^3}}f$。

我们在本章所展开的这些结果指明包含在无穷固体的一个确定部分中的热逐渐贯穿到其初始温度为 0 的所有其他部分中去的规律。解决这个问题比解决前几章的问题要简单一些，因为通过对该固体赋予无穷体积，我们就消去了与表面有关的条件，而主要困难就在于这些条件的运用。无界固体中的热运动的一般结果是很引人注目的，因为这种运动不为表面障碍所干扰。它通过热的自然性质而自由地完成。严格地说，这一研究是对物体内的热辐射的研究。

第四节　积分的比较

396　热传导方程的积分呈现出不同的形式，有必要对这些不同形式进行比较。正如我们在本章第二节第 372 和 376 目中所看到的，不难把三维的情况归到线性运动的情况中去；因此对方程 $\dfrac{\mathrm{d}v}{\mathrm{d}t}=\dfrac{K}{CD}\dfrac{\mathrm{d}^2v}{\mathrm{d}x^2}$ 或者是对方程

$$\frac{\mathrm{d}v}{\mathrm{d}t}=\frac{\mathrm{d}^2v}{\mathrm{d}x^2} \tag{a}$$

积分就够了。

为了从这个微分方程推出在一个确定形状的物体中的热传导规律，如在一个环中的热传导规律，我们应当知道这个积分，应当在某种适合于该问题的形式下得到它，后者是

---

* 法文《文集》本的编者 M. 加斯东·达布在此给出了如下一个脚注：

如果在这个精确表达式 $v=\dfrac{1}{(4\pi t)^{\frac{3}{2}}}\displaystyle\iiint \mathrm{e}^{-CD\frac{(a-x)^2+(b-y)^2+(c-z)^2}{4Kt}}f(a,b,c)\mathrm{d}a\,\mathrm{d}b\,\mathrm{d}c$ 中，我们相对于 t 求导，那么我们

得到 $\dfrac{\mathrm{d}v}{\mathrm{d}t}=\dfrac{1}{(4\pi t)^{\frac{3}{2}}}\displaystyle\iiint \mathrm{e}^{-CD\frac{(a-x)^2+(b-y)^2+(c-z)^2}{4Kt}}f(a,b,c)x\left\{-\dfrac{3}{2t}+\dfrac{CD}{4Kt^2}\left[(a-x)^2+(b-y)^2+(c-z)^2\right]\right\}\mathrm{d}a\,\mathrm{d}b\,\mathrm{d}c$。

为了确定上述设想，假定初始温度 $f(a,b,c)$ 总是正的。前面的积分不会为 0，所以因式 $-\dfrac{3}{2t}+\dfrac{CD}{4Kt^2}\left[(a-x)^2+(b-y)^2+(c-z)^2\right]$ 在这些积分区间内反号，因此，对原来被加热的六面体内的一个内点 (ξ,η,ζ)，它们相互抵消。因此我们得到 t 的值 $t=\dfrac{CD}{6K}\left[(x-\xi)^2+(y-\eta)^2+(z-\zeta)^2\right]$，在点 (x,y,z) 是无穷远的情况下，它显然变得与 $x^2+y^2+z^2$ 成正比。——汉译者

不可能以别的形式完成的一个条件。我们在 1807 年 12 月 21 日提交给法兰西研究院的研究报告中首次给出了这个积分（第 124 页第 84 目）：它主要在于表示固体环的变化的温度系统的下述方程：

$$v = \frac{1}{2\pi R} \sum \int d\alpha \; F(\alpha) e^{-\frac{i^2 t}{R^2}} \cos \frac{i(x-\alpha)}{R} 。 \qquad (\alpha)$$

R 是环的平均周长的半径；对 α 的积分应当从 $\alpha = 0$ 取到 $\alpha = 2\pi R$，或者同样地，从 $\alpha = -\pi R$ 取到 $\alpha = \pi R$；i 是任一整数，和 $\sum$ 应当从 $i = -\infty$ 取到 $i = +\infty$；v 表示在历经时间 t 之后在与位于原点的截面相距弧 x 的截面上的每一点所观察到的温度。我们用 $v = F(x)$ 表示环上任一点的初始温度。我们应当对 i 给出逐个值 $0, +1, +2, +3, \cdots$，和 $-1, -2, -3, \cdots$，用 $\cos \frac{ix}{R} \cos \frac{i\alpha}{R} + \sin \frac{ix}{R} \sin \frac{i\alpha}{R}$ 代替 $\cos \frac{i(x-\alpha)}{R}$。

因此我们得到 v 值的所有项。这就是我们为表示环中变化的热运动（第四章第 24 目）所应当安排的方程（α）的积分形式。我们把环的生成截面（the generating section）的形状和大小设想成同一截面的点明显保持相同的温度这样一种情况。我们同时还假定环的表面不会失热。

397　由于方程（α）适用于所有的 R 值，所以我们可以在其中假定 R 是无穷的；在这种情况下，它给出下述问题的解。一根细而无穷长的实棱柱的初始状态已知，并且由 $v = F(x)$ 来表示，求所有的后继状态。假定半径 R 在数值上包含三角函数表上的单位半径的 n 倍。用 q 表示依次变成 $dq, 2dq, 3dq, \cdots, idq, \cdots$ 的一个变量，无穷数 n 由 $\frac{1}{dq}$ 来表示，变数 i 则由 $\frac{q}{dq}$ 来表示。作这些代换以后，我们得到 $v = \frac{1}{2\pi} \sum dq \int d\alpha \; F(\alpha) e^{-q^2 t} \cos q(x-\alpha)$。

进入符号 $\sum$ 之内的项是一些微分量，因此这个符号变成一个定积分符号；所以我们有

$$v = \frac{1}{2\pi} \int_{-\infty}^{+\infty} d\alpha \; F(\alpha) \int_{-\infty}^{+\infty} dq \; e^{-q^2 t} \cos(qx - q\alpha) 。 \qquad (\beta)$$

这个方程是方程（α）的积分的第二种形式；它表示在无穷长棱柱中的线性热运动（第七章第 354 目）。它是第一个积分（α）的明显推论。

398　我们可以在方程（β）中完成对 q 的定积分；因为根据我们已经证明过的一条引理（第 375 目），我们有 $\int_{-\infty}^{+\infty} dz \; e^{-z^2} \cos 2hz = e^{-h^2} \sqrt{\pi}$。

然后令 $z^2 = q^2 t$，我们得 $\int_{-\infty}^{+\infty} dq \; e^{-q^2 t} \cos(qx - q\alpha) = \frac{\sqrt{\pi}}{\sqrt{t}} e^{-\left(\frac{a-x}{2\sqrt{t}}\right)^2}$。

因此上一目的积分（β）就变成

$$v = \int_{-\infty}^{+\infty} \frac{dx F(\alpha)}{2 \sqrt{\pi} \sqrt{t}} e^{-\left(\frac{a-x}{2\sqrt{t}}\right)^2} 。 \qquad (\gamma)$$

如果我们用另一个未知量 β 代替 α，令 $\frac{\alpha - x}{2\sqrt{t}} = \beta$，则我们得到

$$v = \frac{1}{\sqrt{\pi}} \int d\beta \; e^{-\beta^2} F(x + 2\beta \sqrt{t}) 。 \qquad (\delta)$$

方程(a)的这个积分形式(δ)[①]在《综合工科学校研究报告》第 8 卷中由拉普拉斯先生给出，他是通过考虑表示这个积分的无穷级数而得到这个结果的。

方程(β)，(γ)，(δ)的每一个都表示无穷长棱柱中的线性热扩散。显然，它们是同一个积分的三种形式，并且不能认为其中一种比另外二种更一般。它们每一个都包含在积分(α)之中，它们通过对 R 给定一个无穷值而从积分(α)中导出。

399 我们不难以由某个变量的增幂所安排的级数来展开从方程(a)所推出的这个 v 值。这些展开式是自明的，我们本来不谈它们也行；不过它们引出的一些注记在积分研究中是有用的。用 ϕ'，ϕ''，ϕ'''，$\cdots$ 表示函数 $\dfrac{d}{dx}\phi(x)$，$\dfrac{d^2}{dx^2}\phi(x)$，$\dfrac{d^3}{dx^3}\phi(x)$，$\cdots$，我们有 $\dfrac{dv}{dt}=v''$，和 $v=c+\displaystyle\int dt\,v''$；在这里，常数表示 x 的一个任意函数。用 v'' 的值 $c''+\displaystyle\int dt\,v^{\text{IV}}$ 来代替 v'' 并且一直继续运用类似的代换，则我们得到

$$v=c+\int dt\,v''=c+\int dt\left(c''+\int dt\,v^{\text{IV}}\right)=c+\int dt\left[C''+\int dt\left(c^{\text{IV}}+\int dt\,v^{\text{VI}}\right)\right],$$

或者是

$$v=c+tc''+\frac{t^2}{2!}c^{\text{IV}}+\frac{t^3}{3!}c^{\text{VI}}+\frac{t^4}{4!}c^{\text{VIII}}+\cdots。\tag{T}$$

在这个级数中，c 表示 x 的一个任意函数。如果我们要根据 x 的升幂来安排 v 值的展开式，那么我们运用 $\dfrac{d^2v}{dx^2}=\dfrac{dv}{dt}$，并且，用 ϕ'，ϕ''，ϕ'''，$\cdots$ 表示函数 $\dfrac{d}{dt}\phi$，$\dfrac{d^2}{dt^2}\phi$，$\dfrac{d^3}{dt^3}\phi$，$\cdots$，我们首先有 $v=a+bx+\displaystyle\int dx\int dx\,v'$；此处 a 和 b 表示 t 的两个任意函数。然后我们可以用 v' 的值 $a'+b'x+\displaystyle\int dx\int dx\,v''$ 来代替 v'；用 v'' 的值 $a''+b''x+\displaystyle\int dx\int dx\,v'''$ 代替 v''，等等。通过连续代换，$v=a+bx+\displaystyle\int dx\int dx\,v'$，$=a+bx+\displaystyle\int dx\int dx\left(a'+b'x+\int dx\int dx\,v''\right)$

$=a+bx+\displaystyle\int dx\int dx\left[a'+b'x+\int dx\int dx(a''+b''x+\int dx\int dx\,v''')\right]$ 或者是

$$v=a+\frac{x^2}{2!}a'+\frac{x^4}{4!}a''+\frac{x^6}{6!}a'''+\cdots+xb+\frac{x^3}{3!}b'+\frac{x^5}{5!}b''+\cdots。\tag{X}$$

在这个级数中，a 和 b 表示 t 的两个任意函数。

如果在由方程(X)所给定的这个级数中我们用两个函数 $\phi(t)$ 和 $\psi(t)$ 来代替 a 和 b，并根据 t 的升幂来展开它们，那么我们只得到 x 的一个唯一的任意函数，而不是两个函数 a 和 b。我们把这个注记归功于泊松，他在《综合工科学校研究报告》第 6 卷第 110 页给出了这个注记。

相反，如果在由方程(T)所表示的级数中我们根据 x 的幂来展开函数 c，那么在相对于 x 的相同幂来安排这个结果时，这些幂的系数就由 t 的两个完全任意的函数组成；只要进行这一研究，就不难验证这一点。

400 事实上，根据 t 的幂所展开的这个 v 值应当只含 x 的一个任意函数；因为微分方程(a)清楚地表明，作为 x 的一个函数，如果我们知道对应于 $t=0$ 的这个 v 值，那么对

[①] $\dfrac{1}{\sqrt{\pi}}\displaystyle\int_{-\infty}^{+\infty}d\beta\,e^{-\beta^2}\phi(x+2\beta\sqrt{t})$ 和 $e^{t\frac{d^2}{dx^2}}\phi(x)$（见第 401 目）这两种形式的等价性的一个直接证明由格莱舍先生在 1876 年 6 月的《数学通信》(*Messenger of Mathematics*)第 30 页中给出。用泰勒定理展开 $\phi(x+2\beta\sqrt{t})$，分别对每一项积分；含 $\sqrt{t}$ 的奇次幂的项变成 0，这样我们有第二种形式；因此第二种形式等价于 $\dfrac{1}{\pi}\displaystyle\int_{-\infty}^{+\infty}d\alpha\int_{0}^{\infty}dq\,e^{-q^2t}\cos q(\alpha-x)\phi(\alpha)$，由此，第一种形式可如上导出。因此我们有第 330 页的傅立叶定理的一个稍微一般化的形式。——A. F.

应于 t 的后继值的这个函数 v 的其他值就由这个值所确定。

同样明显的是,这个函数 v,当根据 x 的升幂而展开时,应当包含变量 t 的两个完全任意的函数。事实上,微分方程 $\dfrac{\mathrm{d}^2 v}{\mathrm{d}x^2} = \dfrac{\mathrm{d}v}{\mathrm{d}t}$ 表明,作为 t 的一个函数,如果我们知道与 x 的一个确定值所对应的 v 值,那么我们不能由此得出与 x 的其他所有值所对应的 v 值。我们还必须给出与 x 的第二个值所对应的、作为 t 的一个函数的 v 值,如给出与第一个值挨得无穷近的值。这时,函数 v 的所有其他状态,即与 x 的其他所有值相对应的值,就被确定了。微分方程(a)属于一个曲面,该曲面任一点的纵坐标是 v,两个水平坐标是 x 和 t。由这个方程(a)显然可以得到,当我们给出过 x 轴的平面的垂直截面的形状时,这个曲面的形状就确定了;这也可以从问题的物理性质得出;因为显然,由于棱柱的初始状态被给定,所以所有后继状态也就确定了。但是,如果这个曲面仅仅只受过 t 和 v 的第一个垂直平面上所引的一条曲线的支配,那么我们就不能画出这个曲面。我们有必要进一步知道在与第一个垂直平面平行的第二个垂直平面上所作的曲线,我们可以假定它与第一个垂直平面挨得无穷近。同样这些注记适用于所有的偏微分方程,就所有情况而言,这个方程的阶并不确定任意函数的数目。

401　可以把从方程

$$\frac{\mathrm{d}v}{\mathrm{d}t} = \frac{\mathrm{d}^2 v}{\mathrm{d}x^2} \tag{a}$$

所导出的第 399 目的级数(T)放在 $v = \mathrm{e}^{t D^2}\phi(x)$ 的形式之下。根据 D 的幂展开这个指数,并且 $\dfrac{\mathrm{d}^i}{\mathrm{d}x^i}$ 代替 D^i,同时把 i 看作是微分的阶,则我们有 $v = \phi(x) + t\,\dfrac{\mathrm{d}^2}{\mathrm{d}x^2}\phi(x) +$ $\dfrac{t^2}{2!}\dfrac{\mathrm{d}^4}{\mathrm{d}x^4}\phi(x) + \dfrac{t^3}{3!}\dfrac{\mathrm{d}^6}{\mathrm{d}x^6}\phi(x) + \cdots$。

若采用同一记号,那么只含 x 偶次幂的级数(X)(第 399 目)的第一部分就可以表示成 $\cos(x\sqrt{-D})\phi(t)$ 的形式。在把 i 看作是微分的阶时,根据 x 的幂来展开,并且用 $\dfrac{\mathrm{d}^i}{\mathrm{d}x^i}$ 来代替 D^i。通过相对 x 取积分,同时把函数 $\phi(t)$ 变成另一个任意函数,级数(X)的第二部分则可以从第一部分中导出。因此我们有 $v = \cos(x\sqrt{-D})\phi(t) + W$,和 $W = \displaystyle\int_0^x \mathrm{d}x \cos(x\sqrt{-D})\psi(t)$。*

这个已知的简记法从积分和幂之间所存在的相似性导出。至于此处对它所作的运用,其目的是为了表示级数,且无须任何展开式而验证它们。这只需在这个简记法所使用的符号下进行微分就够了。例如,只对 t 进行微分,我们由方程 $v = \mathrm{e}^{t D^2}\phi(x)$ 推出 $\dfrac{\mathrm{d}v}{\mathrm{d}t} = D^2 \mathrm{e}^{t D^2}\phi(x) = D^2 v = \dfrac{\mathrm{d}^2}{\mathrm{d}x^2}v$;它恰好表明级数满足微分方程(a)。同样地,如果我们考虑级数(X)的第一部分,同时记 $v = \cos(x\sqrt{-D})\phi(t)$,那么,仅仅对 x 微分两次,我们有 $\dfrac{\mathrm{d}^2 v}{\mathrm{d}x^2} = D\cos(x\sqrt{-D})\phi(t) = D v = \dfrac{\mathrm{d}v}{\mathrm{d}t}$。

因此,这个 v 值满足微分方程(a)。

同样,我们可以发现,微分方程

$$\frac{\mathrm{d}^2 v}{\mathrm{d}x^2} + \frac{\mathrm{d}^2 v}{\mathrm{d}y^2} = 0 \tag{b}$$

---

* 法文《文集》本的编者 M. 加斯东·达布在此处加了一个如下的脚注:

或者更好地 $W = \dfrac{\sin(x\sqrt{-D})}{\sqrt{-D}}\psi(t)$。——汉译者

以一个根据 y 的增幂而展开的级数给出 v 的表达式，$v = \cos(yD)\phi(x)$。

我们应当相对于 y 来展开，并且用 $\dfrac{d}{dx}$ 来代替 D。事实上，我们由这个 v 值推得

$$\frac{d^2 v}{dy^2} = -D^2 \cos(yD)\phi(x) = -D^2 v = -\frac{d^2}{dx^2}v。$$

值 $\sin(yD)\phi(x)$ 也满足这个微分方程；因此 v 的一般值是 $v = \cos(yD)\phi(x) + W$，此处 $W = \sin(yD)\psi(x)$。

402　如果所提出的微分方程是

$$\frac{d^2 v}{dt^2} = \frac{d^2 v}{dx^2} + \frac{d^2 v}{dy^2}, \tag{c}$$

如果我们要以根据 t 的幂所安排的级数来表示 v，那么我们可以用 $D\phi$ 来表示函数 $\dfrac{d^2}{dx^2}\phi + \dfrac{d^2}{dy^2}\phi$；由于这个方程是 $\dfrac{d^2 v}{dt^2} = Dv$，所以我们有 $v = \cos\left(t\sqrt{-D}\right)\phi(x,y)$。

由此我们推出 $\dfrac{d^2 v}{dt^2} = Dv = \dfrac{d^2 v}{dx^2} + \dfrac{d^2 v}{dy^2}$。我们应当根据 t 的幂来展开前面的 v 值，用 $\left(\dfrac{d^2}{dx^2} + \dfrac{d^2}{dy^2}\right)^i$ 代替 D^i，并把 i 看作是微分的阶。

下面的值 $\int dt \cos\left(t - \sqrt{-D}\right)\phi(x,y)$ 满足相同的条件；因此 v 的最一般的值是 $v = \cos\left(t\sqrt{-D}\right)\phi(x,y) + W$，并且 $W = \int dt \cos\left(t\sqrt{-D}\right)\psi(x,y)$。* v 是一个有三个变量的函数 $f(x,y,t)$。如果我们取 $t=0$，则我们有 $f = (x,y,0) = \phi(x,y)$；用 $f'(x,y,t)$ 表示 $\dfrac{d}{dt}f(x,y,t)$，则我们有 $f'(x,y,0) = \psi(x,y)$。

如果所提出的方程是

$$\frac{d^2 v}{dt^2} + \frac{d^4 v}{dx^4} = 0, \tag{d}$$

那么以根据 t 的幂所安排的一个级数所表示的这个 v 值就是 $v = \cos(tD^2)\phi(x,y)$，D 表示 $\dfrac{d^2}{dx^2}$；因此我们从这个值推出 $\dfrac{d^2 v}{dt^2} = -D^4 v = -\dfrac{d^4}{dx^4}v$。

因此，可以只含 x 和 y 的两个任意函数的这个一般的 v 值是 $v = \cos(tD^2)\phi(x,y) + W$，$W = \displaystyle\int_0^t dt \cos(tD^2)\psi(x,y)$。当用 $f(x,y,t)$ 来表示 v，用 $f'(x,y,t)$ 表示 $\dfrac{dv}{dt}$ 时，我们就不得不确定两个任意函数 $\phi(x,y) = f(x,y,0)$，和 $\psi(x,y) = f(x,y,0)$。

403　如果所提出的微分方程是

$$\frac{d^2 v}{dt^2} + \frac{d^4 v}{dx^4} + 2\frac{d^4 v}{dx^2 dy^2} + \frac{d^4 v}{dy^4} = 0, \tag{e}$$

那么，我们可以用 $D\phi$ 来表示函数 $\dfrac{d^2 \phi}{dx^2} + \dfrac{d^2 \phi}{dy^2}$，因此，可以通过把二项式 $\left(\dfrac{d^2}{dx^2} + \dfrac{d^2}{dy^2}\right)$ 增加到二阶、同时把指数看作是微分的阶来形成 $DD\phi$ 或者是 $D^2\phi$。这样，方程（e）就变成 $\dfrac{d^2 v}{dt^2} + D^2 v = 0$；并且，根据 t 的幂所安排的 v 值是 $\cos(tD)\phi(x,y)$；因为由此我们推得 $\dfrac{d^2 v}{dt^2} = -D^2 v$，或者是 $\dfrac{d^2 v}{dt^2} + \dfrac{d^4 v}{dx^4} + 2\dfrac{d^4 v}{dx^2 dy^2} + \dfrac{d^4 v}{dy^4} = 0$。

＊ 法文《文集》本的编者在此处再次加了一个和前面类似的脚注：或者同样地 $W = \dfrac{\sin\left(t\sqrt{-D}\right)}{\sqrt{-D}}\Psi(x,y)$。——汉译者

由于最一般的 v 值可以只含 x 和 y 的两个任意函数，这是这个方程形式的一个明显推论，所以它可以表示成 $v=\cos(tD)\phi(x,y)+\int \mathrm{d}t\,\cos(tD)\psi(x,y)$。* 用 $f(x,y,t)$ 表示函数 v，用 $f_1(x,y,t)$ 表示 $\dfrac{\mathrm{d}}{\mathrm{d}t}f(x,y,t)$，则函数 ϕ 和 ψ 可以确定如下：$\phi(x,y)=f(x,y,0)$，$\psi(x,y)=f_1(x,y,0)$。

最后，设所提出的方程是

$$\frac{\mathrm{d}v}{\mathrm{d}t}=a\,\frac{\mathrm{d}^2 v}{\mathrm{d}x^2}+b\,\frac{\mathrm{d}^4 v}{\mathrm{d}x^4}+c\,\frac{\mathrm{d}^6 v}{\mathrm{d}x^6}+d\,\frac{\mathrm{d}^8 v}{\mathrm{d}x^8}+\cdots,\tag{f}$$

系数 a，b，c 是已知数，方程的阶是不定的。

这个最一般的 v 值可以只含 x 的一个任意函数；因为显然，仅仅由方程的这个形式可知，作为 x 的一个函数，如果我们知道对应于 $t=0$ 的 v 值，那么对应于 t 的后续值的其他所有 v 值就都被确定了。因此，为了表示 v，我们有方程 $v=e^{tD}\phi(x)$。

我们用 $D\phi$ 表示表达式 $a\dfrac{\mathrm{d}^2\phi}{\mathrm{d}x^2}+b\dfrac{\mathrm{d}^4\phi}{\mathrm{d}x^4}+c\dfrac{\mathrm{d}^6\phi}{\mathrm{d}x^6}+\cdots$；即为了形成 v 值，我们应当根据 t 的幂来展开量 $e^{t(a\alpha^2+b\alpha^4+c\alpha^6+d\alpha^8+\cdots)}$，并且用 $\dfrac{\mathrm{d}}{\mathrm{d}x}$ 代替 α，同时把 α 的幂看作是微分的阶。事实上，由于这个 v 值只对 t 微分，所以我们有 $\dfrac{\mathrm{d}v}{\mathrm{d}t}=\dfrac{\mathrm{d}e^{tD}}{\mathrm{d}t}\phi(x)=Dv=a\dfrac{\mathrm{d}^2 v}{\mathrm{d}x^2}+b\dfrac{\mathrm{d}^4 v}{\mathrm{d}x^4}+c\dfrac{\mathrm{d}^6 v}{\mathrm{d}x^6}+\cdots$。增加这个相同过程的重复应用没有什么用。对于很简单的方程。我们无须简化表达式；不过它们一般代替很复杂的研究。例如我们选择前面那些方程，是因为它们都与其解析表达式和热运动表达式相似的物理现象有关。前两个，(a) 和 (b)，属于热的理论；后三个，(c)，(d)，(e)，属于动力学问题；最后的 (f) 表示在瞬时传导超出极小距离时实体中所出现的热运动。我们有在贯穿透明介质的光热运动方面的这类问题的一个例子。

404　我们可以用不同的方法得到这些方程的积分。我们首先要指明这是由第 361 目中所阐明的定理带来的，我们现在重温这个定理。

如果我们考虑表达式

$$\int_{-\infty}^{+\infty}\mathrm{d}\alpha\,\phi(\alpha)\int_{-\infty}^{+\infty}\mathrm{d}p\,\cos(px-p\alpha),\tag{a}$$

那么我们会看到，它表示 x 的一个函数；因为这两个对 α 和 p 的定积分使这两个变量消掉，并只保留一个 x 的函数。这个函数的性质显然依赖于我们将会为 $\phi(\alpha)$ 所选定的函数。我们可以问，为使我们在两个定积分之后能得到 $f(x)$ 的一个已知函数，函数 $\phi(\alpha)$ 应当是怎样的。一般地，适合于不同物理现象的表达式的这些积分研究可以简化成类似于前面的问题。这些问题的目的是要确定积分符号下的这些任意函数，因此这个积分的结果可以是一个已知函数。例如不难看到，如果在前面的表达式 (a) 中我们可以确定 $\phi(\alpha)$，因而积分的结果是一个已知函数 $f(x)$，那么方程

$$\frac{\mathrm{d}v}{\mathrm{d}t}=a\,\frac{\mathrm{d}^2 v}{\mathrm{d}x^2}+b\,\frac{\mathrm{d}^4 v}{\mathrm{d}x^4}+c\,\frac{\mathrm{d}^6 v}{\mathrm{d}x^6}+d\,\frac{\mathrm{d}^8 v}{\mathrm{d}x^8}+\cdots,\tag{f}$$

的通积分就是已知的。事实上，我们恰好建立一个特殊的 v 值，它表示成 $v=e^{-mt}\cos px$，并且我们得到条件 $m=ap^2+bp^4+cp^6+\cdots$。**

当对常数 α 给定任意一个值时，我们也可以取 $v=e^{-mt}\cos(px-p\alpha)$，同样，我们有 $v=\int \mathrm{d}\alpha\,\phi(\alpha)e^{-t(ap^2+bp^4+cp^6+\cdots)}\cos(px-p\alpha)$。显然，这个 v 值满足偏微分方程 (f)；它只不

---

* 法文《文集》本的编者在此处再次加了一个如下的脚注：或者再一次 $v=\cos(tD)\phi(x,y)+\dfrac{\sin(tD)}{D}\psi(x,y)$。
——汉译者

** 在法文《文集》本中，此方程等号右边各项的符号是正负相间的，即 $m=ap^2-bp^4+cp^6-\cdots$。同样，在本目下面所给的 v 值中亦如此。——汉译者

过是一些特殊值的和。

此外，假定 $t=0$，对于 v，我们应当得到 x 的一个任意函数。用 $f(x)$ 表示这个函数，我们有 $f(x)=\int \mathrm{d}\alpha\,\phi(\alpha)\int \mathrm{d}p\cos(px-p\alpha)$。

现在，由方程（f）的形式得到，最一般的 v 值可以只含一个 x 的任意函数。事实上，这个方程清楚地表明，作为 x 的一个函数，如果对于时间 t 的一个已知值，我们知道其 v 值，那么与其他时间值所对应的其他所有 v 值就必然被确定。由此严格得到，作为 t 和 x 的一个函数，如果我们知道满足微分方程的一个 v 值，此外，如果只要令 $t=0$，x 和 t 的这个函数就变成 x 的一个完全任意的函数，那么，所说的 x 和 t 的这个函数就是方程（f）的通积分。因此，整个问题简化成在上述方程中确定函数 $\phi(\alpha)$，使得两个积分的结果是一个已知函数 $f(x)$。为使这个解是一般的，只需我们能够把 $f(x)$ 看作是一个完全任意，甚至是不连续的函数就行了。因此，只需知道已知函数 $f(x)$ 和未知函数 $\phi(\alpha)$ 之间必定总是存在的关系就够了。现在，这种很简单的关系由我们所说的定理来表示。事实上，它在于当在无穷区间内取这些积分时函数 $\phi(\alpha)$ 是 $\frac{1}{2\pi}f(\alpha)$；即我们有方程

$$f(x)=\frac{1}{2\pi}\int_{-\infty}^{+\infty}\mathrm{d}\alpha\,f(\alpha)\int_{-\infty}^{+\infty}\mathrm{d}p\,\cos(px-p\alpha)。 \tag{B}$$

和所提出的方程（f）的通解一样，我们由此得到：

$$v=\frac{1}{2\pi}\int_{-\infty}^{+\infty}\mathrm{d}\alpha\,f(\alpha)\int_{-\infty}^{+\infty}\mathrm{d}p\,\mathrm{e}^{-t(ap^2+bp^4+cp^6+\cdots)}\cos(px-p\alpha)。 \tag{c}$$

405 　如果我们提出方程

$$\frac{\mathrm{d}^2v}{\mathrm{d}t^2}+\frac{\mathrm{d}^4v}{\mathrm{d}t^4}=0， \tag{d}$$

它表示一块弹性板的横切振动运动[①]，由这个方程的形式，我们应当认为最一般的 v 值可以只含 x 的两个任意函数；因为，当用 $f(x,t)$ 表示这个 v 值，用 $f'(x,t)$ 表示函数 $\frac{\mathrm{d}}{\mathrm{d}t}f(x,t)$ 时，显然，如果我们知道 $f(x,0)$ 和 $f'(x,0)$，即知道在第一个时刻的那些 v 值和 $\frac{\mathrm{d}v}{\mathrm{d}t}$，那么其他所有 v 值就都确定了。

这还可以只从这个现象的性质推出。事实上，考虑静止状态下的一块直线弹性薄板：x 是这块薄板上任一点与坐标原点的距离；这块薄板的平衡位置与水平面上的 x 轴重合，把这块薄板从它的平衡位置上拉开，它的形状就稍稍发生变化；这时它就处在由形变所产生的力的作用之中。假定这种位移是任意的，只是非常小，以至于对这块薄板所给定的初始形状是过 x 轴的垂直平面上所作的一条曲线的形状。这个系统将不断改变其形状，并在垂直平面中，在平衡线的两边不断运动。这种运动的最一般的条件由方程

$$\frac{\mathrm{d}^2v}{\mathrm{d}t^2}+\frac{\mathrm{d}^4v}{\mathrm{d}x^4}=0 \tag{d}$$

来表示。

在水平面上，在与原点 0 相距 x 的平衡位置上的任一点 m，在时间 t 结束时，已经过垂直高度 v 而从它的位置上离开。这个变程 v 是 x 和 t 的一个函数。v 的初始值是任意的；它由任一函数 $\phi(x)$ 来表示。现在，从动力学的基本原理所推出的方程（d）表明，v 对 t 所取的二阶流数或者是 $\frac{\mathrm{d}^2v}{\mathrm{d}t^2}$，以及对 x 所取的四阶流数或者是 $\frac{\mathrm{d}^4v}{\mathrm{d}x^4}$，是 x 和 t 的两个函数，这两个函数只有符号上的差别。我们在此不讨论与这两个函数的不连续性有关的具体问题；我们只考虑积分的解析表达式。

我们还可以假定，在任意移动这块薄板的不同点之后，我们在完成振动的垂直平面上对它们给予很小的初速。对任一点 m 所给定的初速取任意值。它由距离 x 的一个任

[①] 就一根细弹性杆的横向振动而对一般方程所进行的研究，可以在唐金的《声学》第 9 章 §§167—177 中找到，(d)是其中的一个特例，它与无永恒内张力对应，同时还省略了杆的截面的角运动。——A. F.

意函数 $\psi(x)$ 来表示。

显然,如果我们给定这个系统的初始形状或者是 $\phi(x)$,以及初始冲量 $\psi(x)$,那么这个系统的所有后继状态就被确定。因此,在任一时间 t 之后表示这块薄板的相应形状的函数 v 或者是 $f(x,t)$,包含两个任意函数 $\phi(x)$ 和 $\psi(x)$。

为了确定所要求的函数 $f(x,t)$,设想在方程

$$\frac{\mathrm{d}^2 v}{\mathrm{d}t^2} + \frac{\mathrm{d}^4 v}{\mathrm{d}x^2} = 0 \qquad (\mathrm{d})$$

中,我们可以对 v 给出很简单的值 $u = \cos q^2 t \cos qx$,或者是 $u = \cos q^2 t \cos(qx - q\alpha)$;$q$ 和 α 表示既不含 x 也不含 t 的任意两个量。因此我们也有 $u = \int \mathrm{d}\alpha\, F(\alpha) \int \mathrm{d}q \cos q^2 t \cos(qx - q\alpha)$,无论积分区间是怎样的,$F(\alpha)$ 都是一个任意函数。这个 v 值只不过是一些特殊值的和。

假定现在 $t=0$,这个 v 值必然是我们用 $f(x,0)$,或者是 $\phi(x)$ 所表示的值。因此我们有 $\phi(x) = \int \mathrm{d}\alpha\, F(\alpha) \int \mathrm{d}q \cos(qx - q\alpha)$。

函数 $F(\alpha)$ 应当这样来确定:使得当两个积分完成时,结果应当是任意函数 $\phi(x)$。现在由方程(B)所表示的定理表明,当两个积分区间是 $-\infty$ 到 $+\infty$ 时,我们有 $F(\alpha) = \frac{1}{2\pi} \phi(\alpha)$。

因此,u 值由下述方程给定: $u = \frac{1}{2\pi} \int_{-\infty}^{+\infty} \mathrm{d}\alpha\, \phi(\alpha) \int_{-\infty}^{+\infty} \mathrm{d}q \cos q^2 t \cos(qx - q\alpha)$。

如果我们相对 t 来对这个 u 值积分,其中的 ϕ 变成 ψ,那么显然,(由 W 所表示的)积分将再次满足所提出的微分方程(d),并且我们应当有 $W = \frac{1}{2\pi} \int \mathrm{d}\alpha\, \psi(\alpha) \int \mathrm{d}q \frac{1}{q^2} \sin q^2 t \cos(qx - q\alpha)$。

当 $t=0$ 时,这个 W 值变成 0;如果我们取表达式 $\frac{\mathrm{d}W}{\mathrm{d}t} = \frac{1}{2\pi} \int_{-\infty}^{+\infty} \mathrm{d}\alpha\, \psi(\alpha) \int_{-\infty}^{+\infty} \mathrm{d}q \cos q^2 t \cos(qx - q\alpha)$,那么我们看到,只要在其中令 $t=0$,它就变得等于 $\psi(x)$。表达式 $\frac{\mathrm{d}u}{\mathrm{d}t}$ 则不同;当 $t=0$ 时,它变成 0,并且当 $t=0$ 时 u 变得等于 $\phi(x)$。

由此得到方程(d)的积分是 $v = \frac{1}{2\pi} \int_{-\infty}^{+\infty} \mathrm{d}\alpha\, \phi(\alpha) \int_{-\infty}^{+\infty} \mathrm{d}q \cos q^2 t \cos(qx - q\alpha) + W = u + W$,并且 $W = \frac{1}{2\pi} \int_{-\infty}^{+\infty} \mathrm{d}\alpha\, \psi(\alpha) \int_{-\infty}^{+\infty} \mathrm{d}q \frac{1}{q^2} \sin q^2 t \cos(qx - q\alpha)$。

事实上,这个 v 值满足微分方程(d);同样,当我们令 $t=0$ 时,它等于完全任意的函数 $\phi(x)$;当我们在表达式 $\frac{\mathrm{d}v}{\mathrm{d}t}$ 中令 $t=0$ 时,它化为第二个任意函数 $\psi(x)$。因此 v 值是所提出的方程的完全积分,并且不可能有更一般的积分了。

406 相对 q 进行积分,v 值可以简化成更简单的形式。这个简化以及那些相同类型的其他式子的简化,取决于由方程(1)和(2)所表示的两个结果,这两个方程将在下一目中证明:

$$\int_{-\infty}^{+\infty} \mathrm{d}q \cos q^2 t \cos qz = \frac{\sqrt{\pi}}{\sqrt{t}} \sin\left(\frac{\pi}{4} + \frac{z^2}{4t}\right), \qquad (1)$$

$$\int_{-\infty}^{+\infty} \mathrm{d}q \sin q^2 t \cos qz = \frac{\sqrt{\pi}}{\sqrt{t}} \sin\left(\frac{\pi}{4} + \frac{z^2}{4t}\right). \qquad (2)$$

由此我们得到

$$u = \frac{1}{2\sqrt{\pi t}} \int_{-\infty}^{+\infty} \mathrm{d}\alpha\, \phi(\alpha) \sin\left[\frac{\pi}{4} + \frac{(\pi - \alpha)^2}{4t}\right]. \qquad (\delta)$$

用另一个未知数 μ 表示 $\frac{\alpha - x}{2\sqrt{t}}$,我们有 $\alpha = x + 2\mu\sqrt{t}$,$\mathrm{d}\alpha = 2\mathrm{d}\mu\sqrt{t}$。不用 $\sin\left(\frac{\pi}{4} + \mu^2\right)$,而代

之以它的值 $\dfrac{1}{\sqrt{2}}\sin\mu^2+\dfrac{1}{\sqrt{2}}\cos\mu^2$，我们有

$$u=\frac{1}{\sqrt{2\pi}}\int_{-\infty}^{+\infty}\mathrm{d}\mu(\sin\mu^2+\cos\mu^2)\phi(\alpha+2\mu\sqrt{t})\,。 \tag{δ'}$$

我们在一份具体的研究报告中已经证明，(δ)或者是(δ')，方程（d）的这些积分，清楚完整地表示一块无穷弹性薄板的不同部分的运动。它们包含这个现象的清晰的表达式，并且很容易阐明它的所有规律。我们正是主要从这个观点出发而提出它们，以引起几何学家们的注意的。它们表明振动在薄板的整个范围内怎样传递和建立，表明任意的和偶然的初始位移的作用怎样随着它从原点取消而逐渐改变，很快变得察觉不出来，只剩下这个系统特有的力，即弹性力的作用。

407　由方程（1）和（2）所表示的结果取决于定积分 $\displaystyle\int \mathrm{d}x\cos x^2$，和 $\displaystyle\int \mathrm{d}x\sin x^2$；设 $g=\displaystyle\int_{-\infty}^{+\infty}\mathrm{d}x\cos x^2$，$h=\displaystyle\int_{-\infty}^{+\infty}\mathrm{d}x\sin x^2$；并且把 g 和 h 看作是已知数。显然，在前面两个方程中我们可以用 $y+b$ 来代替 x，b 表示任一常数，积分区间仍然相同。因此我们有 $g=\displaystyle\int_{-\infty}^{+\infty}\mathrm{d}y\cos(y^2+2by+b^2)$，$h=\displaystyle\int_{-\infty}^{+\infty}\mathrm{d}y\sin(y^2+2by+b^2)$，$g=\displaystyle\int \mathrm{d}y\left\{\begin{matrix}\cos y^2\ \cos 2by\ \cos b^2-\cos y^2\ \sin 2by\ \sin b^2\\ -\sin y^2\ \sin 2by\ \cos b^2-\sin y^2\ \cos 2by\ \sin b^2\end{matrix}\right\}$。现在不难看到，如果积分区间是 $-\infty$ 到 $+\infty$，那么含因子 $\sin 2by$ 的所有积分都是 0；因为 $\sin 2by$ 与 y 同时变号。因此我们有

$$g=\cos b^2\int \mathrm{d}y\cos y^2\ \cos 2by-\sin b^2\int \mathrm{d}y\sin y^2\ \cos 2by\,。 \tag{a}$$

同样，h 的方程给出 $h=\displaystyle\int \mathrm{d}y\left\{\begin{matrix}\sin y^2\ \cos 2by\ \cos b^2+\cos y^2\ \cos 2by\ \sin b^2\\ +\cos y^2\ \sin 2by\ \cos b^2-\sin y^2\ \sin 2by\ \sin b^2\end{matrix}\right\}$；同样略去含 $\sin 2by$ 的项，我们有

$$h=\cos b^2\int \mathrm{d}y\sin y^2\ \cos 2by+\sin b^2\int \mathrm{d}y\cos y^2\ \cos 2by\,。 \tag{b}$$

因此，两个方程（a）和（b）对 g 和 h 给出两个积分 $\displaystyle\int \mathrm{d}y\sin y^2\ \cos 2by$ 和 $\displaystyle\int by\cos y^2\ \cos 2by$，我们分别用 A 和 B 来表示这两个积分。我们现在可以令 $y^2=p^2t$，$2by=pz$；或者 $y=p\sqrt{t}$，$b=\dfrac{z}{2\sqrt{t}}$；因此我们有 $\sqrt{t}\displaystyle\int \mathrm{d}p\cos p^2t\ \cos p\ z=A$，$\sqrt{t}\displaystyle\int \mathrm{d}p\sin p^2t\ \cos p\ z=B$。

g 和 h 的值[①]立即从已知结果 $\sqrt{\pi}=\displaystyle\int_{-\infty}^{+\infty}\mathrm{d}x\ \mathrm{e}^{-x^2}$ 中推出。

最后这个方程事实上是一个恒等式，因此，当我们用量 $y\left(\dfrac{1+\sqrt{-1}}{\sqrt{2}}\right)$ 来代替 x 时，这个等式一定成立。这个代换给出 $\sqrt{\pi}=\dfrac{1+\sqrt{-1}}{\sqrt{2}}\displaystyle\int \mathrm{d}y\ \mathrm{e}^{-y^2\sqrt{-1}}=\dfrac{1+\sqrt{-1}}{\sqrt{2}}\displaystyle\int \mathrm{d}y\left(\cos y^2-\sqrt{-1}\sin y^2\right)$。

[①]　从第 360 目所给出的已知结果，即：$\displaystyle\int_0^\infty \dfrac{\mathrm{d}u\ \sin u}{\sqrt{u}}=\sqrt{\dfrac{\pi}{2}}$ 推出更容易。设 $u=z^2$，$\dfrac{1}{2}\dfrac{\mathrm{d}u}{\sqrt{u}}=\mathrm{d}z$，这时 $\displaystyle\int_0^\infty \mathrm{d}z\sin z^2=\dfrac{1}{2}\sqrt{\dfrac{\pi}{2}}$。并且 $\displaystyle\int_{-\infty}^{+\infty}\mathrm{d}z\sin z^2=2\displaystyle\int_0^\infty \mathrm{d}z\sin z^2=\sqrt{\dfrac{\pi}{2}}$。余弦亦可从 $\displaystyle\int_0^\infty \dfrac{\mathrm{d}u\ \cos u}{\sqrt{u}}=\sqrt{\dfrac{\pi}{2}}$ 导出。——R. L. E.

因此最后这个方程右边的实部是 $\sqrt{\pi}$，虚部是 0。由此我们得出 $\sqrt{\pi} = \dfrac{1}{\sqrt{2}}\Big(\displaystyle\int \mathrm{d}y\,\cos y^2 +$

$\displaystyle\int \mathrm{d}y\,\sin y^2\Big)$，并且 $0 = \displaystyle\int \mathrm{d}y\,\cos y^2 - \int \mathrm{d}y\,\sin y^2$，或者是 $\displaystyle\int_{-\infty}^{+\infty}\mathrm{d}y\,\cos y^2 = g = \sqrt{\dfrac{\pi}{2}}$，$\displaystyle\int_{-\infty}^{+\infty}\mathrm{d}y\,\sin y^2 =$

$h = \sqrt{\dfrac{\pi}{2}}$

剩下的只是用方程（a）和（b）来确定两个积分 $\displaystyle\int \mathrm{d}y\,\cos y^2\,\cos 2by$ 和 $\displaystyle\int \mathrm{d}y\,\sin y^2$

$\sin 2by$ 的值。

因此这两个积分可以表示成 $A = \displaystyle\int_{-\infty}^{+\infty}\mathrm{d}y\,\cos y^2\,\cos 2by = h\sin b^2 + g\cos b^2$，$B = \displaystyle\int_{-\infty}^{+\infty}\mathrm{d}y$

$\sin y^2\,\sin 2by = h\cos b^2 - g\sin b^2$；所以我们得出 $\displaystyle\int_{-\infty}^{+\infty}\mathrm{d}p\,\cos p^2 t\,\cos p\ z = \dfrac{\sqrt{\pi}}{\sqrt{t}}\dfrac{1}{\sqrt{2}}\Big(\cos\dfrac{z^2}{4t} +$

$\sin\dfrac{z^2}{4t}\Big)$，$\displaystyle\int_{-\infty}^{+\infty}\mathrm{d}p\,\sin p^2 t\,\cos p\ z = \dfrac{\sqrt{\pi}}{\sqrt{t}}\dfrac{1}{\sqrt{2}}\Big(\cos\dfrac{z^2}{4t} - \sin\dfrac{z^2}{4t}\Big)$；用 $\sin\dfrac{\pi}{4}$ 或者是 $\cos\dfrac{\pi}{4}$ 来代替

$\sqrt{\dfrac{1}{2}}$，则我们有

$$\int_{-\infty}^{+\infty}\mathrm{d}p\,\cos p^2 t\,\cos p\ z = \frac{\sqrt{\pi}}{\sqrt{t}}\sin\Big(\frac{\pi}{4} + \frac{z^2}{4t}\Big) \tag{1}$$

和

$$\int_{-\infty}^{+\infty}\mathrm{d}p\,\sin p^2 t\,\cos p\ z = \frac{\sqrt{\pi}}{\sqrt{t}}\sin\Big(\frac{\pi}{4} - \frac{z^2}{4t}\Big)。 \tag{2}$$

408　由第 404 目的方程（B）和第 361 目的方程（E）所表示的命题是用来求积分（δ）和前面那些积分的，它显然也对许多变量适用。事实上，在一般方程 $f(x) = \dfrac{1}{2\pi}\displaystyle\int_{-\infty}^{+\infty}\mathrm{d}\alpha\,f(\alpha)$

$\displaystyle\int_{-\infty}^{+\infty}\mathrm{d}p\,\cos(p\ x - p\ \alpha)$ 或者是 $f(x) = \dfrac{1}{2\pi}\displaystyle\int_{-\infty}^{+\infty}\mathrm{d}p\displaystyle\int_{-\infty}^{+\infty}\mathrm{d}\alpha\,\cos(p\ x - p\ \alpha)f(\alpha)$ 中，我们可以把 $f(x)$ 看作是两个变量 x 和 y 的一个函数。这时函数 $f(\alpha)$ 是 α 和 y 的一个函数。现在我们把这个函数 $f(\alpha, y)$ 看作是变量 y 的一个函数，这样我们从第 404 目的同一个定理（B）得出 $f(\alpha, y) = \dfrac{1}{2\pi}\displaystyle\int_{-\infty}^{+\infty}f(\alpha, \beta)\mathrm{d}\alpha\displaystyle\int \mathrm{d}q\,\cos(q\ y - q\ \beta)$。

因此，为了表示两个变量 x 和 y 的任一个函数，我们有下述方程

$$f(x, y) = \Big(\frac{1}{2\pi}\Big)^2\int_{-\infty}^{+\infty}\mathrm{d}\alpha\int_{-\infty}^{+\infty}\mathrm{d}\beta f(\alpha, \beta)\int_{-\infty}^{+\infty}\mathrm{d}p\,\cos(p\ x - p\ \alpha)\int_{-\infty}^{+\infty}\mathrm{d}q\,\cos(q\ y - q\ \beta)。$$

$$\tag{BB}$$

我们以同样的方式建立属于有三个变量的函数的方程，即

$$f(x, y, z) = \Big(\frac{1}{2\pi}\Big)^3\int \mathrm{d}\alpha\int \mathrm{d}\beta\int \mathrm{d}\gamma f(\alpha, \beta, \gamma)\int \mathrm{d}p\,\cos(p\ x - p\ \alpha)$$

$$\int \mathrm{d}p\,\cos(q\ y - q\ \beta)\int \mathrm{d}r\,\cos(r\ z - r\ \gamma)，\tag{BBB}$$

每一个积分都从 $-\infty$ 取到 $+\infty$。

显然，同一命题可以推广到包含任意数目的变量的那些函数上去。剩下来的是要表明这个命题怎样适合于求含二个以上的变量的方程的那些积分。

409　例如，由于微分方程是

$$\frac{\mathrm{d}^2 v}{\mathrm{d}t^2} = \frac{\mathrm{d}^2 v}{\mathrm{d}x^2} + \frac{\mathrm{d}^2 v}{\mathrm{d}y^2}, \tag{c}$$

所以我们希望确定作为 (x,y,t) 的一个函数的 v 值,使得:第一,只要假定 $t=0$,v 或者是 $f(x,y,t)$ 就变成 x 和 y 的一个任意函数 $\phi(x,y)$;第二,只要在 $\dfrac{\mathrm{d}v}{\mathrm{d}t}$ 或者是 $f'(x,y,t)$ 的值中令 $t=0$,我们就得到第二个完全任意的函数 $\psi(x,y)$。

从微分方程 (c) 的形式我们可以推出,满足这个方程和前面两个条件的 v 值必然是通解。为了求这个积分,我们首先对 v 给出特殊值 $v = \cos mt \cos px \cos qy$。$v$ 的这个代换给出条件 $m = \sqrt{p^2 + q^2}$。同样明显的是,不含 x,y 和 t 的那些量 p,q,α,β 和 $F(\alpha,\beta)$ 无论是怎样的,我们都可以记 $v = \cos p(x-\alpha) \cos q(y-\beta) \cos t \sqrt{p^2+q^2}$,或者是 $v = \int \mathrm{d}\alpha \int \mathrm{d}\beta F(\alpha,\beta) \int \mathrm{d}p \cos(px - p\alpha) \int \mathrm{d}q \cos(qy - q\beta) \cos t \sqrt{p^2+q^2}$。事实上,这个 v 值只不过是一些特殊值的和。

如果我们假定 $t=0$,那么 v 必然变成 $\phi(x,y)$。因此我们有 $\phi(x,y) = \int \mathrm{d}\alpha \int \mathrm{d}\beta F(\alpha,\beta) \int \mathrm{d}p \cos(px - p\alpha) \int \mathrm{d}q \cos(qy - q\beta)$。

这样,问题就简化成确定 $F(\alpha,\beta)$,使得所指明的积分结果能够成为 $\phi(x,y)$。现在只要比较最后这个方程和方程 (BB),我们就会得到 $\phi(x,y) = \left(\dfrac{1}{2\pi}\right)^2 \int_{-\infty}^{+\infty} \mathrm{d}\alpha \int_{-\infty}^{+\infty} \mathrm{d}\beta\, \phi(\alpha,\beta) \int_{-\infty}^{+\infty} \mathrm{d}p \cos(px - p\alpha) \int_{-\infty}^{+\infty} \mathrm{d}q \cos(qy - q\beta)$。

所以这个积分可以表示成 $v = \left(\dfrac{1}{2\pi}\right)^2 \int_{-\infty}^{+\infty} \mathrm{d}\alpha \int_{-\infty}^{+\infty} \mathrm{d}\beta\, \phi(\alpha,\beta) \int_{-\infty}^{+\infty} \mathrm{d}p \cos(px - p\alpha) \int_{-\infty}^{+\infty} \mathrm{d}q \cos(qy - q\beta) \cos t \sqrt{p^2+q^2}$。

这样我们就得到这个积分的第一部分 u,用 W 表示第二部分,它应当包含另外一个任意函数 $\psi(x,y)$,我们有 $v = u + W$,并且我们应当把 W 看作是积分 $\int u \mathrm{d}t$,只不过把 ϕ 变成 ψ。事实上,当令 $t=0$ 时,u 就变成 $\phi(x,y)$;同时 W 变成 0,因为相对 t 的积分把余弦变成正弦。

此外,如果我们取 $\dfrac{\mathrm{d}v}{\mathrm{d}t}$ 的值,并且令 $t=0$,那么这时含一个正弦的第一部分就变成 0,第二部分变成 $\psi(x,y)$。因此方程 $v = u + W$ 是所提出的方程的完全积分。

我们同样可以建立方程 $\dfrac{\mathrm{d}^2 v}{\mathrm{d}t^2} = \dfrac{\mathrm{d}^2 v}{\mathrm{d}x^2} + \dfrac{\mathrm{d}^2 v}{\mathrm{d}y^2} + \dfrac{\mathrm{d}^2 v}{\mathrm{d}z^2}$ 的积分。

这只要引进一个新的因子 $\dfrac{1}{2\pi}\cos(rz - r\gamma)$,并且相对 r 和 γ 积分就够了。

410　设所提出的方程是 $\dfrac{\mathrm{d}^2 v}{\mathrm{d}x^2} + \dfrac{\mathrm{d}^2 v}{\mathrm{d}y^2} + \dfrac{\mathrm{d}^2 v}{\mathrm{d}z^2} = 0$;所需要的是把 v 表示成一个函数 $f(x,y,z)$,使得:第一,$f(x,y,0)$ 可以是一个任意函数 $\phi(x,y)$;第二,只要在函数 $\dfrac{\mathrm{d}}{\mathrm{d}z}f(x,y,z)$ 中令 $z=0$,我们就得到第二个任意函数 $\psi(x,y)$。由微分方程的形式显然得到,被确定的函数是所提出的方程的完全积分。

为了求这个方程,我们首先可以注意到,这个方程通过记 $v = \cos px \cos qy\, \mathrm{e}^{mz}$ 而被满足,指数 p 和 q 是任意两个数,m 的值是 $\pm \sqrt{p^2+q^2}$。

这时我们还可以记 $v = \cos(px - p\alpha) \cos(qy - q\beta)\left(\mathrm{e}^{z\sqrt{p^2+q^2}} + \mathrm{e}^{-z\sqrt{p^2+q^2}}\right)$,或者是 $v = \int \mathrm{d}\alpha \int \mathrm{d}\beta F(\alpha,\beta) \int \mathrm{d}p \int \mathrm{d}q \cos(px - p\alpha) \cos(qy - q\beta)\left(\mathrm{e}^{z\sqrt{p^2+q^2}} + \mathrm{e}^{-z\sqrt{p^2+q^2}}\right)$。

如果令 z 等于 0,那么为了确定 $F(\alpha,\beta)$,我们有下述条件 $\phi(x,y)=\int d\alpha \int d\beta F(\alpha,\beta)\int dp \int dq \cos(px-p\alpha)\cos(qy-q\beta)$;并且只要与方程(BB)进行比较,我们就看到 $F(\alpha,\beta)=\left(\dfrac{1}{2\pi}\right)^2 \phi(\alpha,\beta)$;这样,作为这个积分第一部分的表达式,我们有 $u=\left(\dfrac{1}{2\pi}\right)^2 \int d\alpha$ $\int d\beta\,\phi(\alpha,\beta)\int dp \cos(px-p\alpha)\int dq \cos(qy-q\beta)\left(e^{z\sqrt{p^2+q^2}}+e^{-z\sqrt{p^2+q^2}}\right)$。 *

当 $z=0$ 时 u 值简化成 $\phi(x,y)$,同一代换使 $\dfrac{du}{dy}$ 的值为 0。

我们也可以相对 z 来对这个 v 值积分,并对这个积分给出下述形式,其中 ψ 是一个新的任意函数:$W=\left(\dfrac{1}{2\pi}\right)^2 \int d\alpha \int d\beta\,\psi(\alpha,\beta)\int dp \cos(px-p\alpha)\int dq \cos(qy-q\beta)$ $\dfrac{e^{z\sqrt{p^2+q^2}}-e^{-z\sqrt{p^2+q^2}}}{\sqrt{p^2+q^2}}$。

当 $z=0$ 时 W 的值变成 0,同一代换使函数 $\dfrac{dW}{dz}$ 等于 $\psi(x,y)$。因此所提出的方程的通解是 $v=u+W$。

411 最后设这个方程是

$$\frac{d^2 v}{dt^2}+\frac{d^4 v}{dx^4}+2\frac{d^4 v}{dx^2 dy^2}+\frac{d^4 v}{dy^4}=0, \tag{e}$$

所需要的是把 v 确定为一个函数 $f(x,y,t)$,它满足所提出的方程(e)和下面两个条件:即第一,$f(x,y,t)$ 中的这个代换 $t=0$ 应当给出一个任意函数 $\phi(x,y)$;第二,$\dfrac{d}{dt}f(x,y,t)$ 中的同一代换应当给出第二个任意函数 $\psi(x,y)$。

从方程(e)的形式和从我们在上面所阐明的原理显然得到,当我们确定了函数 v,以致使它满足前面那些条件时,它是所提出的方程的完全积分。为了求这个函数,我们先写 $v=\cos px \cos qy \cos mt$,因此我们推出 $\dfrac{d^2 v}{dt^2}=-m^2 v,\dfrac{d^4 v}{dx^4}=p^4 v,\dfrac{d^4 v}{dx^2 dy^2}=p^2 q^2 v,\dfrac{d^4 v}{dy^4}=q^4 v$。

这时我们有条件 $m=p^2+q^2$。因此我们可以写 $v=\cos px \cos qy \cos t(p^2+q^2)$ 或者是 $v=\cos(px-p\alpha)\cos(qy-q\beta)\cos(p^2 t+q^2 t)$,或者是 $v=\int d\alpha \int d\beta\,F(\alpha,\beta)$ $\int dp \int dq \cos(px-p\alpha)\cos(qy-q\beta)\cos(p^2 t+q^2 t)$。

当我们令 $t=0$ 时,我们肯定有 $v=\phi(x,y)$;它被用来确定函数 $F(\alpha,\beta)$。如果我们把这个方程和一般方程进行比较,那么我们得到,当在无穷区间内取这些积分时,$F(\alpha,\beta)$ 的值是 $\left(\dfrac{1}{2\pi}\right)^2 \phi(\alpha,\beta)$。因此,作为这个积分的第一部分的表达式,我们有 $u=\left(\dfrac{1}{2\pi}\right)^2 \int_{-\infty}^{+\infty}d\alpha$ $\int_{-\infty}^{+\infty}d\beta\,\phi(\alpha,\beta)\int_{-\infty}^{+\infty}dp\cos(px-p\alpha)\int_{-\infty}^{+\infty}dq\cos(qy-q\beta)\cos(p^2 t+q^2 t)$。

相对 t 来对 u 值进行积分,由于第二个任意函数由 ψ 来表示,所以我们看到积分的另

---

* 方程右边的系数 $\left(\dfrac{1}{2\pi}\right)^2$,在法文《文集》本中,是 $\dfrac{1}{8\pi^2}$。下面 W 的表达式中的这个系数,亦有这样的差别。——
汉译者

一部分 W 表示成：$W = \left(\dfrac{1}{2\pi}\right)^2 \displaystyle\int_{-\infty}^{+\infty} d\alpha \int_{-\infty}^{+\infty} d\beta\, \psi(\alpha,\beta) \int_{-\infty}^{+\infty} dp \cos(px - p\alpha) \int_{-\infty}^{+\infty} dq \cos(qy -$

$q\beta) \dfrac{\sin(p^2 t + q^2 t)}{p^2 + q^2}$。

如果我们在 u 和 W 中令 $t=0$，那么第一个函数变成 $\phi(x,y)$，第二个函数变成 0；如果我们也在 $\dfrac{d}{dt}u$ 和在 $\dfrac{d}{dt}W$ 中令 $t=0$，那么第一个函数就变成 0，第二个变成 $\psi(x,y)$；因此 $v = u + W$ 是所提出的方程的通解。

412 相对 p 和 q 施行两次积分，我们可以给予 u 值一个更简单的形式。为此，我们使用我们在第 407 目所证明了的两个方程（1）和（2），我们得到下述积分，$u = \dfrac{1}{2\pi} \displaystyle\int_{-\infty}^{+\infty} d\alpha$

$\displaystyle\int_{-\infty}^{+\infty} d\beta\, \phi(\alpha,\beta) \dfrac{1}{4t} \sin \dfrac{(x-\alpha)^2 + (y-\beta)^2}{4t}$。*

用 u 表示这个积分的第一部分，用 W 表示第二部分，它应当包含另一个任意函数，那么我们有 $W = \displaystyle\int_0^t dt\, u$ 和 $v = u + W$。

如果我们用 μ 和 υ 来表示两个新未知数，使得我们有 $\dfrac{\alpha-x}{2\sqrt{t}} = \mu$，$\dfrac{\beta-y}{2\sqrt{t}} = \upsilon$，并且如果我们不用 $\alpha,\beta,d\alpha,d\beta$，而代之以它们的值 $x + 2\mu\sqrt{t}$，$y + 2\upsilon\sqrt{t}$，$2d\mu\sqrt{t}$，$2d\upsilon\sqrt{t}$，那么我们有这个积分的另一种形式，$v = \dfrac{1}{\pi} \displaystyle\int_{-\infty}^{+\infty} d\mu \int_{-\infty}^{+\infty} d\upsilon \sin(\mu^2 + \upsilon^2)\, \phi(x + 2\mu\sqrt{t}, y + 2\upsilon\sqrt{t}) + W$。 进一步扩大我们这些公式的应用会偏离我们的主题。前面那些例子与一些物理现象有关，这些物理现象的规律原来不为人们所知并且难以发现；我们选择它们，是因为人们一直徒劳地寻找至今的这些方程的积分与那些表示热运动方程的积分有引人注目的相似性。

413 在这些积分的研究中，我们还可以先考虑根据一个变量的幂所展开的级数，并且用方程（B）、（BB）所表示的定理对这些级数求和。这种分析的下面这个例子取自热的理论本身，我们认为这个例子是值得注意的。

我们在第 399 目已经看到，从方程

$$\dfrac{dv}{dt} = \dfrac{d^2 v}{dx^2} \tag{a}$$

所导出、并且根据变量 t 的增幂以级数所展开的这个一般的 v 值，只包含 x 的一个任意函数；当根据 x 的增幂以级数展开时，它包含 t 的两个完全任意函数。

因此，第一个级数表示成：

$$v = \phi(x) + t\, \dfrac{d^2}{dx^2}\phi(x) + \dfrac{t^2}{2!} \dfrac{d^4}{dx^4}\phi(x) + \cdots。 \tag{T}$$

由第 397 目的（β）或者是由 $v = \dfrac{1}{2\pi} \displaystyle\int d\alpha\, \phi(\alpha) \int dp\, e^{-p^2 t} \cos(px - p\alpha)$ 所表示的积分表示这个级数的和，并且包含唯一的任意函数 $\phi(x)$。

根据 x 的幂所展开的 v 值包含两个任意函数 $f(t)$ 和 $F(t)$，因此被表示成

---

* 在法文《文集》本中，u 的表达式是 $u = \dfrac{1}{4\pi t} \displaystyle\int_{-\infty}^{+\infty} d\alpha \int_{-\infty}^{+\infty} \phi(\alpha,\beta) \sin \dfrac{(x-\alpha)^2 + (y-\beta)^2}{4t} d\beta$。因为英译本中第二个积分式中有因子 $\dfrac{1}{4t}$，所以，两者相差 $\dfrac{1}{2}$ 倍。——汉译者

$$v = f(t) + \frac{x^2}{2!}\frac{\mathrm{d}}{\mathrm{d}t}f(t) + \frac{x^4}{4!}\frac{\mathrm{d}^2}{\mathrm{d}t^2}f(t) + \cdots + xF(t) + \frac{x^3}{3!}\frac{\mathrm{d}}{\mathrm{d}t}F(t) + \frac{x^5}{5!}\frac{\mathrm{d}^2}{\mathrm{d}t^2}F(t) + \cdots.$$

$$(\text{X})$$

因此,与方程(β)无关,表示最后这个级数的和,并且含有两个任意函数 $f(t)$ 和 $F(t)$ 的这个积分,有另外一种形式。我们需要找到所提出的方程的这第二个积分,这个积分不可能比前面那个积分更一般,但是它包含两个任意函数。

我们可以通过对进入方程(X)的两个级数的每一个取和而得到它。显然,在一个 x 和 t 的函数形式下,如果我们知道含 $f(t)$ 的第一个级数的和,那么,我们在用 $\mathrm{d}x$ 乘它之后应当相对 x 取这个积分并把 $f(t)$ 变成 $F(t)$。我们由此得到第二个级数。而且,只要确定进入第一个级数的奇数项的和就够了:因为,用 μ 表示这个和,用 v 表示其他所有项的和,那么我们显然有 $v = \int_0^x \mathrm{d}x \int_0^x \mathrm{d}x \frac{\mathrm{d}\mu}{\mathrm{d}t}$。

这时,剩下的是求 μ 的值。现在函数 $f(t)$ 可以由一般方程(B)表示成

$$f(t) = \frac{1}{2\pi}\int_{-\infty}^{+\infty}\mathrm{d}\alpha\, f(\alpha)\int_{-\infty}^{+\infty}\mathrm{d}p\,\cos(pt - p\alpha). \qquad (\text{B})$$

由此不难推出函数 $\dfrac{\mathrm{d}^2}{\mathrm{d}t^2}f(t)$, $\dfrac{\mathrm{d}^4}{\mathrm{d}t^4}f(t)$, $\dfrac{\mathrm{d}^6}{\mathrm{d}t^6}f(t)$, $\cdots$。

显然,微分相当于在方程(B)的右边、在符号 $\int\mathrm{d}p$ 之下写上相应的因子 $-p^2$, $+p^4$, $-p^6$, $\cdots$。

这时,只要写上共同的因子 $\cos(pt - p\alpha)$,我们就有 $\mu = \dfrac{1}{2\pi}\int\mathrm{d}\alpha\, f(\alpha)\int\mathrm{d}p\,\cos(pt - p\alpha)\left(1 - \dfrac{p^2 x^4}{4!} + \dfrac{p^4 x^8}{8!} - \cdots\right)$

因此,问题在于求进入右边级数的和,这看来没有困难。事实上,如果 y 是这个级数的值,那么我们得出 $\dfrac{\mathrm{d}^4 y}{\mathrm{d}x^4} = -p^2 + \dfrac{p^4 x^4}{4!} - \dfrac{p^6 x^8}{8!} + \cdots$,或者是 $\dfrac{\mathrm{d}^4 y}{\mathrm{d}x^4} = -p^2 y$。

对这个线性方程进行积分,并确定那些任意常数,因此当 x 为 0 时 y 是 1,并且 $\dfrac{\mathrm{d}y}{\mathrm{d}x}$, $\dfrac{\mathrm{d}^2 y}{\mathrm{d}x^2}$, $\dfrac{\mathrm{d}^3 y}{\mathrm{d}x^3}$ 是 0,作为级数的和,我们得到 $y = \dfrac{1}{2}\left(\mathrm{e}^{x\sqrt{\frac{p}{2}}} + \mathrm{e}^{-x\sqrt{\frac{p}{2}}}\right)\cos\left(x\sqrt{\dfrac{p}{2}}\right)$。讨论这个研究的细节没什么用处;只要陈述结果就够了,作为所寻求的积分,它给出

$$v = \frac{2}{\pi}\int_{-\infty}^{+\infty}\mathrm{d}\alpha\, f(\alpha)\int_0^{\infty}\mathrm{d}q q\,[\cos 2q^2(t - \alpha)(\mathrm{e}^{qx} + \mathrm{e}^{-qx})\cos qx$$
$$- \sin 2q^2(t - \alpha)(\mathrm{e}^{qx} - \mathrm{e}^{-qx})\sin qx] + W. \qquad (\beta\beta)$$

项 W 是积分的第二部分;它由第一部分相对 x 从 $x=0$ 到 $x=x$ 取积分,并把 f 变成 F 而形成。在这种形式下,积分包含两个完全任意的函数 $f(t)$ 和 $F(t)$。如果在 v 值中我们假定 x 为 0,那么由假定,项 W 变成 0,并且积分的第一部分变成 $f(t)$。如果我们在 $\dfrac{\mathrm{d}v}{\mathrm{d}x}$ 的值中作同一代换 $x=0$,那么显然,第一部分 $\dfrac{\mathrm{d}u}{\mathrm{d}x}$ 变成 0。第二部分 $\dfrac{\mathrm{d}W}{\mathrm{d}x}$,与第一部分只相差函数 F,它代替 f,所以化为 $F(t)$。因此由方程($\beta\beta$)所表示的积分满足所有的条件,并且表示形成方程(X)右边的两个级数的和。

这就是在热的理论的几个问题中所应当选择的积分形式[1]；我们看到，它与第 397 目的方程（β）所表示的形式是很不相同的。

414　我们可以采用非常不同的研究过程来用定积分表示那些代表微分方程的积分的那些级数的和。这些表达式的形式也依赖于这些定积分的上下限。让我们重温第 311 目的结果，对这种研究举一个例子。在那一目结束时的那个方程中，如果我们在函数 ϕ 的符号下写上 $x + t\,\sin u$，那么我们有 $\dfrac{1}{\pi}\int_0^\pi \mathrm{d}u\,\phi(x + t\,\sin u) = \phi(x) + \dfrac{t^2}{2^2}\,\phi''(x) +$

$\dfrac{t^4}{2^2 \cdot 4^2}\,\phi^{\text{IV}}(x) + \dfrac{t^6}{2^2 \cdot 4^2 \cdot 6^2}\,\phi^{\text{VI}}(x) + \cdots$。

用 v 表示构成方程右边的这个级数的和，我们看到，为了使因子 $2^2, 4^2, 6^2, \cdots$ 的某一个在每一项中消去，我们应当对 t 微分一次，用这个结果乘以 t，并再对 t 微分一次。由此我们得知 v 满足偏微分方程 $\dfrac{\mathrm{d}^2 v}{\mathrm{d}x^2} = \dfrac{1}{t}\dfrac{\mathrm{d}}{\mathrm{d}t}\left(t\dfrac{\mathrm{d}v}{\mathrm{d}t}\right)$，或者是 $\dfrac{\mathrm{d}^2 v}{\mathrm{d}x^2} = \dfrac{\mathrm{d}^2 v}{\mathrm{d}t^2} + \dfrac{1}{t}\dfrac{\mathrm{d}v}{\mathrm{d}t}$。

因此，为了表示这个方程的积分，我们有 $v = \dfrac{1}{\pi}\int_0^\pi \mathrm{d}u\,\phi(x + t\,\sin u) + W$。

积分的第二部分 W 包含一个新的任意函数。

积分的这个第二部分 W 的形式与第一部分的形式大小不相同，并且它也可以用定积分来表示。由定积分所得到的这些结果随导出它们的研究过程而不同，也随这些积分的上下限而不同。

415　有必要仔细考查用来变换任意函数的一般命题的性质；因为这些定理的运用很广泛，我们由它们直接得到几个重要的物理问题的解，这些问题不可能用其他方法来处理。我们在我们开始的研究中所给出的下面几个证明对于揭示这些命题的真实性是很适合的。

在和第 404 目的方程（B）相同的一般方程 $f(x) = \dfrac{1}{\pi}\int_{-\infty}^{+\infty}\mathrm{d}\alpha\,f(\alpha)\int_0^{+\infty}\mathrm{d}p\,\cos(p\,\alpha - p\,x)$ 中，我们可以对 p 进行积分，我们得到 $f(x) = \dfrac{1}{\pi}\int_{-\infty}^{+\infty}\mathrm{d}\alpha\,f(\alpha)\,\dfrac{\sin(p\,\alpha - p\,x)}{\alpha - x}$。

这时在最后这个表达式中，我们应当赋予 p 一个无穷值；如此，右边就表示 $f(x)$ 的值。通过下面的作图，我们会看出这个结果是成立的。先考察定积分 $\int_0^\infty \mathrm{d}x\,\dfrac{\sin x}{x}$，我们知道，在第 356 目中，它等于 $\dfrac{1}{2}\pi$。如果我们在 x 轴的上方作纵坐标为 $\sin x$ 的曲线和纵坐标为 $\dfrac{1}{x}$ 的曲线，然后使第一条曲线的纵坐标乘以相应的第二条曲线的纵坐标，那么我们可以把这个积看作是第三条曲线的纵坐标，这条曲线的形状是很容易确定的。

它在原点的第一个纵坐标是 1，随后的纵坐标交替为正和负，这条曲线在 $x = \pi, 2\pi, 3\pi, \cdots$ 的点上截 x 轴，并且它愈来愈趋近于这个轴。

这条曲线的第二个分支，完全像第一个分支一样，在 y 轴的左边。积分 $\int_0^\infty \mathrm{d}x\,\dfrac{\sin x}{x}$ 是包含在这条曲线和 x 轴之间，并且从 $x = 0$ 一直算到 x 为正无穷大的面积。

假定 p 是任一正数，定积分 $\int_0^\infty \mathrm{d}x\,\dfrac{\sin p\,x}{x}$ 和上面的积分有相同的值。事实上，设 $p\,x = z$；则所提出的积分变成 $\int_0^\infty \mathrm{d}z\,\dfrac{\sin z}{z}$，因此，它也等于 $\dfrac{1}{2}\pi$。无论 p 是怎样的正数，这

---

① 见 W. 汤姆森爵士的论文"论线性热运动"（On the Linear Motion of Heat），第二部分，第 1 目，《剑桥数学学报》，第 3 卷，第 206—208 页。——A. F.

个命题都成立。例如，如果我们假定 $p=10$，那么纵坐标为 $\dfrac{\sin 10x}{x}$ 的这条曲线的正弦波（sinuosities）就比纵坐标为 $\dfrac{\sin x}{x}$ 的正弦波要密得多和短得多；但是从 $x=0$ 一直到 $x=\infty$ 的整个面积是一样的。

现在假定数 p 变得愈来愈大，并且它无限增加，即变成无穷大。纵坐标是 $\dfrac{\sin p\,x}{x}$ 的这条曲线的正弦波就无限接近。它们的底是等于 $\dfrac{\pi}{p}$ 的无穷小长度。因此，如果我们比较保持在某个这样的区间 $\dfrac{\pi}{p}$ 上的正面积和保持在随后的区间上的负面积，如果我们用 X 表示有限且充分大的横坐标，它与第一条弧的起点一致，那么我们看到，作为分母而进入纵坐标表达式 $\dfrac{\sin p\,x}{x}$ 的横坐标 x，在作为两个面积的底的两个区间中没有明显的差异。因此积分是一样的，就像 x 是一个常数一样。由此得到彼此相继的两个面积的和为 0。

当 x 的值无穷小时则不同，因为在这种情况下区间 $\dfrac{2\pi}{p}$ 与 x 的值有一个有限比。由此我们知道，假定 p 是一个无穷大的数，则积分 $\displaystyle\int_0^\infty \mathrm{d}x\,\dfrac{\sin p\,x}{x}$ 就完全由与 x 的极小值对应的前几项的和所组成。当横坐标有一个有限值 X 时，这个面积就不会变，因为构成它的那些部分两两交替地相互抵消。

我们用 $\displaystyle\int_0^\infty \mathrm{d}x\,\dfrac{\sin p\,x}{x}=\int_0^\omega \mathrm{d}x\,\dfrac{\sin p\,x}{x}=\dfrac{1}{2}\pi$ 来表示这个结果。

表示第二个积分的积分区间的量 ω 取无穷小的值；当这个区间是 ω 并且当它是 ∞ 时，这个积分的值是相同的。

416　如假定，取方程 $f(x)=\dfrac{1}{\pi}\displaystyle\int_{-\infty}^{+\infty}\mathrm{d}\alpha\,f(\alpha)\,\dfrac{\sin p(\alpha-x)}{\alpha-x}$，$(p=\infty)$。

建立横坐标 α 的轴，在轴的上方作曲线 ff，它的纵坐标是 $f(\alpha)$。这条曲线的形状是完全任意的；它的纵坐标可能只在它轨迹的一个或几个部分上有，而其他所有部分的纵坐标都是 0。

在横坐标轴的上方还作一条曲线 ss，它的纵坐标是 $\dfrac{\sin p\,z}{z}$，z 表示横坐标，p 表示一个很大的正数。这条曲线的中心，或者说对应于最大纵坐标 p 的点，可以放在横坐标 α 的原点 O 上，或者是放在任一横坐标的端点上。我们假定这个中心是依次移动的，并且离开点 O 向 α 轴右边的所有点转移。当这个中心到达点 x，x 是第一条曲线的一个横轴 x 的终点时，我们考察在第二条曲线的某个位置上所发生的情况。

由于 x 的值被看作是常数，α 是唯一的变量，所以第二条曲线的纵坐标变成 $\dfrac{\sin p(\alpha-x)}{\alpha-x}$。

这时如果我们把这两条曲线耦合起来，构成第三条曲线，即如果我们把这两条曲线的每一个纵坐标相乘，并且用在 α 轴的上方所作的第三条曲线的纵坐标来表示这个积，那么这个积是 $f(\alpha)\,\dfrac{\sin p(\alpha-x)}{\alpha-x}$。

第三条曲线的整个面积，或者说包含在这条曲线和横轴之间的面积，由 $\displaystyle\int_{-\infty}^{+\infty}\mathrm{d}\alpha\,f(\alpha)\,\dfrac{\sin p(\alpha-x)}{\alpha-x}$ 来表示。

现在由于数 p 无穷大,所以第二条曲线的所有正弦波无限接近;我们不难看到,对于与点 x 有一个有限距离的所有点,定积分,或者是说第三条曲线的全面积,由交替为正或者是负的一些相等部分所构成,这些相等部分两两相互抵消。事实上,对于这些与点 x 有一定距离的点来说,当我们以小于 $\dfrac{2\pi}{p}$ 的量使这个距离增加时,$f(\alpha)$ 的值的变化就无穷地小。分母 $\alpha-x$ 的情况亦如此,$\alpha-x$ 测定那个距离。因此对应于区间 $\dfrac{2\pi}{p}$ 的面积是一样的,仿佛量 $f(\alpha)$ 和 $\alpha-x$ 不是变量一样。因此当 $\alpha-x$ 是一个有限量时这个全面积为 0。所以我们可以在我们想怎么近就怎么近的区间内取这个定积分,并且它在那些区间内给出和在无穷区间内所给出的一样的结果。这样,整个问题就简化成在无穷近的点之间取积分,这些点一个在使 $\alpha-x$ 为 0 的点的左边,另一个在它的右边,即从 $\alpha=x-\omega$ 到 $\alpha=x+\omega$ 之间取积分,ω 表示一个无穷小量。在这个区间内函数 $f(\alpha)$ 不变,它等于 $f(x)$,并且可以放到积分号外面去。因此表达式的值是 $f(x)$ 与 $\displaystyle\int \mathrm{d}\alpha\, \dfrac{\sin p(\alpha-x)}{\alpha-x}$ 在区间 $\alpha-x=-\omega$ 和 $\alpha-x=\omega$ 内所取积分的积。

正如我们在上一目中所看到的,这个积分等于 π;因此定积分等于 $\pi f(x)$,由此我们得到方程

$$f(x)=\frac{1}{2\pi}\int_{-\infty}^{+\infty}\mathrm{d}\alpha\, f(\alpha)\,\frac{2\sin p(\alpha-x)}{\alpha-x},\ (p=\infty)$$

$$=\frac{1}{2\pi}\int_{-\infty}^{+\infty}\mathrm{d}\alpha\, f(\alpha)\int_{-\infty}^{+\infty}\mathrm{d}p\,\cos(p\,x-p\,\alpha).\tag{B}$$

417　前面的证明假定一个一直为几何学生们所接受的无穷量的概念。考察由符号 $\sin p(\alpha-x)$ 中的因子 p 的连续增加所引起的变化,我们不难以另一种形式提供同样的证明。这些考虑太熟悉了,以致我们无须重提它们。

重要的是我们应当注意到,这个证明所适合的函数 $f(x)$ 是完全任意的,并且不受连续性规律的支配。因此我们可以设想这一研究涉及这样一个函数,它使得表示这个函数的纵坐标除了当横坐标包含在两个给定的界限 a 和 b 之间时有值外,其他所有的纵坐标都假定为 0。因此这条曲线除了在从 $x=a$ 到 $x=b$ 的上述区间内有图形和轨迹外,它的其他所有部分都与 α 轴重合。

同一证明表明我们在此不考虑 x 的无穷值,而只考虑确定的实际值。对于包含在已知界限之间的 x 的奇异值,我们也可以依据同样这些原理来考察函数 $f(x)$ 变成无穷时的情况;不过这些情况与我们所关心的主要目的没有联系,我们的目的是要对这些积分引入一些任意函数;当我们对 x 给定包含在已知界限之间的一个奇异值时,不可能有什么问题事实上会导致函数 $f(t)$ 变成无穷的这样的假定。

一般地,函数 $f(x)$ 表示一系列的值,或者是纵坐标,每一个这样的值或者是纵坐标都是任意的。由于对横坐标 x 给定了无穷多的值,所以存在同样多的纵坐标 $f(x)$。所有这些纵坐标都有或正或负或为 0 的实数值。

我们不假定这些纵坐标都服从于一条共同的规律;它们以任一方式彼此前后相继,它们每一个都是被给定的,仿佛都是单个的量一样。

仅仅从问题的性质和从适合于它的分析可以得到,从一个纵坐标到下一个坐标的轨迹是以一种连续的方式进行的。但是这时涉及一些具体的条件,一般方程(B),若单独考虑,则与这些条件无关。它严格适合于那些不连续的函数。

现在假定,当我们对 x 给定包含在两个界限 a 和 b 之间的一个值时,函数 $f(x)$ 与某个解析式相同,如 $\sin x$,e^{-x^2},$\phi(x)$,等等,当 x 不在 a 和 b 之间时,$f(x)$ 的所有值均为 0;在前面的方程(B)中,对 α 的积分的上下限这时变成 $\alpha=a$,$\alpha=b$;由于这个结果和界限为 $\alpha=-\infty$ 到 $\alpha=+\infty$ 时的结果相同,所以,由假定,当 α 不在 a 和 b 之间时,$\phi(\alpha)$ 的每个值均为 0。这时我们有方程 $f(x)=\dfrac{1}{2\pi}\displaystyle\int_{a}^{b}\mathrm{d}\alpha\,\phi(\alpha)\int_{-\infty}^{+\infty}\mathrm{d}p\,\cos(px-p\alpha)$。　(B′)

这个方程(B′)的右边是变量 x 的一个函数;因为两次积分会使变量 α 和 p 消掉,只有 x 和常数 a 和 b 保留下来。现在与右边等价的这个函数是这样的,它使得只要用包含在 a 和 b 之间的任一个值来代替 x,我们就得到和在 $\phi(x)$ 中代入这个 x 值的一样的结果;并且,如果我们在右边用不在 a 和 b 之间的任一个值来代替 x,则我们得到一个 0 结果。这时,如果在保持组成右边的其他所有量不变时,我们用靠得更近的界限 a' 和 b' 代替界限 a 和 b,a' 和 b' 都包含在 a 和 b 之间,那么,我们就会改变与右边相等的这个 x 的函数,并且这种改变的完成是这样的,它使得我们对 x 给定不包含在 a' 和 b' 之间的无论什么值时右边都变成 0;而且,如果 x 的值在 a' 和 b' 之间,那么我们就有和在 $\phi(x)$ 中代入这个 x 值的相同的结果。

因此我们可以在方程(B′)的右边任意改变积分限。这个方程对包含在我们可能已经选定的任一界限 a 和 b 之间的 x 值总存在;并且,如果我们对 x 给定任何其他的值,那么右边就变成 0。让我们用 x 为横坐标的一条曲线的可变纵坐标来表示 $\phi(x)$;右边,其值为 $f(x)$,表示其形状依赖于界限 a 和 b 的第二条曲线的可变纵坐标,如果这两个界限是 $-\infty$ 和 $+\infty$,那么这两条曲线,一条的纵坐标是 $\phi(x)$,另一条的纵坐标是 $f(x)$,就在它们历经的整个范围内完全重合。但是,如果我们对这两个界限给定别的值 a 和 b,那么,这两条曲线就在它们与从 $x=a$ 到 $x=b$ 的区间相对应的轨迹的每一部分上完全重合。对于这个区间的左右两边,第二条曲线严格与 x 轴的每一点重合。这个结果是很惊人的,它确定由方程(B)所表示的命题的真实意义。

418 由第 234 目的方程(II)所表示的定理应当在这同一观点下来考虑。这个方程以多重弧的正弦和余弦级数展开任意函数 $f(x)$。函数 $f(x)$ 表示一个完全任意的函数,即表示或服从或不服从于一条共同规律的,并且满足包含在 0 到任一个量 X 之间的所有 x 值的一系列已知的值。

这个函数的值由下述方程表示,

$$f(x) = \frac{1}{X} \sum \int_a^b d\alpha f(\alpha) \cos \frac{2i\pi}{X}(x-\alpha)。 \tag{A}*$$

这个相对 α 的积分应当在界限 $\alpha=a$ 到 $\alpha=b$ 之间来取;界限 a 和 b 的每一个都是包含在 0 到 X 之间的任意量。符号 $\sum$ 对整数 i 起作用,指明我们应当对 i 给定每一个或正或负的整数值,即 $\cdots,-4,-3,-2,-1,0,+1,+2,+3,+4,\cdots$ 并且应当取安排在符号 $\sum$ 下的项的和。在这些积分之后,右边变成只含变量 x 和常数 a 和 b 的一个函数。这个一般命题在于下面两点:第一,用包含在 a 和 b 之间的一个量代替 x 就能得到的右边的值等于若用同样的量代替函数 $f(x)$ 中的 x 时所能得到的值;第二,包含在 0 到 x 之间,但不包含在 a 和 b 之间的每个其他的 x 值,代入右边后,给出 0 结果。

因此,函数 $f(x)$,或者是一个函数的一部分,都可以用三角级数来表示。

右边的值是周期性的,其周期是 X,即当用 $x+X$ 代替 x 时,右边的值不变。它的所有值都在周期 X 上连续重复。

与右边相等的这个三角级数是收敛的;这个表述的意义是,如果我们对变量 x 给定任一个值,级数各项的和就愈来愈趋近于、并且无限接近于一个确定的极限。如果我们用包含 0 到 X 之间,但不包含在 a 和 b 之间的一个量来代替 x,那么这个极限是 0;但是如果代替 x 的这个量包含在 a 到 b 之间,那么这个级数的极限就有和 $f(x)$ 一样的值。最后这个函数不受任何条件的限制,并且,它表示其纵坐标的曲线可以有任一形状;例如,一系列直线和曲线所形成的一条围道。我们由此看到,由于界限 a 和 b,整个区间 X 以及函数的性质是任意的,所以这个命题有很广泛的意义;并且,由于它不仅表示一种解析性质,而且本质上还导致几个重要问题的解,所以有必要以不同的观点来考虑它,并且

---

* 这里,方程(A)的右边的系数 $\frac{1}{X}$,在英译本中,是 $\frac{1}{2\pi}$。这里是根据法文《文集》本订正的。——汉译者

指明它的主要应用。我们在本书中给出了这个定理的几个证明。我们在下面几目的一目（423 目*）中要谈到的证明具有亦可用于非周期函数的优点。

如果我们假定这个区间 X 是无穷的，级数的这些项变成微分量；那么正如我们在第 353 和 355 目中所看到过的，由符号 $\sum$ 所表明的和就变成一个定积分，方程（A）就变换成方程（B）。因此后一个方程（B）包含在前一个方程之中，并且属于区间 X 为无穷的情况：这时界限 a 和 b 显然是完全任意的常数。

419 由方程（B）所表示的定理还提供若干的分析应用，展开这些应用会使我们脱离本书的目的，不过我们将阐明导出这些应用的原理。

我们看到，在方程

$$f(x) = \frac{1}{2\pi} \int_a^b \mathrm{d}\alpha\, f(\alpha) \int_{-\infty}^{+\infty} \mathrm{d}p \cos(px - p\alpha) \qquad (B')$$

的右边，函数 $f(x)$ 是这样变换的：它使得函数符号 f 不再作用于变量 x，而是作用于一个辅助变量 α。变量 x 只受余弦符号的作用。由此得到，为了使函数 $f(x)$ 对 x 微分我们所希望的那样多次，只需要相对余弦符号下的 x 微分右边就行了。用 i 表示任一整数，这时我们有 $\dfrac{\mathrm{d}^{2i}}{\mathrm{d}x^{2i}} f(x) = \pm \int_a^b \mathrm{d}\alpha\, f(\alpha) \int_{-\infty}^{+\infty} \mathrm{d}p\, p^{2i} \cos(px - p\alpha)$。当 i 是偶数时我们取上符号，当 i 为奇数时我们取下符号。遵循正负号选择的同一规则，$\dfrac{\mathrm{d}^{2i+1}}{\mathrm{d}x^{2i+1}} f(x) = \mp \dfrac{1}{2\pi} \int_a^b \mathrm{d}\alpha\, f(\alpha) \int_{-\infty}^{+\infty} \mathrm{d}p\, p^{2i+1} \sin(px - p\alpha)$。

我们也可以连续几次相对 x 对方程（B）的右边进行积分；这只需在符号 sin 或者是 cos 前面写上 p 的一个负幂就够了。

同一注记适合于有限差和由符号 $\sum$ 所表示的求和，一般地，适合于对三角量起作用的分析运算。所说的这个定理的主要特征，就是要把函数的一般符号变换成一个辅助变量，并把变量 x 放到三角函数符号之下。通过这个变换，函数 $f(x)$ 在某种意义上得到三角量的所有性质；因此，就像级数的微分、积分和求和适合于指数三角函数一样，它们也适合于一般意义上的函数。由于这个原因，这个命题的运用就直接给出带常系数的偏微分方程的积分。事实上，我们显然可以用特殊指数的值来满足这些方程；由于我们所说的这些定理给一般并且任意的函数赋予指数量的特征，所以它们不难导出完全积分的表达式。

正如我们在第 413 目中所看到的一样，当无穷级数包含同一函数的连续微分或者是连续积分时，同样的变换也给出这些级数和的一种简易方法；因为，由前面所说，这种级数的和就简化成一种代数项级数的和。

420 我们也可以运用所说的定理在函数的一般形式下进行由实部和虚部组成的二项式代换。这个分析问题是在偏微分方程运算开始时出现的；我们在此指出是因为它与我们的主要目的有直接联系。

如果我们在函数 $f(x)$ 中用 $\mu + \nu\sqrt{-1}$ 来代替 x，那么结果由两部分 $\phi + \sqrt{-1}\,\psi$ 组成。这个问题是要用 μ 和 ν 来确定函数 ϕ 和 ψ。如果我们用表达式 $\dfrac{1}{2\pi} \int_{-\infty}^{+\infty} \mathrm{d}\alpha\, f(\alpha) \int \mathrm{d}p \cos(px - p\alpha)$ 来代替 $f(x)$，那么我们很快就得到这个结果，因为这时问题简化成用 $\mu + \nu\sqrt{-1}$ 来代替余弦符号下的 x，简化成计算实项和 $\sqrt{-1}$ 的系数。因此我们有 $f(x) = f(\mu +$

---

* 英译本是说"424"目。此处依法文《文集》本订正。——汉译者

$$\nu \sqrt{-1}) = \frac{1}{2\pi}\int_{-\infty}^{+\infty}\mathrm{d}\alpha\ f(\alpha)\int_{-\infty}^{+\infty}\mathrm{d}p\ \cos\left[p(\mu-\alpha)+p\nu\sqrt{-1}\right] = \frac{1}{4\pi}\int_{-\infty}^{+\infty}\mathrm{d}\alpha\ f(\alpha)$$

$$\int_{-\infty}^{+\infty}\mathrm{d}p\left[\cos(p\mu-p\alpha)(e^{p\nu}+e^{-p\nu})-\sqrt{-1}\sin(p\mu-p\alpha)(e^{p\nu}+e^{-p\nu})\right];^{*}\text{ 所以 }\phi=\frac{1}{4\pi}\int_{-\infty}^{+\infty}\mathrm{d}\alpha\ f(\alpha)$$

$$\int_{-\infty}^{+\infty}\mathrm{d}p\cos(p\mu-p\alpha)(e^{p\nu}+e^{-p\nu}),\phi=-\frac{1}{4\pi}\int_{-\infty}^{+\infty}\mathrm{d}\alpha\ f(\alpha)\int\mathrm{d}p\sin(p\mu-p\alpha)(e^{p\nu}+e^{-p\nu}).$$

因此,当我们用二项式 $\mu+\nu\sqrt{-1}$ 来代替变量 x 时,我们所能想象到的所有函数 $f(x)$,甚至是那些不服从于任何连续性规律的函数,就都化为 $M+N\sqrt{-1}$ 的形式。

421 为了给出运用最后两个公式的例子,让我们考虑方程 $\dfrac{\mathrm{d}^2 v}{\mathrm{d}x^2}+\dfrac{\mathrm{d}^2 v}{\mathrm{d}y^2}=0$,这个方程与矩形薄片中的均匀热运动有关。该方程的通解显然包含两个任意函数。这时假定我们由 x 知道当 $y=0$ 时的 v 值,并且还知道当 $y=0$ 时作为 x 的另一个函数 $\dfrac{\mathrm{d}v}{\mathrm{d}y}$ 的值,那么我们可以由方程 $\dfrac{\mathrm{d}^2 v}{\mathrm{d}t^2}=\dfrac{\mathrm{d}^2 v}{\mathrm{d}x^2}$ 的积分推出所求的积分,上面这个方程是我们早已知道的;不过我们得到函数符号下的一些虚量:这个积分是 $v=\phi(x+y\sqrt{-1})+\phi(x-y\sqrt{-1})+W$。

积分的第二部分通过对第一部分进行相对 y 的积分,并把 ϕ 变成 ψ 而得到。

这时剩下的事情是,为了把实部与虚部分开,对量 $\phi(x+y\sqrt{-1})$ 和 $\phi(x-y\sqrt{-1}$ 进行变换。遵循上一目的过程,我们得到积分的第一部分 u, $u=\dfrac{1}{4\pi}\int_{-\infty}^{+\infty}\mathrm{d}\alpha\ f(\alpha)\int_{-\infty}^{+\infty}\mathrm{d}p\cos$ $(px-p\alpha)(e^{py}+e^{-py})$,**因此 $W=\dfrac{1}{4\pi}\int_{-\infty}^{+\infty}\mathrm{d}\alpha\ F(\alpha)\int_{-\infty}^{+\infty}\dfrac{\mathrm{d}p}{p}\cos(px-p\alpha)(e^{py}-e^{-py})$。

因此,由实项所表示的我们所提出的方程的完全积分,是 $v=u+W$。事实上我们知道,第一,它满足微分方程;第二,只要在其中令 $y=0$,则它给出 $v=f(x)$;第三,只要在函数 $\dfrac{\mathrm{d}v}{\mathrm{d}y}$ 中令 $y=0$,则结果就是 $F(x)$。

422 我们还可以注意到,我们可以从方程(B)推出 $\dfrac{\mathrm{d}^i}{\mathrm{d}x^i}f(x)$ 或者是积分 $\displaystyle\int^i\mathrm{d}x^i f(x)$ 的第 i 阶微分系数的一个很简单的表达式。

所求的这个表达式是 x 和指标 i 的某个函数。所需要的是确定这样一种形式下的这个函数:这种形式使数 i 不作为一个指标,而作为一个量进入这个函数,以便在同一公式中包括我们对 i 赋予任一正值和负值的每一种情况。为了得到这个表达式,我们注意到,如果 i 的各个值是 $1,2,3,4,5,\cdots$,那么表达式 $\cos\left(r+i\dfrac{\pi}{2}\right)$,或者是 $\cos r\cos\dfrac{i\pi}{2}-\sin r\sin\dfrac{i\pi}{2}$,依次变成 $-\sin r,-\cos r,+\sin r,+\cos r,-\sin r,\cdots$。当我们使 i 值增加时,同样的结果以同样的次序重复。在方程 $f(x)=\dfrac{1}{2\pi}\int_{-\infty}^{+\infty}\mathrm{d}\alpha\ f(\alpha)\int_{-\infty}^{+\infty}\mathrm{d}p\cos(px-p\alpha)$ 的右边,我们现在应当

---

* 此方程第二个等式右边的第二个积分号由两个项的差,在英译本中,是两个项的和,即:$\cos(p\mu-p\alpha)(e^{p\nu}+e^{-p\nu})+\sqrt{-1}\sin(p\mu-p\nu)(e^{p\nu}+e^{-p\nu})$。此处依法文《文集》本订正。相应地,我们也对下面 ψ 的值,也添加了负号。—— 汉译者

** 英译本中,u 值的积分号前的常数是 $\dfrac{1}{2\pi}$,但根据前页 ϕ 和 ψ 的值,它应是 $\dfrac{1}{4\pi}$。此处依法文《文集》本订正。事实上,把 $f(x)$ 的值中的 $\cos\left[p(\mu-\alpha)+p\nu\sqrt{-1}\right]$ 化积,并把化积后的 $\cos p\nu\sqrt{-1}$ 和 $\sin p\nu\sqrt{-1}$ 变换成指数式,则它们有一共同的因子 $\dfrac{1}{2}$,因而 $f(x)$ 的值中原来的 $\dfrac{1}{2\pi}$,就变成 $\dfrac{1}{4\pi}$。—— 汉译者

在余弦符号的前面写上因子 p^i，在这个符号中加上项 $i\frac{\pi}{2}$。因此我们有 $\frac{\mathrm{d}^i}{\mathrm{d}x^i}f(x)=$

$\frac{1}{2\pi}\int_{-\infty}^{+\infty}\mathrm{d}\alpha\, f(\alpha)\int_{-\infty}^{+\infty}\mathrm{d}p\,p^i\cos\left(px-p\alpha+i\frac{\pi}{2}\right)$。

进入右边的数 i 可以是任一正整数或者是负整数。我们不打算把这些应用硬贴到一般的分析上去；用不同例子表明我们定理的应用就够了。如我们所说，第 405 目的（d）和第 411 目的（e）这两个四阶方程，属于动力学问题。直到我们在一篇《论弹性表面的振动的研究报告》(a Memoir on the Vibrations of Elastic Surfaces) 中给出的这些方程的积分为止，人们还一直不知道它们，这个报告是在 1816 年 6 月 6 日科学院的一次会议上宣读的①（第 6 目 §10—11，和第 7 目 §13—14）。这个报告的内容主要是第 406 目的两个公式 δ 和 δ'，以及两个积分，这两个积分，一个由第 412 目的第一个方程来表示，另一个由同一目的最后一个方程来表示。随后我们给出了同样这些结果的另外几个证明。这份研究报告还包含第 409 目的方程（c）的积分，其积分形式就是该目所采用的形式。至于第 413 目方程（a）的积分（ββ），它在此处系首次发表。

423 我们可以用一个更一般的观点来考虑由第 418 和 417 目方程（A）和（B′）所表示的这些命题。第 415 和 416 目中所指明的作图不仅适用于三角函数 $\frac{\sin(p\alpha-px)}{\alpha-x}$；而且适合于其他所有的函数，并且只假定当数 p 变成无穷的时，我们通过在极近的界限之间取积分，就得到相对 α 积分的值。现在这个条件不仅属于三角函数，而且适用于无数其他函数。因此我们得到任意函数 $f(x)$ 在非常惊人的不同形式下的表达式；不过，我们在我们所进行的具体研究中没有使用这些变换。

至于第 418 目中的方程（A）所表示的命题，同样不难用一些作图使它的成立变得显然，并且我们最初的是为这个定理运用了这些作图。我们现在只要指明这个证明过程就够了。

在方程（A）中，即在 $f(x)=\frac{1}{X}\int_{-\frac{X}{2}}^{+\frac{X}{2}}\mathrm{d}\alpha\, f(\alpha)\sum_{-\infty}^{+\infty}\cos 2i\pi\frac{\alpha-x}{X}$ ** 中，我们可以不用符号 $\sum$ 下所安排的那些项的和，而代之以它的值，这个值可从已知定理中导出。我们在前面第三章第 3 节中已经看到这种运算的不同例子。如果我们为了简化表达式而假定 $2\pi=X$，并且用 r 表示 $\alpha-x$，则它给出结果 $\sum_{-j}^{+j}\cos jr=\cos jr+\sin jr\frac{\sin r}{\mathrm{vers}\,\sin r}$。

这时我们应当用 $\mathrm{d}\alpha\, f(\alpha)$ 乘这个方程的右边。假定数 j 无穷，并且从 $\alpha=-\pi$ 到 $\alpha=+\pi$ 积分。当横坐标是 α 纵坐标 $\cos jr$ 的曲线与横坐标是 α 纵坐标是 $f(x)$ 的曲线相连时，即当相应的纵坐标相乘时，显然，在任一区间之间所取的这条派生曲线的面积，在数 j 无限增加时变成 0。

---

① 这个日期不准确。这份研究报告是在 1818 年 6 月 8 日宣读的，根据它所给出的一个摘要，发表在《科学普及协会通报》上，1818 年 9 月，第 129—136 页，标题为《关于波动和弹性表面振动的注记》(Note relative aux vibrations des surfaces élastiques et au mouvement des ondes)，傅立叶先生著。研究报告的宣读还可以从《科学院 1818 年成果摘要》(Analyse des travaux de l'Académie des Sciences pendant l'année 1818)（第 14 页）上看到。根据泊松的一个注记，除摘要外，这份研究报告从未以别的形式发表过，泊松的这个注记在他的研究报告《偏微分方程》(Sur les équations aux différences) 第 150—151 页上，此报告被收入《科学院研究报告》，第 3 卷（1818 年），巴黎，1820 年。傅立叶先生题为《论弹性表面的振动的研究报告》(Mémoire sur les vibrations des surfaces élastiques) 在这个《摘要》的第 14 页给出。"对几个偏微分方程积分以及由这些积分导出这些方程所指的物理现象的知识"这一课题，在《通报》的第 129 页提到。——A.F.

** 在英译本中，此方程是 $f(x)=\frac{1}{2\pi}\int_{-X}^{+X}\mathrm{d}\alpha\, f(\alpha)\sum_{-\infty}^{+\infty}\cos 2i\pi\frac{\alpha-x}{X}$。同第 418 目对方程（A）的订正一样，这里是根据法文《文集》本订正的。——汉译者

只要项 $\sin jr$ 不乘以因子 $\dfrac{\sin r}{\mathrm{versin}\,r}$，那么同样是这种情况；但是只要此较有相同横坐标并且纵坐标是 $\sin jr$，$\dfrac{\sin r}{\mathrm{versin}\,r}$，$f(\alpha)$ 的这三条曲线，那么我们会清楚地看到，积分 $\displaystyle\int \mathrm{d}\alpha\, f(\alpha)\sin jr\, \dfrac{\sin r}{\mathrm{versin}\,r}$ 只有在某些无穷小区间内，即当纵坐标 $\dfrac{\sin r}{\mathrm{versin}\,r}$ 变成无穷时，才有实际的值。如果 r 或者 $\alpha-x$ 为 0，这种情况就会出现；在 α 与 x 相差无穷小的区间内，$f(\alpha)$ 的值与 $f(x)$ 重合，因此积分变成 $2f(x)\displaystyle\int_0^\infty \mathrm{d}r\sin jr\,\dfrac{r}{\frac{1}{2}r^2}$，或者是 $4f(x)\displaystyle\int_0^\infty \dfrac{\mathrm{d}r}{r}\sin jr$，

它等于第 415 和 356 目的 $2\pi f(x)$。因此我们得到前面的方程（A）。

当变量 x 严格等于 $-\pi$ 或者是 $+\pi$ 时，作图将表明方程（A）的右边的值 $\left[\dfrac{1}{2}f(-\pi)\right.$ 或者是 $\left.\dfrac{1}{2}f(\pi)\right]$ 是怎样的。

如果积分限不是 $-\pi$ 和 $+\pi$，而是另外的数 a 和 b，它们都包含在 $-\pi$ 到 $+\pi$ 之间，那么我们由同一图形看到使方程（A）右边为 0 的 x 的值是怎样的。

如果我们设想在积分限之间 $f(\alpha)$ 的某些值变成无穷的，那么作图表明我们必须在何种意义上来理解这个一般命题。不过我们在此不考虑这类情况，因为它们不属于物理问题。

如果不限制在界限 $-\pi$ 和 $+\pi$ 之间，我们对这个积分给出更大的范围，选择更远的界限 a' 和 b'，那么我们从同一图形知道方程（A）的右边由几项组成，并且无论函数 $f(x)$ 是怎样的，它都使积分结果成为有限的。

如果我们用 $2\pi\dfrac{\alpha-x}{X}$ 代替 r，积分限是 $-X$ 和 $+X$，那么我们得到类似的结果。

我们现在应当认为我们所得到的这些结果对于 $\sin jr$ 的无数不同的函数也成立。这只要这些函数得到交替为正或者是为负的值，使得在 j 无限增加时面积变成 0 就行了。我们可以改变因子 $\dfrac{\sin r}{\mathrm{versin}\,r}$，也可以改变积分限，并且我们可以假定这个区间是无穷的。这类表达式很一般，并且可以有很不同的形式。我们不可能耽误在这些展开式上，不过有必要展示一些几何作图的应用；因为它们无疑可以解决在极值和在奇异值上可能出现的问题；它们不能用来发现这些定理，但是它们证明这些定理，并且导出它们所有的应用。

424　我们还不得不从另一方面来考虑同样的命题。如果我们比较与在环、球、矩形棱柱和圆柱中的变化热运动有关的每一个解，那么我们看到，我们不得不用如像 $a_1\phi(\mu_1 x)+a_2\phi(\mu_2 x)+a_3\phi(\mu_3 x)+\cdots$ 这样一些项的级数来展开一个任意函数 $f(x)$。

函数 ϕ 在方程（A）的右边是一个余弦或者是正弦，它在此由一个与正弦很不相同的函数所代替。数 μ_1，μ_2，μ_3，$\cdots$ 不再是整数，而是由一个超越方程所给出，这个方程的根有无穷多个，并且都是实根。

问题在于求系数 a_1，a_2，a_3，$\cdots$，a_i 的值；它们已经由一些定积分而得到，这些定积分使未知数除保留一个外，其余的都消掉。我们现在来专门考察这个过程的性质以及由它所得到的精确结论。

为了给这个考察一个更确定的目的，我们以最重要的问题之一，即实心球中变化的热运动的问题为例。我们在第 290 目已经看到，为了满足热的初始分布，我们应当确定方程

$$xF(x)=a_1\sin(\mu_1 x)+a_2\sin(\mu_2 x)+a_3\sin(\mu_3 x)+\cdots \qquad (e)$$

中的系数 a_1，a_2，a_3，$\cdots$，a_i。

函数 $F(x)$ 是完全任意的；它表示半径为 x 的球壳的已知的初始温度的 v 值。数 μ_1，μ_2，$\cdots$，μ_i 是超越方程

$$\frac{\mu X}{\tan \mu X} = 1 - hX \tag{f}$$

的根 μ。X 是整个球的半径；h 是有任一正值的已知的数值系数。在我们更早的研究中我们已经严格证明了所有的 μ 值或者是方程（f）的根都是实根[①]。这个论证由方程的一般理论导出，并且只需要我们假定知道每一个方程所可能有的虚根形式就行了。我们在本书中不谈及它，因为它的作用由使这个命题更加显然的作图所代替。此外，在确定圆柱体中变化的热运动时，我们已经从分析上处理了一个类似的问题（第 308 目）。如此，问题在于发现 a_1，a_2，a_3，$\cdots a_i \cdots$，的数值，使得当我们在方程（e）的右边用包含在 0 到全长 X 之间的任何一个值来代替 x 时，它必然等于 $xF(x)$。

为了得到系数 a_i，我们曾经用 $dx \sin\mu_i x$ 乘方程（e），然后在界限 $x=0$ 和 $x=X$ 之间积分，我们已经证明（第 291 目），每当指标 i 和 j 不同时，即当数 μ_i 和 μ_j 是方程（f）的两个不同的根时，积分 $\int_0^X dx \sin\mu_i x \sin\mu_j x$ 就取 0 值。由此得到，当定积分使右边除包含 a_i 的项之外其他所有的项都消掉时，为了确定这个系数，我们有 $\int_0^X dx [xF(x)\sin\mu_i x] = a_i \int_0^X dx \sin\mu_i x \sin\mu_i x$。在方程（e）中代入系数 a_i 的这个值，我们由此导出恒等方程（ε），

$$xF(x) = \sum \sin(\mu_i x) \frac{\int_0^X d\alpha \cdot \alpha F(\alpha)\sin\mu_i \alpha}{\int_0^X d\beta \sin\mu_i \beta \sin\mu_i \beta}。 \tag{ε}$$

在右边，我们应当对 i 赋予其所有的值，即我们应当依次用方程（f）的所有的根 μ 来代替 μ_i，积分应当对 α 从 $\alpha=0$ 取到 $\alpha=X$，该积分使未知数 α 消掉。β 也一样，它这样进入分母，使得项 $\sin\mu_i x$ 乘以一个系数 a_i，a_i 的值只依赖于 X 和指标 i。符号 $\sum$ 表示在对 i 给定其所有的值后我们应当写下所有项的和。

这时积分提供直接确定系数的一个很简单的方法；但是我们应当仔细考察这个过程的由来，这引出如下的注记。

第一，如果在方程（e）中我们省略了这些项的一部分，例如省略所有那些指标为偶数的项，那么只要用 $dx \sin\mu_i x$ 乘这个方程，并且从 $x=0$ 到 $x=X$ 取积分，我们仍然得到 a_i 的相同的值，我们确定了这个值，我们就因此建立了一个不成立的方程；因为它只包含一般方程的一部分项，即那些指标是奇数的项。

第二，在确定了系数后我们所得到的，并且与（第 291 目）所说的其中令 $t=0$ 并且 $v=f(x)$ 的方程一样的这个完全方程（e）是这样的：它使得如果我们对 x 给定包含在 0 到 X 之间的任何一个值，则两边必然相等；但是正如我们所注意到的，我们不能得出结论说，如果我们在为左边 $xF(x)$ 选定一个服从于连续性规律的函数如 $\sin x$ 或者是 $\cos x$ 时，对 x 给

① 《科学院研究报告》，第 10 卷，巴黎，1831 年，第 119—146 页，载有傅立叶的《关于超越方程代数分析原理应用的一般注记》(*Remarques générales sur l'application des principes de l'analyse algébrique aux équations transcendantes*)。作者表明：$\sec x=0$ 的虚根不满足方程 $\tan x=0$，因为对于它们，$\tan x=\sqrt{-1}$。方程 $\tan x=0$ 仅由 $\sin x=0$ 的根所满足，这些根都是实根。还可表明 $\sec x=0$ 的虚根不满足方程 $x-m\tan x=0$，此处 m 小于 1，不过这个方程恰好由方程 $f(x)=x\cos x-m\sin x=0$ 的根所满足，这些根都是实根。因为，如果 $f_{r+1}(x)$，$f_r(x)$，$f_{r-1}(x)$ 是 $f(x)$ 的三个连续微分系数，那么，使 $f_r(x)=0$ 的 x 值就使 $f_{r+1}(x)$ 和 $f_{r-1}(x)$ 的符号相异。因此，根据与 $f(x)$ 极其连续导数的符号变化数目有关的傅立叶定理，$f(x)$ 不可能有虚数。——A. F.

定一个不包含在 0 到 x 之间的值,则这个性质仍然成立。一般地,综合方程(ε)适用于包含在 0 到 X 之间的 x 值。现在,确定系数 a_i 的这个过程既不解释为什么所有的根 μ_i 应当进入方程(e),也不解释为什么这个方程只与包含在 0 到 X 之间的 x 值有关。

为了清楚地回答这些问题,只需回到作为我们分析基础的原理上来就够了。

我们把区间 X 分成等于 dx 的无数部分 n,因此我们有 $ndx = X$,用 $f(x)$ 代替 $xF(x)$ 之后,我们用 f_1, f_2, f_3, $\cdots$, f_i, $\cdots$, f_n 表示 $f(x)$ 的值,它对应于为 x 所安排的值 dx,$2dx$,$3dx$,$\cdots$,idx,$\cdots ndx$;我们把一般方程(e)分成 n 项,因此 n 个待定系数 a_1, a_2, a_3, $\cdots$, a_i, $\cdots$, a_n 进入这个方程。如此,方程(e)表示 n 个一次方程,我们应当通过用 x 的 n 个值 dx,$2dx$,$3dx$,$\cdots$,ndx 代替 x 来建立这些方程。这 n 个方程的方程组包含第一个方程的 f_1,第二个方程的 f_2,第三个方程的 f_3,第 n 个方程的 f_n。为了确定第一个系数 a_1,我们用 σ_1 乘第一个方程,用 σ_2 乘第二个,用 σ_3 乘第三个,等等,把这些乘过的方程加起来。因子 σ_1, σ_2, σ_3, $\cdots$, σ_n 必须以这样的条件来确定:它使得右边含 a_2 的所有项的和必须为 0,并且后面的系数 a_3, a_4, $\cdots$, a_n 亦如此。这时把所有的方程相加,只有系数 a_1 进入结果,我们有一个确定这个系数的方程。然后我们重新用另一些因子 ρ_1,ρ_2, ρ_3, $\cdots$, ρ_n 分别乘所有的方程,并且这样确定这些系数:使得只要把这些方程相加,所有的系数除 a_2 外就都被消掉。这样我们就有确定 a_2 的方程。继续类似的运算,并且总是选择新的因子,我们就会依次确定所有的待定系数。显然,这个消元过程正好就是在界限 0 到 X 之间的积分所产生的那个过程。第一组因子 σ_1,σ_2,σ_3,$\cdots$,σ_n 是 $dx \sin(\mu_1 dx)$, $dx \sin(\mu_1 2dx)$, $dx \sin(\mu_1 3dx)$, $\cdots$, $dx \sin(\mu_1 ndx)$。一般地,用来消去除 a_i 外的所有其他系数的那组因子是 $dx \sin(\mu_i dx)$, $dx \sin(\mu_i 2dx)$, $dx \sin(\mu_i 3dx)$, $\cdots$, $dx \sin(\mu_i ndx)$。它们由通项 $dx \sin(\mu_i x)$ 表示,在通项中,我们依次给出 x 的所有值 dx,$2dx$,$3dx$,$\cdots$,ndx。

我们由此看到,用来确定这些系数的过程与一次方程中的一般消元过程没有什么两样。方程的数目 n 等于待定系数 a_1, a_2, a_3, $\cdots$, a_n 的数目,并且和已知量 f_1, f_2, f_3, $\cdots$, f_n 的个数相同。为这些系数所得到的值是按应当使这 n 个方程能同时成立的顺序而存在的值,即是按当我们对 x 给定包含在 0 到 X 之间的这 n 个值中的一个时方程(ε)成立的顺序而存在的值;由于数 n 是无穷的,所以得到,当在每一个中所代入的 x 值包含在 0 到 X 之间时,左边 $f(x)$ 必然与右边相等。

上述证明不仅适合于形如 $a_1 \sin\mu_1 x + a_2 \sin\mu_2 x + a_3 \sin\mu_3 x + \cdots + a_i \sin\mu_i x$ 的展开式,并且,在保持主要条件,即保持若 i 和 j 不同则积分 $\int_0^X dx \phi(\mu_i x)\phi(\mu_j x)$ 取 0 值这一条件时,它也适合于可以代替 $\sin(\mu_i x)$ 的所有函数 $\phi(\mu_i x)$。

如果提出下述形式 $f(x) = a + \dfrac{a_1 \cos x}{b_1 \sin x} + \dfrac{a_2 \cos 2x}{b_2 \sin 2x} + \dfrac{a_i \cos ix}{b_i \sin ix} + \cdots$ 来展开 $f(x)$,那么量 μ_1, μ_2, μ_3, $\cdots$, μ_i, $\cdots$ 是整数,并且若指标 i 和 j 不同则条件 $\int_0^X dx \cos(2\pi i \dfrac{x}{X})\sin(2\pi i \dfrac{x}{X})$ $= 0$ 总成立时,我们通过确定系数 a_i, b_i 而得到第 192 页的一般方程(II),它与第 418 目的方程(A)相同。

425　如果我们在方程(e)的右边省略与方程(f)的一个或者是多个根 μ_i 相对应的一个或者是多个项,那么方程(ε)一般不成立。为了证明这一点,让我们假定方程(e)的右边少一个含 μ_j 和 a_j 的项,我们可以用因子 $dx \sin(\mu_j dx)$, $dx \sin(\mu_j 2dx)$, $dx \sin(\mu_j 3dx)$,$\cdots$, $dx \sin(\mu_j ndx)$ 分别乘以这 n 个方程;把它们相加,则右边所有项的和是 0,因此所有待定系数都没有留下。左边的和,即值 f_1, f_2, f_3, $\cdots$, f_n 分别乘以因子 $dx \sin(\mu_j dx)$,$dx \sin(\mu_j 2dx)$, $dx \sin(\mu_j 3dx)$,$\cdots$, $dx \sin(\mu_j ndx)$ 的和所形成的结果,就仍为 0。这样,这种关系在已知量 f_1, f_2, f_3, $\cdots$, f_n 之间必然存在;并且它们不能看作是完全任意的,这与假定矛盾。如果这些量 f_1，f_2，f_3，$\cdots$，f_n 取任何值，则所说的这种关系就不可能存在，我们就不可能通过在方程（e）中省略如 $a_j\sin(\mu_j x)$ 这样的一个或者是多个项来满足所提出的条件。

因此在函数 $f(x)$ 仍然待定时，即在 $f(x)$ 表示与包含在 0 到 X 之间的 x 值所对应的这组无数任意常数时，就有必要在方程（e）的右边引进诸如 $a_j\sin(\mu_j x)$ 这样的所有项，这些项满足条件 $\int_0^X dx\sin\mu_i x\sin\mu_j x=0$，指标 i 和 j 是不同的；但是，如果碰巧函数 $f(x)$ 是这样的，它使得 n 个量 f_1，f_2，f_3，$\cdots$，f_n 由用方程 $\int_0^X dx\sin\mu_j x\,f(x)=0$ 所表示的一种关系联系起来，那么显然，项 $a_j\sin\mu_j x$ 就可以在方程（e）中略去。

因此，有 n 类函数 $f(x)$，它们由方程（ε）的右边表示，其展开式不含与某些根 μ 所对应的一些项。例如，有我们省略指标为偶数的所有项这样的情况；我们在本书中已经看到各种这样的例子。但是，如果函数 $f(x)$ 具有一切可能的普遍性，则这不成立。在所有这些情况下，我们应当假定方程（e）的右边是完全的，并且这个研究表明哪些项因它们的系数变成 0 而可以略去。

426　通过这个考察我们清楚地看到，在我们的分析中，与包含在 0 到 X 之间的 n 个 x 值相对应，函数 $f(x)$ 表示这组 n 个数目的分离的量，并且这 n 个量取实数值，因而不是任意选取的无穷值。除一个其值已知的外，所有这些量都可以为 0。

可能碰巧这组 n 个值 f_1，f_2，f_3，$\cdots$，f_n 由服从于一条连续性规律的函数来表示，如由 x 或者是 x^3，$\sin x$ 或者是 $\cos x$，或者一般地，由 $\phi(x)$ 来表示；曲线 OCO，它的纵坐标表示与横坐标 x 相对应的值，并且它处在从 $x=0$ 到 $x=X$ 的区间的上方，这时在这个区间中与纵坐标为 $\phi(x)$ 的曲线重合，由前面的规则所确定的方程（e）的系数 a_1，a_2，a_3，$\cdots$，a_n 总满足这样的条件，即当在 $\phi(x)$ 和在方程（ε）的右边作代换时，包含在 0 到 X 之间的任一 x 值都给出相同的结果。

$F(x)$ 表示半径为 x 的球壳的初始温度。例如，我们可以假定 $F(x)=b\,x$，即初始热与从圆心为 0 到表面为 bx 的距离成正比地增加。在这种情况下，$xF(x)$ 或者是 $f(x)$ 等于 bx^2；对这个函数运用确定系数的规则，bx^2 就以如 $\alpha_1\sin\mu_1 x+\alpha_2\sin\mu_2 x+\alpha_3\sin\mu_3 x+\cdots+\alpha_n\sin\mu_n x$ 这样的一些项的级数展开。

现在每一项 $\sin(\mu_i x)$ 在根据 X 的幂而展开时都只含奇次幂，而函数 bx^2 是一个偶次幂。很值得注意的是，这个函数 bx^2，在表示从 0 到 X 这个区间的已知值的一个级数时，可以如像 $\alpha_i\sin\mu_i x$ 这样一些项的级数展开。

我们已经证明了这些结果的严格精确性，这是分析中从来未曾有过的，并且我们表明了表示它们的命题的真实意义。例如我们在第 223 目已经看到函数 $\cos x$ 以多重弧的正弦级数展开，使得在给出这个展开式的方程中，左边只含变量的偶次幂，右边只含奇次幂。反过来说，只有奇数幂进入其中的函数 $\sin x$，在第 225 目中，被转换成只含偶数幂的余弦级数。

在与球有关的实际问题中，$xF(x)$ 的值由方程（ε）展开。如我们在第 290 目所看到的，这时我们应当在每一项中写上含 t 的指数因子，为了表示作为 x 和 t 的函数的温度 v，我们有方程

$$xv=\sum\sin(\mu_i x)\,\mathrm{e}^{-K\mu_i^2 t}\,\frac{\int_0^X d\alpha\sin\mu_i\alpha\,\alpha F(\alpha)}{\int_0^X d\beta\sin\mu_i\beta\sin\mu_i\beta}\qquad(E)$$

给出这个方程（E）的通解完全与函数 $f(x)$ 的性质无关，因为这个函数在这里只表示无穷多的任意常数，这些任意常数与包含在 0 到 X 之间的同样多的 x 值相对应。

如果我们假定初始热只包含在这一实心球的一部分中，如包含在从 $x=0$ 到 $x=\dfrac{1}{2}X$ 的部分中，并且外层的初始温度为 0，那么在界限 $x=0$ 到 $x=\dfrac{1}{2}X$ 之间取积分 $\displaystyle\int \mathrm{d}\alpha\,\sin\mu_i\alpha\,f(\alpha)$ 就够了。

一般地，由方程（E）所表示的解适合于所有情况，并且展开式的形式不随函数的性质而变化。

现在假定在用 $\sin x$ 代替 $F(x)$ 之后，我们用积分确定了系数 a_i，并且我们建立了方程 $x\sin x=a_1\sin\mu_1 x+a_2\sin\mu_2 x+a_3\sin\mu_3 x+\cdots$。

无疑，只要对 x 给定包含在 0 到 X 之间的任一值，这个方程的右边就等于 $x\sin x$；这是我们的方法的一个必然结论。但是决不能由此得出在对 x 给定不包含在 0 到 x 之间的值时同样的性质仍然成立。在我们引用过的例子中我们看到很明显的反例。并且，除特殊情况外，我们可以说，组成这类方程的左边并且服从于一条连续性规律的函数，除 x 的值包含在 0 到 X 之间以外，不会与右边所表示的函数相同。

严格说来，方程（ε）是一个恒等式，它对于可能赋予变量 x 的所有值都成立；如果我们对变量 x 给定包含在 0 到 X 之间的值，则这个方程两边表示与一个已知函数 $f(x)$ 重合的某个解析函数。至于对变量包含在某个界限之间的所有值都重合，而对其他值则不同的这些函数的存在性，由前面所有那些内容证明，并且这种考虑是偏微分方程理论的一个必要因素。

此外，显然方程（ε）和（E）不仅适用于其半径为 x 的实心球，而且还表示该球体构成它的一部分的一个无穷延伸固体的初始状态，以及表示它的其他的变化状态；当我们在这两个方程中对变量 x 给定比 X 更大的值时，它们就指这个无穷固体包住这个球体的那些部分。

这个注记也适用于用偏微分方程来解决的所有动力学问题。

427 为了把由方程（E）所给出的这个解应用到在开始时只有一个球层被加热，而所有其他球层取 0 初始温度的情况中去，我们只需在两个很近的界限 $\alpha=r$ 和 $\alpha=r+u$ 之间取积分 $\displaystyle\int \mathrm{d}\alpha\,\sin\mu_i\alpha\alpha F(\alpha)$ 就够了，r 是受热层内表面的半径，u 是这个薄层的厚度。

我们也可以分别考虑包含在限 $r+u$ 和 $r+2u$ 之间的另一个薄层初加热的合成作用；如果我们把属于第二个原因的可变温度加到在第一个薄层单独受热时我们所得到的温度上去，那么这两种温度的和就是这两个薄层在同时受热时所产生的温度。为了说明这两种温度的联合原因，只需在界限 $\alpha=r$ 和 $\alpha=r+2u$ 之间取积分 $\displaystyle\int \mathrm{d}\alpha\,\sin\mu_i\alpha\alpha F(\alpha)$ 就够了。更一般地，由于方程（E）可以置于

$$v=\int_0^X \mathrm{d}\alpha\,.\,\alpha\,F(\alpha)\,\sin\mu_i\,\alpha\,\sum \frac{\sin\mu_i\,x\,\mathrm{e}^{-K\mu_i^2 t}}{\displaystyle\int_0^X \mathrm{d}\beta\,\sin\mu_i\,\beta\sin\mu_i\,\beta}$$

的形式之下，所以我们看到，不同薄层加热的整体作用是各部分作用的和，我们可以假定每个薄层单独被加热来确定各部分的作用。同一结论可推广到热理论的所有其他问题上去；这完全可从方程的性质导出，而积分形式则使之变得显然。我们看到，包含在一个固体的每个基元中的热产生其截然不同的作用，仿佛那个基元被单独加热，而所有其他基元取 0 初始温度一样。这些分离状态在某种意义上被叠加，并一起构成这个一般的温度系统。

由于这个原因，我们应当把表示初始状态的这个函数式看作是完全任意的。进入可变温度表达式的定积分，在具有和受热固体一样的界限时，清楚地表明我们把属于每个

基元初加热的所有的部分作用都统一起来了。

428 我们在此结束几乎完全致力于分析的这一节。我们所得到的积分不仅仅是满足微分方程的一般表达式；它们也以最不相同的方式表示作为问题之对象的自然作用。这是我们一直在考虑的主要条件，没有这个条件，研究结果在我们看来就只是一些无用的变换。当这个条件被满足时，这个积分，准确地说，就是这一现象的方程；就像一条曲线或者是一个曲面的有限方程使我们知道其形状的所有性质一样，它以同样的方式清楚地表示它的特征和进展。为了揭示这些解，我们不仅仅只考虑积分的一种形式；我们还希望直接得到适合于问题的那种形式。因此，表示半径已知的一个球中的热运动的积分，与表示一个圆柱体乃至假定半径无穷的一个球中的热运动的积分，是非常不同的。现在每一个这样的积分都有一个不可能由另一个取而代之的确定形式。如果我们希望确定所讨论的物体中的热分布，那么就应当运用它。一般地，我们在我们的解中引进任一变化都会使它们失去表示这一现象的基本特征。

这些不同的积分可以互相导出，因为它们是共存的。不过这些变换需要很长的运算，并且几乎总是假定结果的形式预先知道。我们首先可以考虑那些体积有限的物体，然后从这个问题过渡到与无界固体有关的问题上去。这时我们可以用一个定积分来代替由符号 $\sum$ 所表示的和。因此这就是在本节开始时所说的方程(α)和(β)相互依赖。当我们假定半径无穷时，第一个方程就变成第二个方程。反过来我们也可以由第二个方程(β)导出与有限体积的固体相关的解来。

一般地，我们总是设法用最简单的方法得到每一个结果。我们所遵循的方法的要点如下：

第一，我们同时考虑由偏微分方程所给定的一般条件和完全确定问题的所有特殊条件，并进而建立满足所有这些条件的解析表达式。

第二，我们首先看到这个表达式包含有未知数进入其中的无数项，或者它等于包含一个或者是多个任意函数的一个积分。在第一种情况下，即当通项受符号 $\sum$ 的作用时，我们从特殊条件得到一个确定的超越方程，这个方程的根给出无穷多个常数的值。

当通项变成无穷小量时得到第二种情况；这时级数和变成一个定积分。

第三，我们可以用代数基本定理甚至用这个问题的物理性质来证明这个超越方程的所有根都是实根，并且有无穷多个。

第四，在简单的问题中，通项取正弦或者是余弦的形式；定义方程的根或是整数或是实数或是无理量，它们每一个都包含在两个确定的界限之间。

在更复杂的问题中，通项呈函数形式，它隐含地由一个可积的或者是不可积的微分方程所给出。不管怎样，定义方程的根是存在的，它们是数目无穷的实数。必然构成积分的这些部分的这个区别是很重要的，因为它清楚地表明解的形式和系数之间的必然联系。

第五，剩下来的只是确定依赖于初始状态的常数；这通过无数的一阶方程的未知数的消元来进行。我们用一个微分因子来乘以初始状态相关的这个方程，然后在所定义的界限之间对它积分，这些界限是运动在其中得以实现的这个固体的最普通的界限。

有些问题我们是通过逐次积分来确定系数的，如在那些其对象是驻温的研究报告中所看到的那样。在这种情况下我们考虑指数积分，它属于无穷固体初始状态；不难得到这些积分[①]。

由这些积分得到，除了我们要确定其系数的那个项外，右边的所有项都消掉。在这

---

① 参见作者在《科学普及协会通报》(1818年，第1—11页)中所给出的这个研究报告概要的第11节。——A. F.

个系数的值中分母变成 0,我们总得到其积分限是固体界限的一个定积分,它的因子之一是属于那个初始状态的任意函数。结果的这个形式是必然的,因为如果固体的每一点都已单独受热,其他每一点的温度都为 0,那么作为问题之对象的这个可变运动就由所有那些单独存在的运动混合而成。

当我们仔细考查用来确定这些系数的这个积分过程时,我们看到它包含一个完整的证明,并清楚地表明结果的性质,因此毫无必要用其他研究来检验它们。

我们迄今为止所提出的问题中最引人注目的,并且最适合于表明我们全部分析的,是圆柱体中的热运动问题。在其他研究中,这些系数的确定可能需要我们现在仍不清楚的一些研究过程。然而必须注意的是,即使不确定这些系数的值,我们也总可以得到这个问题的精确知识和作为问题之目的的这个现象的自然过程的精确知识;主要想法是简单运动。

第六,当所寻求的表达式包含一个定积分时,在积分符号下所安排的这些未知函数就或者由我们对定积分的任意函数式所给出的定理来确定,或者由一个更复杂的过程来确定,在第二部分可以看到几个这样的例子。

这些定理可以推广到任意一个变量上去。它们在某种意义上属于定积分的一种逆方法;因为它们的作用是在符号 $\int$ 和 $\sum$ 之下来确定未知函数,这些函数必须是这样的:它们使得积分的结果是一个已知函数。

不管方程包含有限的或者是无穷小的差,或者是两者都包含,同样这些原理都可应用到其他的几何问题、普通物理学问题和分析问题中去。

由这种方法所得到的解是全解,并且由一些通积分组成。不可能有别的更一般的积分。对这一课题所提出的反对意见全无根据,此处没有必要讨论这些意见。

第七,我们说过,每一个这样的解都给出适合于这个现象的方程,因为它在它的过程的整个范围内明显地表示它,并且便于用来在数值上确定它的所有结果。

由这些解所得到的函数由许多项所组成,这些项或者是有限的或者是无穷小的:但是这些表达式的形式绝不是任意的;它由这个现象的物理特征所确定。由于这个原因,当函数值由与时间有关的一些指数进入其中的一个级数来表示时,它必然如此,因为,与这个级数的这些不同的项相对应,我们寻求其规律的这种自然效应实际上被分解成不同的部分。这些部分表示与这个具体条件相一致的如此之多的简单运动;对于每一个这样的运动,所有温度都降低,同时保持它们的初始化。在这种合成中,我们不应该把一个分析的结果归之于这些微分方程的这种线性形式,而应当把它归之于在实验中变得明显起来的一种实际效应。它也出现在我们考虑使运动消失的原因的动力学问题中;然而它必定属于热理论的所有问题,并且确定我们为得到它们的解所遵循的方法的性质。

第八,热的数学理论包括:首先,所有这些分析的要素的精确定义;其次,微分方程;最后,适合于基本问题的积分。这些方程可以由几种方式得到;同样这些积分可以通过在研究过程中引入某些变化而得到,或者其他一些问题可由此而解决。我们认为这些研究并不构成不同于我们自己的方法:而只是确认和增加它的结果。

第九,对我们的分析的主题所提出的反对意见是,在确定指数的这些超越方程有虚根时,我们有必要运用由它们所引起的、并且指明该现象某一部分的周期特征的一些项,然而这种反对意见没有根据,因为事实上所说的这些方程的根都是实根,并且这个现象没有哪一部分是周期的。

第十,有人说,为了切实解决这类问题,我们有必要在所有情况下都借助于以一般的形式来表示的某种积分形式;而且第 398 目的方程(γ)就是在这种意义下被提出的;但是这个区分是没有根据的,单个积分的这种使用在大多数情况下只会起到使研究不必要地复杂化的作用。此外,显然这个积分(γ)可以从我们在 1807 年为确定一个给定半径 R 的环中的热运动而给出的积分导出;这只需对 R 给定一个无穷值就够了。

第十一,有人曾经猜想,这种主要在于用一系列指数项来表示积分的,并且在于通过初始状态来确定这些项的系数的方法,不能解决一个棱柱在两端不等地失热这一问题;或者是猜想,至少这样以长长的运算来检验可以从积分(γ)导出这个解是很困难的。我们通过一个新的考查会看到,我们的方法直接适用于这个问题,甚至单单一个积分就够了[①]。

第十二,我们以多重弧的正弦级数展开了似乎只含变量偶次幂的一些函数,如 $\cos x$。我们用了一些收敛级数或者是一些定积分来表示一些不同的函数的一些不同的部分,或者是表示在某些界限之间不连续的函数的不同的部分,例如,计量一个三角形的纵坐标的函数。我们的证明清楚地表明这些方程严格成立。

第十三,我们在许多几何学家的著作中看到类似于我们所运用过的那些运算结果和过程。这些都是一种一般方法的特例,这种一般方法一直未曾建立,为了在哪怕最简单的问题中确定热分布的数学规律都必须建立这种一般方法。这个理论需要一种适合于它的分析,它的一个重要因素是分离函数的或者说是函数的各部分的解析表达式。

我们通过一个分离的函数或者是一个函数的一部分而理解一个函数 $f(x)$ 在变量 x 包含在已知界限之间时取实际的值,并且如果该变量不在这些界限之间时,则它的值总是 0。这个函数计量一条曲线的纵坐标,这条曲线包含任意形式的一条有限弧段,并且在所有其余的部分与横轴重合。

这个概念[*]并不与那些一般的分析原理相对立;我们甚至可以在丹尼尔·伯努利,柯西(Gauchy),拉格朗日和欧拉等人的著作中找到它最初的痕迹。人们一直认为显然不可能用多重弧的正弦级数或至少不能用三角函数的收敛级数来表示只有在变量的值包含在某个界限之内时才有实际的值、而所有其他值都为 0 的这样一个函数。然而我们完全澄清了分析的这个要点,并且同样无可争辩的是,分离的函数或者是函数的各部分,严格地由三角函数的收敛级数或者是定积分来表示。我们从我们研究的开始一直到现在都坚持这一结论,因为我们在此所涉及的不是一个抽象的和孤立的问题,而是与最有用和最广泛的思考密切相关的一个基本考虑。在我们看来,没有任何东西比几何作图更适合于论证这些新结果的真实性,更适合于提供分析因它们的表达式而使用的明了形式了。

第十四,我们用来建立热的解析理论的这些原理直接适用于对流体中的波运动的研究,这种运动曾部分地被热烈讨论过。它们也有助于弹性片、紧张可曲面和大面积平面弹性面等的振动研究,并且一般可用到依赖于弹性理论的那些问题上去。我们从这些原理所导出的解的性质会使数值应用变得容易,并且会提供清晰明了的结果而不至于使知识依赖于不可能实现的积分或者是消元,这些结果实际上确定问题的目的。我们把不满足这个基本条件的分析结果的每一个变换都视为多余的。

429 第一,我们现在对热运动的微分方程给出一些注记。

如果同一物体的两个分子挨得极近,并且温度不等,那么受热多的那个分子在某一

---

① 参见第 11 页脚注 5 所指的研究报告。——A. F.

* 在英译本中,这个词是"*This motion*"(这个运动),但是在法文《文集》本中,则是"*Cette notion*"(这个概念,或者,这个观念)。按英译本,也可以译作"这个动机",但更有可能的是,英译本误把"*notion*"当作了"*motion*"。——汉译者

时刻直接向另一个传递一定的热量；这个量与其极小温差成正比：即如果这个差翻成两倍、三倍或者是四倍的，并且其他所有条件保持不变，那么所传递的热就是两倍、三倍或者是四倍的。

这个命题表示一个一般的和不变的事实，它足以用来作为数学理论的基础。这时传递方式无疑是已知的，而与关于其原因的性质的每个假定无关，并且这种传递方式不可能根据两种不同的观点来考察。显然，这种直接传递在所有方向上进行，并且除两个极近的分子外，在不透热的流体或液体中不存在这种传递。

在任一体积的固体内部和在这些物体表面的热运动的一般方程是上述命题的必然结论。如同我们在我们1807年的第一份研究报告中所证明的那样，它们严格由它导出。我们通过一些引理不难得到这些方程，这些引理的证明和力学基本命题的证明一样精确。

通过运用积分来确定一个分子从它周围的分子那里所得到的全部热量，这些方程还可以从这同一个命题导出。这一研究不存在任何困难。由于这些引理直接给出这个热流的表达式，即给出过任一截面的热量的表达式，所以，所说的这些引理代替这些积分。两种计算显然应当得出相同的结果；由于在原理上没有差别，所以在结论中不可能有任何差别。

第二，我们在1811年给出了与表面有关的一般方程。如同人们认为它缺乏基础一样，它不从特例中推出，它也不可能从特例中推出；它所表示的命题具有一种不为归纳法所能发现的性质；我们不可能因某些物体而确认它，因另一些物体而忽视它；为使表面状态不可能在确定时间内历经无穷变化，它对所有物体都是必要的。在我们的研究报告中我们省略了证明细节，因为它们仅仅在于已知命题的应用。正如我们在援引的研究报告的第15目中所做的那样，在本书中给出这个原理和结果就够了。根据同样的条件，通过确定位于表面的每个分子所得到的和所传递的全部热量，也可以推出所说的一般方程。这些很复杂的运算在证明的性质上不会引起什么变化。

在热运动的微分方程研究中，可以假定物质不是均匀的，从热流量的解析表达式不难导出这个方程；这只需留下微分符号下计量热导率的系数就够了。

第三，牛顿是考虑物体在空气中的冷却定律的第一个人；他对空气以恒定速度移动所采用的定律随温差愈小而愈与观察一致；如果温差无穷小，则它严格成立。

阿蒙通（Amontons）对端点受一定的温度作用的一根棱柱中的热的确定做过一个引人注目的实验。在这种棱柱中温度降低的对数定律首次由柏林科学院的兰贝特（Lambert)给出。毕奥（Biot）和拉姆福德（Rumford）用实验确证了这条定律[①]。

原来，为了发现变化的热运动的微分方程，甚至在最简单的情况下，如在半径很小的柱面棱柱的情况下，都必须知道过棱柱极短部分的热量表达式。现在这个量不仅仅与界定薄层的两个截面的温差成正比。我们以最严格的方式证明，它也与薄层的厚度成反比，即如果同一棱柱的两个薄层厚度不等，如果在第一个中两个底面的温差和第二个中的一样，那么在同一时刻内经过这两个薄层的热量与厚度成反比。上面这个引理不仅适用于厚度无穷小的薄层；它也适用于任意长度的棱柱。热流量的这个概念是基本的，只要我们还没有这样一个概念，我们就不能对这种现象和表示它的方程建立精确的概念。

显然，一点的温度的瞬时增量与该点所得到的超过它所失去的热量的超出量成正比，并且这个结果应当由一个偏微分方程来表示。然而，问题不仅仅在于宣布这个命题，它不过是事实罢了；问题在于实际地建立这个微分方程，这需要我们从基本原理出发考虑这个事实。如果我们不是运用热流量的这个精确表达式而是省略这个表达式的分母，那么我们会由此产生一个困难，而这个困难决不是问题本身所固有的。如果我们不是以证明的这个原理开始，那么任何数学理论就都必然会出现一些类似的困难。这样，我们不仅不能建立微分方程，而且，对于一个方程来说，再没有什么比我们要表示不可比较的两个量的相等这样一种命题更矛盾的了。为了避免这个错误，只需注意一下前面引理的论证和结论就行了（第 65、66、67 和 75 目）。

第四，至于我们据以首次推出这些微分方程的思想，它们都是一直为物理学家们所承认的。我们不知道谁能把热运动想象成是由使一些不同的部分分开的那些面的简单接触而在物体的内部产生的。在我们看来，这样的命题似乎完全没有明确的意义。一个接触面不可能是任何物理性质的原因；它既不受热，不变色，也无重量。当一个物体的某一部分把它的热传给另一部分时，第一部分有无数质点对第二部分的无数质点发生作用。这只需加上，在不透明物质内不是很近的点不可能直接传递它们的热就够了；它们

[①] 牛顿在他的《热度温标》(*Scala graduum caloris et frigoris*)[《哲学会报》(*Philosophical Transactions*)，1701年 4 月，或卡斯蒂略谬（Castillioneus）编，《作品》(*Opuscula*)，第二卷]的文末暗示道，当一个铁盘在均匀流动的恒温气流中冷却时，在相等时间内有相等量的空气与这块金属接触，并且带走与这块铁的温度超过空气温度的超出量成正比的热；由此可推出这块铁的超出温度形成一个几何级数，如他所说，这个几何级数常常以算术级数出现。通过把不同物质放在这块受热的铁上，当这块铁冷却时，他得到这些物质的熔点。

阿蒙通在他的《关于从 1701 年的哲学会报上摘录的热度表的注记》(*Rémarques sur la Table de degrés de Chaleur extraite des Transactions Philosophiques* 1701，《科学院研究报告》，巴黎，1705 年，第 205—206 页)中说，他沿一根一端加热至白热的铁棒把牛顿实验过的这些物质放在适当的点上面得到它们的熔点；但是他对温度沿棒而下降的定律作了一个错误的假定。

在《高温学》(*Pyrometrie*，柏林，1779 年，第 185—186 页)中，兰贝特把牛顿计算的温度和阿蒙通测定的距离合并，发现一端受热的长棒中的温度的实验定律。兰贝特的著作包含对直至今日的热量测量进展的最完整的论述。

毕奥，《矿物学报》(*Journal des Mines*)，巴黎，1804 年，第 17 卷，第 203—244 页。拉姆弗德，《科学院研究报告》(数理科学)，第 6 卷，巴黎，1850 年，第 106—122 页。

埃里克森（Ericsson）在《自然》(*Nature*)第 6 卷第 106—108 页叙述了一些真空中的冷却实验，对于从华氏 10 ℃到 100 ℃的有限范围的超出温度，它表明非常接近于牛顿的气流中的冷却定律。这些实验不足以怀疑杜隆和珀蒂(《综合工艺学校学报》，第 11 卷，或者是《物理学和化学年鉴》，1817 年，第 7 卷)从他们精心设计的更广泛的实验所导出的真空中的冷却定律。但是，埃里克森用设计精巧的量热计所做的关于铁水辐射力的一些其他实验(《自然》，第 5 卷，第 505—507 页)似乎表明，对于真空中的冷却，杜隆和珀蒂的定律完全不能应用于大气中辐射热的超高温物质，尽管对于这样的条件他们的定律简化成前一个定律。

傅立叶在他《关于辐射热的物理理论的若干问题》(*Questions sur la théorie physique de la Chaleur rayonnante*，《物理学和化学年鉴》，1817 年，第 6 卷，第 298 页)中曾发表过一些关于牛顿冷却定律的注记。他区分了表面传导和向大气的辐射。

牛顿在《热度温标》中的原始论述是"Calor quem ferrum calefactum corporibus frigidis sibi contiguis dato tempore communicat, hoc est Calor, quem ferrum dato tempore amittit, est ut Calor totus ferri"（加了热的铁在一定时间之后能把这热传给附近的物体，这就是说铁在一定时间之后会失热，而这失去的热好像是铁的全部热一样）。这假定这块铁是完全可导的。并且周围物质处于 0 度。和前面一样，这只能由他后来的解释来说明。——A.F.

所发出的热被中间分子所拦截。当接触中的这些薄层的厚度等于或者是超过从一点所发出的热在被完全吸收前所越过的距离时，这些薄层就只是直接传递它们热量的薄层。除了挨得极近的质点外，不存在直接作用，正是由于这个原因，热流量的表达式具有我们所赋予它的这种形式。这时热流量就由其效应被加起来的无数作用所产生；但是，即使它仅仅只由温度之间的一个极小的差所确定，也不能由此推出它的值在单位时间内是一个有限的可测值。

当一个受热物体在一种弹性介质中或者是在由一个固体壳所界定的不含空气的空间中失热时，这种向外的热流量的值无疑是一个积分；它也属于离表面很近的无数质点的作用，我们在前面曾证明过这种聚集决定外辐射定律[①]。但是如果温差没有有限的值，那么在单位时间内所发射的热量就是无穷小的。

物质内部的传导力比在表面所发生的这种力要无比地大。无论这个性质的原因如何，这个性质由我们最清楚地察觉到，因为，当棱柱达到它的不变状态时，在单位时间流过一个截面的热量就严格等于通过位于该截面之外、其温度比介质温度高一个有限量的那个受热面的所有部分所失去的热量。如果我们无视这个基本事实，省略热流量表达式中的这个因子，那么即使对于最简单的情况也不可能建立这个微分方程；更何况这会阻止我们研究一般方程了。

第五，此外，有必要知道棱柱的截面积对所得到的温度有什么影响。即使这个问题仅仅是线性运动问题，并且把一个截面的所有点都看作是有相同温度的，也不能由此得出我们可以忽视截面积，并把只属于某个棱柱的结论推广到其他棱柱上去。不表示这个截面的大小和在棱柱顶端所产生的这个作用之间的关系，就不可能建立精确的方程。

我们不打算进一步展开对引导我们得到这些微分方程知识的这些原理的考察；我们只补充，为了确信这些原理的有效性，还有必要考虑各种难题；例如我们即将指出的那些问题，以及正如我们早以注意到的，其解需要我们的理论的那些问题。这个问题在于建立一些微分方程，当和这些温度变化混合后所有分子由任一种力所移动时，这些微分方程就表示运动流体中的热分布。我们在 1820 年间所给出的这些方程属于一般流体动力学；它们完善了分析力学的这个分支[②]。

430 物理学家谓之为传导性（conductibity）或者是助导性（conductibility），即容热能力或者是在其物体内部传导它的能力，在不同的物体中有很不相同的性质。尽管这些

---

① 《科学院研究报告》，第 5 卷，第 204—208 页。1811 年提交。——A. F.

② 见《科学院研究报告》，第 12 卷，巴黎，1833 年，第 515—530 页。

除一种不可压缩流体的运动的这三个普通方程和相对于在一个分子的温度为 θ，在时间 t 经过点 x, y, z 的速度沿其方向为 u, v, w 的直交轴的连续方程之外，傅立叶还得到方程 $C \dfrac{d\theta}{dt} = K\left(\dfrac{d^2\theta}{dx^2} + \dfrac{d^2\theta}{dy^2} + \dfrac{d^2\theta}{dz^2}\right) - C\left(\dfrac{d}{dx}(u\theta) + \dfrac{d}{dy}(v\theta) + \dfrac{d}{dz}(w\theta)\right)$，如下所述，其中 K 是热导率，C 是每单位体积的比热。

如果流体是静止的，那么由传导所流过下表面 $\Delta x \Delta y$ 而进入其对顶隅角为 (x, y, z)，$(x + \Delta x, \ y + \Delta y, \ z + \Delta z)$ 的平行六面体的热量在时间 Δt 内就是 $-K \dfrac{d\theta}{dz}\Delta x \Delta y \Delta t$，对流产生的增益是 $+Cw\Delta x \Delta y \Delta t$；上表面 $\Delta x \Delta y$ 有一个相应的损耗；因此整个增益呈负数，是 $\left(-K \dfrac{d\theta}{dz} + Cu\theta\right)\Delta x \Delta y \Delta t$ 相对 z 的变分，即增益等于 $\left[K \dfrac{d^2\theta}{dz^2} - C \dfrac{d}{dz}(w\theta)\right]\Delta x \Delta y \Delta z \Delta t$。沿 y 和 z 方向的增益由两个类似的表达式表示；三个式子的和等于 $C \dfrac{d\theta}{dt}\Delta t \Delta x \Delta y \Delta z$，它是在时间 Δt 内在体积 $\Delta x \Delta y \Delta z$ 中的增益；因此有上面的方程。

系数 K 和 C 随温度和压力而变化，不过它们通常被看作是常数。即使对于所谓的不可压缩流体，密度也服从于微弱的温度变分。

可以注意到，当速度 u, v, w 为 0 时，这个方程就转化成关于固体中的热流量的方程。

还可以注意到，当 K 小到足以可以忽略不计时，这个方程的形式和连续方程相同。——A. F.

名称在我们看来似乎不准确，但我们仍然这样用。这两个名称，特别是第一个，完全是根据类比，与其说它表示传导能力，倒不如说表示被传导的能力。

热，不论是进入还是逃逸出物体，都以或大或小的能力贯穿不同物质的表面，并且物体对这种元素的可穿透性是不等的，即它在它们之中以或大或小的能力从一个内部分子传导到另一个内部分子。我们认为这两种截然不同的性质可以用穿透性（penetrability）和渗透性（permeability）这两个名称来表示[①]。

重要的是，不能够忽视表面的穿透性由两种不同的性质决定，一种与外部介质有关，它表示由接触所产生的传导能力；另一种在于放射辐射热或者是容纳辐射热的性质。至于渗透率，它是每一种物质所固有的，并且与表面状态无关。至于其他的名称，尽管精确定义是理论的真正基础，然而就我们的问题而言，名称却没有这样高的重要性。

431　最后这句话不能用在记号上，记号对微积分科学的贡献极大。这些记号只能谨慎地提出，并且只有经过长期考验后方可接受。我们用了一个记号来指示积分符号 $\int$ 的上下积分限；在这两个界限之间变化的量的微分紧写在这个符号之后。

我们还用符号 $\sum$ 表示由某个一般项所导出的一些数目不定的项的和，在一般项中，指标 i 是变化的。如果有必要，我们就把这个指标加到这个符号上，在这个符号的下面写 i 的第一个值，上面写最后一个值。这个记号的习惯用法使我们确信它的有效性。特别是当分析由一些定积分所组成并且积分限本身是研究的对象时尤其如此。

432　我们的理论的这些主要结果是那些在固体或者是液体中的热运动的微分方程以及那个与表面有关的一般方程。这些方程的正确性不以热效应的任何物理解释为基础。在我们为设想这种元素的性质所情愿采纳的任何方式中，不管我们把它看作是从空间的一部分传到另一部分的特殊物质材料，还是认为热仅仅是运动的传递，我们都总会得到同样的方程，因为我们所作的假定应当表示这个导出数学规律的一般和简单的事实。

由两个温度不等的分子所传递的热量依赖于它们的温差。如果这个差是无穷小的，那么所传递的热肯定与这个差成正比；所有实验都严格证明这个命题。现在，为了建立所说的这些微分方程，我们只考虑那些无穷近的分子的相互作用。因此，关于与物质内部有关的这些方程的形式不存在任何的不确定性。

如我们所说，不管我们是计算这些固体分子的相互作用，还是考虑介质对外壳所施加的作用，与表面有关的这个方程都表示在固体边界的法方向上的热流量肯定有相同的值。前一个值的分析式很简单并且完全已知；至于后一个值，当表面温度超过介质温度的超出量是一个充分小的量时，它明显与表面温度成正比。在其他情况下，我们则应当把第二个值看作是由一组观察所给定的；它取决于表面，压力和介质的质；这个观察值应当成为与表面有关的这个方程的右半边。

在几个重要的问题中，最后举出的这个方程由一个已知条件所取代，这个条件表示或不变，或可变，或周斯性变化的表面状态。

433　热运动的这些微分方程是与那些平衡和运动的一般方程相类似的一些数学结论，并且和它们一样，是从那些最常见的自然界的事实中导出的。

一般地，进入这些方程的系数 c，h 和 k 应当被看作是变量，这些变量取决于温度或

---

① 穿透性和渗透性，在傅立叶的第一个例子中，对于铸铁的情况，由对环的永恒温度和对球的变化温度的实验来确定。$\frac{h}{K}$ 的值由第 110 目的方法确定，h 的值由第 297 目的方法确定。《科学院研究报告》，第 5 卷，第 165、220 和 228 页。——A. F.

者是物体的状态。不过在应用于我们所最感兴趣的那些自然界的问题时,我们可以赋予这些变量明显不变的值。

第一个系数 c 随温度的上升而非常缓慢地变化。这些变化在大约 30 ℃ 的区间几乎察觉不出来。杜隆和珀蒂教授所作的一组有价值的观察表明,比容量(specific capacity)的值随温度而缓慢地增加。

计量表面穿透性的系数 h 是最可变的,它恰好与一种复合状态相联系。它表示或者是通过辐射或者是通过接触而传递给介质的热量。因此这个量的严格计算依赖于液态和气态介质中的热运动问题。但是当温度的超出量是一个充分小的量时,观察证明可以把这个系数值看作是常数。在其他情况下,不难从已知的实验得到使结果充分精确的校正值。

无疑,系数 k,渗透性的量度,易发生明显的变化;然而在这个重要的问题上还没有一组实验能适当地告诉我们热传导的能力怎样随温度①和压力而变化。我们由观察看到,这个性质在很大一部分温标中可以看作是不变的。但是,同样的观察又告诉我们所说的这个系数值因温度的增加所引起的变化要比容量的值大得多。

最后,固体膨胀率,或者是增加体积的趋势,在所有温度下都是不相同的;不过在我们所讨论的这些问题中,这些变化不可能明显地改变结果的精度。一般地,在对由热分布所决定的那些主要自然现象的研究中,我们相信可以把这些系数值看作是不变的。首先,有必要从这个观点出发考虑这个理论的这些结论。其次,这些结果与那些很精确的实验结果的仔细比较将表明必须运用什么样的校正值,并且随着这些观察愈来愈多和愈来愈精确,这种比较会对这些理论研究给出进一步的扩展。那时我们会确定改变物体内部热运动的原因究竟是什么,这个理论会得到一种现在不可能得到的完整性。

光热,或者是伴随炽热体所放出的光线的热,贯穿透明的固体和液体,在经过相当长的一段距离以后逐渐在它们之中被吸收。因此,在这些问题的考察中不可能假定热的这些直接效应仅仅只被传递极短的距离。虽然当这个距离有一个有限的值时,这些微分方程呈现出一种不同的形式;但是,除非这部分理论建立在我们还没有得到的那些实验知识的基础之上,否则它就不能提供任何有效的应用。

实验表明,在中等温度上,很少一部分的暗热有和光热一样的性质;很可能,贯穿固体的这些热效应被传送的距离不完全是不可察觉的,它只是很小罢了;但是这样的情况在这些理论结果中不引起明显的差别,或者至少这种差别至今还没有被观察到。

---

① 第 78 页的脚注给出了福布斯实验的文献。——A. F.